全国高等职业教育“十三五”规划教材

巷道施工

李开学　张建超　陈拓琪　主　编

中国矿业大学出版社
·徐州·

内 容 提 要

本教材依据巷道施工课程标准，基于工作对象、施工过程和高职学生学习特点构建教材的项目、任务，将教材分为岩石性质分析与工程分级方法、巷道断面设计、施工技术与设备选择、水平岩巷施工、煤巷与半煤岩巷施工、硐室与交岔点施工、斜井与上山施工、立井施工、特殊条件下的施工等九个项目，彰显职业教育模式，将教、学、做高度融为一体。

本书适合高职院校相关专业使用，也可作为有关工种的培训教材，还可供现场工程技术人员参考。

图书在版编目(CIP)数据

巷道施工 / 李开学，张建超，陈拓琪主编. —徐州：中国矿业大学出版社，2018.5(2021.1 重印)

ISBN 978-7-5646-3990-7

Ⅰ. ①巷… Ⅱ. ①李… ②张… ③陈… Ⅲ. ①煤矿开采—巷道施工—教材 Ⅳ. ①TD263

中国版本图书馆 CIP 数据核字(2018)第 119178 号

书　　名　巷道施工
主　　编　李开学　张建超　陈拓琪
责任编辑　耿东锋　何晓明
出版发行　中国矿业大学出版社有限责任公司
　　　　　　(江苏省徐州市解放南路　邮编 221008)
营销热线　(0516)83884103　83885105
出版服务　(0516)83995789　83884920
网　　址　http://www.cumtp.com　**E-mail**:cumtpvip@cumtp.com
印　　刷　江苏淮阴新华印务有限公司
开　　本　787 mm×1092 mm　1/16　**印张** 22　**字数** 548 千字
版次印次　2018 年 5 月第 1 版　2021 年 1 月第 2 次印刷
定　　价　36.00 元

前　言

本教材的编写，充分考虑了行业发展、煤炭高等职业教育的教学要求与学生职业生涯规划等实际情况，在满足教学要求的前提下，尽可能降低教材的难度，基础知识以“必需、够用”为度，突出教材的实用性，突出实用技能培养、职业资格鉴定与教学一体化教学模式，体现高等职业教育的特色与人才培养目标。

本书依据巷道施工课程标准，基于工作对象、施工过程和高职学生学习特点构建教材的项目、任务，将教材分为岩石性质分析与工程分级方法、巷道断面设计、施工技术与设备选择、水平岩巷施工、煤巷与半煤岩巷施工、硐室与交岔点施工、斜井与上山施工、立井施工、特殊条件下的施工等九个项目，彰显职业教育模式，将教、学、做高度融为一体。

本书由李开学、张建超、陈拓琪任主编，康建新、王毅、张耀辉任副主编。具体编写分工如下：李开学编写项目一、四、七、九，陈拓琪编写项目二，王毅编写项目三，张建超编写项目五，张耀辉编写项目六，康建新编写项目八。初稿完成后，由李开学统稿。

本书在编写过程中，得到重庆能投渝新能源公司、重庆工程职业技术学院各级领导的大力支持与帮助，在此表示衷心感谢！

由于本教材改革力度大，编者理论水平与实践经验有限，时间紧，任务重，书中难免有不妥甚至错误之处，恳请专家、读者指正。

编　者

2018 年 2 月

目 录

项目一　岩石性质分析与工程分级方法

任务一　岩石的物理力学性质分析

知识要点

岩石分类、结构与构造；岩石的物理、力学性质。

技能目标

能陈述岩石主要物理、力学性质及在矿山中的应用。

任务导入

巷道施工的对象是岩石或岩体，在施工之前，应分析岩石主要物理、力学性质，以充分利用岩石的客观性质和力学特征，指导巷道施工。岩石有哪些主要物理、力学性质需要掌握呢？

任务分析

（1）理解岩石与岩体的概念，岩石的分类、结构与构造。

（2）能陈述岩石的密度、孔隙比、碎胀性和压实性、水胀性和水解性、软化性、硬度和耐磨性等客观性质，并结合矿山实际进行应用分析。

（3）能陈述岩石的抗压、抗拉和抗剪切等力学特征，并结合矿山实际进行应用分析。

相关知识

一、区别岩石与岩体

岩石是指颗粒间牢固联结，呈整体或具有节理、裂隙，由各种造岩矿物颗粒组成的集合体。岩石是组成整体地壳的自然材料而非经搬运后的一块巨石。

岩体是指地下工程较大范围内的岩石，它可由一种或几种岩石组成。岩体内存在的层理、节理、不规则裂纹等称为结构。岩体的性质除决定于岩石性质外，在很大程度上受其结构的影响。从煤矿采掘工程角度来看，岩体包括岩石、地下水、瓦斯三部分。

（一）岩石的分类与构造

1．岩石的分类

岩石按其生成原因不同可分为岩浆岩、沉积岩和变质岩等三大类。煤系地层多属沉积岩。

沉积岩是由沉积物经过压紧、脱水、胶结等固结成岩作用而形成的岩石，是一种经过一系列地质作用的产物。

需要注意的是：

(1) 自然界长期暴露在地表的多种岩石，由于受到各种物理、化学、风化、剥蚀和搬运等破坏作用，成为碎石、细砂、泥土及溶解于水的物质。这些风化剥蚀的产物，被流水或风搬运并在海洋、湖泊及地表其他低洼地带沉积下来，称为沉积物。

(2) 在建井工程中常把固结性岩石统称为基岩，而把覆盖在基岩上的松散性沉积物称为表土，如黄土、黏土、砂砾等。

煤矿井下最常见的沉积岩有角砾岩、石灰岩、砾岩、砂岩、泥岩和页岩等。煤层本身就是由动植物遗体转变而成的沉积岩。煤层的顶板和底板多由沉积岩组成，煤矿的井巷工程绝大多数都布置在沉积岩中。因此，沉积岩与煤矿掘进工作的围岩管理关系极为密切。

2. 岩石的结构

岩石的结构是指决定岩石组织的各种特征的总和，即岩石中矿物颗粒的结晶程度，矿物或岩石碎屑颗粒的形状和大小，颗粒之间相互联结的状况，以及胶结物的胶结类型等特征。

对于煤矿中常见的碎屑沉积岩来说，根据岩石结构可分为以下几种：

(1) 砾状结构：指粒径大于 2 mm 的岩石碎屑胶结而成的碎屑结构类型，如砾岩。

(2) 砂质结构：指粒径变化在 2～0.05 mm 之间的碎屑结构类型，如砂岩。

(3) 粉砂质结构：指粒径变化在 0.05～0.005 mm 之间的碎屑结构类型，如粉砂岩等。

(4) 泥质结构：指粒径小于 0.005 mm 的碎屑结构类型，如泥岩、黏土岩等。

3. 岩石的构造

岩石的构造是指岩石中矿物颗粒集合体之间，以及与其他组成部分之间的排列方式和充填方式。岩石的构造常见的有下列三种：

(1) 整体构造：岩石的颗粒互相严密地紧贴在一起，没有固定的排列方向。

(2) 多孔状构造：岩石颗粒彼此相接并不严密，颗粒之间有许多小空隙(微孔)。

(3) 层状构造：岩石颗粒互相交替，表现出层次叠置现象(层理)。

(二) 地下水

地下水是充填于岩石的孔隙、层理、节理、裂隙、断层甚至溶洞之中的水。地下水可使岩质软化，强度降低，不仅对井巷工程的设计方案、施工方法与工期、工程投资与工程长期使用有着密切的关系，而且，若对地下水处理不当，还可能产生不良影响，甚至发生水灾事故。因此，在含地下水岩层中进行井巷施工时必须采取探、排水措施。

(三) 瓦斯

瓦斯事故是由煤层气构成的以甲烷为主的有害气体的总称。在煤系地层中，瓦斯主要指的是甲烷(CH_4)。甲烷是无色、无味、无臭(简称“三无”)气体；相对密度为 0.554，比空气轻，易积聚于巷道顶部；扩散能力是空气的 1.6 倍，扩散与渗透性强。

瓦斯是煤矿安全生产的主要自然灾害之一。其主要危害有瓦斯窒息、瓦斯爆炸、瓦斯喷出、煤与瓦斯突出。国内外已有不少矿井由于瓦斯危害而造成人员伤亡和矿井严重破坏的惨痛教训。因此，必须掌握瓦斯事故的发生条件、发展规律及其预防措施，杜绝或减少瓦斯事故的发生，确保安全生产。

二、分析岩石的物理性质

1. 岩石的密度

岩石的密度是指单位体积（包括岩石内孔隙体积）岩石的质量。因岩石由固体、水、气体组成，故岩石的密度可分为湿密度和干密度。一般指的是湿密度。

湿密度是岩石在天然含水或饱水状态下，单位体积岩石的质量。依定义计算式为：

$$\rho = \frac{m}{V} \tag{1-1}$$

式中　ρ——岩石的湿密度，kg/m^3 或 g/cm^3；

m——岩石试件在天然含水或饱水状态的质量，kg 或 g；

V——岩石试件的体积，m^3 或 cm^3。

干密度是岩石在绝对干燥时，单位体积岩石的质量。依定义计算式为：

$$\rho_g = \frac{m_g}{V} \tag{1-2}$$

式中　ρ_g——岩石的干密度，kg/m^3 或 g/cm^3；

m——岩石试件烘干后的质量，kg 或 g。

2. 岩石的孔隙比

岩石的孔隙比（p）是指岩石中各种孔隙、裂隙体积占试件内固体矿物颗粒体积（V_0）的百分比。它反映岩石中孔隙和裂隙的发育程度。依定义计算式为：

$$P = \frac{V - V_0}{V_0} \times 100\% = \left(\frac{V}{V_0} - 1\right) \times 100\% = \left(\frac{\rho}{\rho_0} - 1\right) \times 100\% \tag{1-3}$$

式中　V——试件总体积，m^3；

V_0——试件内固体矿物颗粒体积，m^3。

煤矿中常见岩石的密度和孔隙比见表 1-1。

表 1-1　煤矿中常见岩石的密度和孔隙比

岩石名称	密度 $\rho/g \cdot cm^{-3}$	孔隙比/%
砾　岩	2.42～2.66	0.34～9.30
石灰岩	2.30～2.77	0.53～2.00
砂　岩	2.20～2.71	1.60～2.83
页　岩	2.30～2.62	1.46～2.59
花岗岩	2.30～2.80	0.04～0.92
大理石	2.60～2.70	0.22～1.30

岩石的孔隙比显著影响岩石的其他性质。岩石孔隙比增大，削弱岩石的整体性，使岩石的密度和强度降低，透水性增大，岩石的风化速度加快等。

3. 岩石的碎胀性和压实性

岩石的碎胀性是指岩石破碎以后的体积比处于整体状态下的体积增大的性质。两种状态下的体积比称为碎胀系数，用 α 来表示，按下式计算：

$$\alpha = \frac{V''}{V} \tag{1-4}$$

式中 α——岩石的碎胀系数；

V''——岩石破碎膨胀后的堆积体积，m^3；

V——岩石处于整体状态下的体积，m^3。

碎胀系数与岩石的物理性质、破碎后块度的大小及其排列状态等因素有关。

岩石破碎后，在其自重和外加载荷的作用下将逐渐压实，体积随之减小，这种压实后的体积与破碎前原始体积之比，称为残余碎胀系数。残余碎胀系数反映破碎岩石被压实的程度，它与岩石本身的物理力学性质、外加载荷大小及破碎后经历的时间长短有关。煤矿中常见岩石的碎胀系数和残余碎胀系数见表 1-2。

表 1-2　煤矿中常见岩石的碎胀系数和残余碎胀系数

岩石名称	碎胀系数	残余碎胀系数
砂	1.06～1.15	1.01～1.03
黏　土	<1.20	1.03～1.07
碎　煤	<1.20	1.05
泥质页岩	1.40	1.10
砂质页岩	1.60～1.80	1.10～1.15
硬砂岩	1.50～1.80	1.15～1.17

在巷道施工中选用装载、运输、提升等设备容器时，应考虑岩石的碎胀系数。

4. *岩石的水胀性和水解性*

岩石的水胀性是指软岩遇水膨胀的性质。岩石的水胀性指标的测试方法是：将试件浸入水中后，计算厚度膨胀量与原始厚度之比。

岩石的水解性是指软岩遇水崩解、破裂的性质。岩石的水解性指标的测试方法是：将试件浸入水中崩解后，计算剩余的试件质量与原始质量之比。

水胀性和水解性主要是松软岩石所表现的特征，如巷道底鼓、滑坡等。

5. *岩石的软化性*

岩石的软化性是指岩石浸水后的强度明显降低的特征，用软化系数来表示。

软化系数是吸水饱和状态下岩石试件的单向抗压强度与干燥岩石试件单向抗压强度的比值，表示水分对岩石强度的影响程度。按下式计算：

$$K_R = \frac{R_b}{R_g} \tag{1-5}$$

式中 K_R——岩石的软化系数；

R_b——吸水饱和状态下岩石试件的单向抗压强度，MPa；

R_g——岩石试件在干燥状态下的单向抗压强度，MPa。

煤矿中常见岩石的软化系数见表 1-3。

岩石浸水后的软化程度，与岩石中亲水性矿物和易溶性矿物的含量、孔隙发育情况、水的化学成分以及岩石浸水时间的长短等因素有关。亲水矿物和易溶矿物含量愈多，开口孔隙愈发育，岩石浸水时间愈长，则岩石浸水后强度降低程度愈大。

表 1-3 煤矿中常见岩石的软化系数

岩石名称	干试件抗压强度/MPa	水饱和试件抗压强度/MPa	软化系数
黏土岩	20.3～57.8	2.35～31.2	0.08～0.87
页　岩	55.8～133.3	13.4～73.6	0.24～0.55
砂　岩	17.1～245.8	5.6～240.6	0.44～0.97
石灰岩	13.1～202.6	7.6～185.4	0.58～0.94

研究岩石的软化系数对湿式作业、高压注水软化控制坚硬难冒顶板等有着重要意义。

6. *岩石的硬度和耐磨性*

岩石的硬度是指岩石表面抵抗其他较硬物体压入或刻画的能力。岩石的硬度常采用刻画法测定，硬度愈大，则其耐磨性愈好，施工愈困难。

岩石的耐磨性是指岩石表面抵抗磨损的能力。岩石的耐磨性用磨损率来表示，可按下式计算：

$$N = \frac{m_1 - m_2}{A} \tag{1-6}$$

式中 N——岩石的磨损率，g/cm^2；

m_1——岩石磨损前的质量，g；

m_2——岩石磨损后的质量，g；

A——岩石试件受磨面积，cm^2。

岩石的硬度和耐磨性对合理选择钻机、钎头有重要意义。

三、分析岩石力学性质

岩石受到外部载荷时，会发生变形；当载荷增加且超过岩石极限强度时，就会导致岩石破坏。因此变形和破坏是岩石在载荷作用下力学性质变化过程中的两个阶段。

(一) 岩石的变形特性

岩石的变形特性与岩石类型、加载方式、载荷大小、加载时间、岩石的物理状态等因素有关。

1. *岩石的弹性和塑性*

岩石的弹性是指在外力作用下产生变形，撤销外力后能立即恢复到原形状的性质。这种立即能恢复的变形，称为弹性变形。

岩石在弹性变形范围内，其应力(σ)与应变(ε)的比值是一个常数，这个常数称为岩石的弹性模量(E)，即：

$$E = \frac{\sigma}{\varepsilon} \tag{1-7}$$

弹性模量是衡量岩石抵抗变形能力的一个指标，其值越大，则岩石越不易变形。

岩石的塑性是指在外力作用下产生变形，撤销外力后仍保持变形后的形状和尺寸的性质。这种不能恢复的永久变形，称为塑性变形。塑性变形具有不可逆性。

注意：岩石与一般固体材料不同，往往是同时出现弹性变形和塑性变形。例如，岩石在弹性变形阶段就已伴随或多或少的塑性变形，甚至在刚开始出现弹性变形的时刻，便出现了塑性变形。因此岩石是兼有弹性和塑性的材料。

2. 岩石的流变性质

岩石的流变是指岩石的应力应变随时间变化的特性。岩石的流变性质表现为蠕变、弹性后效变形和松弛三个方面。

(1) 蠕变

蠕变是指在恒定载荷持续作用下,应变随时间变化而增长的现象。蠕变有两种情况:

① 当岩石应力较小时,经过一定时间,应变能稳定下来,不再增加,称稳定蠕变。

② 当岩石应力较大时,应变随时间变化而不断增加,直至岩石破碎,称不稳定蠕变。

不超过其间的临界应力即为岩石长期稳定的必要条件。井下某些含有黏土矿物的岩石,蠕变相当突出,例如位于一些软岩中的巷道,经过几天甚至几小时以后,围岩蠕变就使巷道断面缩小到难以通行的程度。

(2) 弹性后效变形

弹性后效变形是指岩石在弹性变形阶段,卸载以后,有一部分变形立刻恢复,还有一部分变形不能立刻恢复,但是经过一定时间仍能完全恢复。弹性后效变形的发展很缓慢,而且变形量所占的比重较小,通常只占弹性变形的百分之几,很少超过10%。尽管如此,研究弹性后效变形在巷道支护中仍有重要意义。

(3) 松弛

松弛是指在应变保持一定的条件下,应力随时间逐渐减小的现象。

利用岩石的松弛性质可以合理地选择井下支护形式与确定支护时间。

(二) 岩石的强度特性

岩石发生破坏时所能承受的最大载荷叫极限载荷,单位面积上的载荷称为极限强度。对掘进巷道而言,当围岩强度小于所受应力时,围岩要被破坏,可能发生冒顶、片帮和底鼓等现象;当围岩强度大于所受应力时,巷道不支护也可以长期处于稳定状态。

岩石强度受很多因素的影响,如岩石的性质和构造特征、加载速率、受力状态等。岩石强度常用抗压强度、抗拉强度、抗剪强度表示。

1. 岩石的抗压强度

岩石试件在压缩时所能承受的最大压应力值,称为岩石的抗压强度。它是目前井下采掘工程中使用最广泛的岩石力学特性。

岩石的抗压强度分为两类:岩石试件在单向压缩时所能承受的最大压应力值称为岩石的单轴抗压强度;岩石试件在三向压应力作用下所能承受的最大轴向应力(或称最大的主应力)称为岩石的三轴抗压强度。

通常,岩石中含强度高的矿物多,矿物颗粒间的黏结力大、孔隙率小,则岩石抗压强度大。此外,在一定变化范围内,试件尺寸愈小,加载速度愈大,则抗压强度愈大。

2. 岩石的抗拉强度

岩石试件在拉伸时能承受的最大拉应力值称为岩石的抗拉强度。

岩石的抗拉强度主要受其内部因素的影响,如果组成岩石的矿物强度高,颗粒之间的黏结力强,孔隙不发育,则其抗拉强度高。

3. 岩石的抗剪强度

岩石的抗剪强度是指岩石抵抗剪切作用的能力。

煤矿中常见岩石的单向抗压强度、抗拉强度和抗剪强度见表1-4。

表 1-4　　煤矿中常见岩石强度值　　单位:kg/cm²

岩石名称		抗压强度	抗拉强度	抗剪强度
煤		50～500	20～50	11～165
砂岩类	细砂岩	1 060～1 460	56～180	178～545
	中砂岩	875～1 360	61～143	136～372
	粗砂岩	580～1 260	55～119	126～310
	粉砂岩	370～560	14～25	70～117
砾岩类	砂砾岩	710～1 240	29～99	72～294
	砾　岩	820～960	41～120	67～269
页岩类	砂质页岩	490～920	40～121	210～305
	页　岩	190～400	28～55	160～238
灰岩类	石灰岩	540～1 610	79～141	100～310

4. *岩石各种强度之间的关系*

岩石受力状态不同,其极限强度相差很悬殊。根据实验研究结果可知:岩石在不同应力状态下的各种强度值,一般符合下列顺序:三向等压抗压强度＞三向不等压抗压强度＞双向抗压强度＞单向抗压强度＞抗剪强度＞抗拉强度。

从岩石强度之间的关系知:在破碎岩石时应使岩石处于拉伸或剪切的状态,在维护井巷时使岩石处于受压状态。

任务实施

教师先分析讲解本任务的基本知识,学生分组讨论,总结岩石的物理、力学性质在矿山的应用,提交实训成果或总结。

思考与练习

1. 列表说明岩石的物理性质,总结其在矿山中的应用。
2. 列表说明岩石的力学性质,总结其在矿山中的应用。

任务二　岩石分级和围岩分类

知识要点

普氏系数与普氏岩石分级法;锚喷支护巷道围岩分类法、围岩松动圈分类法、围岩变形量分类法。

技能目标

能陈述岩石分级法与围岩分类方法及其在矿山中的应用。

任务导入

对岩石分级是为了合理地选择钻眼爆破参数和施工设备，对围岩分类是为了判定巷道周围岩体的稳定性并合理选择支护类型。

任务分析

(1) 掌握普氏系数与普氏岩石分级法。

(2) 掌握锚喷支护巷道围岩分类法、围岩松动圈分类法、围岩变形量分类法等围岩分类方法的类别与稳定性判定。

相关知识

在巷道施工中，为了提高破岩效率，合理地选择钻眼爆破参数和施工设备，对小范围内的岩石加以量的区分，称为岩石分级；为了判定巷道周围岩体的稳定性并合理选择支护类型，对一定工程范围内的岩体加以量的区分，称为围岩分类。

我国煤矿普遍应用的是以坚固性为基础的普氏岩石分级法和以围岩稳定性为基础的围岩分类法。

一、普氏岩石分级法

1926 年，苏联采矿工程师 M. M. 普罗托季亚科诺夫(简称普氏)提出用一个综合性的指标“坚固性系数”来划分岩石等级。坚固性系数表示的是岩石在各种采矿作业以及地压等外力作用下被破坏的相对难易程度。该方法以岩块的强度为基础，应用于岩石破碎方面。

岩石的坚固性系数用 f 来表示，亦称为普氏系数。f 值的计算式为：

$$f = \frac{R}{10} \tag{1-8}$$

式中 R——岩石的单轴抗压强度，MPa。

根据 f 值的大小，将岩石分为 10 级共 15 种。普氏系数(坚固性系数)分类见表 1-5。

表 1-5　岩石坚固性系数分类

级别	坚固程度	岩　石	坚固性系数 f
Ⅰ	最坚固的岩石	最坚固、最致密的石英岩及玄武岩；其他最坚固的岩石	20
Ⅱ	很坚固的岩石	很坚固的花岗岩类；石英斑岩，很坚固的花岗岩，硅质片岩；坚固程度较Ⅰ级岩石稍差的石英岩；最坚固的砂岩及石灰岩	15
Ⅲ	坚固的岩石	花岗岩(致密的)及花岗岩类岩石；很坚固的砂岩及石灰岩；石英质矿脉，坚固的砾岩；很坚固的铁矿石	10
$Ⅲ_a$	坚固的岩石	坚固的石灰岩；不坚固的花岗岩；坚固的砂岩；坚固的大理岩；白云岩；黄铁矿	8
Ⅳ	相当坚固的岩石	一般的砂岩，铁矿石	6
$Ⅳ_a$	相当坚固的岩石	砂质页岩；泥质砂岩	5
Ⅴ	坚固性中等的岩石	坚固的页岩；不坚固的砂岩及石灰岩；软的砾岩	4

续表 1-5

级别	坚固程度	岩　　石	坚固性系数 f
Ⅴa	坚固性中等的岩石	各种(不坚固的)页岩;致密的泥灰岩	3
Ⅵ	相当软的岩石	软的页岩;很软的石灰岩;石膏;冻土;无烟煤;普通泥灰岩;破碎的砂岩;胶结的卵石及粗砂砾,多石块的土	2
Ⅵa	相当软的岩石	碎石土,破碎的页岩,结块的卵石及碎石,坚硬的烟煤硬化的黏土	1.5
Ⅶ	软土	致密的黏土;软的烟煤,坚固的表土层;黏土质土壤	1.0
Ⅶa	软土	轻砂质黏土(黄土、细砾石)	0.8
Ⅷ	壤土状土	腐殖土;泥炭;轻亚黏土;湿砂	0.6
Ⅸ	松散土	砂;小的细砾石;填方土;已采下的煤	0.5
Ⅹ	流动性土	流砂;沼泽土;含水黄土及其他含水土壤	0.3

需要注意的是:

(1) 将某一种岩石划分到不同等级时,不仅需要按照其力学性质,而且还必须按照岩石的物理状态、坚固性与分级表中列出的其他岩石进行比较。如风化的、破碎的、打碎成个体的、经断层挤压过的、接近于地表的等状态的岩石,一般说来,应当把它划分到比处于完整状态的同种岩石稍低的等级中。

(2) 上述的岩石坚固性系数,可以认为是对所有各种不同方面岩石相对坚固性的表征,它在采矿工程中的意义表现为:手工开采时的采掘性;浅眼以及深眼孔的凿岩性;应用炸药时的爆破性;冒落时的稳定性及作用于支架上的压力;等等。

(3) 分级表中给出的数值,是对某一类岩石中所有岩石而言的(如页岩类、石英岩类、石灰岩类等),而不是对此类个别岩石而言的。因而,在特定情况下确定 f 值时,必须十分慎重,因为 f 数值在不同的情况下是不一样的。

普氏岩石分级法的优点是指标单一简便、分类方法简单易行,给设计与施工带来了方便,被广泛应用,在我国矿山工程中至今仍使用。但它只反映了岩石开挖的难易程度。由于定级的标准是以岩块强度为基础的,不能反映岩体的稳定性和完整性等特征,而决定岩体稳定性的主要因素是岩体的完整性;由于分类等级较多,使用起来不很方便。一般来讲,对于松散岩体比较适用,而在坚固的裂隙发育较少的岩体中因计算结果偏大则不适用。

二、围岩分类

以选择合理支护方式为目的,综合考虑工程地质构造特征、节理和裂隙的发育程度、风化程度、层状岩层的层厚、岩块的强度、围岩稳定性的围岩分类方法主要有锚喷支护巷道围岩分类法、围岩松动圈分类法、围岩变形量分类法。

1. 锚喷支护巷道围岩分类法

我国煤炭、冶金和铁路等部门的地下工程系统,提出了岩体稳定性的分类方法。其中针对煤矿锚喷支护巷道,根据锚喷支护设计需要,结合煤矿岩体的特点,可将围岩划分为五类,见表 1-6。

锚喷支护巷道围岩分类法充分考虑了围岩的节理、裂隙影响,为选择锚喷支护类型和确定锚喷支护参数提供了依据,但缺少综合性的分类指标,缺乏简单易行的现场实测手段,有待改进。

表 1-6　　煤矿锚喷支护巷道围岩分类表

围岩分类 类别	围岩分类 名称	岩层描述	巷道开掘后围岩的稳定状态(3～5 m跨度)	岩种举例
Ⅰ	稳定岩层	1. 完整坚硬岩层，$R_b>60$ MPa，不易风化； 2. 层状岩层层间胶结好，无软弱夹层	围岩稳定，长期不支护无碎块掉落现象	玄武岩；石英质砂岩；奥陶纪灰岩；茅口灰岩，大冶厚层灰岩
Ⅱ	稳定性较好岩层	1. 完整比较坚硬岩层，$R_b=40\sim60$ MPa； 2. 层状岩层，胶结较好； 3. 坚硬块状岩层，裂隙面闭合，无泥质充填物，$R_b>60$ MPa	围岩基本稳定，较长时间不支护会出现小块掉落	胶结好的砂岩、砾岩；大冶薄层灰岩
Ⅲ	中等稳定岩层	1. 完整的中硬岩层，$R_b>20\sim40$ MPa； 2. 层状岩层，以坚硬岩层为主，夹有少数软岩层； 3. 比较坚硬的块状岩层，$R_b=40\sim60$ MPa	围岩能维持一个月以上稳定，有时会产生局部岩块掉落	砂岩，砂质页岩，粉砂岩，石灰岩，硬质凝灰岩
Ⅳ	稳定性较差岩层	1. 较软的完整岩层，$R_b<20$ MPa； 2. 中硬的层状岩层； 3. 中硬的块状岩层，$R_b=20\sim40$ MPa	围岩的稳定时间仅有几天	页岩，泥岩，胶结不好的砂岩，硬煤
Ⅴ	不稳定岩层	1. 易风化潮解剥落的松软岩层； 2. 各类破碎岩层	围岩很容易产生冒顶、片帮	碳质页岩，花斑泥岩，软质凝灰岩，煤，破碎的各类岩石

注：(1) 岩层描述将岩层分为完整的、层状的、块状的、破碎的四种：① 完整岩层：层理和节理裂隙的间距大于1.5 m。② 层状岩层：层间距小于1.5 m。③ 块状岩层：节理裂隙间距小于1.5 m，大于0.3 m。④ 破碎岩层：节理裂隙间距小于0.3 m。

(2) 当地下水影响围岩的稳定性时，应考虑适当降级。

(3) R_b为岩石的单轴饱和抗压强度。

2. 围岩松动圈分类法

围岩松动圈系指巷道开挖而使围岩应力平衡状态被破坏，产生变形松动的范围。原始状态下的围岩处于应力平衡状态，巷道开挖后，破坏了围岩的原始应力平衡状态，当围岩应力超过围岩强度时，围岩即产生变形松动现象，如不及时支护，任其发展，就会出现岩层破坏、围岩冒落等现象。

围岩松动圈的大小与工程因素(巷道断面的形状和大小、施工方法和支护形式等)和地质因素有关。因此，围岩松动圈是一个综合指标。

围岩松动圈分类法采用超声波仪测定松动圈范围值，比较简单、实用。用围岩松动圈进行围岩分类，确定支护结构和参数，是一种行之有效的方法。

围岩松动圈巷道支护理论，把岩石破碎后破裂发展过程中的岩石碎胀变形和碎胀力作为支护结构的重要对象。地应力与围岩相互作用会产生大小不同的围岩松动圈，松动圈越大，支护越困难。由此得出松动圈是围岩强度、地应力函数的结论。这一分类方法，科学地反映了支护的难度，明确了支护的对象，提出了合理的支护结构及参数，促进了锚喷支护技术的发展。

经过大量的现场松动圈测试及其与巷道支护难易程度相关关系的研究之后，结合锚喷支护机理，依据围岩松动圈的大小，将围岩分成小松动圈（0～40 cm）、中松动圈（40～150 cm）、大松动圈（>150 cm）三大类，六小类，见表1-7。

表1-7　　围岩松动圈分类表

围岩类别		分类名称	围岩松动圈/cm	支护机理及方法	备　注
小松动圈	Ⅰ	稳定围岩	0～40	喷混凝土支护	围岩整体性好，不易风化的可不支护
中松动圈	Ⅱ	较稳定围岩	40～100	锚杆悬吊理论；喷层局部支护	
	Ⅲ	一般围岩	100～150	锚杆悬吊理论；喷层局部支护	刚性支护有局部破坏，采用可缩性支护
大松动圈	Ⅳ	一般不稳定围岩（软岩）	150～200	锚杆组合拱理论；喷层，金属网局部支护	刚性支护大面积破坏，采用可缩性支护
	Ⅴ	不稳定围岩（较软围岩）	200～300	锚杆组合拱理论；喷层，金属网局部支护	围岩变形有稳定期
	Ⅵ	极不稳定围岩（极软围岩）	>300		围岩变形在一般支护下无稳定期

该分类法的主要特点是用锚喷支护机理划分围岩类别，分类区间是根据支护的难易程度及锚喷支护机理而确定的。锚喷支护是指锚、喷、网，锚网、网梁等以锚杆为支护主体的支护的总称。

3. 围岩变形量分类法

按围岩变形特征和围岩变形量大小对围岩进行分类，判断巷道的稳定状态，其目的就是阻止围岩变形。围岩变形理论是围岩分类的理论基础和重要依据，也是巷道支护理论的主要组成部分。在这个基础上制定的围岩分类可以使锚喷支护结构、参数合理化，把设计、施工与监控量测紧密结合起来，真正做到“三位一体”。它具有技术先进、经济合理、安全可靠的特点，可极大地促进锚喷支护技术的完善与提高。

工程实践和应用表明，按变形量的围岩分类方法符合多因素影响、单一综合指标发展方向，据此判定围岩的稳定性具有现实的意义。具体分类见表1-8。

表1-8　　按围岩变形量判断巷道的稳定状态及支护结构参数表

开挖后围岩变形量/mm	围岩稳定类别	支护结构	
		巷道宽度 $B<5$ m	5 m $<B<$ 10 m
<5	Ⅰ	不支护	30～50 mm厚喷浆或喷射混凝土
6～10	Ⅱ	50 mm厚喷射混凝土	80～100 mm厚喷射混凝土，必要时，设局部锚杆

续表 1-8

开挖后围岩变形量/mm	围岩稳定类别	支护结构	
		巷道宽度 $B<5$ m	5 m$<B<$10 m
11～50	Ⅲ	80～100 mm 厚喷射混凝土，局部加锚杆或网	100～150 mm 厚喷射混凝土，设置锚杆或加网
50～100 101～150 151～200	Ⅳ	二次支护：100～150 mm 厚喷射混凝土，设置锚杆或加网；锚喷网支护；锚喷网、钢拱架	二次支护：150～200 mm 厚喷射混凝土，锚杆加网；锚喷网、钢拱架混合支护
$>$200	Ⅴ	二次支护：150～200 mm 厚喷射混凝土、锚杆、网和拱桁架混合支护	二次支护：200～250 mm 厚喷混凝土锚杆、锚索网和拱桁架混合支护

任务实施

教师先分析讲解岩石分级与围岩分类的方法、实质，学生分组讨论、总结岩石分级与围岩分类的方法在矿山的应用，提交实训成果后任课老师总结。

思考与练习

1. 简述普氏分级法的实质，分析其在矿山中的应用。
2. 简述围岩的分类方法，分析其在矿山中的应用。
3. 测定围岩的松动圈，并分析测定结果。

项目二　巷道断面设计

任务一　巷道断面形状选择

知识要点

常用的巷道断面及其受力特点;影响断面形状选择的因素。

技能目标

能合理选择断面形状,绘制断面图。

任务导入

巷道断面如何分类?常用断面形状有哪些?哪些因素会影响断面形状选择?

任务分析

(1) 断面分类,矿山常用的断面形状。

(2) 影响断面形状选择的因素。

(3) 如何选择断面形状?

相关知识

一、分析与绘制断面形状

巷道断面形状按其轮廓线可分为折边形和曲边形两类。折边形包括矩形、正方形、梯形、不规则形等。曲边形包括半圆拱形、圆弧拱形、三心拱形、马蹄形、椭圆形、圆形等。

部分巷道断面形状如图 2-1 所示。

二、影响断面形状选择的因素

巷道断面形状的选择,主要取决于下列因素:

(1) 作用在巷道上地压大小与方向(即巷道所处的位置与穿过岩层的性质)。

(2) 巷道的用途和服务年限。

(3) 巷道的支护方式和支护材料。

(4) 巷道的掘进方法与所用的掘进设备。

(5) 巷道通过风量的大小。

三、选择巷道断面形状

选择巷道断面形状应考虑的诸因素是彼此密切联系又相互制约的。所以,应综合分析,

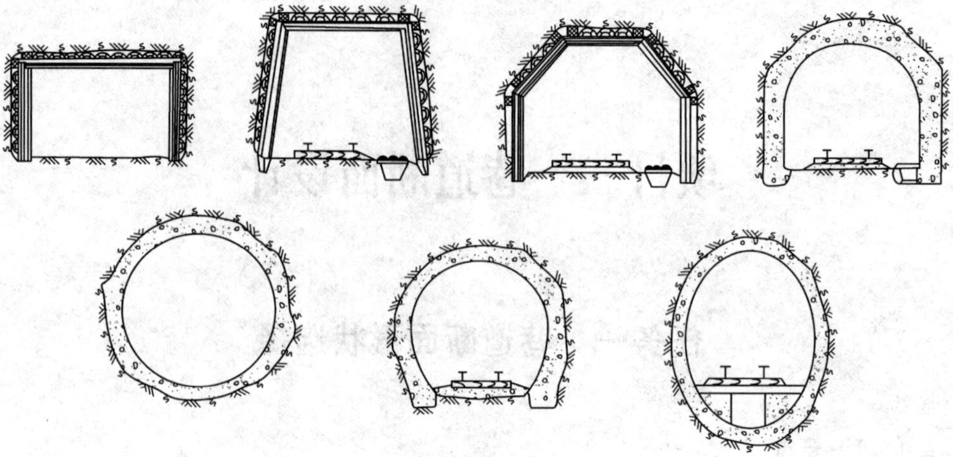

图 2-1 部分巷道断面形状

抓住主要因素,兼顾次要因素,这样才能选出较为合理的断面形状。可根据表 2-1 和表 2-2 综合考虑。

表 2-1 选择巷道断面形状的因素分析与断面形状

影响因素	因素分析	选择断面形状
地压大小与方向	顶压与侧压均不大	各种断面形状
	顶压大,侧压小	直墙拱形,如半圆拱、圆弧拱、三心拱
	顶压小,侧压大	封闭形,如马蹄形、椭圆形、圆形
	顶压与侧压均很大	封闭形,如马蹄形、椭圆形、圆形
巷道的用途和服务年限	服务年限长(15～30 a)的开拓巷道	直墙拱形,如半圆拱、圆弧拱、三心拱
	服务年限较长(5～15 a)的准备巷道	梯形断面、半圆拱、圆弧拱
	服务年限较短(1～5 a)的回采巷道	梯形、多边形断面
支护方式和支护材料	木支架和钢筋混凝土棚子	梯形断面和矩形断面
	砖石、混凝土和锚杆支护	半圆拱、圆弧拱、三心拱
	金属支架和喷射混凝土支护方式	各种断面形状
掘进方法	钻眼爆破法	各种断面形状
	综合机械化掘进机组	圆形断面、梯形断面

表 2-2 巷道断面形状及适用条件

序号	断面形状	适 用 条 件
1	半圆拱	开拓、准备巷道和硐室普遍采用的断面形状。多在顶压大、侧压小、无底鼓的条件下使用
2	圆弧拱形	由于光爆锚喷支护的推广,拱部成形好,施工方便,多用于准备巷道。当跨度较大时,较半圆拱形断面利用率高
3	三心圆拱形	与半圆拱形相比,拱顶承压能力差,但断面利用率较高,适用于围岩坚硬的开拓巷道、上下山和硐室

续表 2-2

序号	断面形状	适用条件
4	梯形	顶板暴露面积较矩形小，可减少顶压，能承受稍大的侧压，多用于采区巷道
5	不规则形	在薄煤层中，为了不破坏顶板，使顶板保持一定的稳定性，断面形状视煤层赋存条件而定

任务实施

教师先分析讲解本任务的基本知识，学生小组讨论，总结巷道断面选择的方法，提交讨论报告和实训成果（总结）。

思考与练习

1. 绘制常见的巷道断面图，分析其特点。
2. 选择巷道断面形状应考虑哪些因素？

任务二　巷道断面尺寸计算

知识要点

巷道断面尺寸的相关规定；断面设计步骤；巷道的净宽、净高、净面积、掘进面积；水沟与管线布置；巷道工程量、断面图。

技能目标

能计算巷道断面的基本参数。

任务导入

巷道断面形状确定以后，下一步便是确定掘进巷道的断面尺寸。《煤矿安全规程》规定：巷道净断面必须满足行人、运输、通风和安全设施及设备安装、检修、施工的需要。

那么，巷道断面需要用哪些参数表示？如何计算与选择相关参数？

任务分析

（1）断面设计需要收集哪些资料？
（2）断面尺寸计算。
（3）水沟布置与选择。
（4）管理布置的基本要求。
（5）按比例绘制断面图，计算巷道施工的工程量。

相关知识

一、设计所需资料

（一）设计巷道断面尺寸应收集的资料

(1) 巷道的用途、服务年限、通过岩石与围岩的性质。

(2) 存放或通过巷道的机械、器材或运输设备数量、型号和规格。

(3)《煤矿安全规程》规定的人行道宽度和各种安全间隙。

(4) 巷道的涌水量、管线布置、通过巷道风量。

(5) 支护参数，道床参数，巷道的超欠挖量、变形量等。

（二）计算巷道断面尺寸的内容与步骤

第一步：依据上述资料(1)、(2)、(3)，计算巷道的净断面尺寸，并进行风速验算。

第二步：根据上述资料(4)、(5)，计算掘进断面尺寸、设计尺寸。

第三步：选择水沟，布置管线，计算每米巷道的工程量及材料消耗，按比例绘制包括墙脚、水沟、管线布置在内的巷道断面图。

第四步：编制巷道特征表。

（三）巷道断面尺寸的相关规定

1. 巷道净高度的规定

巷道净高度是轨道面至巷道顶或棚梁的高度。巷道净高度必须保证车辆运行的安全和行人的方便。《煤矿安全规程》的规定见表 2-3。

表 2-3　巷道净高度的基本规定

序号	巷道类别	巷道净高度/m	备注
1	采用轨道机车运输的巷道	自轨面起，净高不小于 2.0 m	参看《煤矿安全规程》第九十条
2	采用架线电机车运输的巷道	在井底车场内、从井底到乘车场，净高不小于 2.4 m	
		其他地点，行人的不小于 2.2 m，不行人的不小于 2.1 m	
3	采(盘)区内的上、下山和平巷	净高不小于 2.0 m，薄煤层内的巷道净高不小于 1.8 m	

2. 巷道净宽度的规定

巷道净宽度 B 如图 2-2 所示。

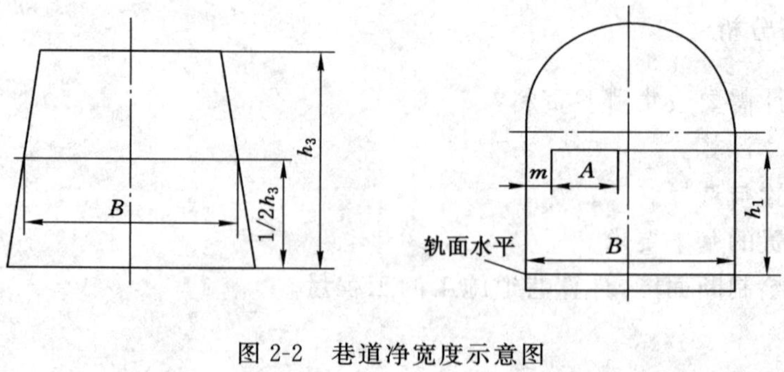

图 2-2　巷道净宽度示意图

对于梯形巷道，当其内设置运输机械或者通行矿车、电机车时，巷道净宽度是指运输设备顶面的巷道宽度；当巷道内不设置也不通行运输设备时，巷道净宽度是指其净高 1/2 处的水平距离。

拱形巷道的净宽度是指巷道直壁内侧的水平距离。

巷道净宽度主要取决于运输设备本身宽度、人行道宽度和相应的安全间隙，无运输设备的巷道可根据通风及行人需要来选取。

(1) 巷道运输设备本身宽度

巷道运输设备本身宽度见表 2-4，或查煤矿运输设备的参数选取。

表 2-4　　运输设备主要尺寸　　单位：mm

运输设备及类型	设备宽度 A_1	设备高度 h
XK2.5-6/48A 电池电机车	920	1 550
XK8-6/110A 蓄电池电机车	1 060	1 550
ZK7-6/250 架线式电机车	1 060	1 550
ZK10-9/250 架线式电机车	1 335	1 550
ZK14-9/550 架线式电机车	1 360	1 600
1 t 矿车(600 mm 轨距)	880	1 150
1.5 t 矿车(600 mm 轨距)	1 050	1 150
3 t 矿车(900 mm 轨距)	1 200	1 400

(2) 运输巷与运输设备最突出部分之间的最小间距

运输巷与运输设备最突出部分之间的最小间距见表 2-5。

表 2-5　　运输巷与运输设备最突出部分之间的最小间距

巷道类型	顶部/m	两侧/m	备　注
轨道机车运输巷道		0.3	综合机械化采煤矿井为 0.5 m
输送机运输巷道		0.5	输送机机头和机尾处与巷帮支护的距离应当满足设备检查和维修的需要，并不得小于 0.7 m
卡轨车、齿轨车运输巷道	0.3	0.3	单轨运输巷道宽度应当大于 2.8 m，双轨运输巷道宽度应当大于 4.0 m
单轨吊车运输巷道	0.5	0.85	曲线巷道段应当在直线巷道允许安全间隙的基础上内侧加宽不小于 0.1 m，外侧加宽不小于 0.2 m。巷道内、外侧加宽要从曲线巷道段两侧直线段开始，加宽段的长度不小于 5.0 m
无轨胶轮车运输巷道	0.5	0.5	曲线巷道段应当在直线巷道允许安全间隙的基础上按无轨胶轮车内、外轮曲率半径计算需加大的巷道宽度。巷道内、外侧加宽要从曲线巷道两侧直线段开始，加宽段的长度应当满足安全运输的要求
设置移动变电站或者平板车的巷道		0.3	移动变电站或者平板车上设备最突出部分与巷道侧的间距

(3) 巷道内人行道的宽度、非人行道的宽度和相应的安全间隙

对于巷道内人行道的宽度、非人行道的宽度和相应的安全间隙，《煤矿安全规程》有明确规定，设计时按表 2-6 的规定选用。

表 2-6　　巷道宽度尺寸表　　单位：mm

地点位置＼最小尺寸＼尺寸名称		车辆间间隙 T	运输巷两侧（包括管、线、电缆）与运输设备最突出部分之间的距离		
			行人侧 A	非行人侧 C	备　注
运输巷	综合机械化采煤及无轨胶轮运输的矿井	200	1 000	500	从巷道道碴面起 1.6 m 的高度内；管道吊挂高度≥1.8 m
	其他开采矿井	200	800	300	
	输送机运输巷道		700	700	输送机机头和机尾处与巷帮支护的距离
			500	500	输送机与巷帮支护的距离
单轨吊车运输的巷道		800			
无轨胶轮车运输的巷道		500			双车道行驶，会车时不得小于 0.5 m
人车停车地点的巷道上下人侧		400	1 000	300	巷道道碴面起 1.6 m 的高度内；管道吊挂高度≥1.8 m
采区装载点		700			
矿车摘挂钩地点		1 000			

注：① 生产矿井已有巷道人行道的宽度不符合本要求时，必须在巷道的一侧设置躲避硐，两个躲避硐之间的距离不得超过 40 m。躲避硐宽度不得小于 1.2 m，深度不得小于 0.7 m，高度不得小于 1.8 m，其内部严禁堆积物料。② 采用无轨胶轮车运输的矿井人行道宽度不足 1 m 时，必须制定专项安全技术措施，严格执行“行人不行车，行车不行人”的规定。③ 无轨胶轮车运输的单车道，应当根据运距、运量、运速及运输车辆特性，在巷道的合适位置设置机车绕行道或者错车硐室，并设置方向标识。

（4）曲线段的巷道加宽与轨道的中心距的规定

在设计曲线段的巷道时，应考虑车辆由于转弯而外凸，巷道需适当加宽，加宽数值可按表 2-7 选取。其加宽范围为：用矿车运输时，与曲线段相连接直线段加宽长度，建议取 2.0 m；电机车运输时取 5.0 m。

表 2-7　　曲线段巷道加宽值　　单位：mm

运输方式	曲线段巷道加宽值	
	内侧	外侧
0.5 t 和 1 t 矿车运输	50	100
3 t 矿车运输	100	200
600 mm 轨距电机车运输	100	200
900 mm 轨距电机车运输	100	200～300

为使双轨巷道对开车辆之间的间隙满足《煤矿安全规程》的规定，两条平行轨道的中心距可按表 2-8 选取。

表 2-8　　双轨巷道轨道中心距表　　单位:mm

运输设备	600 mm轨距		900 mm轨距	
	直线	曲线	直线	曲线
1.0 t矿车	1 100	1 300		
1.5 t矿车	1 300	1 500	1 400	1 600
7 t、10 t、14 t架线机车	1 300	1 600	1 600	1 900
3.0 t矿车			1 600	1 800
3.0 t底卸式矿车	1 500	1 700		
5.0 t底卸式矿车	1 600	1 800	1 800	2 000
8 t、12 t蓄电池机车	1 300	1 600	1 600	1 900

二、计算巷道的净断面尺寸与风速验算

(一) 计算巷道净宽

1. 拱形双轨巷道净宽

如图 2-3 所示,拱形双轨巷道净宽度的计算如下:

$$B=a+b+c=A+2A_1+C+T \tag{2-1}$$

式中　B——拱形双轨巷道净宽度,m;

a——轨道中心线至非人行道侧巷道壁的距离,$a=1/2A_1+A$,m;

b——轨道中心线之间的距离,查表 2-8,m;

c——轨道中心线至人行道侧巷道壁的距离,$c=1/2A_1+C$,m;

A——非人行道侧宽度,查表 2-5、表 2-6,m;

A_1——矿车宽度,查表 2-4,m;

C——人行道宽度,查表 2-5、表 2-6,m;

T——矿车之间的安全间隙,查表 2-5、表 2-6,m。

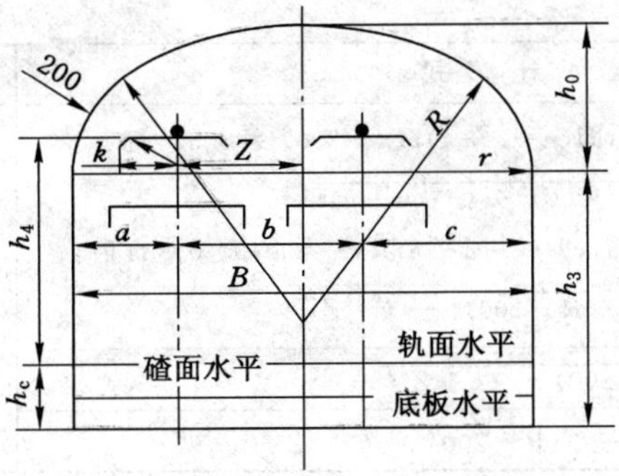

图 2-3　拱形双轨巷道断面图

2. 无轨运输巷道净宽

主要无轨运输巷道断面净宽要求留有宽度在 1.2 m 以上的人行道,另一侧宽度也应不小于 0.5 m;两辆车对开最突出部分之间的距离不小于 0.5 m。其他巷道,人行道宽度可按 0.8～1.0 m 留设;另一侧宽度可按 0.3～0.5 m 留设。

在巷道转弯或交岔处，无轨运输车的间距必须满足安全运输的要求，此时巷道的宽度 B 应根据无轨运输车的转弯半径和运输间距来确定：

$$B \geqslant R_1 - R_2 + 1.7 \tag{2-2}$$

式中 R_1——运输车转弯外半径，m；

R_2——运输车转弯内半径，m。

（二）确定巷道净高

1. 梯形巷道的净高度

梯形巷道净高度根据表 2-3 选取。

2. 拱形巷道的净高度

（1）巷道的墙高 h_3

依据架线的高度、人行道高度和安装管线的高度计算后，选用其中最大值作为直墙的高度。

① 当采用架线式电机车运输时，按电机车架空线与巷道顶或棚梁之间的距离不小于 0.2 m，悬吊绝缘子距电机车架空线的距离每侧不超过 0.25 m 确定。直墙的高度计算见表 2-9。

表 2-9 架线式电机车运输时拱形巷道直墙高度计算表

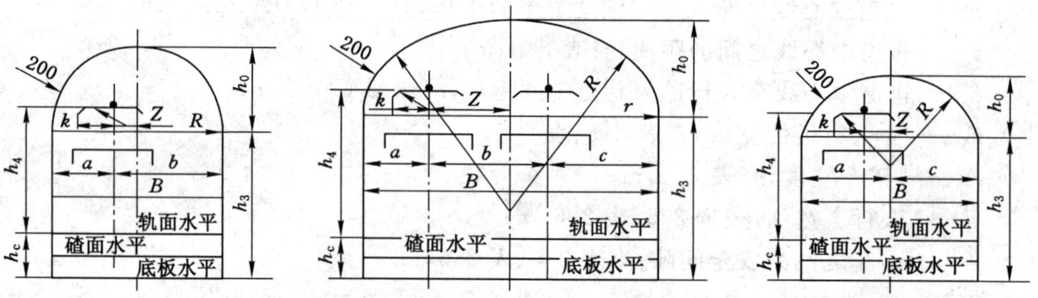

拱形	计算公式	备注
三心拱	导电弓进入小圆弧断面，即 $(r-a+k)/(r-200) > 0.554$ 时： $h_3 = h_4 + h_c - \sqrt{(r-200)^2 - (r-a+k)^2}$ 导电弓不进入小圆弧断面，即 $(r-a+k)/(r-200) < 0.554$ 时： $h_3 = h_4 + h_c + R - \sqrt{(R-200)^2 - (k+Z)^2}$	k 为架线式电机车导电弓宽度之半，旧式导电弓，$k=400$ mm；新式导电弓 $k=360$ mm。各符号代表的尺寸如图示，单位：mm
半圆拱	$h_3 = h_4 + h_c - \sqrt{(R-200)^2 - (k+Z)^2}$	
圆弧拱	$h_3 = h_4 + h_c + R - h_0 - \sqrt{(R-200)^2 - (k+Z)^2}$	

② 当用蓄电池机车或其他运输方式时，直墙高度应保证人行道在距壁 100 mm 处高度不小于 1 800 mm。直墙的高度计算见表 2-10。

顶部装设管线的主要运输巷道，当采用非架线矿车运输时，管子最下边应满足 1 800 mm 的人行要求；顶部装设管线的主要运输巷道，采用架线式电机车运输时，还要求机车的电弓与管子距离不小于 300 mm。直墙的高度计算见表 2-11。

表 2-10　　蓄电池机车运输时拱形巷道直墙高度计算表

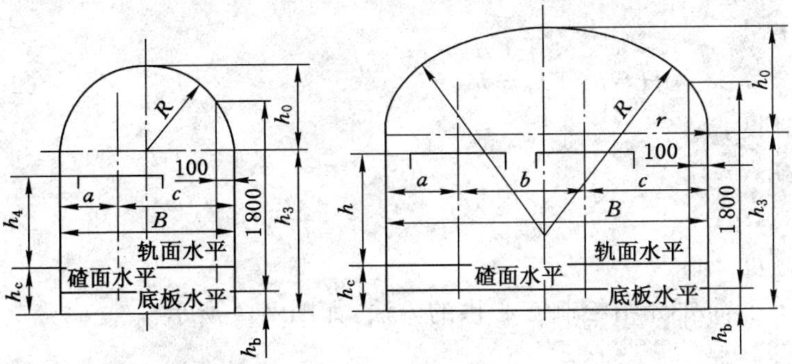

拱形	计算公式	备注
三心拱	$h_3=1\,800+h_b-14.1\sqrt{r-50}$	各符号代表的尺寸如图示，单位：mm
半圆拱	$h_3=1\,800+h_b-14.1\sqrt{R-50}$	
圆弧拱	$h_3=1\,800+h_b+R-h_0-\sqrt{R^2-(0.5B-100)^2}$ 当$h_3=B/3$时，$R=0.542B$， $h_3=1\,800+h_b+0.209B-\sqrt{(1.042B-100)(0.042B-100)}$	

表 2-11　　顶部装设管线的拱形巷道直墙高度计算表

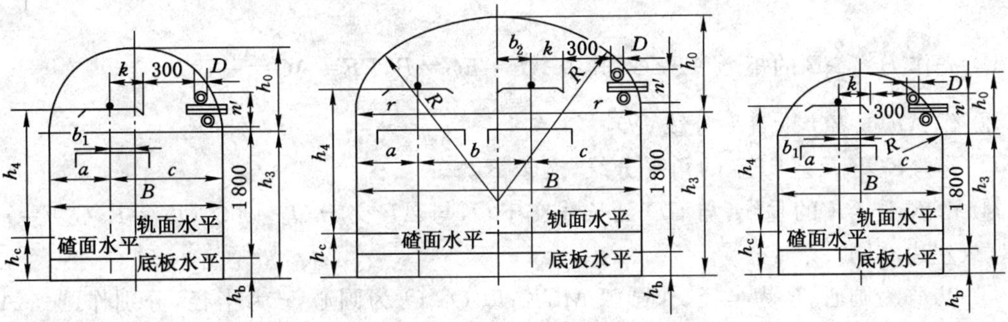

拱形	计算公式	备注
三心拱	单轨：$h_3=1\,800+h_b+n'-\sqrt{r^2-[r-(B/2+b_1-k-300-D)]^2}$ 双轨：$h_3=1\,800+h_b+n'-\sqrt{r^2-[r-(B/2-b_2-k-300-D)]^2}$	各符号代表的尺寸如图示，单位：mm
半圆拱	单轨：$h_3=1\,800+h_b+n'-\sqrt{R^2-(k+300+D-b_1)^2}$ 双轨：$h_3=1\,800+h_b+n'-\sqrt{R^2-(k+300+D+b_2)^2}$	
圆弧拱	单轨：$h_3=1\,800+h_b+n'+R-h_0-\sqrt{R^2-(k+300+D-b_1)^2}$ 双轨：$h_3=1\,800+h_b+n'+R-h_0-\sqrt{R^2-(k+300+D+b_2)^2}$	

(2) 拱顶高 h_0

半圆拱：$h_0=1/2B$。

三心拱：$h_0=1/3B$。

圆弧拱：$h_0=2/5B$，围岩稳定时，$h_0=1/4B$ 或 $1/5B$。

(3) 拱形巷道的净高度 H

$$H=h_3+h_0-h_b \tag{2-3}$$

式中 H——拱形巷道的净高度，m；

h_3——拱形巷道的墙高，m；

h_0——拱形巷道的拱高，m；

h_b——巷道内道碴的高度，m。

注：三心拱绘制较困难，下面简要介绍绘制三心拱的方法，如图 2-4 所示。

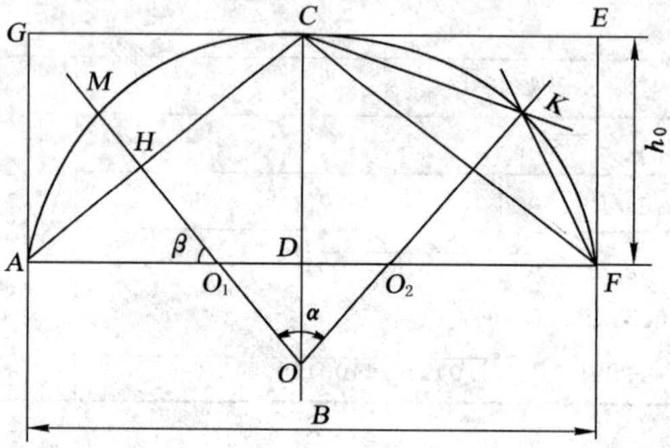

图 2-4 三心拱的作图法

① 先作 $B\times\frac{2}{5}B$ 的矩形 $AFEG$，其中 $AF=EG=B$，$FE=AG=\frac{2}{5}B$。

② 作 AF 或 EG 垂直平分线 CD。

③ 作$\angle ECF$ 及$\angle EFC$ 的角平分线，交于 K。

④ 由 K 作 CF 的垂线，与 CD 延长线交于 O，与 AF 交于 O_2，则令 $OK=R$，$O_2F=r$（因对称，故左边亦同）。

⑤ 以 O 为圆心，R 为半径，作圆弧 MCK；以 O_1、O_2 为圆心，r 为半径，分别作圆弧 AM、KF，即得拱弧 $AMCKF$。

3. 无轨运输巷道净高

无轨运输（包括汽车运输）巷道最小高度除满足行人、通风等要求外，运输设备的顶部距巷道顶部（支护）或管线下缘的距离不小于 0.6 m。最后确定的净高度要满足安全间隙对巷道高度的要求。

（三）巷道断面净面积

矩形巷道的净断面积： $S=BH$ (2-4)

梯形巷道的净断面积： $S=(B_1+B_2)H/2$ (2-5)

半圆拱巷道的净断面积： $S=B(0.39B+h_2)$ (2-6)

圆弧拱巷道的净断面积： $S=B(0.24B+h_2)$ (2-7)

式中 B——巷道净宽，m；

H——巷道净高，m；

B_1、B_2——巷道顶梁、底板处净宽，m；

h_2——碴面起巷道壁的高度，m。

（四）风量验算

井下几乎所有贯通巷道都起通风作用。当通过巷道的风量按需要确定后，巷道断面愈小，风速就愈大。风速过大，不仅会扬起煤尘，影响工人健康和生产效率，而且易引起煤尘爆炸事故。为此，《煤矿安全规程》规定了各种用途巷道允许风速，见表 2-12。

表 2-12　巷道允许最大风速　单位：m/s

井巷名称	允许风速		附注
	最低	最高	
无提升设备的风井和风硐	—	15	1. 设有梯子间的井筒或者修理中的井筒，风速不得超过 8 m/s； 2. 无瓦斯涌出的架线电机车巷道中的最低风速可低于表中的规定值，但不得低于 0.5 m/s； 3. 综采工作面采取煤层注水湿润煤体和采煤机喷雾降尘等措施后，其最大风速可高于表中规定值，但不得超过 5 m/s
专为升降物料的井筒	—	12	
风桥	—	10	
升降人员和物料的井筒	—	8	
主要进、回风道	—	8	
架线电机车巷道	1.0	8	
运输机巷道、采区进回风巷	0.25	6	
采煤工作面、掘进中的煤巷	0.25	4	
掘进中的岩巷	0.15	4	
其他通风人行巷道	0.15	—	

巷道断面尺寸用风速验算的方法如下：

$$v = Q/S \leqslant v_m \tag{2-8}$$

式中 v——通过的风速，m/s；

Q——通过巷道的风量，m^3/s；

S——巷道净断面面积，m^2；

v_m——巷道允许通过的最大风速，m/s。

设计巷道的风速不符合规定值时，需加大巷断面，重新设计。

三、计算巷道掘进断面尺寸

（一）确定道床参数

1. 选择道床结构与参数

钢轨以下部分称为道床。可分为有碴道床、无碴道床及固定道床三种。

有碴道床，道床中铺有较厚的道碴，它在煤矿井下使用广泛。

无碴道床，适用于倾角较大的斜巷，此时应将底板铲平或在底板中挖槽，然后放置轨枕。在人推车运输的巷道中，往往采用无碴道床。

固定道床，是利用混凝土一次浇灌成整体，利用预埋螺栓将钢轨固定，或者将钢筋混凝土轨枕用现浇混凝土固定成整体，再铺钢轨。多用于大型矿井运输量很大的主巷中，或大型斜井箕斗提升的线路上。

道床结构及其参数见图 2-5、表 2-13。

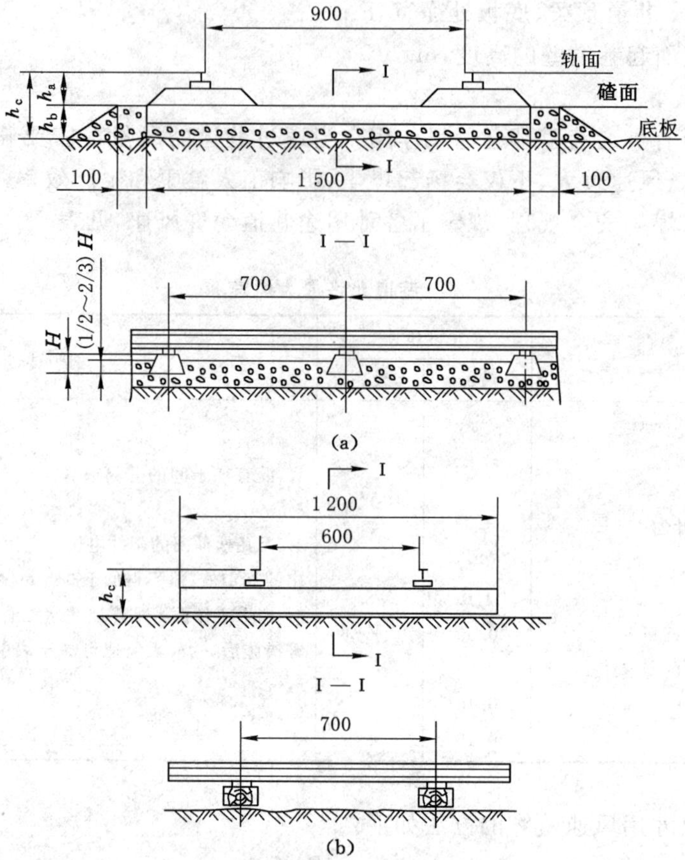

图 2-5　道床结构及尺寸关系

(a) 有碴道床；(b) 无碴道床

表 2-13　常用道床参数

<table>
<tr><th colspan="2">巷道类型</th><th>钢轨型号
/kg·m⁻¹</th><th>道床总高度
h_c/mm</th><th>道碴高度
h_b/mm</th><th>碴面至轨面高度
h_a/mm</th></tr>
<tr><td colspan="2" rowspan="2">井底车场及主要运输巷道</td><td>30</td><td>410</td><td>220</td><td>190</td></tr>
<tr><td>22</td><td>380</td><td>220</td><td>160</td></tr>
<tr><td rowspan="2">采区运输巷道</td><td>上、下山</td><td>22
15</td><td>380
350</td><td colspan="2" rowspan="2">可不铺道碴，轨枕沿底板浮放，也可以在浮放的轨枕两侧充填道碴</td></tr>
<tr><td>运输、回风巷</td><td>15</td><td>250</td></tr>
</table>

2. 确定道碴参数

道碴承受轨枕传下来的力，并将其分散给底板岩石。此外道碴还起着垫稳轨枕，使枕面保持平整的作用。

道碴多用不易风化而又坚固的岩石破碎而成，粒度以 10～60 mm 为宜。轨枕下的道碴厚度不得小于 50 mm，轨枕埋入道碴的深度一般为枕高的 1/2～2/3。

3．选择轨枕与参数

常用的轨枕有两种：木轨枕和钢筋混凝土轨枕，如图 2-6 所示。

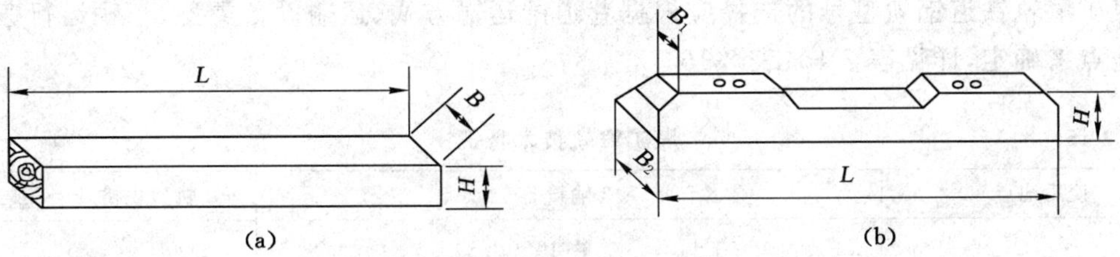

图 2-6　轨枕图

(a) 木轨枕；(b) 钢筋混凝土轨枕

轨枕的长度，一般取轨距的 1.8～2 倍。在轨距为 600 mm 时，轨枕长度取 1.2 m；在轨距为 900 mm 时，轨枕长度取 1.6 m。轨枕规格见表 2-14。

表 2-14　　**常用轨枕规格**

轨枕类型	轨距 /mm	轨型 /kg·m⁻¹	全长 /mm	宽度/mm		高度 /mm
				上宽	下宽	
木轨枕	600	15	1 200	120	150	120
		22		130	160	140
	900	15	1 600	120	150	120
		22		130	160	140
钢筋混凝土轨枕	600	15 或 22	1 100～1 200	110～130	140～170	120～150
	900	≥30	1 500～1 600	140～160	180～250	150～200
预应力钢筋混凝土轨枕	600	15 或 22	1200	100	140	115

钢筋混凝土轨枕是广泛使用的轨枕。它坚固耐用，取材制造方便，节约木材资源，不怕矿井水的侵蚀，不腐朽，使用寿命长，能减少维护工作量和维护费用，但存在弹性差，绝缘性能差，重量大，不易搬运的缺点。

由于木材资源有限，所以木轨枕现在煤矿中已很少用，只是作为掘进临时铺轨。

4．选择钢轨与参数

钢轨由轨头、轨腰和轨底构成，如图 2-7 所示。

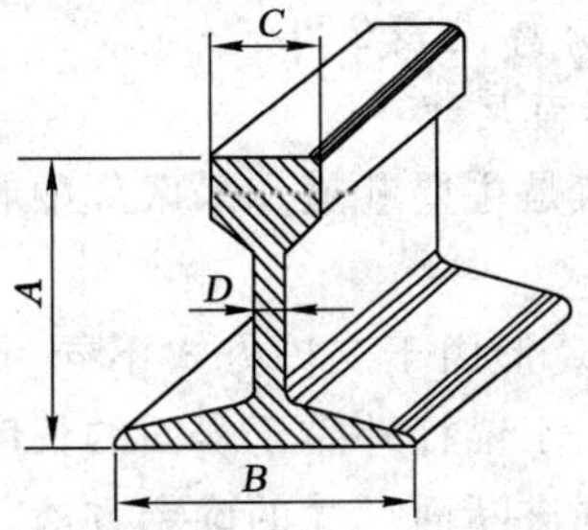

图 2-7　钢轨图

钢轨的型号是以每米长的质量来表示的。钢轨的作用是支承机车车辆的荷重，并将负荷传给轨枕。在使用架线式电机车运输的区段，钢轨还兼作轨道回流电路。

煤矿窄轨铁道钢轨型号的选择应根据巷道的运输方式、运输设备类型、车辆运行速度和使用地点来确定，详见表 2-15、表 2-16。

表 2-15　　煤矿窄轨技术特征

使用地点	运输设备	轨型规格/kg·m^{-1}
斜井	箕斗 人车 运输液压支架的设备车	30、38
	1.0 t、1.5 t 矿车	22
平硐 大巷 井底车场	8 t 及以上的机车 3 t 及以上的矿车 2.4 Mt/a 及以上矿井运输液压支架设备车	30
	1.0 t、1.5 t 矿车	22
采区巷道	2.4 Mt/a 及以上矿井运输液压支架设备车	30、22
	1.0 t、1.5 t 矿车	22、15

表 2-16　　矿井钢轨型号选用表

轨型 /kg·m^{-1}	轨高 /mm	底宽 /mm	头宽 /mm	腰厚 /mm	理论质量 /kg·m^{-1}	标准长度 /m
43	140	114	70	14.5	44.653	12.5～25
38	134	114	68	13	38.733	12.5～25
30	107.95	107.95	60.33	12.3	30.1	
22	93.66	93.66	50.8	10.72	22.3	
15	79.37	79.37	42.86	8.33	15.2	6～10

（二）计算巷道掘进断面尺寸

（1）梯形断面尺寸计算见表 2-17。

（2）三心拱形巷道断面尺寸计算见表 2-18。

（3）半圆拱形巷道断面尺寸计算见表 2-19。

（4）圆弧拱形巷道断面尺寸计算见表 2-20。

（三）计算锚喷支护巷道的断面尺寸

锚喷支护的巷道断面形状，若是主要巷道和采区集中巷道，宜选用拱形；若是其他巷道，可选用矩形、梯形或不规则形。

计算与前面介绍的完全相同。但由于支护方式不同，锚喷支护巷道的净空从锚杆外露的尾端算起；当喷射混凝土厚度大于锚杆外露于岩面的长度时，则由混凝土面算起。

现以矩形断面为例，介绍其掘进断面尺寸的确定方法。

表 2-17　　　　**梯形断面计算公式**

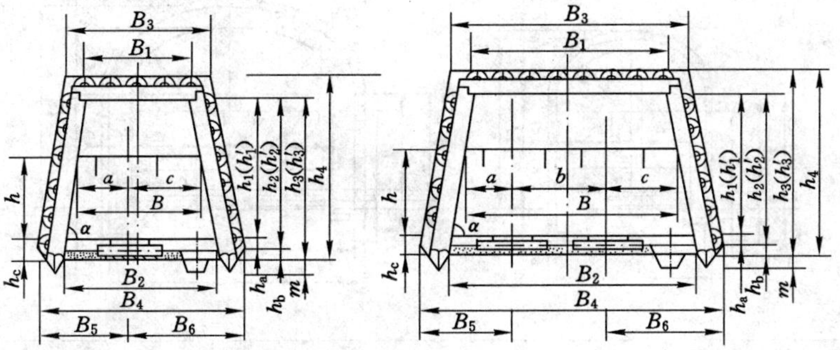

项　目　名　称	单位	符号或计算公式	备注
从轨面起电机车(矿车)高度	mm	h	
从轨面起巷道沉实后的净高	mm	h_1	1. 在计算巷道的各种高度
从道碴面起巷道沉实后的净高	mm	$h_2 = h_1 + h_a$	及断面时，净尺寸按沉实后
从底板起巷道沉实后的净高	mm	$h_3 = h_2 + h_b$	计算，掘进尺寸按沉实前
从轨面起巷道沉实前的净高	mm	$h_1{}' = h_1 + 100$	计算。
从道碴面起巷道沉实前的净高	mm	$h_2{}' = h_2 + 100$	2. 式中符号除已注明者外，
从底板起巷道沉实前的净高	mm	$h_3{}' = h_3 + 100$	其余如下：
从底板起巷道的掘进高度	mm	$h_4 = h_3{}' + d + h_n$	Δ 为达到坑木标准长度时的
柱腿的倾斜角	(°)	$\alpha = 80°$	附加长度。
柱腿的斜长	mm	$L_1 = [(h_3 + m + d/2)/\sin\alpha] + \Delta$	m 为柱腿插入底板的深度，
巷道的净宽度(单、双轨)	mm	单轨：$B = a + c$；双轨 $B = a + b + c$	一般采用 250 mm。
巷道顶梁处净宽度	mm	$B_1 = B - 2(h_1 - h)\cot\alpha$	d 为坑木直径，cm。
巷道道碴面处净宽度	mm	$B_2 = B + 2(h + h_a)\cot\alpha$	h_n 为背板厚度，平均以 25
顶梁长度	mm	$L = B_1 + 2d + \Delta$	mm 计。
巷道顶部的掘进宽度	mm	$B_3 = L + 2h_n$	x 为背板密实系数：
巷道底板面的掘进宽度	mm	$B_4 = B + 2(h + h_c)\cot\alpha + 2d + 2h_n$	$f < 3$ 时，$x = 1.0$；
净断面积	m^2	$S = (B_1 + B_2)h_2/2$	$f = 4 \sim 6$ 时，$x = 0.5$；
掘进断面积	m^2	$S_2 = (B_3 + B_4)\ h_4/2$	$f > 8$ 时，$x = 0$。
净周长	m	$P = B_1 + B_2 + (2h_2/\sin\alpha)$	3. 坑木长以 m 为单位，取小
每米巷道背板消耗量	m^3	$V_2 = 0.025(L + 2xh_2/\sin\alpha)$	数后一位，只进不舍
巷道允许通过风量	m^3/s	$Q \leqslant Sv_{允}$	

表 2-18 三心拱形巷道断面计算公式

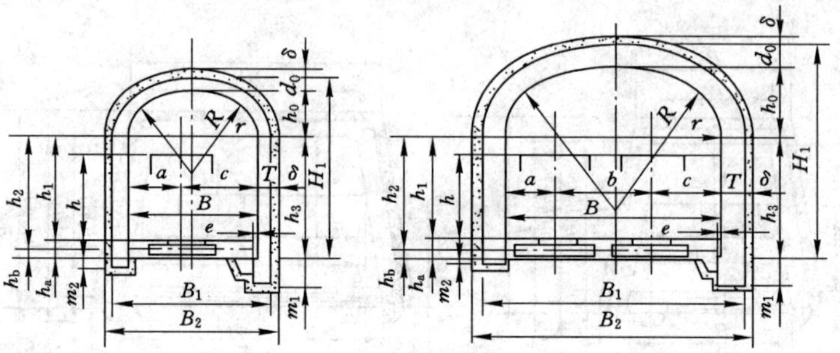

项目名称	单位	符号或计算公式	备注
从轨面起机车(矿车)高度	mm	h	
从轨面起巷道的墙高	mm	h_1	
从道碴面起巷道的墙高	mm	$h_2=h_1+h_a$	
从底板面起巷道的墙高	mm	$h_3=h_2+h_b$	
三心拱的参数 拱高	mm	$h_0=1/3B$	
三心拱的参数 圆半径 大圆	mm	$R=0.692B$	
三心拱的参数 圆半径 小圆	mm	$R=0.262B$	
三心拱的参数 圆心角 大圆	(°)	$\alpha=67°22'$	
三心拱的参数 圆心角 小圆	(°)	$\beta=56°19'$	
巷道的设计掘进高度	mm	$H_1=h_3+h_0+d_0$	1. 通常有水沟一侧基础深 $m_1=500$ mm，无水沟一侧 $m_2=250$ mm； 2. e 值随水沟砌法不同而定，一般 $e=50$ mm 或 $e=0$； 3. 壁后充填厚度 $\delta=50$ mm； 4. $h_3=1/3B$
巷道的计算掘进高度	mm	$H_2=H_1+\delta$	
巷道的净宽度(单、双轨)	mm	单轨：$B=a+c$；双轨：$B=a+b+c$	
巷道的设计掘进宽度	mm	$B_1=B+2T$	
巷道的计算掘进宽度	mm	$B_2=B_1+2\delta$	
净断面积	m^2	$S=B(0.26B+h_2)$	
掘进断面积	m^2	$S_2=B_2[0.26(B_2+T+\delta)+h_3]$	
净周长	m	$P=2.33B+2h_2$	
巷道允许通过风量	m^3/s	$Q\leqslant Sv_{允}$	
砌拱所需材料	m^3	$V_1=1.33(B+T)T$	
砌墙所需材料	m^3	$V_2=2h_3T$	
基础所需材料	m^3	$V_3=(m_1+m_2)T+m_1e$	
充填所需材料	m^3	$V_4=1.33B_2\delta+2h_3\delta+V_4''$	
充填基础所需材料(有水沟)	m^3	$V_4'=(m_1+2m_2+2T+3\delta+e)\delta$	
充填基础所需材料(无水沟)	m^3	$V_4''=2(m_1+m_2+T+2\delta)\delta$	
每米基础掘进体积(有水沟)	m^3	$V_0=(m_1+\delta)(T+\delta+e)+(m_2+\delta)(T+2\delta)$	
每米基础掘进体积(无水沟)	m^3	$V_0=(m_1+m_2+2\delta)(T+2\delta)$	
每米巷道掘进体积	m^3	$V=S_2+V_0$	
巷道的粉刷面积	m^2	$S_n=1.33B+2h_2$	

表 2-19　　**半圆拱形巷道断面计算公式**

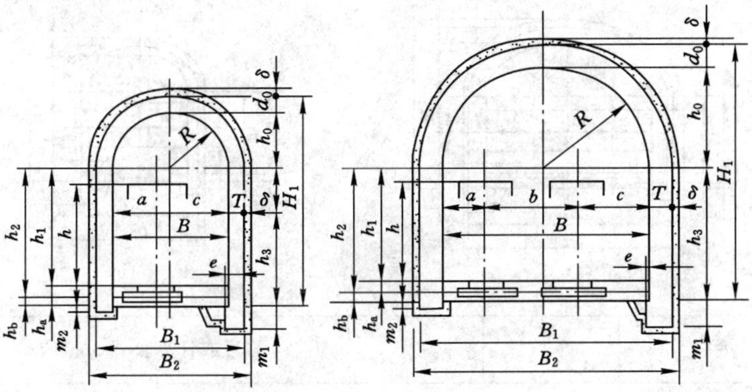

项　目　名　称	单位	符号或计算公式($d_0=T$)
从轨面起电机车(矿车)的高度	mm	h
从轨面起巷道的墙高	mm	h_1
从道碴面起巷道的墙高	mm	$h_2=h_1+h_a$
从底板起巷道的墙高	mm	$h_3=h_2+h_b$
拱高	mm	$h_0=1/2B$
巷道的设计掘进高度	mm	$H_l=h_3+h_0+d_0$
巷道的计算掘进高度	mm	$H_2=H_1+\delta$
巷道的净宽	mm	单轨：$B=a+c$；双轨：$B=a+b+c$
巷道的设计掘进宽度	mm	$B_1=B+2T$
巷道的计算掘进宽度	mm	$B_2=B_1+2\delta$
净断面积	m^2	$S=B(0.39B+h_2)$
掘进面积	m^2	$S_2=B_2(0.39B_2+h_3)$
净周长	m	$P=2.57B+2h_2$
巷道允许通过风量	m^3/s	$Q\leqslant Sv_{允}$
砌拱所需材料	m^3	$V_1=1.57(B+T)T$
砌墙所需材料	m^3	$V_2=2h_3T$
砌基础所需材料	m^3	$V_3=(m_1+m_2)T+m_1e$
充填所需材料	m^3	$V_4=1.57B_2\delta+2h_3\delta+V_4'$
充填基础所需材料(有水沟)	m^3	$V_4'=(m_1+2m_2+2T+3\delta+e)\delta$
充填基础所需材料(无水沟)	m^3	$V_4''=2(m_1+m_2+T+2\delta)\delta$
每米基础掘进体积(有水沟)	m^3	$V_0=(m_1+\delta)(T+\delta+e)+(m_2+\delta)(T+2\delta)$
每米基础掘进体积(无水沟)	m^3	$V_0=(m_1+m_2+2\delta)(T+2\delta)$
每米巷道掘进体积	m^3	$V=S_2+V_0$
每米巷道的粉刷面积	m^2	$S_n=1.57B+2h_2$

表 2-20 **圆弧拱形巷道断面计算公式**

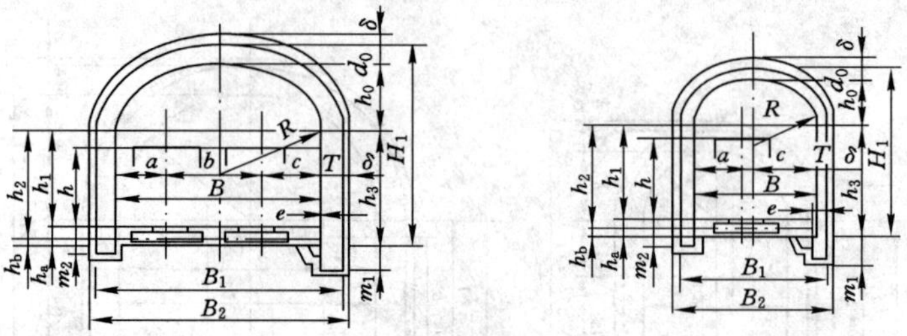

(a) (b)

项 目 名 称		单位	符号或计算公式($d_0=T$)
从轨面起电机车(矿车)的高度		mm	h
从轨面起巷道的墙高		mm	h_1
从道碴面起巷道的墙高		mm	$h_2=h_1+h_a$
从底板起巷道的墙高		mm	$h_3=h_2+h_b$
砌拱参数	拱高	mm	$h_0=1/3B$
	曲半径	mm	$R=0.542B$
	圆心角	(°)	134°36′
巷道的设计掘进高度		mm	$H_1=h_3+h_0+d_0$
巷道的计算掘进高度		mm	$H_2=H_1+\delta$
巷道的净宽		mm	单轨:$B=a+c$;双轨:$B=a+b+c$
巷道的设计掘进宽度		mm	$B_1=B+2T$
巷道的计算掘进宽度		mm	$B_2=B_1+2\delta$
净断面积		m^2	$S=B+(0.24B+h_2)$
掘进面积		m^2	$S_2=B_2(0.24B_2+0.1T+0.1\delta+h_3)$
净周长		m	$P=2.27B+2h_2$
巷道允许通过风量		m^3/s	$Q\leqslant Sv_{允}$
砌拱所需材料		m^3	$V_1=1.27(B+T)T$
砌墙所需材料		m^3	$V_2=2h_3T$
砌基础所需材料		m^3	$V_3=(m_1+m_2)T+m_1e$
充填所需材料		m^3	$V_4=1.27B_2\delta+2h_3\delta+V_4'$
充填基础所需材料(有水沟)		m^3	$V_4'=(m_1+2m_2+2T+3\delta+e)\delta$
充填基础所需材料(无水沟)		m^3	$V_4''=2(m_1+m_2+T+2\delta)\delta$
每米基础掘进体积(有水沟)		m^3	$V_0=(m_1+\delta)(T+\delta+e)+(m_2+\delta)(T+2\delta)$
每米基础掘进体积(无水沟)		m^3	$V_0=(m_1+m_2+2\delta)(T+2\delta)$
每米巷道掘进体积		m^3	$V=S_2+V_0$
每米巷道的粉刷面积		m^2	$S_n=1.27B+2h_2$

1. 锚杆支护巷道断面尺寸的确定

锚杆支护巷道掘进尺寸的确定,可参照图 2-8,用下面公式计算:

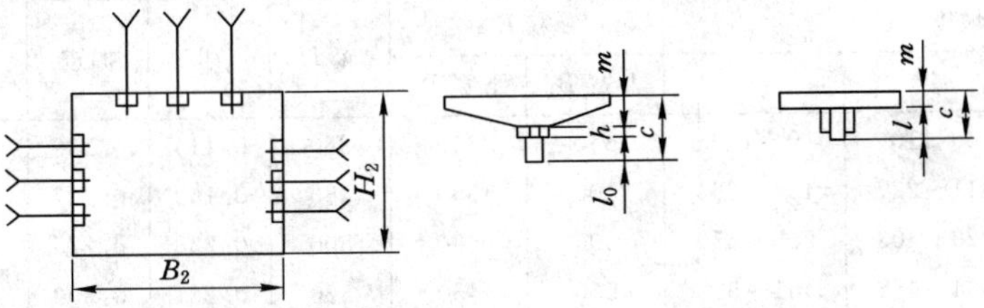

图 2-8 锚杆支护巷道断面尺寸计算图

计算掘进高度: $H_2 = H_0 + C + \delta$ (2-9)

计算掘进宽度: $B_2 = B_0 + 2C + 2\delta$ (2-10)

式中 H_0——根据运输设备及最小安全间隙、行人、通风等要求确定的巷道净高度。

B_0——根据以上条件确定的巷道净宽度。

C——托板(梁)厚度及锚杆外露长度之和,金属锚杆 $C=m+h+L_0$,木锚杆 $C=m+L$,其中 m 为铁或木托板(梁)的厚度(钢托板为 5 mm,铸铁托板 15~25 mm,木托板为 50 mm);h 为螺帽高度,20~25 mm;L_0 为锚杆的螺尾外露长度,取 20 mm;L 为木锚杆外露长度,取 50 mm。

δ——考虑顶底板或两帮相对移近量、锚杆安装不准确等影响因素的附加量,取 75 mm。

2. 喷射混凝土巷道断面尺寸的确定

喷射混凝土支护厚度一般变化于 50~200 mm 范围内。当岩层破碎或巷道跨度加大时,通常不增加支护厚度,而是用加设锚杆、钢丝网、配筋等方式。

喷射混凝土支护应设墙脚,其深度不小于 100 mm。

计算掘进高度: $H_2 = H_0 + T + \delta$ (2-11)

计算掘进宽度: $B_2 = B_0 + 2T + 2\delta$ (2-12)

式中 H_0、B_0、δ 意义同前;

T——喷射混凝土支护厚度。

四、水沟布置与参数选择

(一) 水沟布置

设计巷道断面时,应根据巷道通过的排水量布置水沟,以保证井下工人的健康及运输工作的正常进行。巷道水沟通常布置在人行道一侧,只有在特殊情况下,才将水沟布置在轨道下面或巷道非人行道一侧。水沟的断面形状一般为梯形。

在平巷中,水沟坡度一般为 3‰~5‰,或与巷道坡度相同,但不应小于 3‰;巷道中横向水沟坡度不宜小于 2‰。水沟一侧距棚腿不应小于 300 mm;水沟中心线距轨道中心线的距离不应小于 1 100 mm。

(二) 水沟参数选择

水沟的断面积,根据水沟的坡度和流量来选择。表 2-21 所列为砌碹大巷水沟参数。表 2-22 所列为锚喷巷道水沟参数。

表 2-21

砌碹大巷水沟参数

编号	流量/$m^3\cdot h^{-1}$ 坡度/‰ 3	4	5	净尺寸/mm 宽 B 上宽 B_1	下宽 B_2	深 H	断面/m^2 净	掘进	水沟混凝土消耗量/$m^3\cdot m^{-1}$	水沟充满系数
1	0～96	0～110	0～123	350	300	350	0.114	0.139	0.099	0.75
2	97～197	111～227	124～254	400	350	450	0.169	0.207	0.120	
3	198～349	228～403	255～450	500	450	500	0.238	0.278	0.137	
4	350～397	404～458	451～512	500	450	550	0.261	0.309	0.145	
5	398～629	459～726	513～812	600	550	600	0.345	0.395	0.162	
6	630～627	727～840	813～939	600	550	650	0.374	0.432	0.170	
7	628～1 018	841～1 175	940～1 314	700	650	700	0.473	0.533	0.188	
8	1 019～1 150	1 176～1 329	1 315～1 485	700	650	750	0.506	0.574	0.195	

砌碹巷道水沟

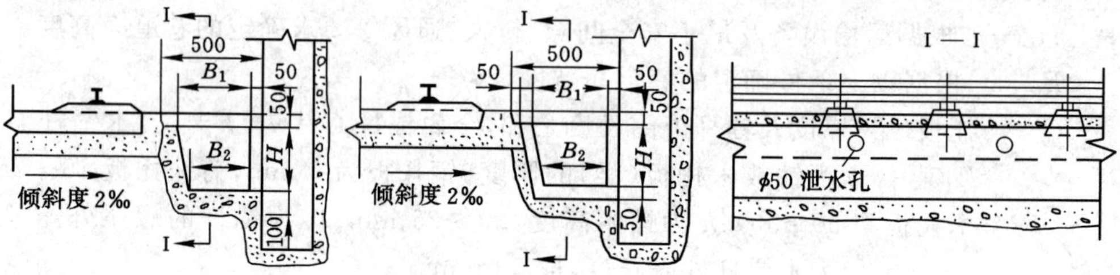

注:水沟材料消耗没有考虑水沟盖板的材料消耗

表 2-22

锚喷巷道水沟参数

编号	流量/$m^3\cdot h^{-1}$ 坡度/‰ 3	4	5	尺寸/mm 宽 B	深 H	断面/m^2 净	掘进	水沟材料消耗/$m^3\cdot m^{-1}$	水沟充满系数
1	0～86	0～97	0～112	300	350	0.105	0.144	0.114	0.75
2	86～172	97～205	112～227	400	400	0.160	0.203	0.133	
3	172～302	205～349	227～382	500	450	0.225	0.272	0.152	
4	302～374	349～432	382～472	500	500	0.250	0.306	0.161	
5	374～554	432～662	472～716	600	550	0.330	0.390	0.180	
6	554～662	662～748	716～846	600	600	0.360	0.429	0.189	
7	662～921	748～1 083	846～1 206	700	650	0.455	0.528	0.208	
8	921～1 069	1 083～1 249	1 206～1 382	700	700	0.490	0.572	0.214	

锚喷巷道水沟

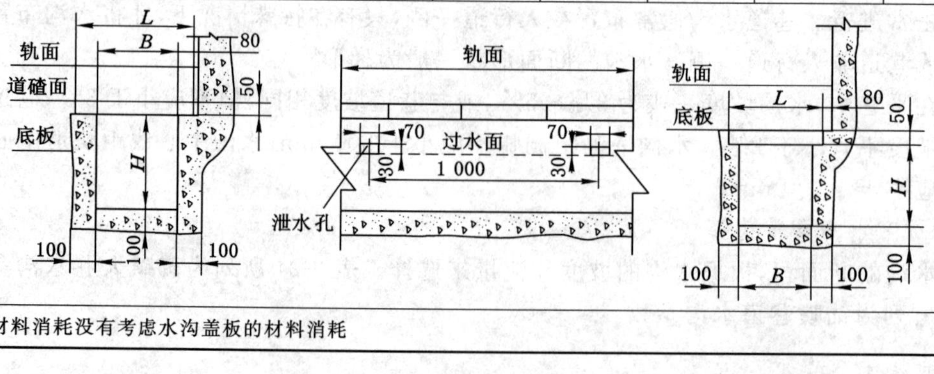

注:水沟材料消耗没有考虑水沟盖板的材料消耗

五、布置管线

为煤矿生产与安全需要，巷道内要布置一系列管道与电缆线，如压风管、水管、动力电缆、通信电缆、照明电缆等，如图 2-9 所示。管线布置要考虑到工人安全生产、安装和检修操作方便。具体要求如下：

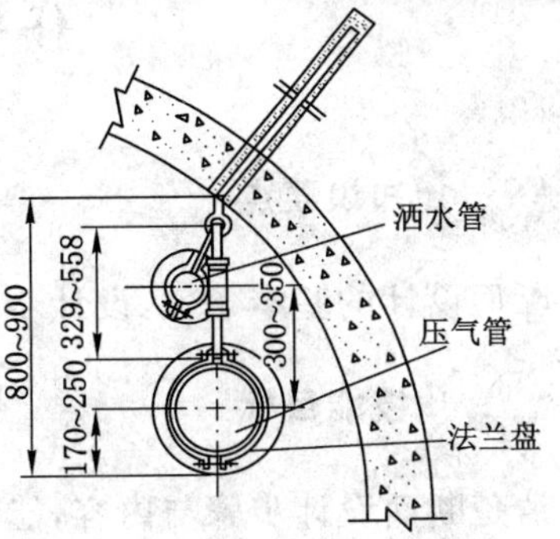

图 2-9　管道吊挂图

(1) 在拱形巷道中，管道一般布置在人行道一侧的上部。在梯形巷道中，宜将管道布置在棚腿的下部，最好与动力电缆不在一侧。

(2) 如果管道布置在水沟上方，应不妨碍水沟的清理维护。

(3) 任何管道或电缆都应距运行车辆外缘有 250 mm 以上的间距。

(4) 动力电缆与信号电缆一般不宜在同一侧布置；如必须布置在同一侧，则应相距 300 mm 以上，以防磁场干扰。

(5) 电缆悬挂高度，应使矿车万一掉道时不致撞击电缆，在电缆坠落时不致落在管道或运输机上，两电缆的悬挂点相距不超过 3 m，两电缆上下间距不应小于 50 mm。

(6) 电缆与水管、风管同侧敷设时，电缆应悬挂在管道的上方，并相隔有 300 mm 以上的距离。

(7) 在电缆易被砸落的情况下，电缆的悬挂宜用不十分坚固的钩带，以使一旦电缆被砸，只是电缆落下，而不致砸断电缆。

(8) 有煤与瓦斯突出的煤层中的回风巷，禁止设置动力电缆。

(9) 电机车架空线悬挂高度距轨面水平不得小于 2 000～2 200 mm，与拱或顶梁的间距不得小于 200 mm。

任务实施

讲解本任务的基本知识，学生小组讨论、总结巷道断面尺寸的主要参数，提交讨论成果或总结。

思考与练习

1. 巷道断面设计的基本原则是什么？
2. 巷道断面设计的内容与步骤有哪些？
3. 轨距、轨型的含义是什么？如何选择？
4. 巷道的宽度如何确定？
5. 当巷道尺寸确定后，为什么还要用通过巷道的风速来验算？
6. 巷道中的各种管、线如何布置？

任务三　断面设计案例

知识要点

断面设计的基本条件，设计步骤与内容，参数计算方法。

技能目标

清楚断面设计步骤与内容，能设计巷道断面。

任务导入

讲解断面设计步骤与内容，如何完成断面设计，分析讲解断面设计案例。

任务分析

(1) 分析设计条件，讲解断面设计步骤与内容。

(2) 核算断面相关参数计算结果，重点关注参数的选择是否合理。

绘制断面图，完成巷道特征表，计算工程量与材料消耗。

相关知识

一、设计条件

某矿年设计生产能力为30万t，主要运输石门采用ZK7-6/250型架线式电机车、1 t固定式矿车运输。石门穿过岩层为砂岩，坚固性系数 $f=4\sim6$，通过的最大风量为38 m^3/s。井下最大涌水量为100 m^3/h，正常涌水量为60 m^3/h。石门中布置一趟直径为 ϕ100 mm的压风管(法兰盘 ϕ160 mm)，一趟直径为 ϕ50 mm的洒水管，两条动力电缆，三条通信及1条照明电缆。石门服务年限28 a。试设计其双轨直线段的巷道断面。

二、设计过程与结果

(一) 选型石门断面形状

根据石门的岩石性质，考虑服务期较长，而且是全矿主要运输巷道，确定采用半圆拱断面和锚喷支护巷道。

(二) 石门净断面尺寸的确定

1. 巷道净宽 B

(1) 确定运输设备尺寸

查表2-4知，ZK7-6/250型架线式电机车尺寸比矿车大。其宽度 $A_1=1\ 060$ mm，高度 $h=1\ 550$ mm。机车架线高 h_4 根据经验选2 000 mm。

(2) 确定安全间隙

查表2-6，非人行侧设备至壁的宽度 $c\geqslant300$ mm，取400 mm；人行侧设备至壁的宽度 $c\geqslant800$ mm，取840 mm。

查表2-8得双轨轨道中心距 $b=1\ 300$ mm。故电机车之间的间隙为：

$$1\ 300-A_1=1\ 300-1\ 060=240\ \text{mm}>200\ \text{mm}$$

符合安全要求。

(3) 巷道净宽

双轨巷道的净宽为：

$$\begin{aligned} B &= a+b+c \\ &= (400+1\ 060/2)+1\ 300+(1\ 060/2+840) \\ &= 930+1\ 300+1\ 370 \\ &= 3\ 600\ (\text{mm}) \end{aligned}$$

2. 巷道壁高 h_3

(1) 确定道床参数

查表 2-13 至表 2-16，轨型为 22 kg/m，道床总高度 $h_c=380$ mm，道碴高 $h_b=220$ mm，道碴面至轨面高 $h_a=160$ mm。

(2) 按各种要求计算壁高 h_3

查表 2-19，计算壁高 h_3。

① 按导电弓要求： $h_3=h_4+h_c-\sqrt{(R-n)^2-(k+z)^2}$

式中 R——半圆拱半径，$R=B/2=3\ 600/2=1\ 800$ (mm)。

n——导电弓距拱距离，取 300 mm。

k——导电弓宽度之半为 360 mm。

z——轨道中心至巷道中心距离，$z=B/2-a_1=3\ 600/2-930=870$ (mm)。

h_4、h_c见前。

故 $$h_3=2\ 000+380-\sqrt{(1\ 800-300)^2-(360+870)^2}=1\ 521\ (\text{mm})$$

② 按行人要求： $h_3=h_5+h_b-\sqrt{R^2-(R-r)^2}$

式中 h_5——自碴面起管子高度，$h_5=1\ 800$ mm。

r——行人与壁间安全距离，取 200 mm。

h_b及 R 见前。

则 $$h_3=1\ 800+220-\sqrt{1\ 800^2-(1\ 800-200)^2}=1\ 195\ (\text{mm})$$

③ 按管道布置要求：必须满足机车与导电弓距管道的安全间隙。

$$h_3=h_5+h_7+h_b-\sqrt{R^2-\left(k+m+\frac{D}{2}+b_2\right)^2}$$

$$h_3=h_5+h_7+h_b-\sqrt{R^2-\left(\frac{A_1}{2}+m_1+\frac{D}{2}+b_2\right)^2}$$

式中 D——压风管法兰盘直径 160 mm；

h_7——管子吊件总高度，$h_7=700+D/2=700+160/2=780$ (mm)；

m——导电弓至法兰盘安全距离，$m=300$ mm；

b_2——轨道中心至巷道中心距离，$b_2=B/2-C_1=3\ 600/2-1\ 370=430$ (mm)；

其余符号意义、数值同前。

将以上各值代入公式得：

$$h_3=1\ 800+780+220-\sqrt{1\ 800^2-\left(360+300+\frac{160}{2}+430\right)^2}=1\ 432\ (\text{mm})$$

$$h_3 = 1\,800 + 780 + 220 - \sqrt{1\,800^2 - \left(\frac{1\,060}{2} + 200 + \frac{160}{2} + 430\right)^2} = 1\,495\ (\text{mm})$$

对架线式电机车运输巷道，以上几项满足要求时，就不必再对 1.6 m 高度行人要求和运输设备上缘至拱壁安全间隙要求进行计算了。

根据以上计算，壁高最大值为 1 522 mm，故取 h_3＝1 600 mm，均可满足要求。

3. 计算净周长及净断面积

(1) 净周长 P

$$P = 2.57B + 2h_2 = 2.57 \times 3.6 + 2 \times 1.42 = 12.1\ (\text{m})$$

式中 h_2——自碴面起墙高，$h_2 = h_3 - h_b = 1\,600 - 220 = 1\,380$ (mm)；

B——巷道净宽，取 3 600 mm。

(2) 净断面积 S

$$S = B(0.39B + h_2) = 3.6(0.39 \times 3.6 + 1.38) = 10.0\ (\text{m}^2)$$

(3) 用风速要求校核净断面

$$v = \frac{Q}{S} = \frac{38}{10.0} = 3.8\ (\text{m/s}) < 8\ \text{m/s}$$

符合要求。

(三) 计算巷道掘进断面与相关尺寸

(1) 确定支护参数：f＝4～6，查围岩分类表可知，为中等稳定岩石，属Ⅲ类围岩。由经验法确定锚喷支护参数如下：喷射混凝土厚度 T_1＝100 mm；钢筋直径 ϕ＝14 mm；锚杆长度 1.65 m；锚深 L＝1.6 m；锚杆排、间距 D＝800 mm；锚杆外露长度 T_2＝50 mm；锚喷总厚度 $T = T_1$＝100 mm。

(2) 设计掘进宽度：$B_1 = B + 2T = 3\,600 + 2 \times 100 = 3\,800$ (mm)。

(3) 计算掘进宽度：$B_2 = B_1 + 2\delta$，式中，δ 为计算掘进超挖量，取 75 mm。故 $B_2 = 3\,800 + 2 \times 75 = 3\,950$ (mm)。

(4) 巷道设计掘进高度：$H_1 = H + T + H_b$，式中，H 为巷道自碴面起净高，$H = h_2 + h_0$ (拱高)＝1 380＋1 800＝3 180 (mm)。故 $H_1 = 3\,180 + 100 + 220 = 3\,500$ (mm)。

(5) 巷道计算掘进高度：$H_2 = H_1 + \delta = 3\,500 + 75 = 3\,575$ (mm)。

(6) 设计掘进断面：$S_2 = B_2(0.39B_1 + h_3) = 3.8(0.39 \times 3.8 + 1.6) = 11.7\ (\text{m}^2)$。

(7) 计算掘进断面：$S_2 = B_2(0.39B_2 + h_3) = 3.95(0.39 \times 3.95 + 1.6) = 12.4\ (\text{m}^2)$。

(四) 巷道工程量及材料消耗量计算

(1) 每米巷道计算掘进体积：$V_2 = S_2 = 12.4\ \text{m}^3$。

(2) 每米巷道墙脚掘进体积：$V_3 = 0.2(T + \delta) = 0.2(0.1 + 0.075) = 0.04\ (\text{m}^3)$。

(3) 计算锚杆消耗量的周长：$P_1 = 1.57B_2 + 2h_3 = 1.57 \times 3.95 + 2 \times 1.6 = 9.40$ (m)。

(4) 锚杆间距：D＝0.8 m。

(5) 每米巷道锚杆数：$N = \dfrac{P_1 - 0.5D}{D^2} = \dfrac{9.4 - 0.5 \times 0.8}{0.8^2} \approx 14$(根)。

(6) 每米巷道喷射混凝土：$V' = 1.57(B_2 - T_1)T_1 + 2h_3T_1 = 1.57(3.95 - 0.1)0.1 + 2 \times 1.6 \times 0.1 = 0.93\ (\text{m}^3)$。

(7) 每米巷道锚杆消耗：$G = Ng$，式中，g 为每根锚杆质量，根据钢筋 ϕ14 mm，长 1.65

m,g=1.997 kg,故 $G=14\times1.997=27.95$ kg。

(8) 每米巷道锚孔注砂浆量:$V_4=NL\varphi$,式中,φ 为锚杆孔注砂截面积,约 0.001 3 m^2。故 $V_4=14\times1.6\times0.001\,3=0.029$ (m^3)。

(9) 每米巷道粉刷面积:$S_n=1.57B+2h_2=1.57\times3.6+2\times1.42=8.5$ (m^2)。

(五) 选择水沟断面及参数

依据巷道通过的水量 100 m^3/h 和石门坡度 3‰(根据经验选择),查表 2-22 可选用 2 号水沟,其规格:净宽 B=400 mm;深 H=400 mm;净断面 0.160 m^2;掘进断面 0.203 m^2。

(六) 绘制石门施工图及配套表格(表 2-23)

表 2-23　石门施工图及特征表

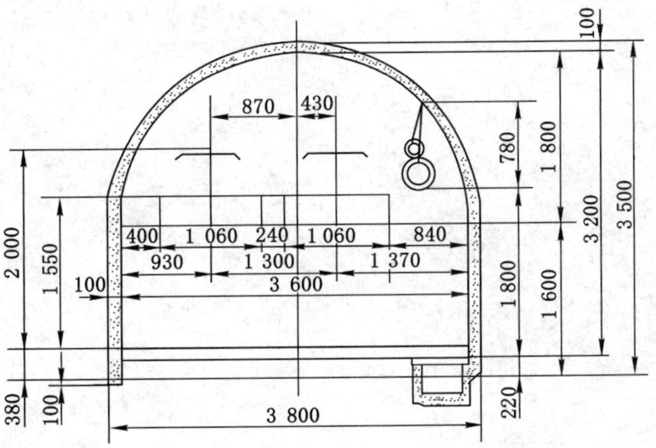

巷　道　特　征

围岩类别	断面/m^2		设计掘进尺寸/mm		喷射厚度/mm	锚杆/mm						净周长/m
	净断面	设计掘进	宽 B_1	高 H_1		形式	外露长度	排列方式	间排距	锚深	直径	
Ⅲ	10.0	11.7	3 800	3 500	100	钢筋砂浆	50	矩形	800	1 600	14	12.0

每米巷道工程量及材料消耗

围岩类别	计算掘进工程量/m^3		锚杆数量/根	材料消耗量							粉刷面积/m^2
				喷射材料/m^3	锚杆			托板		钢丝网/kg·m^{-2}	
	巷道	墙脚			钢筋/kg	木/根	注砂浆/m^3	铁/kg	木/块		
Ⅲ	12.4	0.04	14.0	0.93	27.95		0.029				8.5

任务实施

分析与讨论设计案例,让学生掌握设计过程与成果核算。

思考与练习

某矿第一水平为双运输大巷，服务年限 28 a，采用 ZK7-6/250 型架线式电机车配合 1 t 矿车运输。巷道穿过岩层为石灰岩，坚固性系数 $f=6\sim8$，通过的最大风量为 40 m^3/s。井下最大涌水量为 160 m^3/h，正常涌水量为 70 m^3/h。巷道中布置一趟直径为 ϕ100 mm 的压风管（法兰盘 ϕ160 mm）；一趟直径为 ϕ50 mm 的洒水管，两条动力电缆，三条通信及 1 条照明电缆。试设计其直线段的断面施工图。

要求：(1) 3～5 人为一组；(2) 按要求绘制图纸；(3) 提交设计成果；(4) 成果评价。

项目三　施工技术与设备选择

任务一　钻眼设备选择

知识要点

钻眼设备分类，破岩原理，结构与性能参数。

技能目标

能陈述钻眼设备分类及在矿山各类巷道的适用性，熟悉凿岩机的使用与维护措施。

任务导入

钻眼爆破破岩在井巷掘进中使用非常广泛。在学习巷道掘进施工之前，应清楚钻眼设备分类、破岩原理、结构与性能参数。

任务分析

(1) 理解钻眼设备分类、破岩原理、结构与性能参数。

(2) 能陈述各种凿岩机的破岩原理、构造与功能，并结合矿山实际进行选择。

相关知识

目前，井巷掘进破岩常用的破岩方法有机械破岩和钻眼爆破破岩，使用最普遍的仍是钻眼爆破破岩。钻眼机械按使用的动力不同可分为气动凿岩机、电动凿岩机、内燃和液压凿岩机。按破岩机理不同可分为冲击式、旋转式和旋转冲击式三类。在岩石巷道施工中，主要采用冲击式气动凿岩机钻眼，在煤和软岩巷道施工中则主要采用旋转式煤电钻钻眼。

一、冲击式气动凿岩机

1. 主要技术参数

冲击式凿岩机，按安设与推进方式可分为手持式、气腿式、向上式和导轨式四种。

手持式凿岩机需要人力支撑与推进，劳动强度大，可以钻凿任意方向的炮眼，主要在立井掘进中使用。

气腿式凿岩机在机身下有一个气腿，起支撑与推进作用，操作灵活，适应性强，使用最为广泛，主要用于钻凿水平和倾斜巷道的炮眼，定型产品有 YT 系列。

向上式(伸缩式)凿岩机的尾部有一个可伸缩的气腿，它既是支架又是推进器，可以自下向上钻凿与水平面成60°～90°夹角的炮眼，主要用于钻凿反井、煤仓及顶板锚杆眼，定型产品有YS系列。

导轨式凿岩机由于质量大，冲击力大，需要与凿岩台车（钻车）或凿岩柱架配套使用，可钻凿各种方向的炮眼，主要用于大断面巷道的施工，定型产品有YG系列。

国产气动凿岩机的主要技术特征见表3-1。

表3-1　国产气动凿岩机主要性能表

类型	型号	阀型	机器质量/kg	气缸直径/mm	活塞行程/mm	冲击功/J	扭矩/N·m	冲击频率/Hz	耗风量/$m^3\cdot min^{-1}$	附注
手持式	Y-30	控	28	65	60	>44	>9	>27	<2.2	
气腿式	YT-23	环	24	76	60	>60	>15	≥35	<3.6	钎尾均为ϕ22 mm×108 mm；风压0.5 MPa；水管内径13 mm；钻眼直径40 mm左右，钻眼深度5 m
	YT-24	控	24	70	70	>60	>13	>30	<2.9	
	YT-26	控	26	75	70	>70	>15	>33	<3.5	
	YTP-26	无	26.5	95	50	>60	>18	>43	<3	
向上式	YSP-45	环	44	95	47	>70	>18	≥45	<5	
导轨式	YGP-28	控	28	95	50	90	>40	≥43	<4.5	钎尾ϕ22 mm×108 mm，孔径38～50 mm；
	YGP-35	控	35	100	48	100	>50	>45	<6.5	钎尾ϕ25.4 mm×159 mm，孔径45～60 mm；
	YG-35	控	36	85	80	105	38	27	<5	钎尾ϕ32 mm×97 mm，孔径40～55 mm；
	YGZ-90	无	90	125	62	200	>120	>33	冲<8.5 转<2.5	钎尾ϕ38 mm×97 mm，孔径60～80 mm

注：(1) 凿岩机产品型号文字的含义：Y——凿岩机，T——气腿，P——高频，G——导轨，S——向上，Z——独立回转，数字——机器质量。

(2) 冲击频率在40 Hz以上者为高频凿岩机。

2. *破岩原理*

气动凿岩机是利用压气推动机体内的活塞前后移动打击钎子完成钻眼工作的。它的破岩原理（钻孔形成过程）如图3-1所示。

钎刃在冲击力F的作用下凿入岩石，凿出深度为h的沟槽Ⅰ—Ⅰ，然后将钎子转动一角度β，再次冲击，此时不但凿出沟槽Ⅱ—Ⅱ，而且两条沟槽之间的岩石也被冲击时产生的水平剪切力H凿掉。为使钎刃始终作用在新的岩面上，必须及时排除岩石碎屑。冲击、转杆、排粉，循环往复地持续进行，便可凿出圆形炮眼。

3. *构造与功能*

风动凿岩机类型虽多，但其结构大同小异。现以YT-23型凿岩机为例，说明其构造和功能。

YT-23型凿岩机外形如图3-2所示，由柄体、缸体和机头三个部分组成，利用两根螺杆固装在一起。YT-23型凿岩机的工作系统由冲击、转杆、排粉和润滑系统组成。

柄体部分由柄体、把手、水针、操纵阀、水阀、换向阀、调压阀等部件组成。其中操纵阀控制机器运转，调压阀控制气腿的推力，换向阀控制气腿的减压放气。

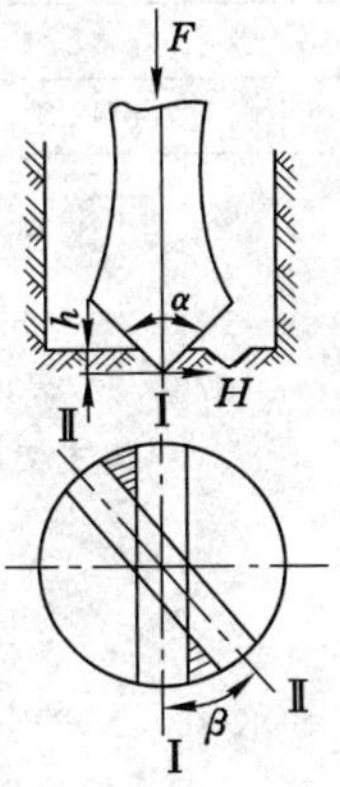

图 3-1　冲击破岩原理

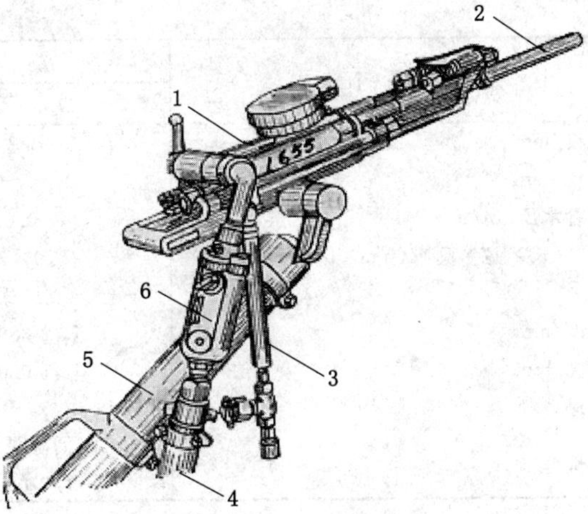

图 3-2　YT-23 型气腿式凿岩机外形图

1——凿岩机主机；2——钎子；3——水管；
4——压气软管；5——气腿；6——注油器

缸体部分是由缸体和缸体内的棘轮、螺旋棒、阀柜、阀、阀套、活塞、导向套、消声罩等组成。依靠这些部件，实现配气、冲击和转钎动作。

机头部分由机头、转动套、钎尾套和钎卡等组成，它起着传递扭矩和卡钎的作用。

风动凿岩机需要装备功率较大的空气压缩机和敷设较长的管路，能量利用率和传送效率很低；凿岩机工作时，机体振动大，噪声高达 100～130 dB，油雾、水雾造成能见度低。

二、冲击式电动凿岩机

电动凿岩机是以电作动力，用于煤矿井下的电动机为矿用隔爆水冷式。为了把电动机的回转运动转换为往复冲击运动，电动凿岩机常采用的结构形式有偏心块式与活塞压气式两种。两种较常见电动凿岩机的技术特征见表 3-2。

表 3-2　　电动凿岩机的类型及技术特征

技术特征	型号	
	YD-2	YD-30
机器质量/kg	30	30
凿眼直径/mm	34～43	38
凿眼深度/m	4	4
适用岩石(f)	6～10	6～10
冲击功/J	>29.4	≥44.1
冲击频率/Hz	44	33～35
扭矩/N·m	>15	≥18
凿岩速度/m·min^{-1}	—	0.15
钎杆转速/r·min^{-1}	—	140
电动机功率/kW	2.0	2.5
频率/Hz	50	50
电压/V	127	380
电动机转速/r·min^{-1}	2 640	2 840
隔爆性能	隔爆，水冷	不隔爆，水冷

续表 3-2

技术特征	型号	
	YD-2	YD-30
钎杆规格/mm	B22 或 B25	B22
水管内径/mm	13	13
冲洗水管水压/MPa	0.2～0.3	0.3～0.5
外形尺寸(长×宽×高)/(mm×mm×mm)	570×380×230	678×267×170
支腿	支腿式 ST-140	手摇支架
最大长度/mm	Ⅰ:2 880；Ⅱ:2 185	
最小长度/mm	Ⅰ:1 680；Ⅱ:1 335	
最大推进力/N	1 375	
附属设备	三缸活塞泵，电缆控制箱，六芯矿用隔爆插销	SDK-380/2、SDK-380/3 漏电控制箱

三、液压凿岩机

液压凿岩机是以高压油液为动力，所有运动部件都浸在油液中工作，润滑条件好；钻速高，一般可比气动凿岩机钻速提高 2 倍多；没有排气，消除了排气噪声，消除了水雾油雾，工作环境得到改善。它可以钻较深和直径较大的炮眼。

液压凿岩机由冲击机构、转钎机构及排粉机构等组成。

冲击机构包括活塞、缸体和配油机构，工作原理与气动凿岩机相似。通过配液机构，使高压油交替作用于活塞两端，并形成压差，迫使活塞在缸体内做往复运动，完成冲击钎子、破碎岩石的功能。活塞的冲击功可通过改变供油压力或活塞冲程进行调节。

旋转机构用液压马达驱动，并经减速齿轮减速，带动钎子旋转。

排粉机构由活塞中空或钎尾径向水孔构成。可用压气、水或气水混合物进行排粉，为了提高凿岩速度，多采用压力高、流量大的冲洗水排粉。供水方式有中心供水与旁侧供水两种。中心供水时，活塞中空；旁侧供水时，钎尾有径向水孔。QL-Y28 型液压凿岩机的技术特征见表 3-3，液压凿岩机外形如图 3-3 所示。

表 3-3　　**QL-Y28 型液压凿岩机的技术特征表**

技术特征	主要技术性能与参数		附注
单机质量	25 kg		在煤矿应用中，选择转矩适当大些，对坚硬岩、中硬岩及软岩均适用。钻孔直径 40 mm，岩石硬度在 $f=7.6$ 的情况下钻孔速度在 800～1 000 mm/min 及以上，深度可达 9 m
冲击特性	冲击能量	≥85 kJ	
	冲击频率	≤46 Hz	
	冲击功率	15 kW	
	循环供油量	44～51 L/min	
	冲击油压	12～14 MPa	
回转性能	转矩	200～300 N·m	
	转速	1 r/min	
凿岩性能	凿岩速度	1 m/min	
	适应孔径	ϕ30～60 mm	
噪声特性	声压级差	＞10 dB(A)	

四、凿岩机的使用与维护

凿岩机是一种简单、轻便、经济的掘进机械，需油、水、气多种辅助介质配合使用。科学使用和合理维护凿岩机，不仅能提高设备的使用性能、工作寿命、生产效率，而且对保证安全生产、杜绝事故发生具有重要意义。

图 3-3 QL-Y28 型液压凿岩机

1. 开机前的准备工作

(1) 新购来的凿岩机，内部涂有黏度较大的防锈脂，使用前必须拆卸清洗。重装时，各运动部件表面要涂润滑油。装好后，将凿岩机接通压气管路，开小风运转，检查其运转是否正常。

(2) 向自动注油器注入润滑油，常用润滑油为 20#、30#、40# 机油。装润滑油的容器应清洁、有盖，防止岩粉和污物进入注油器。

(3) 检查工作地点的风压和水压。风压应为 0.4～0.6 MPa，过高会加快机械零件的损坏，过低会降低凿岩效率，甚至不能工作。水压一般为 0.2～0.3 MPa，过高则水会灌入机器内部破坏润滑，降低凿岩效率和锈蚀机械零件；过低则冲洗效果不良。

(4) 使用钎子应符合质量要求，不合格的钎子禁止使用。

(5) 风管接入凿岩机前，应放气将管内污物吹出。接水管前，要用水冲净接头处的污物。风管和水管必须拧紧，以防脱落伤人。

(6) 将钎尾插入凿岩机头，用力顺时针转动钎子，如果转不动，说明机器内有卡塞现象，应及时处理。

(7) 拧紧各连接螺栓，开风检查推进器的运转情况，运转正常才能开始工作。

(8) 导轨式凿岩机应架好支柱，并检查推进器的运转情况。气腿式凿岩机和向上式凿岩机必须检查其气腿的灵活程度等。

(9) 对液压凿岩机应要求液压系统有良好的密封性，以防止液压油被污染，保证液压油有恒定的压力。

2. 工作时的注意事项

(1) 开眼时应慢速转动，待孔的深度到达 10～15 mm 以后，再逐渐转入全速运转。在凿岩过程中，要按孔位设计使钎杆直线前进，并位于孔的中心。

(2) 在凿岩时应合理施加轴推力。轴推力过小，机器产生回跳，振动增大，凿岩效率降低；轴推力过大，钎子顶紧眼底，使机器在超负荷下运转，易过早磨损零件，使凿岩速度减慢。

(3) 凿岩机卡钎时，减小轴推力，即可逐步趋于正常。若无效，应立即停机。先使用扳手慢慢转动钎杆，再开中气压使钎子慢慢转动。禁止用敲打钎杆的办法处理。

(4) 经常观察排粉情况。排粉正常时，泥浆顺孔口徐徐流出；否则，要强力吹孔。若仍无效，应检查钎子的水孔和钎尾状态，再检查水针情况，更换损坏的零件。

(5) 要注意观察油的储量和出油情况，调节好注油量。无油作业，容易使零件过早磨损；当润滑油过多时，会造成工作面污染。

(6) 操作时应注意机器的声响，观察其运转情况，发现问题，及时处理。

(7) 注意钎子的工作状态，出现异常及时更换。

(8) 操作向上式凿岩机时应注意气腿的给气量，防止凿岩机上下摆动造成事故。气腿的支撑点要可靠。手握机器时不能过紧，更不能骑在气腿上，以防止伤人损机。

(9) 要注意岩石情况，避免沿层理、节理和裂隙穿孔，禁止打残眼，随时观察有无冒顶、片帮的危险。

(10) 要有效使用开孔功能。在钻孔过程中，有一个重要的环节是开孔，开孔是用降低了的冲击压力和固定的推进压力来完成的。推进压力应当尽可能小些，以便于在倾斜度非常大的岩面上开孔，同时也可避免钻杆产生弯曲。

3. 提高凿岩效率的主要措施

(1) 合理选择与正确使用凿岩机。司机操作要熟练，并要加强保养与维修，保证凿岩机正常运转。

(2) 保证风压。工作面风压应不低于 0.5 MPa。实践表明，风压提高或降低 0.1 MPa，相应的钻速就能提高或降低 30%左右。因此，必须尽量减少管路损失，防止压气漏损，进风胶管不要过长，同时要合理确定凿岩机工作台数。风压过高也不好，它会引起凿岩机剧烈振动，使零部件磨损加快、耗气量增大。

(3) 选择合适的轴向推力。轴推力不足，钎头不能有效地接触和破碎岩石，同时还会使机体振动，容易损坏钎子和机件；轴推力过大，增加了钎子旋转阻力，降低旋转速度和冲击功，甚至引起停钻。在一定条件下，各类凿岩机均有相应的最优轴推力，该力主要取决于凿岩机的气缸直径和使用的风压。若气缸直径大，风压高，则所需施加的轴推力大。例如 YT-23 型、YT-24 型凿岩机的轴推力需 800～1 000 N，YT-26 型需 1 200～1 300 N。气腿的支设角度以 30°～45°为宜。

(4) 正确确定眼径和眼深。炮眼直径和深度加大，钻速必然下降。气腿式凿岩机比较适合的炮眼直径为 38～46 mm，眼深不宜超过 5 m。

(5) 改善劳动组织，提高凿岩的时利用率，减少辅助作业时间。

(6) 快速排除故障。在凿岩过程中，不可避免会出现故障，及时消除故障是保证钻眼工作顺利进行和提高凿岩工时利用率的重要措施，因而必须熟悉各种故障产生的原因和掌握其处理方法。参看表 3-4。

表 3-4　手持式、气腿式、向上式凿岩机常见故障及处理方法

故障分类	故障现象	故障原因	处理方法
凿岩速度降低	钻速明显下降，发生闷响，有时停钻	工作气压低	1. 测工作风压，如不足 0.5 MPa，应减少同时工作的凿岩机台数，或处理管路漏气； 2. 风管内径要符合要求，长度应不超过 12 m(气腿式)或 25 m(向上式)

续表 3-4

故障分类	故障现象	故障原因	处理方法
凿岩速度降低	气腿推力不足，伸缩不灵，机器后跳	1. 气腿外管弯曲、变形； 2. 架体与外管螺纹联系不紧，气腿内气管端部两个小密封胶圈损坏或丢失； 3. 架体内回程孔被油污及脏物堵塞； 4. 活塞胶碗磨损或丢失； 5. 换向阀上的密封胶圈安装不正或磨损窜风； 6. 快速缩回扳机端部的顶杆磨秃，尺寸缩短，扳扳机时，顶杆不起作用	1. 及时调整伸缩外管的弯曲、变形； 2. 定期检查和更换已磨损的密封胶圈； 3. 选用较硬、耐磨性好的尼龙材料制品或更换扳机、顶杆
	活塞转动不灵或拉缸，机器发热，甚至停钻	1. 润滑油牌号选择不当； 2. 注油器调油针未调好，润滑油流量不充分； 3. 活塞大端与气缸内径、活塞小端与导向套内径的配合间隙太小； 4. 注油器油路小孔被堵死； 5. 活塞、气缸、导向套等质量差，或棱角外有飞边毛刺； 6. 机体内进入砂石等脏物	1. 按凿岩机型号及环境温度，正确选用润滑油； 2. 调好注油器中的调油针，用螺母紧固； 3. 清洗注油器油路小孔，要防止润滑油里进入脏物； 4. 按照活塞与气缸的制造公差，选用适当的配合间隙； 5. 更换零部件时，要清除飞边毛刺； 6. 清除机体内脏物，凿岩机停止工作后放置时，要防止砂石脏物从排气口或气管接头进入机体内
	1. 工作时从排气口向外排水； 2. 从机头端部向外流水	1. 水的压力高于压气压力； 2. 水针后部胶圈损坏； 3. 钎杆中心孔堵塞； 4. 注水阀外圆上安装的密封胶圈磨损； 5. 水针焊缝中间裂开； 6. 水针尺寸短，不能进入钎尾； 7. 压缩空气中含水	1. 采用降压水箱或降低水源水位； 2. 定期检查和及时更换已密封的胶圈、水针套及气针垫； 3. 采用符合图纸要求、质量良好的水针； 4. 合理安设油水分离器，及时排出积水
活塞使用寿命短	1. 活塞端面打堆、打裂或打扁； 2. 活塞打断	1. 制造质量不好，材质不适合或热处理不当； 2. 钎尾硬度太高或钎尾端面不平直，造成活塞端面局部受力； 3. 钎套内六方孔磨损，钎尾摇摆； 4. 压缩空气压力过高，或开动时给气过猛； 5. 钎尾长度不足，产生打空	1. 换用质量合格的活塞； 2. 严格要求钎尾加工质量，磨钎尾的砂轮粒度不能太粗； 3. 不能使用内六方孔磨损超限的钎套； 4. 合理调节凿岩机使用地点的气压
水针损坏	从机头向外流水，影响正常润滑与工作	1. 钎套内六方孔已磨损，造成钎尾摆动； 2. 钎尾中心孔过小或歪斜	1. 钎套内六方孔磨损超限时应及时更换； 2. 加工钎尾时要符合要求； 3. 水针要符合要求，全长弯曲不应超过 0.5 mm
气水联动失灵	1. 排气口喷雾； 2. 从机头向外流水； 3. 转动时快时慢	1. 注水阀小圆上安装的密封胶圈损坏； 2. 注水阀后部弹簧失效，当压气停止后，弹簧不能关闭水路； 3. 注水阀的密封胶圈，经油浸后胀大，故开动操纵阀接通压气时，打不开水路； 4. 注水阀体的通水孔堵死； 5. 水压太高，故关闭操纵把手时不能关闭水路	1. 经常检查注水阀的密封胶圈，如损坏应及时更换； 2. 水压不能超过 0.3 MPa； 3. 注水阀体和注水阀要经常清洗和除锈

五、旋转式钻眼机械

旋转式钻眼机械有电动、气动、液压三种驱动形式。我国曾在高瓦斯矿使用过 02-11 型旋转式风钻，液压钻机尚处于试验研究阶段，大量使用的是煤电钻。电钻按使用条件和推进方式不同，分为手持式煤电钻和支架式岩石电钻两种。

（一）煤电钻

煤电钻由电动机、减速器、手柄、散热风扇和外壳等组成。电动机为三相交流异步鼠笼式全封闭感应电动机，电压为 127 V，功率一般为 1.2 kW。减速器一般由二级外啮合圆柱齿轮构成。散热风扇装在机轴后端，与电动机同步运转。

煤电钻的外壳用铸铝合金制成，要求严密隔爆，壳外设有轴向散热片，由风扇冷却。手柄上设有开关扳手，手柄包有绝缘橡胶，以防触电。

为了降尘，制成了中孔供水湿式煤电钻。MZ-12S 型煤电钻是 MZ-12 型煤电钻的派生系列产品，该产品属矿用隔爆型。煤电钻外形和结构图如图 3-4 所示。钻眼时，由供水开关控制，通入适量清水，经空心麻花钻杆，在钻杆端部的空心钻头处喷水，喷水后其平均粉尘浓度仅为干式钻眼时粉尘浓度的 5%。煤电钻适用在煤层和 $f<4$ 的软岩中钻眼。部分国产煤电钻的技术特征见表 3-5。

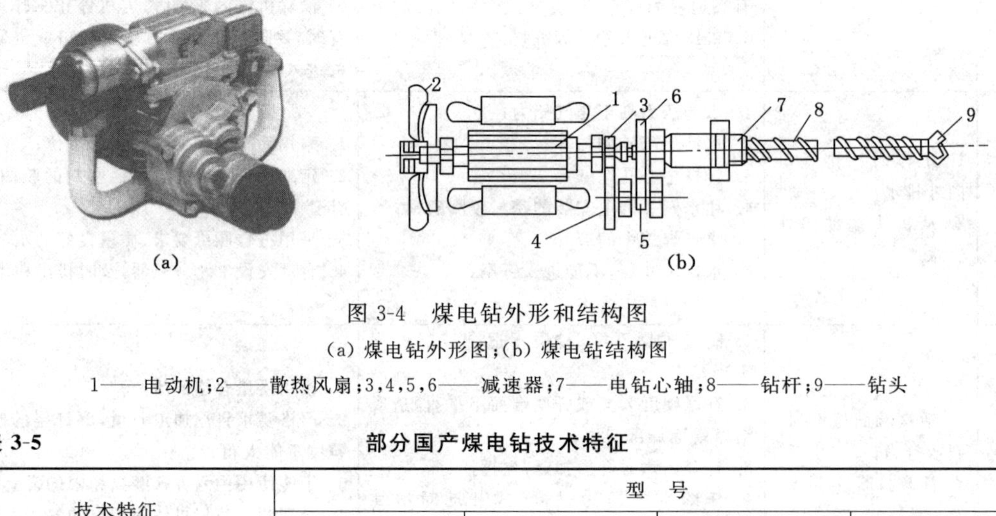

(a)　　(b)

图 3-4　煤电钻外形和结构图

(a) 煤电钻外形图；(b) 煤电钻结构图

1——电动机；2——散热风扇；3，4，5，6——减速器；7——电钻心轴；8——钻杆；9——钻头

表 3-5　部分国产煤电钻技术特征

技术特征	型号			
	MZ-12	MZ-12S	SD-12	MZ-12A
质量/kg	15.25	≤15	18	15.5
功率/kW	1.2	1.2	1.2	1.2
电钻效率/%	79.5	80.43	75	76
额定电压/V	127	127	127	127
额定电流/A	9	9	9.1	9
相数	3	3	3	3
电动机转速/r·min^{-1}	2 850	2 820	2 750	2 820
电钻转速/r·min^{-1}	640	600	620/420	520
电钻扭矩/(N·m)	17.2	19	17.6/26	20.69
外形尺寸(长×宽×高)/mm×mm×mm	366×318×218	355×328×255	427×314×354	340×318×220

续表 3-5

技术特征	型号			
	MZ-12	MZ-12S	SD-12	MZ-12A
钻孔直径/mm	38～45	38～45	36～45	38～45
适用条件	中硬及硬煤	中硬及硬煤	中硬及硬煤	
最高供水压力/MPa		1～1.5		
供水流量/L·min^{-1}		0～5		
密封寿命/h		1 000		

(二) 岩石电钻

岩石电钻由于电动机容量大,质量大,钻进时需要很大的轴推力,故必须有自动推进与支撑设备。

岩石电钻安装在特制的导轨上,由电动机、减速箱、牵引装置、机壳和供水装置等组成(图 3-5)。电动机经减速后带动蜗轮蜗杆,通过摩擦离合器,带动链轮在链条上正反转动,从而带动岩石电钻沿导轨前后移动。

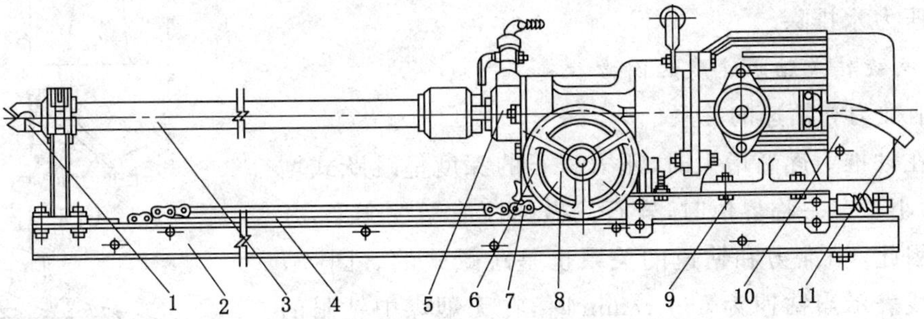

图 3-5 岩石电钻与自动推进装置

1——钻头;2——导轨;3——钻杆;4——链条;5——供水装置;6——手轮;7——导向链条;8——离合器;9——滑架;10——岩石电钻;11——电缆

岩石电钻采用六角中空钢钎,湿式钻眼,其破岩方式为旋转式破岩。在坚硬的岩石中使用时,要求有很大的轴推力和旋转力矩,而且钻头极易磨损,故效率难以提高,在 $f=4\sim6$ 的岩石中钻眼比较适宜。部分岩石电钻的技术特征见表 3-6。

表 3-6 部分岩石电钻的技术特征

技术特征	型号		
	EZ-20	红卫	YZ-23
质量/kg	45	37	35
功率/kW	2.0	2.0	2.0
额定电压/V	127/380	380	380
额定电流/A	13/4.4	4.5	4.7
电动机转速/r·min^{-1}	2 790	2 800	2 820
电钻转速/r·min^{-1}	240/360	240/360	240/360
推进速度/mm·min^{-1}	单 384/576,双 192/288	280/525	264/468

续表 3-6

技术特征	型号		
	EZ-20	红卫	YZ-23
最大推力/N	6 860	6 860	6 860
冷却方式	风冷	风冷	水冷
供水方式(炮眼)	侧向	侧向	侧向
防爆性能	防爆	不防爆	防爆
推进方式	钢丝绳	链条	链条
适用范围	$f \leqslant 10$	$f \leqslant 10$	

1. *破岩原理*

旋转式钻眼破岩原理如图 3-6 所示。钎刃在轴向压力 P 的作用下侵入岩石,同时钎刃不停地旋转,旋转力矩 M 推动钎刃向前切削岩石。在 P 和 M 的共同作用下,孔底岩石连续沿螺旋线破坏,切削下来的岩石碎屑,沿着钎杆的螺旋沟排出或用压力水排除。

2. *影响旋转式钻眼速度的因素*

(1) 轴推力与钻速的关系

钻头在轴推力逐渐增大时,压入岩石的深度呈跳跃式增加,当压力小于某一临界值时,岩石只做弹性或塑性变形,并不破碎。因此,轴推力和钻速的关系也是跳跃式的。图 3-7 所示的曲线表示当钻速为 650 r/min 时,在无烟煤中钻眼的轴推力与钻速的关系。

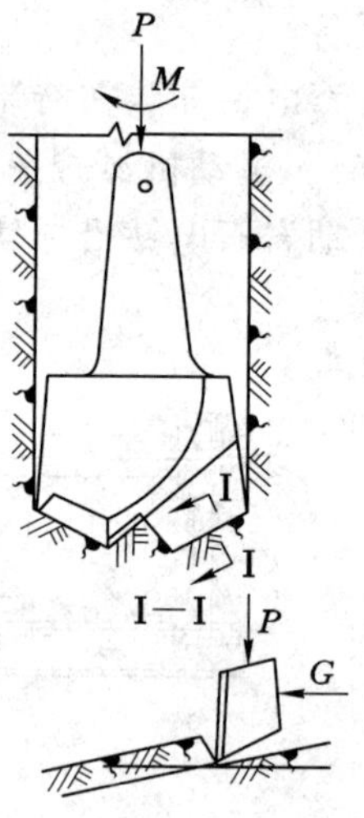

图 3-6 旋转式钻眼破岩原理

在 v_n-P 曲线中,当 $P<280$ N 时,由于刃下的岩石只做弹性和塑性变形,钻头旋转仅能将岩石表面破碎,故 v_n 很小。当 $P>280$ N 时,岩石开始破碎,P 虽然增大不多,刃尖切入岩石的深度却大大增加,因而 v_n 急剧上升。当 P 达 530 N 时,出现第一个 v_n 的最大值。P 超过 530 N 后,由于刃尖侵入岩石的深度并没有继续增加,而旋转阻力却因 P 的增加而加大了,故 v_n 反而下降。直至 P 增加到 900 N 以后,v_n 才又随 P 的增加而上升。这是由于刃尖侵入岩石的深度又开始跃增的缘故。继续增加 P 值,将再次出现 v_n 的最大值,所以 v_n-P 曲线是呈波浪式变化的。当然轴推力也不可任意增大,否则会使电钻过负荷。

(2) 电钻转速对钻速的影响

当轴推力一定时,在煤层中钻眼,钻头转速 n 和钻速 v_n 的关系如图 3-8 所示。从曲线中可见,对某一种岩石有一个最优转速,此时的钻速最大。超过最优转速,由于刃尖切割岩石时,岩石变形没有充裕的时间向前传递,而且切削下来的岩石碎屑也来不及排除,造成岩屑积滞、重复破碎,故钻速反而下降。

最优转速的数值取决于岩石的坚固程度,岩石越坚硬最优转速值越小。

(3) 功率和钻速的关系

在煤层中钻眼,当轴推力 P 不变时,电钻功率 W 和钻速 v_n 的关系如图 3-9 中实线所

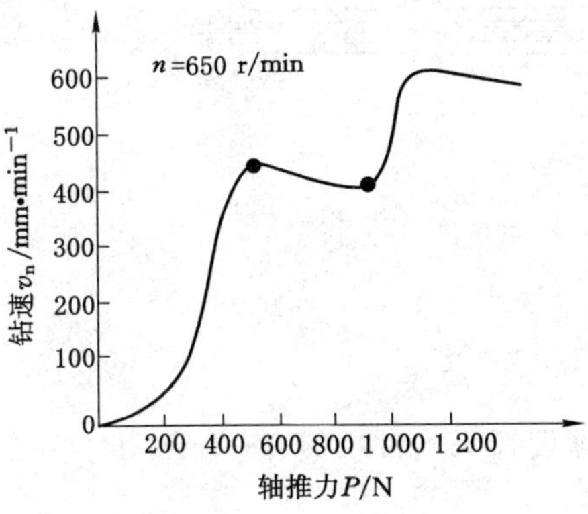

图 3-7　电钻轴推力对钻速的影响

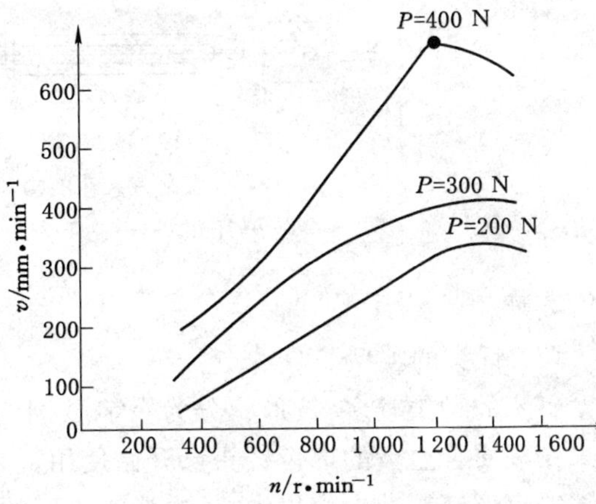

图 3-8　电钻转速对钻速的影响

示。各条虚线表示转速不变时，W 和 v_n 的关系。从图中可以看出，当 n 小于最优值时，增加 P 能使 v_n 增加很快，而 W 增加不多；当 n 为最优值时，增加 P 则 v_n 增加更快，而 W 增加甚微；当 n 大于最优值时，增加 P 将使 v_n 减小而 W 反而增大。所以，在实际工作中，应选择最优的电钻转速，不要过分加大转速，轴推力也只能适当地加大，否则，既费力又耗能，钻速反而下降。

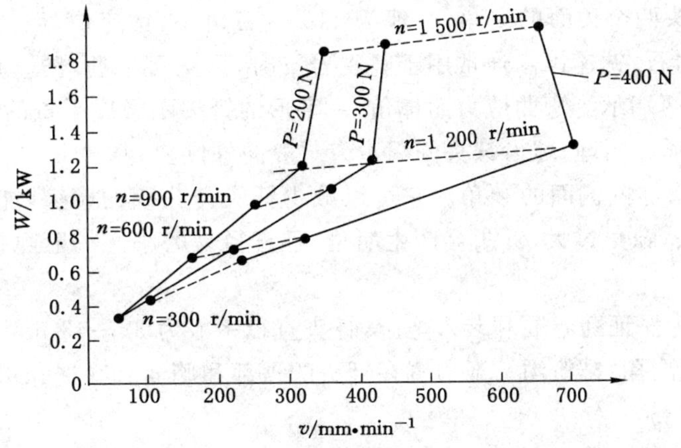

图 3-9　电钻轴推力和转速变化时消耗的功率和钻速的关系

六、钎头、钎杆的选择

(一) 冲击式钻眼工具

冲击式钻眼工具，又称钎子。它由钎头、钎杆、钎尾和钎肩等组成。钎子有整体钎子与活头钎子两种。前者由于钎刃强度低、不耐用、损耗大、加工搬运工作量繁重等缺点，已很少使用。广泛使用的是活头钎子，如图 3-10 所示。

1. 钎头

钎头是直接破碎岩石的部分。它的形状、结构、材质以及加工工艺等是否合理，都直接影响着凿岩效率和本身的磨损。钎头要求锋利、坚韧耐磨、排粉顺利、制造及修磨简便，而且

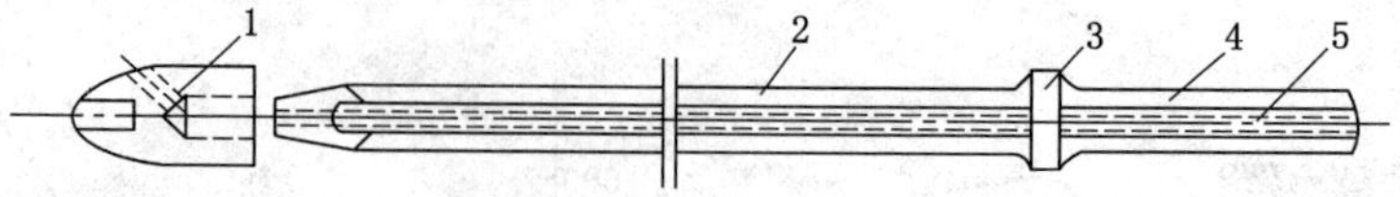

图 3-10 活头钎子

1——钎头；2——钎杆；3——钎肩；4——钎尾；5——水孔

成本要低。

(1) 钎头的类型

钎头的种类较多，按形状分为一字形、十字形、球齿钎头。常用的有一字形和十字形，近年来镶硬质合金齿的球齿钎头已开始使用。

一字形钎头冲击力集中，一次凿入岩石的深度大，凿速较快，制造和修磨工艺简单，应用广泛。缺点是在凿裂隙性的岩石时易夹钎，直径磨损较快。有时凿出的炮眼不圆。

十字形钎头能克服一字形钎头的缺点，但凿速较低，而且合金片的用量大，并且制造与修磨工艺复杂。

球齿钎头是在钎头体上镶嵌几颗球形或锥球形硬质合金齿。主要优点是：合理布置球齿，能使冲击能量在眼底均匀分布，凿岩速度较快；开眼容易，不易夹钎，炮眼圆；重复破岩少，岩屑呈粗颗粒状，粉尘少；耐磨。适用于磨蚀性较高的硬脆岩层中凿眼。

(2) 钎头结构与几何参数

① 刃角：即钎头两个刃面的夹角，一般为 110°。刃角小，钻速快，但易磨钝和碎裂。刃角大，不利于破碎岩石，钻速慢。通常用于坚硬岩石时，刃角可大些，防止崩刃及减轻磨损。为避免冲击时钎刃两端承受弯曲应力而掉角，一字形的钎刃不做成平直的，而做成曲率半径约为 180 mm 的弧形。同理，球齿钎头的周边齿一般向外倾斜 30°～50°。

② 隙角：即钎头体两侧面的倾角。它可以减少钎头与孔壁的摩擦，能避免卡钎。隙角过小，容易卡住钎头；隙角过大，钎头会产生崩角，且直径易磨小。一般隙角为 3°，球齿钎头隙角在 7°左右。

③ 钎头直径：为保证药卷顺利装入炮眼，钎头直径一般为 32～43 mm。

④ 排粉沟和吹洗孔：排粉沟一般布置在钎头的顶部和侧面。吹洗孔可布置在钎头中心或两侧，以便吹洗岩粉。

(3) 硬质合金片的选择

钎头体上镶焊的是钨钴类硬质合金。它是将碳化钨粉末与钴粉按一定比例配合，压制成形后经高温烧结而成的。这种钨钴合金具有碳化钨的高硬度、高抗压强度，又具有钴的良好韧性。常用硬质合金片的主要特征见表 3-7。

冲击式凿岩机常用的合金片为 YG-8C、YG-11C、YG-11、YG-15 等牌号。Y 表示“硬”质合金，G 表示“钴”。后面的数字为合金中含钴的百分数。C 表示“粗”晶粒合金。合金硬度和耐磨性随钴的含量而改变，含钴越少则越硬越耐磨，韧性越低；含钴量大，则韧性好，硬度及耐磨性降低；含钴量相同时，粉末颗粒越细越耐磨，但也越脆；晶粒粗则韧性好。

(4) 钎头与钎杆的连接

表 3-7 硬化钨类硬质合金片主要性能

合金牌号	成分/%		主要性能				
	碳化钨	钴	抗压强度 /MPa	洛氏硬度 (HRA,不小于)	抗弯强度 (不小于) /MPa	热导率 /W·(m·K)$^{-1}$	适用条件
YG-6	94	6		89.5	13.7	60.7	硬煤及较软岩石
YG-6C	94	6		91	13.2		软和较软岩石
YG-8	92	8		89	14.7	59	软和较软岩石
YG-8C	92	8	52.9	88	17.2		中硬岩石
YG-11	89	11		88	16.7	67	中硬、中上等坚硬岩石
YG-11C	89	11	47	89	19.6		坚固岩石
YG-15	85	15		89	19.6	70.3	最坚固岩石

钎头与钎杆的连接方法有两种:螺纹连接和锥形连接。前者加工较复杂,安装、拆卸不便,已很少使用。采用较多的是锥形接头(图 3-11),它依靠锥体间的摩擦力楔紧,一般锥体角为 1°30′～3°30′,锥形顶角为 3°～7°。前端应留有 6～8 mm 的间隙,以免损坏钎头。

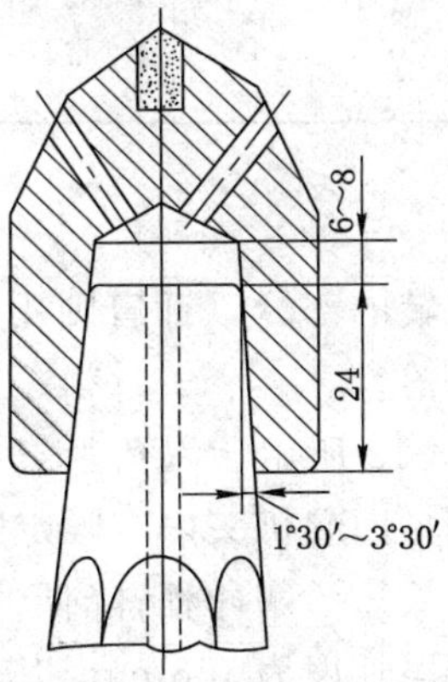

图 3-11 钎头与钎杆的锥形连接

2. 钎杆

(1) 钎杆的作用与受力分析

钎杆的作用是传递冲击功与回转力矩。冲击时由于横向振动而产生弯曲应力。在每分钟高达 2 000 多次的重复冲击力的作用下,钎杆承受着冲击疲劳应力、弯曲应力、扭转应力等,因此很容易发生破坏。

钎杆的破坏,常从某一薄弱的横断面上(如淬火时产生的微小裂纹,中心孔不圆整,钢材中偶有粗大晶粒)发生。

(2) 钎杆的选择

钎杆横断面形状常有中空六角形与中空圆形两种,以中空六角形 B22、B25 使用最多,中空圆形 D32、D38 多用于重型导轨式凿岩机上。钎钢我国过去使用的是中空碳 7(ZKT7)和中空碳 8(ZKT8)等碳素工具钢,疲劳强度低,易产生裂缝、折断,寿命短。近年来,开始推广使用中空合金钢,钢种有中空 8 铬(ZK8Cr)、中空 55 硅锰钼(ZK55SiMnMo)等。这些合金钢具有强度高、抗疲劳性能好、耐磨蚀等优点。虽价格较高，但使用寿命要比碳素工具钢高 3～5 倍，因此，使用很多。钎杆的材料选择可参考表 3-8。

表 3-8 **钎钢的选择**

钢种	钢号		钎钢断面形状尺寸	适用条件			
	牌号	代号		凿岩机型号	钎杆类型	岩石性质（f）	凿孔深度
碳素钢	中空碳 7	ZKT7	B22 B25	B22 适用于手持式、气腿式、向上式；B25 可用于轻型导轨式	小钎杆	6～12	浅孔
碳素钢	中空碳 8	ZKT8	B22 B25		小钎杆	6～12	浅孔
碳素钢	中空碳 9	ZKT9	B22 B25		小钎杆	6～12	浅孔
硅锰钢	中空硅锰	ZKSiMn	B22 B25		小钎杆	6～12	浅孔
铬钢	中空 8 铬	ZK8Cr	B22 B25		小钎杆	6～12	浅孔
硅锰钼钢	中空 55 硅锰钼	ZK55SiMnMo	B22 B25		小钎杆	6～12	浅孔
锰钼钒钢	中空 40 锰钼钒	ZK40MnMoV	D32 D38	重型导轨式	接杆钎 耳式钎	6～18	中深孔
硅锰钼钒钢	中空 35 硅锰钼钒	ZK35SiMnMoV	D32 D38	重型导轨式	接杆钎 耳式钎	6～18	中深孔

3. 钎尾和钎肩

钎尾是直接承受活塞冲击和扭转的部分。钎肩则用来限制钎尾插入机体的长度，并使钎卡能卡住钎杆不致从钎尾套中脱落。

钎尾和钎肩的形式、规格如图 3-12 所示。六角形钎杆用环形钎肩，圆形钎杆用耳形钎肩，向上式凿岩机用的钎子没有钎肩，因它机头内有限定钎尾长度的砧柱。

钎尾的长度必须准确。过长会缩短活塞冲程，降低冲击功；过短使活塞冲击无力，降低凿岩速度。气腿式凿岩机使用的钎尾长度为 108 mm，其偏差规定为±0.1 mm，钎尾端面应垂直于钎杆轴线并要平整。钎尾横断面尺寸应与钎尾正好配合，过紧卸装不便；过松容易磨损转动套，并且易使钎杆产生横向振动与弯曲应力而折断。

钎尾应在油中淬火，其硬度以稍低于活塞硬度为宜，过软容易被打堆，过硬则会损坏活塞。一般钎尾端面硬度应控制在 HRC49～HRC55。钎尾中心孔应予扩大并达到规定深度，以便水针顺利插入钎尾。

（二）旋转式钻眼工具

1. 钻头

钻头是直接破岩的部分，工作时要承受很大的轴推力和扭力矩，故要求它坚固、耐磨、具有适当的几何形状尺寸。最常用的是两翼钻头，它由刃、钻头体部和连接部组成，钻刃部分镶有硬质合金片，通常采用 YG-6 型、YG-8 型。

钻头直径 D_p 取决于药卷直径，一般为 38～45 mm。

钻头与钻杆用螺纹连接。

2. 钻杆

钻杆的作用是向钻头传递轴推力和旋转扭矩。

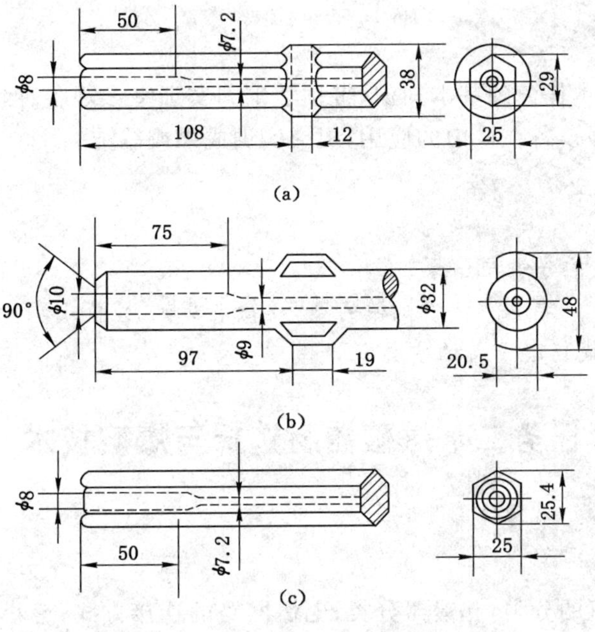

图 3-12　钎尾和钎肩的构造

(a) 环形钎肩；(b) 耳形钎肩；(c) 无钎肩

煤电钻钻杆是由菱形或矩形断面的碳素工具钢(T7、T8)扭制而成，俗称麻花钻杆(图 3-13)。钻眼时，粉尘能自动沿钻杆上的螺旋沟槽排出。矩形断面的钻杆，强度较小，但排粉能力大，适用于在煤层中钻眼。菱形断面的钻杆，虽然排粉能力低一些，但强度较大，故应用较多。钻杆前部的方槽与尾孔必须与钻头的尺寸相符合，钻头插入后用销钉固定。钻杆尾部的直径与长度应与电钻的钎套筒尺寸相吻合。

当采用 MZ-12S 型中心孔供水湿式煤电钻时，要选用中空麻花钻杆和空心钻头。岩石电钻钻杆，要求强度高，能承受较大的轴推力和扭矩。为了便于湿式排粉，一般都采用六角中空钢或中空圆钢制作。

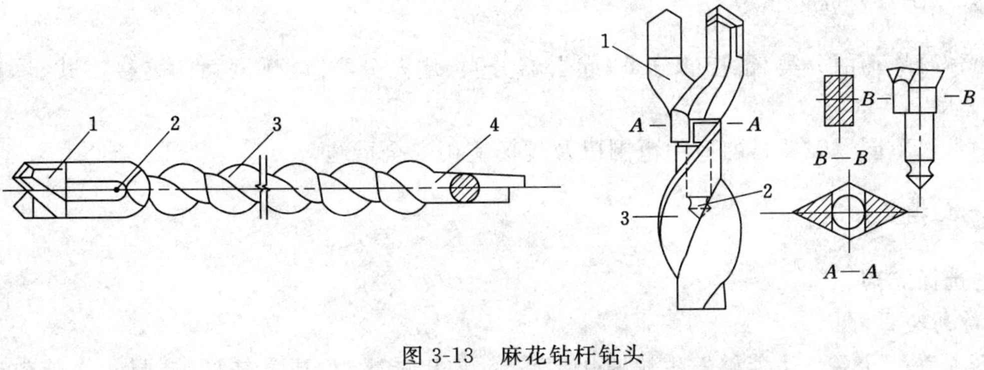

图 3-13　麻花钻杆钻头

1——钻头；2——销钉孔；3——麻花钻杆；4——钻杆尾

任务实施

教师先分析讲解本任务的基本知识，带领学生到实训室参观各种钻眼设备并让学生分组讨论、总结各种钻眼设备在矿山的应用，提交实训成果或总结。

思考与练习

1. 简述钻眼机械的分类与结果。
2. 列举巷道施工中常用的钻眼机械的型号、技术参数、性价比。
3. 三人一组，完成钻眼设备的安装与操作。

任务二　爆破器材选择与爆破技术

知识要点

炸药的分类，雷管的分类，起爆器分类；电爆网路的连接方式；最小抵抗线，爆破作用指数，爆破原理与技术。

技能目标

能陈述炸药爆炸的形式及基本特征；能陈述各类炸药、雷管、起爆器的类型、区别及在不同矿山的适用范围。

任务导入

爆破器材的选择是为了安全、有效地进行爆破施工。导通表专门用来测量电雷管、爆破母线或电爆网路是否导通，爆破线路电桥用来检查和测量电雷管及电爆网路的通断和电阻大小。

任务分析

(1) 学习炸药的分类、雷管的分类、起爆器分类、炮泥分类、电爆网路的连接方式、爆破原理与技术。

(2) 学习不同爆破器材的适用范围以及现场应用安全措施。

相关知识

一、选择炸药

1. 炸药与爆炸

炸药是在一定条件下能够发生快速化学反应、放出能量、生成气体产物、显示爆炸效应的化合物。炸药的主要元素是C、H、O、N。炸药爆炸的过程就是C、H元素氧化的过程。氧化时所需的氧并不取自周围空气，而是炸药本身就含有的，这是炸药与燃料的重要区别之一。另外，炸药具有燃料所没有的高能密度，单位体积放出的热量远比燃料多得多。

炸药的氧平衡用来表示炸药内含氧量与充分氧化可燃元素所需氧量之间的关系。炸药的氧平衡可分为正氧平衡、负氧平衡、零氧平衡。煤矿中常用的炸药为负氧平衡和零氧平衡。

爆炸是物质系统一种极其迅速的物理或化学变化。在变化过程中，瞬间放出其内含能量，并借助于系统内原有气体或爆炸生成的气体的膨胀，对系统周围介质做功，使之发生巨大的破坏效应，同时可能伴随声、光、热效应。爆炸可分为化学爆炸、物理爆炸和核爆炸。炸药爆炸属于化学爆炸。

2. 炸药爆炸的形式

炸药爆炸的形式有三种：爆炸、爆轰和燃烧。

(1) 爆炸：是指炸药以每秒数百米至数千米可变速度进行的爆炸反应过程。变速爆炸又叫非稳定性爆炸。

(2) 爆轰：是指炸药以每秒数十米不变的速度进行的爆炸反应过程。恒速爆炸又叫稳定性爆炸。

(3) 燃烧：是指炸药以每秒数十毫米至数米的速度进行快速燃烧的过程。燃烧速度一般为每秒数毫米至数厘米，但最大可达每秒数百米，只产生微弱的声响，没有产生冲击波。

这三种爆炸形式在一定条件下是可以相互转化的。

3. 炸药爆炸的基本特征

(1) 反应的放热性。炸药爆炸反应都属于放热反应，爆炸过程中放出的大量热是对周围介质做功的能量。

(2) 生成大量的气体。气体介质把炸药放出的大量热转化为机械功，对周围介质做功。

(3) 化学反应和传播的快速性。炸药爆炸反应时间只需要几微秒至十几微秒，炸药爆炸传播的速度可达每秒数千米。

炸药爆炸的基本特征也是任何化学爆炸必须同时具备的三个条件，通常称其为爆炸的三要素。

4. 炸药的分类

炸药的分类方法很多，常见的分类方法如下。

(1) 按炸药的组成可分为单质炸药和混合炸药。

单质炸药是指各组成元素以一定的化学结构存在于同一分子中的炸药。

混合炸药是指由两种以上分子组成的混合物。它可以根据对炸药性能的要求调配不同的组分。工业炸药多为混合炸药。

(2) 炸药的用途可分为起爆药、猛炸药和发射药(火药)三种。

起爆药的特点是：在很小的外界能量(如加热、火焰、摩擦、机械能冲击等)作用下就能爆炸，因此，常用于雷管的起爆。起爆药有雷汞和二硝基重氮酚等，由于二硝基重氮酚的原料来源广，生产工艺简单、安全，成本低，而且具有良好的起爆性能，因此应用广泛。

猛炸药的特点是：对外能的敏感程度比起爆药低，但爆炸威力大，主要用于起爆器材的加强药和改善药性能的附加成分。

发射药的特点是：能稳定燃烧并产生一定的推力。在工业上，主要用作起爆器材，如用黑火药作导火索药芯。

(3) 煤矿常用炸药：矿用炸药的分类见表 3-9。

表 3-9 矿用炸药分类表

矿用炸药	硝酸铵炸药	铵梯炸药	岩石铵梯炸药
			煤矿铵梯炸药
		廉价炸药	铵油炸药
			铵沥腊炸药
			铵松腊炸药
		粉状高威力炸药	铵梯黑炸药
			铵梯铝炸药
	含水炸药	浆状炸药	
		水胶炸药	
		乳化炸药	
	硝化甘油类胶质炸药	普通胶质炸药	
		难冻胶质炸药	

煤矿许用炸药按其组分分为硝铵类、铵梯类、硝化甘油类、水胶类和乳化类。

① 硝酸铵：含氧丰富，物理状态好，来源丰富，价格低，安全性好，是制造混合炸药的主要原料。

② 梯恩梯(TNT)：三硝基甲苯，有机化合物，黄色片状结晶，一般含量为10%～17%，用6～8号工业雷管起爆。

③ 木粉：锯末，作松散剂，其作用是防止炸药结块。

④ 食盐：氯化钠，主要作消焰剂，主要作用是快速吸热，缓慢放热，降低爆温，消除火焰。

⑤ 石蜡、沥青：作防潮剂，占6%～14%。

5. *煤矿许用炸药选择*

(1) 煤矿对炸药的要求

① 爆温要低，不能超过瓦斯的燃点，一般低于750 ℃。

② 作用时间短，不能超过瓦斯爆炸的感应时间，一般短于3 s。

③ 化学氧平衡接近于零，偏差不大于0.55。

(2)《煤矿安全规程》对煤矿炸药的规定

① 低瓦斯矿井的岩石掘进工作面必须使用安全等级不低于一级的煤矿许用炸药。

② 低瓦斯矿井煤层掘进工作面、半煤岩掘进工作面必须使用安全等级不低于二级的煤矿许用炸药。

③ 高瓦斯矿井、低瓦斯矿井的高瓦斯区域，必须使用安全等级不低于三级的煤矿许用炸药。有煤(岩)与瓦斯突出危险的工作面，必须使用安全等级不低于三级的煤矿许用含水炸药。

④ 严禁使用黑火药和冻结或半冻结的硝铵甘油炸药。同一工作面不得使用两种不同品种的炸药。

⑤ 采掘工作面，必须使用煤矿许用瞬发电雷管或煤矿许用的毫秒延期电雷管。使用煤矿许用的毫秒延期电雷管时，最后一段的延期时间不得超过130 ms。不同厂家生产的或不同品种的电雷管，不得掺混使用。不得使用导爆管或者普通导爆索，严禁使用火雷管。

(3) 煤矿许用炸药的安全等级

煤矿许用炸药的安全等级共分为 5 个等级，每个等级的炸药又分 3 个号，1 号威力最大，3 号威力最小。

二、选择雷管

炸药的起爆方法有电力起爆法和非电力起爆法两种，煤矿井下只能使用电力起爆法。

1. 瞬发电雷管

通入足够的电流，能在瞬间立即起爆的电雷管为瞬发电雷管，其构造如图 3-14 所示。

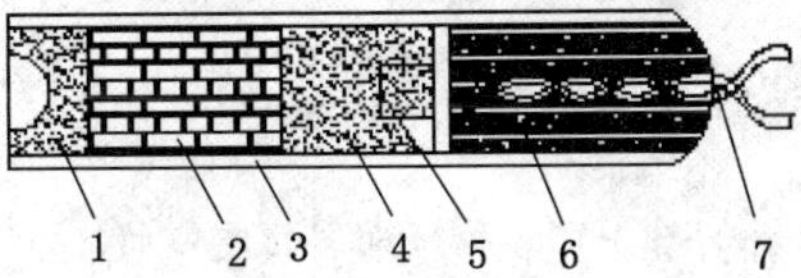

图 3-14　瞬发电雷管

1——副起爆药(头遍药)；2——副起爆药(二遍药)；3——雷管壳；4——正起爆药；5——桥丝；6——硫黄；7——脚线

常用的瞬发电雷管为 8 号，其装药量与 8 号火雷管相同，所不同的是管内装有点火装置。点火装置为直插式，引发过程是由电流通过桥丝产生电阻热，瞬间点燃正起爆药，继而引爆副起爆药。正起爆药一经点燃，即使电流中断也能爆炸。瞬发电雷管由通电到爆炸的时间间隔一般不超过 10 ms，无延期过程。

《煤矿安全规程》规定，不同厂家生产的或不同品种的电雷管不得掺混使用，因不同厂家、不同批号的电雷管使用的桥丝材质或直径可能不同，如果通以相同的电流，可能出现一种桥丝已经烧断，而另一种桥丝尚未达到点火温度的现象，从而造成部分电雷管拒爆。

瞬发电雷管可分为普通型和煤矿许用型两种。前者可用于无瓦斯工作面，后者可用于高瓦斯煤矿或有瓦斯煤尘爆炸危险的采掘工作面以及有煤与瓦斯突出危险的工作面。

煤矿许用型瞬发电雷管与普通瞬发电雷管结构基本相同。它之所以具有较高的安全性，主要是在副起爆药(猛炸药)中加入了一定量的消焰剂，消焰剂通常采用氯化钾，可以起降低爆温、消焰和隔离瓦斯与爆炸火焰接触的作用，从而有效地预防瓦斯爆炸。

瞬发电雷管在巷道掘进中只能用于全断面分次爆破。

2. 秒延期电雷管

秒延期电雷管是通入足够的电流后，以 1 s、半秒间隔时间延期爆炸的电雷管。

它和瞬发电雷管的区别是在引火头和加强帽之间增加了一段导火索作为延期引爆元件，改变导火索的长短就可以得到各个段的不同延期时间。同时，为排出导火索燃烧时的气体而不影响导火索的燃速，在雷管壳上设有气孔。秒延期电雷管的结构如图 3-15 所示。

秒延期电雷管为非煤矿许用电雷管，只能用于无瓦斯的岩巷掘进工作面。《煤矿安全规程》规定：在采掘工作面，必须使用煤矿许用瞬发电雷管或煤矿许用毫秒延期电雷管。使用毫秒延期电雷管时，最后一段的延期时间不超过 130 ms。秒延期电雷管和半秒延期电雷管各段的间隔时间长达 1 s 或 0.5 s，当前段雷管爆炸后，瓦斯浓度达到 1%以上，后段雷管爆炸时，就很容易引燃或引爆瓦斯，而且秒或半秒延期电雷管内的延期药燃烧时，要从电雷管排气孔中喷出火焰和高温气体，也成为引燃瓦斯的危险因素。因此，秒或半秒延期电雷管不

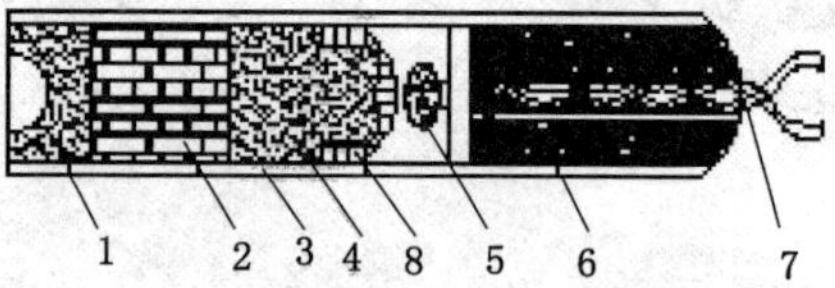

(a)

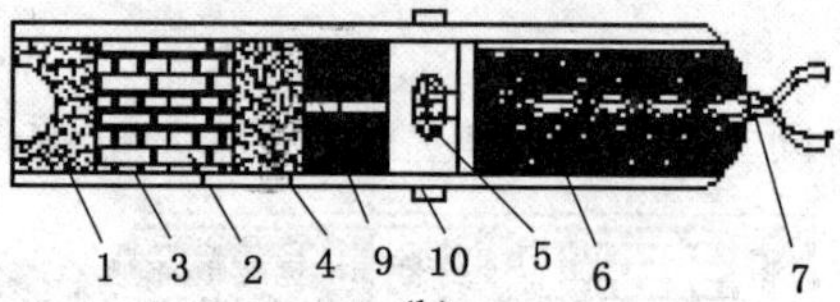

(b)

图 3-15　秒延期岩石电雷管

(a) 第一段；(b) 第二段(及其以上各段)

1——副起爆药(头遍药)；2——副起爆药(二遍药)；3——雷管壳；4——正起爆药；
5——引火药头；6——硫黄；7——脚线；8——加强药；9——导火索；10——出气孔

能用于有瓦斯或煤尘爆炸危险的采掘工作面。

3. 毫秒延期电雷管

通入足够的电流，以若干毫秒间隔时间延期爆炸的电雷管为毫秒延期电雷管，简称毫秒电雷管。

毫秒延期电雷管分为普通型和煤矿许用型两种。国产普通型毫秒电雷管共 20 段，结构如图 3-16 所示。

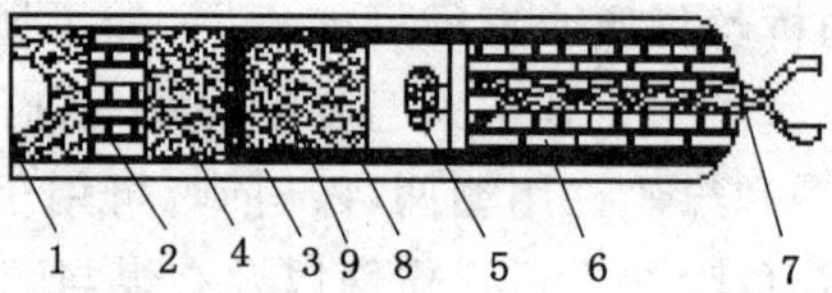

图 3-16　毫秒延期岩石电雷管

1——副起爆药(头遍药)；2——副起爆药(二遍药)；3——雷管壳；4——正起爆药；
5——引火药头；6——硫黄；7——脚线；8——内铜管；9——延期引爆药

普通型毫秒电雷管由于金属管壳、加强帽、聚乙烯绝缘脚线包皮等在雷管爆炸时产生灼热碎片、残渣，延期药燃烧时喷出高温颗粒残渣，副起爆药爆炸时产生高温火焰等原因，仍有引爆瓦斯的可能性。

煤矿许用型毫秒电雷管是在猛炸药中加入消焰剂，还将延期药装入延期体的 5 个细管中并加厚管壁，从而使上述不安全因素得到有效解决。结构如图 3-17 所示。

煤矿许用型毫秒电雷管可用于有瓦斯或煤尘爆炸危险的采掘工作面、高瓦斯矿井、煤与瓦斯突出矿井。《煤矿安全规程》规定：使用煤矿许用毫秒延期电雷管时，最后一段的延期时间不得超过 130 ms(即 1～5 段)。因为经测定在高瓦斯矿井炸药爆炸后 160 ms 时瓦斯浓度达到 0.3%～0.5%，260 ms 时为 0.3%～0.95%，360 ms 时为 0.35%～1.6%，局部地点瓦斯浓度将更高，而 130 ms 仅有 360 ms 的三分之一多一点，瓦斯的涌出浓度比瓦斯的爆炸下限少 83%～86%，因而有足够的安全系数，而且煤矿许用毫秒延期电雷管不存在从排气孔中喷出火焰和高温气体的问题。因而，煤矿许用毫秒电雷管可用于井下有瓦斯煤尘爆炸

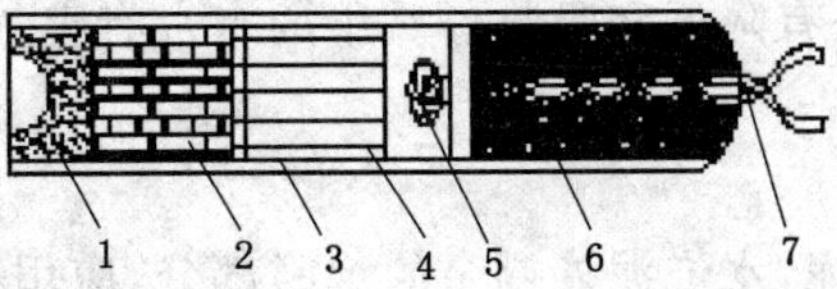

图 3-17 煤矿许用毫秒延期电雷管

1——副起爆药；2——正起爆药；3——雷管壳；

4——铅延期体；5——引火药头；6——硫黄；7——脚线

危险的工作面。

4. 抗杂散电流雷管

抗杂散电流雷管又可分为无桥丝抗杂散电流毫秒电雷管和低阻桥丝式抗杂散电流毫秒电雷管。

(1) 无桥丝抗杂散电流毫秒电雷管

无桥丝抗杂散电流毫秒电雷管，其特点是取消了桥丝而在引火药中加入乙炔、石墨等导电物质，做成有导电性的引火头。这种引火头的电阻不是固定值，当外加电压小于额定电压时其电阻值较大，通过电流小，不足以引燃引火药。当外加电源高于额定值时，其电阻下降，导致通过电流变大，发热量增加，直到可以点燃引火药。无桥丝电雷管可保证在 5 V 电压作用下 5 min 不发火。这种雷管不能用动力电源和一般起爆器起爆，要用专门设计的 GM-2000 型高能脉冲起爆器起爆。不能用一般的电爆网路计算方法进行设计计算，网路导通时不易发现漏连等问题。

(2) 低阻桥丝式抗杂散电流毫秒电雷管

其结构与普通毫秒电雷管相同，区别是用电阻很小的紫铜丝作为桥丝，有较好的抗杂散电流的能力。

三、炮泥

(一) 炮泥的作用

炮泥是用来堵塞炮眼的。炮泥的质量好坏、封泥长度和封泥质量直接影响爆破效果和安全。煤矿井下常用的炮泥有两种，一种是在塑料圆筒袋中充满水的水炮泥，一种是黏土炮泥。

1. 黏土炮泥的作用

(1) 能提高炸药的爆破效果。由于炮泥能阻止爆生气体自炮眼透出，自爆炸初始就能在炮眼内聚积压缩能，增加冲击波的冲击力，同时还能使炸药在爆炸反应中充分氧化，放出更多的热量，使热量转化为机械功，从而提高炸药的爆破效果。

(2) 有利于爆破安全。由于炮泥的堵塞作用，炸药在爆炸中充分氧化，从而减少有毒有害气体的生成，降低了爆生气体逸出工作面时的温度和压力，减小了引燃瓦斯煤尘的可能；由于炮泥能阻止火焰和灼热固体颗粒从炮眼内喷出，有利于防止瓦斯和煤尘爆炸。

2. 水炮泥的作用

(1) 爆炸气浪的冲击作用，使水炮泥中的水形成一层水幕，可降低炸药爆炸后的温度，使爆炸火焰存在的时间缩短，减小了引爆瓦斯和煤尘的可能性，更有利于矿井安全生产。

(2) 水炮泥形成的水幕,有降低和吸收爆破中的有毒有害气体的作用,改善了井下的劳动环境。

(二) 封泥质量要求

(1) 炮眼封泥应用水炮泥,水炮泥外剩余的炮眼部分,应用黏土炮泥封实。

(2) 炮眼封泥也可用不燃性的、可塑性松散材料,如黏土、黏土和砂子的混合物等制成的黏土炮泥。

(3) 无封泥、封泥不足或不实的炮眼,严禁爆破。

(4) 严禁用煤粉、块状材料或其他可燃性材料作炮眼封泥。

(三) 封泥长度

炮眼深度和炮眼的封泥长度应符合下列要求:

(1) 炮眼深度小于 0.6 m 时,不得装药、爆破。在特殊条件下,若挖底、刷帮、挑顶确需浅眼爆破,必须制定安全措施,且必须封满炮泥。

(2) 炮眼深度为 0.6～1 m 时,封泥长度不得小于炮眼深度的 1/2。

(3) 炮眼深度超过 1 m 时,封泥长度不得小于 0.5 m。

(4) 炮眼深度超过 2.5 m 时,封泥长度不得小于 1 m。

(5) 光面爆破时,周边光爆炮眼应用炮泥封实,且封泥长度不得小于 0.3 m。

(6) 工作面有 2 个或 2 个以上自由面时,在煤层中最小抵抗线不得小于 0.5 m,在岩层中最小抵抗线不得小于 0.3 m。浅眼装药爆破大岩块时,最小抵抗线和封泥长度都不得小于 0.3 m。

四、起爆器及其检测器

《煤矿安全规程》规定:井下爆破都必须使用起爆器。开凿或延深通达地面的井筒时,无瓦斯的井底工作面中可使用其他电源起爆,但电压不得超过 380 V,并必须有电力起爆接线盒。电力起爆接线盒所用的电源、线路连接的方法、开关的构造、装设的地点等都应编制设计,报矿总工程师批准。起爆器或起爆接线盒都必须采用矿用防爆型(矿用增安型除外)。

(一) 晶体管电容式起爆器

起爆器是用来供给电爆网路上的电雷管起爆电能的器具,又称发爆器。电容式起爆器有防爆型和非防爆型两种,煤矿井下只准使用防爆型起爆器。它体积小,质量轻,外壳防爆,供电时间能控制在 6 ms 以内。6 ms 后即使网路炸断,裸露线路相碰,也不会产生火花。因受起爆器能力限制,多用于串联网路。

电容式起爆器部件小,结构严密,而且由于井下条件和环境所限,往往因使用检查、保管和维护不当而造成部件损坏,改变或失去起爆和防爆能力,影响安全使用,所以必须做到经常检查、合理使用和妥善保管。

1. 检查

下井前领取起爆器时,检查起爆器外壳、固定螺丝接线柱和防尘小盖等部件是否完整,毫秒开关是否灵活,发现有破损或起爆能力不足时,应立即更换。入井前要对氖气灯泡做一次试验性检查,如氖气灯泡在起爆器充电时间小于规定时间时闪亮,表明起爆器正常;如充电时间大于规定时间时闪亮,应更换电池。氖气灯泡不亮时,应立即更换。

若使用时间过长,应检查它能否在 3～6 ms 内输出足够的电流和自动切断电源停止供电。

电容式起爆器应定期检查，检查时用新电池作电源，测量输出电流和主电容充电电压以及充电时间。若测量的数值低于额定值，为不合格，应进行维修。

2. 使用

使用电容式起爆器时，必须按下列程序和要求操作：

(1) 使用前，应先检查氖气灯泡在规定时间内是否发亮，如在规定时间内发亮，则证明起爆能力正常。然后方可准备与爆破母线连接。

(2) 爆破工在接到组长发出的爆破命令，并收到瓦斯检查员交来的爆破牌以后，确认人员已全部撤离，并发出规定的爆破信号后，方可解开母线接头接到起爆器的接线柱上，以免发生早爆伤人。

(2) 将起爆器与母线连接好后，将开关钥匙接入毫秒开关内，按逆时针方向转至充电位置，待氖气灯亮后，立即按顺时针方向转至放电位置。如不立即转至放电位置，不但浪费电力，而且由于主电容端电压连续上升，可能引起起爆器内部元件损坏。在爆破后，开关停在放电位置上，拔出钥匙由自己保管好，并解下母线，扭成短路挂好。每次爆破后，应及时将防尘小盖盖好，防止煤尘或潮气侵入。

3. 保管

起爆器必须由爆破工妥善保管，上下井随身携带，下班升井检查。在井下要挂在支架上或放在木箱里，不要放在潮湿或淋水地点以免受潮。

《煤矿安全规程》规定：起爆器的把手、钥匙或电力起爆接线盒的钥匙，必须由爆破工随身携带，严禁转交别人。

起爆器发生故障，应及时送到井上由专人修理，不得在井下拆开修理，更不得撞击、敲打。起爆器充电时间超过规定，必须及时在地面更换电池；长期不用的起爆器，必须取出电池。

严禁将两个接线柱连线短路打火花检查有无残余电荷和用起爆器检查母线导通，因为它不仅容易击穿电容及其他元件，更容易引起瓦斯煤尘爆炸。

(二) MFBB 型起爆器

MFBB 型起爆器消除了 MFB 系列电容式起爆器在安全上存在的问题。其特点表现为当母线产生虚接、断路和短路等故障时，起爆器即不能充电，从而避免发生爆前火花、丢炮和由于电源连线不良等造成瞎炮；向网路输送的电能与负载相适应，从而避免了“大马拉小车”引起的高温火花和丢炮等不安全因素；采用了快速接线端子及弹簧压紧结构，接线简单可靠，端子保持清洁，减少了接触电阻，而且不能用接线端子短路作母线打火导通试验，从而可防止因起爆器火花引起的瓦斯燃烧和爆炸事故；通电时间为 4 ms，比 MFB 系列起爆器少 6 ms，更能可靠地防止爆后火花。

MFBB 型起爆器由 MFB-100 型隔爆网路安全闭锁式起爆器、本质安全型爆破测试器、本质安全型爆破用警示器、爆破母线及母线缠绕绞车包箱、本质安全起爆器测量仪等组成。

MFBB-100 型起爆器适用于有瓦斯或煤尘爆炸危险的采掘工作面，供引爆串联电雷管用。适用工作环境为海拔 1 000 m 以下，相对湿度不大于(95±3)%，温度为－20～＋40 ℃。其技术特征见表 3-10。

表 3-10　　　　MFBB-100 型发爆器技术特征

项目	单位	内容
起爆能力	发	100
电压峰值	V	1 800
输出引燃冲量	$A^2\cdot ms$	≥8.7
供电时间	ms	≤4
附加功能		控制模块具有无级自动换挡、恒输出冲量用网络闭锁功能
充电时间	s	≤20
电源		4.5 V(R20 型干电池 3 节串联)
外形尺寸	mm×mm×mm	220×153×54
质量	kg	≤2

本质安全型爆破测试器(即矿用数字式欧姆表)是用来测量爆破网路连接情况的数字式仪表,能测出具体数值,取代只能测导通和断路的光电导通表。通过测试,可以了解存在接触电阻的程度,避免拒爆、瞎炮和丢炮现象,避免发生火花引燃瓦斯。

如测得数值大于或小于规定范围,则说明有断路或短路现象,需要用测试器查找网路中的故障点。查找故障时,首先将母线一端短路,测另一端母线电阻值,如电阻值在 10 Ω 以上,则说明母线存在接触电阻,即母线有断路、短路或接头有锈蚀处,应检查故障点;如母线完好,再用测试器测量整个串联电雷管的网路,如确认整个串联电雷管网路有故障,就要将整个网路分成几组,再逐个分组进行测量,直到查出故障并排除后,再用闭锁式起爆器起爆。

本质安全型爆破用警戒器适用于井下采掘巷道,代替拉线、红灯和用人放警戒。该警戒器用语言和声音告知人们“前方爆破,请您止步”。在井下爆破时,在通往爆破地点的警戒位置安设,起到警戒作用。警戒器可连续运转达 4 h,警戒器分为语言灯光式和警声灯光式两种。

(三) 网路检测仪器

(1) 导通表

导通表又名测炮器,它是专门用来测量电雷管、爆破母线或电爆网路是否导通的仪表。

光电导通表内部电源为硒光电池或硅光电池,在矿灯或其他光线照射下,最高可产生 0.5 V 电压,无光线照射时,不产生电压。使用时,先用矿灯照射电池,同时使被测物件的两端分别与导通表的两个金属片相碰,回路接通,检流表指针转动,表明被测物件导通,无断路;若指针不动表明被测物件不导通,有断路。光电导通表结构简单,体积小,操作方便,导通电流只有几十微安,可确保电雷管导通量的绝对安全,但使用后必须避光保存,以免浪费电池。

(2) 爆破线路电桥

爆破线路电桥是用来检查和测量电雷管及电爆网路通断和电阻的仪表。

用爆破线路电桥检测时,先把电雷管脚线或电爆网路的母线接在电桥的两个接线柱上,使转换开关指向“雷管”或“网路”,再用手压下按钮,同时旋转分划盘,若检流表的指针不动,则说明电雷管或网路不通;若检查指针摆动,则说明电雷管或网路导通。当检流表指针居中时，即可松开按钮，此时指针所指分划盘上的读数，即为被测的电雷管或电爆网路的电阻值。这种电桥测量电阻的范围是 0.2～50 Ω，其工作电流远小于电雷管的安全电流。

五、电爆网路的连接方式

井巷掘进时，电爆网路的连接方式有串联、并联和串并联等几种。

串联电路是指将各雷管的脚线连续地一个接一个地连在一起，最后连到爆破母线上，如图 3-18(a)所示。这种电爆网路的特点是：电路的总电流小，适用于发爆器爆破，安全；母线电阻的大小对雷管起爆影响不明显；连线操作简便，不易漏连或误连，便于用导通表检查；有雷管断路时会导致全部拒爆，处理很麻烦；对雷管的电阻值差要求较严，三种不同雷管严禁混用。

并联电路是将各个雷管的两根脚线分别连到两根连接线上或母线上。这种连接法又可分为分段并联和并簇联两种，如图 3-18(b)、(c)所示。并联网路的特点是：电路的总电流大，发爆器无法起爆，必须用线路电源起爆，在瓦斯矿井中禁用；母线、连接线及接头电阻值的大小，对雷管的准爆影响很大，所以必须使用断面足够大的母线；若有个别雷管不通不易用仪表查出，但不会因一个雷管不爆导致全部拒爆；并簇联（俗名“两把抓”）的连线特别迅速方便，但雷管脚线稍长才能连到一起；分段并联由于连接线的电阻影响很大，而容易使电流分配不均，只有在大直径井筒掘进时才使用。为减小连接线影响，常用闭合反向电路，如图 3-18(d)所示。

串并联电路（混联）是将若干个雷管先行串联起来组成一个个串联组，然后再将各组并联起来的连线方法，如图 3-18(e)所示。混联是上述串联、并联两种方法的结合，可分为串并联和并串联两种。当一次起爆炮眼数目较多时，则需要采用串并联或并串联。串并联是先将电雷管分组，每组串联接线，然后各组剩余的两根脚线都分别接到爆破母线上。并串联是将各组电雷管并联，然后将各组串联起来，并串联在现场很少采用。

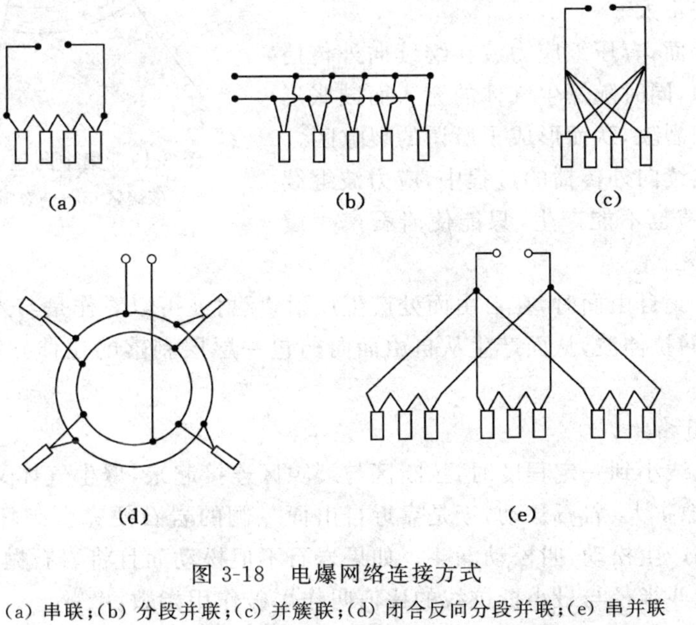

图 3-18　电爆网络连接方式

(a) 串联；(b) 分段并联；(c) 并簇联；(d) 闭合反向分段并联；(e) 串并联

混联接法兼顾了串联法和并联法的缺点，也部分兼有它们的优点。但连接和计算网路都比较复杂，容易错接和漏接，每个并联分路的电阻要大致相等，分组均匀，否则电阻小的分路会因分路电流大而先爆炸，而电阻大的分路，由于分路电流小，电雷管仍未得到足够的起爆电能，但网路已被炸断造成雷管拒爆。

在井下掘进工作中，一次爆破炮眼数目少，且多用起爆器起爆，电压较高，而电量有限，故多采用串联。若用并联或混联，由于分路电阻安排不当，有的分路先爆炸，当炸断仍在通电的其他分路或母线时，容易造成丢炮、瞎炮和产生电火花而引起瓦斯或煤尘爆炸。并联和混联因一次爆破的电雷管数量较多，起爆器容量小，无法起爆，只能使用动力电源，而《煤矿安全规程》规定，除开凿或延深通达地面的井筒和无瓦斯的井底工作面外，井下爆破不能用动力电源，只能使用起爆器。因此，井下一般不使用并联和混联连线方法。

六、爆破技术

（一）爆破基础

1. 最小抵抗线的概念

如果将一个球形或立方体形药包（也称为集中药包）埋入岩石中，岩石与空气相接的表面叫自由面。从药包中心到自由面的垂直距离叫最小抵抗线。

2. 集中药包爆炸后的分区

集中药包起爆后，药包附近的岩石在爆轰波和爆生气流的冲击下产生粉碎性的破碎或被压缩成一个空洞，这个区域称为粉碎区（或称为压缩区），如图 3-19 所示。虽然爆轰压力超过岩石的抗压强度很多，但一方面岩石本身在短暂冲击下的强度比静压时的强度要高得多，另一方面，在岩石中传播的应力波因能量消耗于粉碎岩石而很快衰减，故此粉碎区的范围并不大。

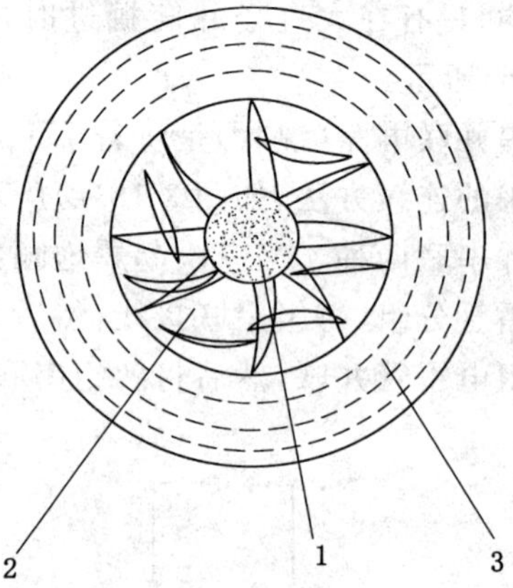

图 3-19　集中药包的爆破分区图

1——破碎区；2——裂隙区；3——震动区

在粉碎区外面，有压缩应力波在继续向外传播时衍生的拉应力，同时随爆生气体的充入而鼓胀形成径向和环向的裂隙，从而形成了所谓的裂隙区。

在应力波继续向外传播的过程中，应力波继续衰减，以致连裂隙也不能产生，只能使岩石产生震动，故此为震动区。

当应力波传到自由面时，在自由面处产生反射，反射波可以看作是与入射的应力波大小相等、方向相反的拉伸波，从而产生从自由面向药包一层层剥落的拉伸破坏，这个区叫破碎区（或片落区）。

3. 爆破作用指数

当最小抵抗线小到一定程度时，拉断区与裂隙区连接起来，爆生气体又沿裂隙区的裂隙冲出，从而使裂隙扩大、岩石移动，于是靠近自由面一侧的岩石便完全破坏而形成漏斗状的坑。如果岩石只产生松动，叫松动漏斗。如果岩石不但松动而且将岩石抛掷出去，叫作抛掷漏斗。我们将漏斗半径与最小抵抗线的比值叫作爆破作用指数。

当爆破作用指数为 1 时形成的漏斗坑称为标准抛掷漏斗。

当爆破作用指数大于 1 而小于 3 时，叫作加强抛掷漏斗。

当爆破作用指数小于1而大于0.75时，叫减弱漏斗。

当爆破作用指数为0.75时，岩石一般只产生松动而不发生抛掷，故叫松动漏斗。

当爆破作用指数小于0.75时，将不能形成漏斗。

通常情况下，当爆破作用指数为1时形成的漏斗坑体积最大，爆破作用也最好。当爆破作用指数略大于1时，可减少清理坑内岩石的工作。而当爆破作用指数略小于1时，岩石不飞散很远，使装岩容易进行。井巷掘进的爆破作用指数一般选在0.8～1.0之间，掏槽眼一般选为稍大于1。

4. 多自由面爆破原理

如果自由面不止一个，当集中药包爆炸时，应力波在各个自由面都能产生反射，也都能产生从各个自由面到药包的拉断破坏区，而药包到各自由面的反射波的交叉处无疑将受到破坏，因而增多自由面就可使炸落单位体积岩石的炸药消耗量降低，而岩石的块度也会比较均匀。在爆破工程实践中，一般都先使几个炮眼先爆炸，从而为后爆炸的炮眼形成附加自由面。

（二）爆破技术

1. 毫秒爆破

毫秒爆破又叫微差爆破，是一种延期爆破，延期间隔时间是几毫秒到几十毫秒。由于前后相邻段药包爆炸时间间隔极短，各药包爆炸产生的能量场相互产生影响，而产生一系列良好的效果。

（1）毫秒爆破作用原理

综合国内外的研究资料，毫秒爆破的基本原理有如下几种。

① 应力增强作用

炸药在岩体中爆炸后，周围的岩石产生变形、位移，处于应力状态中。毫秒爆破时，先起爆的药包在岩体中形成的应力状态还未消失之前，后起爆的药包又在岩体中形成新的应力状态，两个应力叠加使应力增强，因而提高了破碎效果。

② 增加自由面作用

先起爆的炮眼爆破，使其附近的岩石产生径向裂隙。径向裂隙发展到一定程度时，后起爆的炮眼再起爆，则这些径向裂隙就成为新的自由面。自由面的增加，有利于后起爆炮眼的破碎，爆破的破碎范围就可增大，因而，增大了孔间距和每米炮眼破碎岩体量，减少了炸药消耗量。

③ 岩块间的相互挤压碰撞作用

先爆的岩块在未落下之前，与后爆的岩块相互挤压碰撞，这样可充分地利用能量，使岩块进一步破碎，因而提高爆破质量，易于控制爆堆，减少飞石距离。

④ 减弱地震作用

只要选择恰当的延期时间间隔，使先后起爆的地震波相互作用，产生干扰，就可以使地震作用减弱，这样可减弱地震波对邻近巷道的影响。

（2）毫秒爆破参数

采用毫秒爆破时，其爆破效果除与装药起爆方式和起爆顺序有关外，还决定于所采用的爆破参数。毫秒爆破参数确定方法与一般爆破相同，但在相同爆破参数条件下，毫秒爆破能减小岩石破碎块度。反之，若保持岩石块度不变，采用毫秒爆破时，可增大炮眼间距10％～20％，或增大装药的最小抵抗线。

毫秒爆破的一个重要参数是延期间隔时间。确定合理的毫秒间隔时间和准确地控制它,是关系到毫秒爆破应用成功与否的关键。由于对毫秒爆破破碎矿岩的准确机理仍无定论,因而,对毫秒间隔时间确定原则和计算方法仍不统一。在实际爆破工作中,合理的毫秒间隔时间应能得到良好的爆破破碎效果和最大限度地降震。

(3) 毫秒爆破的优点

① 可减弱爆破地震效应和空气冲击波的影响,减少飞石距离。

② 可增大一次爆破量,减少爆破次数,提高大型设备的利用率。

③ 爆落的矸石块度均匀,大块率低。

④ 爆堆形状整齐,爆堆比较集中,有利于提高装岩效率。

⑤ 可以在有瓦斯煤尘爆炸危险的工作面使用,实现全断面一次起爆,缩短爆破和通风时间,提高掘进速度,并有利于工人健康。

(4) 毫秒爆破的安全性

在有瓦斯煤尘爆炸危险的地点进行爆破时,以瞬发爆破最安全,但在这种情况下,全断面只能分次爆破。爆破次数越多对巷道掘进进度影响越大,爆破次数越少对爆破效果和震动作用影响越小。采用秒期爆破时,因延期时间较长,爆破过程中从煤岩体内泄出的瓦斯有可能达到爆炸界限,因而,不能在有瓦斯爆炸危险的地点使用。

毫秒爆破则克服了瞬发爆破的缺点。同时,只要对总延期时间加以控制,就不会发生秒延期爆炸存在的危险。

《煤矿安全规程》规定:在采掘工作面,使用煤矿许用毫秒延期电雷管时,最后一段的延期时间不得超过 130 ms。采用毫秒爆破时,必须严格按照规程规定进行装药爆破和检查瓦斯。

2. 光面爆破

光面爆破是控制爆破的作用范围和方向,使爆破后岩面光滑平整,防止岩面开裂,减少超、欠挖和支护的工作量,增加岩壁的稳定性,减少爆破的震动作用,进而达到控制岩体开挖轮廓的一种技术。

(1) 光面爆破机理

光面爆破是沿开挖轮廓线布置间距较小的平行炮眼,在这些光面炮眼中进行药量较少的不耦合装药,然后同时起爆,爆破时沿这些炮眼的中心连接线破裂成平整的光面。从国内外实验室研究和现场生产实践可以看出,光面爆破时由于采用不耦合装药,药包爆轰后,壁上的压力显著降低,此时,药包的爆破作用为准静压作用。当炮眼压力值低于岩石的抗压强度时,在炮眼壁上就不致造成"压碎"破坏。这样爆轰波引起的应力波只能引起少量的径向细微裂隙,裂隙数目及其长度随不耦合系数和装药量而不同。一般在药包直径一定时,不耦合系数值越大,药量越少,则细微裂隙数越少而长度也越短。光面炮眼组同时起爆时,由于起爆器材的起爆时间误差,不可能在同一时刻爆炸,先起爆的药包应力波作用在炮眼周围产生细微径向裂隙,由于相临炮眼的导向作用,沿相邻两炮眼连心线的那条径向裂隙得到优先发育。在爆炸气体作用下,这条裂隙继续延伸和扩展,在相邻两炮眼的连心线同眼壁相交处产生应力集中,此处的拉应力值最大,相邻炮眼中爆炸气体的气楔作用将这些径向裂隙加以扩散,成为贯通裂隙,最后形成光面。

(2) 光面爆破参数

为获得良好的光面效果，一般选用低密度、低爆速、低体积威力的炸药，以减少炸药爆轰波的击碎作用和延长爆炸气体的膨胀作用时间，使爆破作用为准静压力作用。应尽量使用光面爆破专用药卷，以获得预期的效果。

① 不耦合装药系数

不耦合装药系数 K 是指炮眼直径 d 与药卷直径 d_0 之比，即：

$$K=d/d_0 \tag{3-1}$$

当 $K=1$ 时，表示炮眼直径和药卷直径完全耦合，炮眼全部被炸药装满，药卷与眼壁之间没有空隙。此时爆轰压力对眼壁作用明显。

$K>1$ 时，表示炮眼直径与药卷直径不耦合，药卷与眼壁之间有孔隙。K 越大，则空隙也越大。

大量实践证明，$K\geqslant 2\sim 5$ 时，光面效果最好。

② 炮眼间距

炮眼间距一般为炮眼直径的 10～20 倍。在节理裂隙比较发育的岩石中应取大值，整体性好的岩石中应取小值。

③ 最小抵抗线

光爆炮眼中心到邻近辅助炮眼中心的距离为最小抵抗线，一般应大于或等于光爆炮眼间距。

④ 炮眼临近系数

炮眼临近系数 m 为最小抵抗线 W 与光爆炮眼间距的比值。当炮眼临近系数过大时，爆后有可能在光面眼间的岩壁表面留下岩埂（也叫留牛鼻子），造成欠挖；m 值过小时，则会在新壁面造成超挖凹坑。实践表明，当 $m=0.8\sim 1.0$ 时，爆后的光面效果最好。

⑤ 线装药密度

线装药密度又叫装药集中度，它是指单位长度炮眼中装药量的多少（g/m）。为了控制裂隙的发育以保持新壁面的完整稳固，在保证沿连心线破裂的前提下，应尽可能少装药。

一般线装药密度如下：软岩中为 70～120 g/m，中硬岩中为 100～150 g/m，硬岩中为 150～250 g/m。

⑥ 起爆间隔时间

爆破实验研究结果表明：齐发起爆的裂隙表面最平整，毫秒延期起爆次之，秒延期起爆最差。单发起爆时，眼间贯通破裂较长，抑制了其他方向裂隙的发育，有利于减少周围裂隙的产生，可形成平整的壁面。在实施光面爆破时，间隔时间越短，壁面平整的效果越有保证。所以，应尽可能减少周边孔间的起爆时差，相邻光面的起爆间隔时间不应大于 100 ms。

（3）光面爆破的优点

与普通爆破相比较，光面爆破具有以下优点：

① 岩面光滑平整，能减少超挖和欠挖，保证轮廓线达到设计要求。

② 巷道轮廓外裂隙区范围较小，对围岩破坏不大，提高了巷道的稳定性。

③ 施工安全，巷道和工作面平整，很少有活石，在围岩稳定性差的情况下不易发生冒顶、片帮。

④ 巷道成形规整，可减少通风阻力，不易产生瓦斯积聚。

⑤ 可提高工程进度和工程质量，降低成本。

⑥ 与喷射混凝土和锚杆支护相配合，已形成了一套高效、快速、安全的施工工艺。

(4) 光面爆破质量要求

① 眼痕利用率，硬岩不应小于80%，中硬岩不应小于60%。

② 软岩中的巷道，周边成形应符合设计轮廓。

③ 两次爆破衔接台阶尺寸，眼深小于3 m时，不得大于150 mm；眼深为5 m时，不得大于250 mm。

④ 岩面不应有爆震裂缝。

⑤ 巷道周边不应欠挖，平均线性欠挖值应小于200 mm。

3. 定向断裂爆破

(1) 定向断裂爆破原理

定向断裂爆破是对岩巷周边爆破时利用切缝药包中的切缝管对爆炸能量的释放进行控制，通过控制能量沿切缝方向集中释放来改变爆炸应力场的分布。高压爆生气体在瞬间沿切缝方向形成能量集中，作用于岩体并产生裂缝，裂缝在爆生气体的作用下定向扩展，形成精确控制的断裂面，从而实现了周边眼的精确控制爆破。

之所以能够沿一定方向产生强大的能量集中，是由于在药包周围增加了定向切缝管，切缝对准连心面，当切缝药包爆炸后空腔内壁未形成均布压强。冲击波的动作用仅使切缝方向形成微小裂缝，而沿其他方向由于切缝管壁的阻力，不致产生径向裂缝。炸药爆炸后，爆轰波直接作用于管壳，除产生透射波外，内壁有爆炸中心反射压缩波，透射波管壳中的冲击波经过环形空间衰减后再作用于孔壁。外壳的阻力作用使炸药爆炸保持很高的压力，对爆生气体的径向膨胀作用也限制了对其他方向的破坏，延长了爆生气体在装药空间的滞留时间，加强了切缝方向的定向爆破作用。

根据测定，沿定向断裂的水平、垂直和45°三个不同方向和不同距离应变峰值不同。沿水平方向应变峰值最大，衰减速度也最快；沿45°方向应变峰值最小，衰减程度介于垂直和水平方向之间；沿垂直方向应变峰值介于两者之间，衰减程度最小。在测点30 mm处，沿定向断裂方向的切向应变峰值是垂直方向的3.6倍，是45°方向的4.9倍。而在测点110 mm处，沿定向断裂方向的切向应变峰值是垂直方向的1.5倍，是45°方向的5.5倍。可以看出，定向断裂爆炸时，改变了周围应力发展的对称性，沿定向断裂方向应变远大于其他方向，这是能量集中产生定向断裂作用的重要原因。

(2) 定向断裂爆破的优点

经过对该项技术的试验性研究和近几年的应用，该项技术已趋于成熟。其优点主要体现在以下几方面：

① 可以使周边眼眼距增加到600 mm。

② 可以控制井巷周边不平整度不超过100 mm。

③ 节约爆破材料和支护费用。

④ 由于爆炸能量沿切缝方向集中释放，因而爆炸对围岩的破坏小，增强了围岩自身稳定能力。

⑤ 中硬岩石巷道中，周边眼痕利用率提高到95%左右。

⑥ 中深孔定向断裂爆破时，炮眼利用率可达98%，可大大提高掘进速度。

⑦ 该技术应用范围广，在各类硬岩、中硬和软弱破碎岩层以及各种层理岩层中均可取

得良好效果。

任务实施

教师先分析讲解各种爆破器材分类的方法、区别、适用范围，然后让学生分组在实训室练习不同类型电爆网路的连接方式，最后任课老师进行总结。

思考与练习

1. 简述炸药爆炸的基本特征。
2. 简述煤矿对炸药的要求。
3. 简述对炮泥的要求和炮泥的作用。
4. 简述对炮眼深度和炮眼的封泥长度的要求。
5. 简述 MFBB-100 型发爆器技术参数。
6. 绘图说明井巷掘进时电爆网路的连接方式的特点与应用。
7. 简述最小抵抗线、爆破作用指数的概念。
8. 列表分析常用的爆破技术特点与应用。
9. 三人一组在实训室完成爆破工作过程。

任务三　装运设备选择

知识要点

耙斗式装岩机、铲斗式装岩机、蟹爪式装岩机的结构、操作与使用方法、适用范围和安全注意事项。

技能目标

能合理选择巷道掘进中的装运设备，并会操作和使用。

任务导入

（1）常用的岩石装岩设备有哪些？有什么区别？如何进行选择和使用？

（2）提高岩石装运效率的措施有哪些？有哪些安全事项需要注意？

任务分析

（1）熟练掌握耙斗式装岩机、铲斗式装岩机、蟹爪式装岩机的结构、操作与使用方法、适用范围。

（2）熟悉提高岩石装运效率的措施。

相关知识

装岩与调车是巷道掘进中比较繁重的工作。一般情况下，装岩时间约占掘进循环时间的 35%～50%，因此，提高装运机械化水平及其生产率，是实现快速掘进的主要措施之一。

一、装岩设备选择

工作面爆破并经通风将炮烟排除后，即可进行装岩。装岩前必须检查顶板、两帮，清除悬石，修理支架，检查电力供应线路，清理轨道，使工作面处于安全状态。常用的岩石装岩机有耙斗式装岩机、铲斗式装岩机、蟹爪式装岩机等。

（一）耙斗装岩机

1. 结构和适用范围

耙装机由耙斗、绞车、机体和辅助设备等组成，使用情况如图 3-20 所示。部分装岩机的主要技术性能见表 3-11。

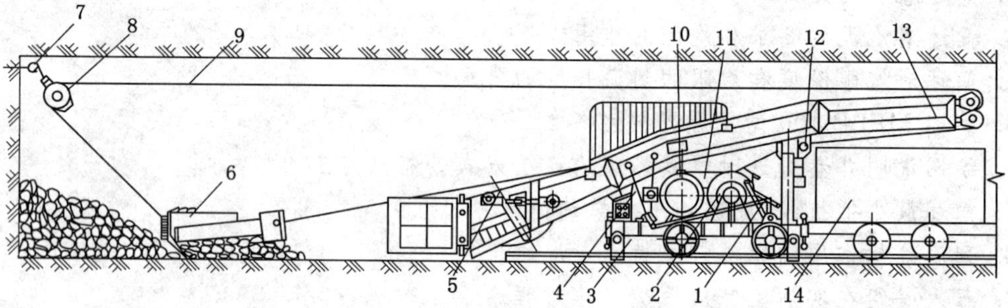

图 3-20 耙斗装载机装岩示意图

1——连杆；2——主、副卷筒；3——卡轨器；4——操纵手把；5——调整螺丝；6——耙斗；7——固定楔；8——尾轮；9——耙斗钢丝绳；10——电动机；11——减速器；12——架绳轮；13——卸料槽；14——矿车

表 3-11 部分耙斗装岩机技术性能

型号		P-60B	P-30B	P-15B	YP-20	YP-60	YP-90
生产能力/$m^3 \cdot h^{-1}$		70～105	35～50	15	25～35	80～100	120～150
耙斗容积/m^3		0.6	0.3	0.15	0.2	0.6	0.9
外形尺寸/mm	长度	9 800	6 600	4 700	5 300	7 725	8 391
	宽度	2 750	2 045	1 040	1 400	1 850	2 000
	高度	—	1 650	1 500	—	—	—
轨距/mm		600,900	600,900	600	600	600,900	600
质量/kg		6 450	4 500	2 200	2 600	6 140	8 000
电动机功率/kW		30	17	11	13	30	40

这种装岩机结构简单，操作方便，生产率高，易于修理且成本低，以电为动力，轨轮行走，故使用广泛。适用于净高 2.2 m、宽 2.0 m 以上的水平巷道或倾角小于 30°的倾斜巷道，也能用于弯道。岩石块度在 300～400 mm 时，装岩效率最高。

2. 操作与使用

装岩前，先用耙斗机上的 4 个大卡轨器，将装载机固定在轨道上，爆破后在工作面打好上部眼，在炮眼内或另打眼装设固定楔，挂上尾轮，开始耙岩。操作时，司机压紧主绳卷筒操作把手，此时主绳卷筒转动，副绳卷筒从动，牵引耙斗耙取矸石至卸料槽口卸入矿车；随后再压紧副绳卷筒的操纵手把，此时副绳卷筒转动，主绳卷筒从动，耙斗空载返回工作面，重复装岩。为了提高装岩生产率,在调车时间,可将矸石耙至簸箕口前,待空车到达后,即可装载。

耙取巷道两侧岩石时,只需移动尾轮位置即可,尾轮用钩挂在固定楔上。楔子有两种固定方法。硬岩固定楔长一般为400～500 mm,由45号钢制作的楔体和紧楔组成;软岩固定楔长一般为600～800 mm,它由带楔头的钢丝绳套与紧楔组成,如图3-21所示,这种楔子具有较大的锚固力,可用于 $f<4$ 的软岩石,亦可在硬岩中使用。楔眼应高于岩堆800～1 000 mm,其眼数视巷道宽度而定,眼距1.0 m左右。眼深应比楔子长50～100 mm,并向下略带5°～10°倾角,以防楔子拔出。

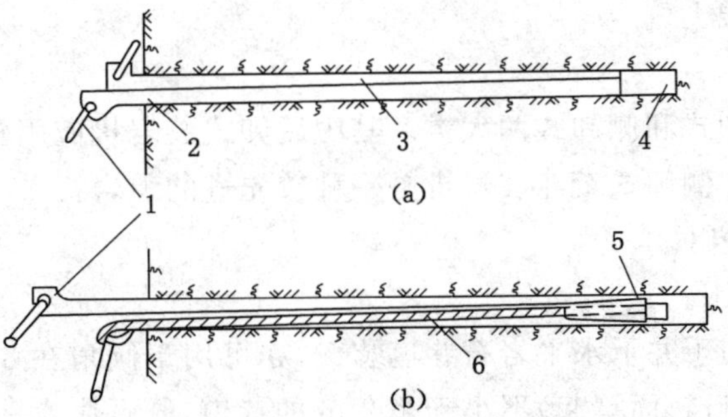

图3-21 尾轮固定楔示意图

1——圆环;2——楔体;3——紧楔;4——楔眼;5——圆锥套;6——钢丝绳

装岩机距工作面以6～20 m为宜,过近机体易被爆破崩坏,且耙斗出绳偏角过大;过远则操作不便,效率降低。移动装岩机时,先要把机前的矸石耙净,并清理底板及巷道两侧的矸石,检查底板的标高是否符合要求,当符合规定时,可卸掉装岩机前的簸箕,铺好轨道,去掉卡轨器,然后用人推或用电机车顶,也可借助两个卷筒同时缠绕拉紧钢丝绳,使机器向前移动至需要的位置。

3. 耙斗式装载机的安全注意事项

(1) 悬挂钢丝绳的尾轮一定要固定好,打楔眼时要有一定的偏角。安装固定楔处的岩石要坚硬,以防止由于固定楔不牢靠,在工作过程中拉脱伤人。

(2) 选好装岩位置后,还要把机身固定好,防止在工作过程中运动。在上、下山使用耙装机时,更应该注意耙装机的防滑,以防止机器下滑而伤人。用在下山时,若坡度小于10°,除原有的4个卡轨器外,可在车轮前面加两道卡子或在车轮后面再加两个卡轨器。坡度大于10°时,需另加一些防滑装置来固定,如常用4个U形卡子把车轮与导轨一起卡住。用在上山时,除用卡轨器、轨道卡子、U形卡子固定外,可在台车后的立柱上加两个斜撑,这样不仅能起安全防滑作用,而且还能支撑机器。

(3) 耙装机在拐弯巷道装岩(煤)时应首先清理好机道,为了保证安全,在拐弯处应设专人联系。

(4) 开车时其他人员不得靠近耙斗、装载机,以免钢丝绳弹跳或岩石飞出伤人。绝对不允许用手、脚或工具触摸钢丝绳、耙斗等运动部件。如有故障应停车处理。

(5) 在耙装机工作或检修时应注意观察掘进工作面的情况,发现有透水、冒顶等征兆时,应立即停止工作,撤离人员。当工作面有瓦斯积聚时应停机断电排瓦斯,以防止重大事故的发生。

(6) 经常检查钢丝绳、溜槽的磨损情况，磨损严重时立即更换，以防止发生断绳事故。在检修工作结束后，一定要检查是否有工具丢在机器上，防止试车时，工具卡住钢丝绳而引起伤人事故。注意不能使用打结的钢丝绳。

(7) 耙装机工作之前要对岩堆洒水，耙装机工作时要有良好的照明设施，在爆破时应注意保护照明灯具。

(8) 在司机侧应安设栅栏，以防牵引绳弹跳伤人。

(9) 较长距离移动耙斗装载机时，要找好重心，避免翻翘。采用自拉自移时，导向滑轮要固定在轨道的中心线上。

(二) 铲斗装岩机

铲斗装岩机有后卸式和侧卸式两大类。其中后卸式装岩机应用较广，但由于生产率低，逐步被侧卸式所取代。侧卸式铲斗装岩机是一种较先进的装岩机。

1. 后卸式铲斗装岩机

(1) 性能及适用范围

这类装岩机主要用于井下水平岩石巷道装载，亦可用于倾角在8°以下的斜井和下山装岩。一般适用于高度(自轨面算起)不小于2.2 m的巷道，矸石块度一般以不超过200～250 mm为宜。部分铲斗装岩机的性能见表3-12。

表3-12　　部分铲斗装岩机技术性能

型号		Z-20B	Z-30B	ZCZ-26	ZLC-60(侧卸式)
生产能力/$m^3 \cdot h^{-1}$		30～40	45～60	50	90
耙斗容积/mm		0.2	0.3	0.26	0.6
外形尺寸/mm	长度	2 395	2 660	2 375	4 250
	宽度	1 426	1 410	—	1 800
	高度	1 518	1 455	1 378	2 100
轨距/mm		600,900	600	600	
质量/kg		4 100	5 000	2 700	7 430
电动机功率/kW		21	30	—	52
装载宽度/mm		2 200	2 550	2 700	—
最大装料块度/mm		400	500	500	—
卸载高度/mm		1 280	1 300	1 250	1 300
行走机构		轨轮	轨轮	轨轮	履带
工作高度/mm		2 180	2 380	2 240	2 950

(2) 结构与操作

电动铲斗装岩机由装载提升机构、回转机构、行走机构和操作系统等四部分组成(图3-22)。

装岩机的两侧均装有操纵箱和踏脚板，司机可在任意一侧操作。装岩开始先放下铲斗，按前进按钮使机器向岩堆前进，当机器距岩堆还有500～600 mm时，再次按前进按钮使装岩机产生冲击力，将铲斗插入岩堆；此时对提升和前进按钮交替供电，使铲斗在岩石中发生

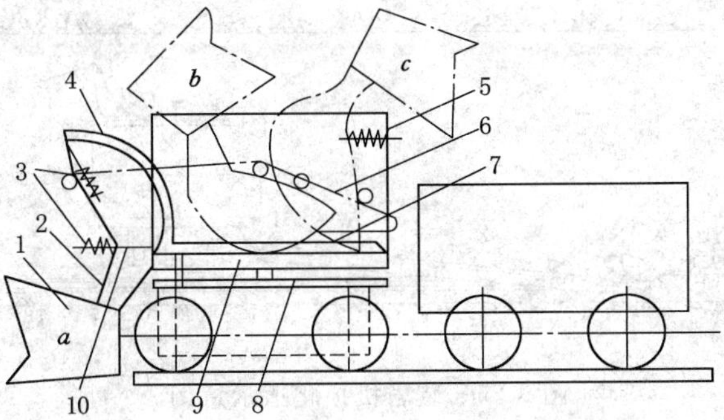

图 3-22　铲斗后卸式装岩机构造示意图

1——铲斗；2——斗柄；3——弹簧；4,10——稳绳；5——缓冲弹簧；
6——提升链条；7——导轨；8——回转底盘；9——回转台

抖动，使铲斗装满。再点按提升按钮提升铲斗同时后退，将岩石卸入装岩机后面的矿车中；卸载后铲斗借助弹簧及自重返回，又可开始下一个装岩循环。

(3) 装岩时轨道接长工作

巷道掘进时，刚爆破完后，工作面总要离开轨道端部一定距离，但不够铺设一节标准轨道的长度。为使铲斗装岩机尽量接近工作面装岩、减少人工耙岩工作量，可配合使用短道和爬道。

临时短道(图 3-23)的长度一般为 2 m，当几节短道总长度够一节标准轨的长度时，便可拆除短道，改铺标准钢轨。

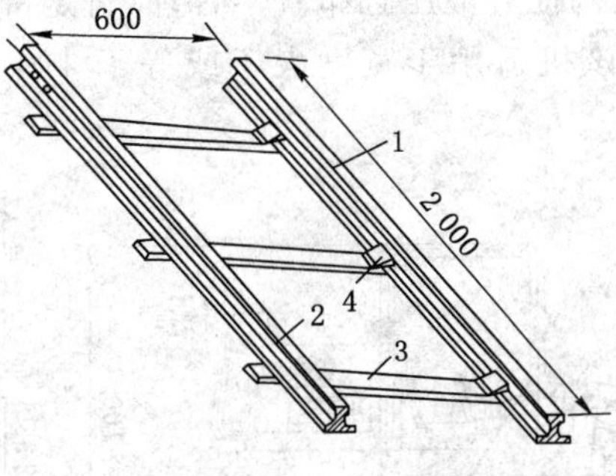

图 3-23　临时短道

1——活轨；2——固定轨；3——轨道连接板；4——压板

爬道的构造如图 3-24 所示。当装岩机工作临近工作面时，便可在短道前端扣上爬道，其后端用枕木垫起，使爬道尖头稍微向下，以便于顶入岩堆，然后用装岩机的碰头冲顶爬道，如图 3-25 所示。爬道被顶入岩堆一定深度后，抽出垫木，装岩机便可行驶在爬道上进行装岩。当爬道快要露出爬道尖头时，可将它再次顶入岩堆。

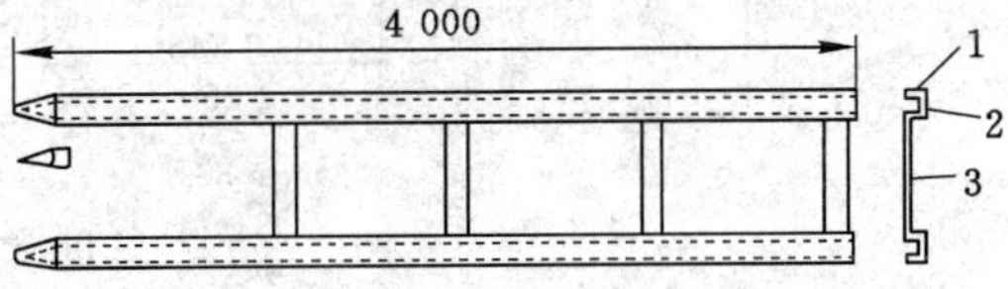

图 3-24　爬道

1——扁钢；2——角钢；3——连接板

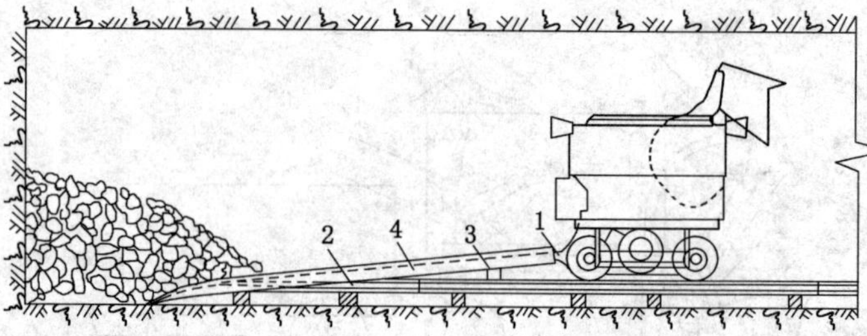

图 3-25　装岩机顶爬道示意图

1——装岩机碰头；2——爬道；3——垫木；4——临时短道

2. 侧卸式铲斗装岩机

这种装岩机采用了履带行走机构，克服了上述后卸式装岩机在轨道上行走，装岩面宽度受限制的缺点；机体稳定性好，可在小倾角的上、下山使用；改变了斗型和卸载方式，克服了对装岩块度要求严、卸载时粉尘大的缺点，能一机多用（铲底、辅助安装支架等）；便于和其他掘进设备（钻车、锚杆打眼安装机等）配套，实现综合机械化，因而发展较快，使用较广。但履带在软岩底板上行走困难，为了实现进退和转弯等动作，结构复杂。它与铲斗后卸式相比，铲头插入力大，斗容大，提升距离短，卸岩速度快，生产率高，调动灵活，操作方便。铲斗还可兼作活动平台，用于安装锚杆等。

(1) 装岩机的性能及适用范围

ZC-1 型和 ZLC-60 型是国产侧卸式装岩机。其中 ZLC-60 型是针对 ZC-1 型使用中暴露出的稳定性不够好，工作机构提升液压缸布置不合理，行走部一些零件磨损较快等问题进行改进后的产品（图 3-26）。该机适用于宽度大于或等于 4 m，高度大于或等于 3.5 m 的巷道。

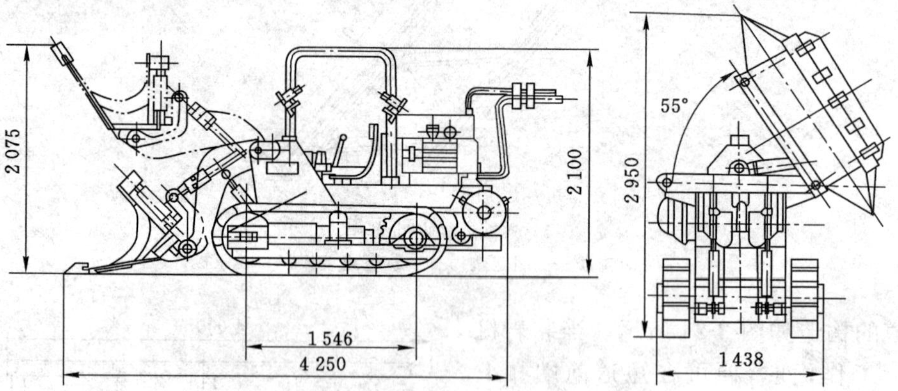

图 3-26　ZLC-60 型铲斗侧卸式装岩机

该机工作时将铲斗下放插入岩堆。装满后提升铲斗并后退 2～3 m 到侧面设有矿车或带式转载机的地方，歪斜铲斗卸载，然后再重复下次装岩动作。

(2) 侧卸式装岩机的安全注意事项

① 机器工作前必须通知附近人员撤离，避免挤碰人员和设备的事故发生。

② 操作中应经常检查电缆是否完好，避免压坏，避免与油管发生摩擦，引发火灾事故。应保证所有操作按钮完好。

③ 装岩前，应对岩堆洒水灭尘，如果无水或洒水装置损坏则不能开机装岩。

④ 装载机上的照明装置一定要完好，使工作人员有一个良好的视线，避免挤伤人员的事故发生。同时良好的照明对提高生产效率也是非常有利的。

⑤ 装载机工作和检修时，工作人员特别是跟班领导要注意掘进头的情况。发现有透水、冒顶、煤岩突出征兆时，应立即组织人员撤离到安全地方，并采取相应的措施。

⑥ 当装载机举起铲斗时严禁人员在铲斗下方操作或进行检修。必须进行修理时，应有可靠的安全措施。

⑦ 司机离开机器时必须切断电源。非机组操作人员不得擅自操纵机器，以免误操作而伤人。此外，检修结束后，等所有工作人员撤离机器周围后方可开机试车。

（三）蟹爪式装岩机

1. 蟹爪装岩机的性能和使用范围

这类装岩机是为适应岩巷快速掘进而发展起来的一种装载机械。这种装岩机具有连续装载的特点，且有转载运输机，可与大容量的运输设备配套，能减少辅助作业时间，提高装岩效率。它主要适用于断面在 7 m^2 以上的水平岩巷，可装载坚固性系数 f 最大为 12～16 的岩石，岩石块度在 500 mm 以下为宜。部分蟹爪装岩机技术性能见表 3-13。

表 3-13　　部分蟹爪装岩机技术性能

型号		LB-150	ZS-60	ZXZ-60
生产能力/$m^3 \cdot h^{-1}$		150	60	60
外形尺寸/mm	长度	8 850	7 570	8 100
	宽度	2 170	1 350	1 600
	高度	2 040	1 720	1 770
质量/kg	23 430	6 000	15 000	
电动机功率/kW	97.5	43	64.5	
最大装料块度/mm	600	500	500	
卸载高度/mm	1 150	—	—	
行走机构		履带	履带	履带

2. 结构和工作原理

这类装岩机（图 3-27）主要由蟹爪、履带行走部、转载输送机、液压系统和电气系统等组成。装岩机前端的铲板上设有一对蟹爪，在电动机或液压马达驱动下，连续交替扒取矸石，并经刮板输送机运到机尾带式输送机或刮板输送机上，而后再装入运输设备。

这类装岩机装岩工作连续，并且装载宽度大，生产率高，但结构复杂，履带行走对软岩巷道不利，适于装硬岩。

3. 蟹爪式装岩机的安全注意事项

(1) 蟹爪式装岩机在工作之前，要检查控制系统，多路换向阀手把位置是否正常，机器周围有无妨碍正常运转的障碍物，然后向周围人员发出开车信号。

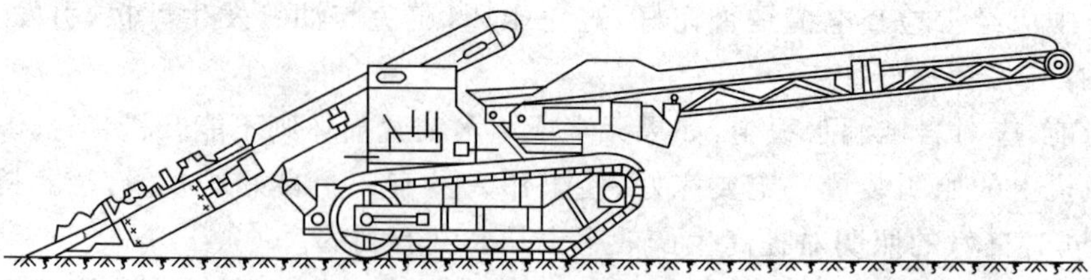

图 3-27 蟹爪式装岩机

(2) 机器在行走过程中,操作人员应让脚躲开履带一定距离,同时要有专人拖拉电缆,并与机器保持一定距离,避免拉坏或压坏电缆。司机在机器回转时要注意避免撞伤人员,同时注意棚梁被撞。

(3) 禁止在大于12°的斜坡上使用蟹爪装岩机。在小于12°斜坡上工作时,为防止机器下滑,应使用木板等物体阻止。

(4) 在检修和撤离机器时一定要先检查瓦斯情况,严禁带电作业。同时要注意工作面情况,发现异常,应立即撤离人员。

(5) 在煤堆上洒水后方可开机装运,以防止煤尘飞扬。

(6) 当发现有障碍物如大块煤、杂物、工具等卡住蟹爪和刮板链时,必须停机处理,严禁在机器运行中用工具或手处理。

(7) 要检查各电气部分的防爆性能。司机或检修人员工作结束后,一定要切断机器上的总电源。

(8) 严禁用蟹爪装岩机的尾部挑架棚梁。严禁装煤蟹爪刮碰岩壁。

合理选择装载机的影响因素较多,主要应考虑巷道断面尺寸,装载机的适应性能和生产率,操作、维修的难易程度和可靠性,货源、造价及与其他设备的配套等。目前,煤矿使用较多的装岩机仍是耙斗装岩机,铲斗侧卸式装岩机将推广应用,蟹爪式等装岩机正在不断发展和完善。

二、提高岩石装运效率的措施

(1) 提高司机操作技术,加强维修与保养

提高装岩机司机操作技术,加强装岩机维修保养,以保证装岩工作正常,减少故障。严格执行装岩机司机岗位责任制,保证各工种密切配合,工序紧密衔接。

(2) 要提高装载机的工时利用率

实际资料表明,在单轨巷道中掘进,当用矿车运输时,调一辆空车所用的时间,往往是装满一辆矿车时间的数倍。由此可见,装岩机的实际生产率很低。因此必须合理采用调车设备与缩短调车距离,采用大容量矿车或转载设备,确保轨道质量防止车辆掉道,同时要及时供应空车,以提高装载机的工时利用率。

(3) 要严格按照爆破图表作业

爆下的岩石块度要均匀、适宜、堆放集中,巷道底板平整,便于装岩。

(4) 合理确定装岩、运输机械作业线

合理确定装岩、运输机械作业线,加强装岩调车工作组织,同时要保证电压稳定及提高风动装岩机的风压等工作。

任务实施

教师先讲解本任务的基本知识和培训技能，组织学生到实训室进行参观和练习，完成实训技能，最后任课老师进行评价总结。

思考与练习

1. 列表说明常见装岩设备的技术特征。
2. 分析提高岩石装运效率的措施。
3. 三人一组，在实训室完成装岩机的操作过程。

任务四　支护材料与方式选择

知识要点

水泥的分类、性质；混凝土的配比设计、性能；木材与钢材的分类；巷道的各种支护方式和施工步骤、锚杆类型、支护原理及锚杆支护设计计算。

技能目标

能进行合理选择巷道掘进中的支护材料和支护方式，并熟悉施工步骤。

任务导入

(1) 常用的支护材料有哪些？各自的性能特性是什么？如何进行选择和使用？
(2) 巷道的支护方式有哪些？有哪些安全事项需要注意？
(3) 锚杆类型有哪些？支护原理是怎样的？

任务分析

(1) 熟练掌握各种支护材料的分类、性质；混凝土的配比设计和影响混凝土强度的主要因素。
(2) 熟练掌握巷道的各种支护方式和施工步骤。
(3) 掌握锚杆支护质量的检测方法。

相关知识

矿用支护材料品种较多，常用的有木材、石材、金属材料、钢筋混凝土、混凝土、水泥砂浆等。

一、支护材料

(一) 水泥

在物理、化学作用下，能从浆体变成坚硬的石块体，并能胶结其他物料而具有一定机械强度的物质，统称为胶凝材料。胶凝材料可分为有机和无机两大类。其中无机胶凝材料按照其硬化条件，又可分为水硬性和非水硬性两类。水硬性胶凝材料在拌水后既能在空气中硬化，又能在水中硬化，通常称为水泥。因此，简单说，水泥是人工制造的一种水硬性胶结材料。

依据国家标准《通用硅酸盐水泥》(GB 175—2007)，通用硅酸盐水泥是以硅酸盐水泥熟料和适量的石膏及规定的混合材料制成的水硬性胶凝材料。《通用硅酸盐水泥》(GB 175—2007)标准代替《硅酸盐水泥、普通硅酸盐水泥》(GB 175—1999)、《矿渣硅酸盐水泥、火山灰质硅酸盐水泥及粉煤灰硅酸盐水泥》(GB 1344—1999)、《复合硅酸盐水泥》(GB 12958—1999)三个标准。

通用硅酸盐水泥按混合材料的品种和掺量分为硅酸盐水泥、普通硅酸盐水泥、矿渣硅酸盐水泥、火山灰质硅酸盐水泥、粉煤灰硅酸盐水泥和复合硅酸盐水泥。

水泥的强度等级：硅酸盐水泥的强度等级分为 42.5、42.5R、52.5、52.5R、62.5、62.5R 六个等级；普通硅酸盐水泥的强度等级分为 42.5、42.5R、52.5、52.5R 四个等级；矿渣硅酸盐水泥、火山灰质硅酸盐水泥、粉煤灰硅酸盐水泥、复合硅酸盐水泥的强度等级分为 32.5、32.5R、42.5、42.5R、52.5、52.5R 六个等级。

1. 硅酸盐水泥

(1) 生产过程

硅酸盐水泥(国外通称波特兰水泥)的生产过程可概括为“两磨一烧”。即将石灰石、黏土、铁矿粉按一定比例混合、磨细成生料，生料经过窑中煅烧(1 350～1 450 ℃)，冷却而成的块状材料称为熟料，熟料再加入适当的石膏、混合材料，磨细成的水硬性胶凝材料，就是硅酸盐水泥。

(2) 矿物组成与性能特性

硅酸盐水泥熟料矿物成分主要有硅酸三钙、硅酸二钙、铝酸三钙、铁铝酸四钙等四种。此外还有少量的游离氧化钙、游离氧化镁和碱，但其总含量一般不超过 10%。上面四种水泥熟料的矿物成分以及单独与水作用时所表现出的特性见表 3-14。

表 3-14　硅酸盐水泥熟料矿物成分及单独有水作用时所表现出的特性

矿物名称及化学成分	所占的百分数/%	性能特性		
		凝结硬化速度	28 d 水化放热量	强度
硅酸三钙($3CaO \cdot SiO_2$，简写为 C_3S)	37～60	快	大	高
硅酸二钙($2CaO \cdot SiO_2$，简写为 C_2S)	15～37	慢	小	早期低，后期高
铝酸三钙($3CaO \cdot Al_2O_3$，简写为 C_3A)	7～15	最快	最大	低
铁铝酸四钙($4CaO \cdot Al_2O_3 \cdot Fe_2O_3$，简写为 C_4AF)	10～18	快	中	低

由表 3-14 知，改变熟料中矿物组成的相对含量，水泥的技术性能会随之变化。如提高硅酸三钙的含量，可制得快硬高强水泥；如果降低硅酸三钙及铝酸三钙的含量，提高硅酸二钙的含量，可制得水化热低的低热水泥。

(3) 技术性质

① 细度

细度是指水泥颗粒的粗细程度。颗粒愈细，水化反应愈快，凝结硬化速度愈快，早期、后期强度愈高；但硬化时收缩性大，易产生裂缝。

水泥细度用筛分法测定。国际标准规定，硅酸盐水泥和普通硅酸盐水泥以比表面积表示，不小于 300 m^2/kg；矿渣硅酸盐水泥、火山灰质硅酸盐水泥、粉煤灰硅酸盐水泥和复合硅酸盐水泥以筛余表示，80 μm 方孔筛筛余不大于 10%或 45 μm 方孔筛筛余不大于 30%。

② 标准稠度的需水量

标准稠度的需水量指水泥净浆在一定时间达到标准稠度时所需要的拌和水量，用加水量占水泥重量的百分数表示。标准稠度的测定，利用水泥标准稠度仪进行，利用锥体下沉深度表示。

标准稠度用水量，是测定水泥的凝结时间和体积安定性的指标，也直接影响拌制混凝土或水泥砂浆的水泥用量、强度、抗渗性、抗水性和拌和物的和易性。硅酸盐水泥的标准稠度用水量为 23%～31%。

③ 凝结时间

水泥的凝结时间分为初凝时间和终凝时间。初凝时间为水泥加水拌和起至标准稠度净浆开始失去可塑性所需的时间。终凝时间为水泥加水拌和起至水泥净浆完全失去可塑性所需的时间。水泥的初凝时间过短，会使混凝土或砂浆没有足够的拌和时间和浇灌时间；水泥的终凝时间过长，则不便于水泥制品及早硬化，不利于施工工序的接续。

国家标准规定：硅酸盐水泥初凝不小于 45 min，终凝不大于 390 min；普通硅酸盐水泥、矿渣硅酸盐水泥、火山灰质硅酸盐水泥、粉煤灰硅酸盐水泥和复合硅酸盐水泥初凝不小于 45 min，终凝不大于 600 min。

④ 水泥的强度

水泥的强度是水泥性能的重要指标，也是评价水泥强度等级的依据，同时也是工程上选用水泥的主要依据。硅酸盐水泥的强度主要取决于水泥熟料的矿物成分和细度。

国家标准规定：水泥的强度用软练法检验，即将水泥和标准砂按 1∶2.5 的比例混合，按水泥重量的 44%加水，按规定方法制成标准尺寸（40 mm×40 mm×160 mm）的试件，在标准条件下进行养护，分别测定 3 d 和 28 d 的抗折与抗压强度。水泥的强度等级按规定龄期的抗折与抗压强度来划分，见表 3-15。

表 3-15　　通用硅酸盐水泥的强度（GB 175—2007）

水泥种类	标号	抗压强度/MPa		抗折强度/MPa	
		3 d	28 d	3 d	28 d
硅酸盐水泥	42.5	≥17.0	≥42.5	≥3.5	≥6.5
	42.5R	≥22.0		≥4.0	
	52.5	≥23.0	≥52.5	≥4.0	≥7.0
	52.5R	≥27.0		≥5.0	
	62.5	≥28.0	≥62.5	≥5.0	≥8.0
	62.5R	≥32.0		≥5.5	
普通硅酸盐水泥	42.5	≥17.0	≥42.5	≥3.5	≥6.5
	42.5R	≥22.0		≥4.0	
	52.5	≥23.0	≥52.5	≥4.0	≥7.0
	52.5R	≥27.0		≥5.0	

续表 3-15

水泥种类	标号	抗压强度/MPa		抗折强度/MPa	
		3 d	28 d	3 d	28 d
矿渣硅酸盐水泥、火山灰质硅酸盐水泥、粉煤灰硅酸盐水泥、复合硅酸盐水泥	32.5	≥10.0	≥32.5	≥2.5	≥5.5
	32.5R	≥15.0		≥3.5	
	42.5	≥15.0	≥42.5	≥3.5	≥6.5
	42.5R	≥19.0		≥4.0	
	52.5	≥21.0	≥52.5	≥4.0	≥7.0
	52.5R	≥23.0		≥4.5	

注：R 代表早强型水泥。

⑤ 体积安定性

体积安定性是指标准稠度的水泥净浆，在硬化过程中体积变化是否均匀和不产生裂纹的性质。其安定性用沸煮法检验，必须合格。检验时先将标准稠度的水泥净浆制成饼状，直径 70～80 mm，厚 30 mm，成形后养护 24 h，再连续煮沸 4 h，试件不发生径向裂缝、网状裂缝、变曲或松散等现象，便是合格。

安定性是水泥重要性质之一，安定性不合格的水泥，会在后期硬化过程中产生裂缝或破碎，严重影响工程质量。

引起安定性不良的主要原因是，水泥中含有过多的游离氧化钙和氧化镁，遇水后熟化速度极慢，当水泥具有强度后，才熟化产生体积膨胀，造成水泥制品的变形和裂缝；此外，如果水泥中含有过量的石膏，硬化中产生含水硫铝酸钙而体积膨胀，使制品产生裂缝。

⑥ 水化热

水泥在水化作用过程中放出的热量为水化热。其值主要取决于水泥熟料中各成分的比例和水泥的细度。

水化热主要在硬化初期放出，后期逐渐减少。水化热对水泥使用有很大的影响。水化热大的水泥能加速凝结硬化过程，但由于内部温升高，而导致混凝土产生内应力而开裂，甚至破坏。对于小体积混凝土工程，水化热大，能加速硬化，热量也易散发，不但无害反而有利，尤其是给冬季施工造成方便。但对大体积混凝土工程，其危害就严重。

⑦ 抗水性

硬化后的水泥对环境水腐蚀的抵抗性能，称为抗水性。水泥被腐蚀是由于水、酸、盐、碱的作用而产生的。硅酸盐水泥和普通水泥的抗水性能较差，可采用增强混凝土的密实性，使有害物质不能侵入其内部，或在其表面涂沥青等防水材料，来增强其抗水性。

(4) 硅酸盐水泥的特点及应用

① 有效储存期为 3 个月，不宜久存。硅酸盐水泥储存不当，会使水泥受潮，颗粒表面发生水化而结块，严重降低强度。良好储存条件下，经 3 个月后，强度约降低 10%～20%，6 个月降低 15%～30%，1 年降低 25%～40%。

② 强度等级高。常用于重要结构中的高强度混凝土、钢筋混凝土和预应力混凝土工程。

③ 凝结硬化速度快。适用于要求早期强度、凝结速度快的工程。如地下工程中的喷浆

及喷射混凝土支护等均可采用。

④ 水化热高，抗冻性好。适合于冬季施工时使用，但不宜用于大体积混凝土工程。

⑤ 抗水性较差，耐酸、碱、盐的化学腐蚀性差。因硅酸盐水泥凝结硬化形成的水泥结构中含有较多的氢氧化钙，其抗软水侵蚀和抗化学性侵蚀差，不宜用于受流动的软水作用和有水压作用的工程，也不宜用于受海水、矿物水等作用的工程。

2. 普通硅酸盐水泥

普通硅酸盐水泥是由硅酸盐水泥熟料、少量混合材料、适量石膏磨细制成的水硬性胶凝材料。活性混合材料掺加量为＞5％且≤20％，其中允许用不超过水泥质量8％且符合GB 175—2007标准第5.2.4条的非活性混合材料或不超过水泥质量5％且符合GB 175—2007第5.2.5条的窑灰代替。

普通硅酸盐水泥的性能、使用范围与硅酸盐水泥基本相近。与同强度的硅酸盐水泥相比，早期硬化速度慢，抗冻、耐磨等性能稍差。

3. 掺混合材料的硅酸盐水泥

混合材料按其性能分为活性混合材料和非活性混合材料两大类。硅酸盐水泥熟料掺入适量活性混合材料，不仅能提高水泥产量、降低生产成本，而且还可改变水泥的某些性能，调节水泥的强度等级，常用的有粒化高炉矿渣、火山灰质混合材料和粉煤灰。非活性混合材料与水泥成分不起化学作用或化学作用很小，起充填、提高产量、降低水泥强度等级和减少水热等作用，常用的有石英砂、黏土、石灰石及慢冷矿渣等。

矿渣硅酸盐水泥中，矿渣掺量为＞20％且≤70％，并分为A型和B型。A型矿渣掺量＞20％且≤50％，代号P.S.A；B型矿渣掺量＞50％且≤70％，代号P.S.B。

粉煤灰硅酸盐水泥中，粉煤灰混合材料掺量＞20％且≤40％。

火山灰质硅酸盐水泥中，火山灰质混合材料掺量为＞20％且≤40％。

复合硅酸盐水泥中，混合材料总掺量＞20％且≤50％。

（二）混凝土

普通混凝土是由水泥、砂、石子和水按适当比例配合、拌制而成混合物，经过一定时间硬化而成的人造石料。其中砂、石子骨料，在混凝土中起骨架作用；水泥为胶凝料，掺水后成为水泥浆。水泥浆包裹在骨料表面并填充其空隙，在水泥浆硬化前起润滑作用，赋予混凝土一定的和易性，便于施工。水泥浆硬化后，将骨料胶成一个坚实的整体。为改善混凝土的某些性能，还经常加入适量的外加剂和掺和物。

对混凝土的技术要求是：具有符合设计要求的强度；具有与施工条件相适应的和易性；具有与工程环境相适应的耐久性。

1. 混凝土的组成材料及要求

（1）水泥

水泥是混凝土中最重要的材料，正确、合理选择水泥品种和强度等级是至关重要的，它们是决定混凝土强度、耐久性和经济性的主要因素。

配制混凝土用的水泥品种，应根据工程性质与特点、工程所处的环境条件及施工条件、水泥的特性合理选择。水泥强度等级的选择，应与混凝土设计强度等级相适应，通常水泥强度等级为混凝土强度等级的1.5～2.0倍为宜。

（2）骨料

在混凝土中，按骨料粒径大小不同分为细骨料和粗骨料。粒径在 0.15～5 mm 的骨料为细骨料，粒径大于 5 mm 的骨料为粗骨料。骨料的总体积占混凝土体积的 70%～80%，骨料的性质对所配制混凝土的性能有较大的影响。对骨料的要求包括：有害杂质（如黏土、淤泥、云母、硫酸盐、硫化物等）含量少，有良好的颗粒形状、适宜的颗粒级配和细度，表面粗糙，与水泥黏结牢固，性能稳定，坚固耐久等。

细骨料常用天然砂，其中以石英砂为最佳。石英砂按形成条件有河砂、海砂和山砂。河砂、海砂较纯净，砂粒多呈圆形，表面光滑。山砂颗粒多具有棱角，表面粗糙，但含有较多的黏土或有机杂质。砂中不应混有草根、树叶、塑料、煤块、炉渣等杂物。

粗骨料常用的有卵石（砾石）和碎石两种。碎石表面粗糙、多棱角，与水泥黏结性好。卵石表面光滑、少棱角，与水泥黏结性较差。在水泥用量和水用量相同的条件下，用碎石拌制的混凝土流动较差，但强度高，而用卵石拌制的混凝土流动好，但强度较低。如果要求流动性相同，用卵石时用水量可少些，结果强度不一定低。因此，使用卵石或碎石各有优缺点，应根据取材难易及工程要求而定。

粗、细骨料均要求有良好的颗粒级配，使之互相充填，以减少孔隙率，增加密实性，从而节省水泥用量，保证混凝土的和易性与强度。

(3) 水

一般能饮用的自来水和清洁的天然水，均可拌制及养护混凝土。污水、酸性水、含硫酸盐水以及含油脂、糖类的水均不许使用。

2. 混凝土的主要技术性质

未成型的混凝土拌和物，必须具有良好的和易性，即合适的流动性、良好的黏聚性和保水性，以便于施工。硬化后的混凝土则需达到设计强度的有关技术性能。

(1) 混凝土拌和物的和易性

混凝土组成材料依一定的比例加以配合、拌匀而未凝结以前，称为混凝土拌和物。

混凝土拌和物的和易性，是指新拌和的混凝土拌和物在保证质地均匀、各组成成分不离析的条件下，适合于拌和、运输、浇灌和捣实的综合性质。和易性好的混凝土拌和物，易于搅拌均匀；运输与浇灌时不会产生离析泌水；捣实时，流动性大，易于充满模板各部空间；所制成的混凝土内部质地均匀致密，其强度和耐久性得以保证。

常用坍落度或维勃稠度测定混凝土拌和物的流动性，并辅以直观经验来评定黏聚性和保水性，以评定和易性，如图 3-28 所示，将调配好的混凝土拌和物分层装入标准圆锥筒内，将顶面刮平，然后提起筒，则拌和物必然产生坍落，其坍落高度值（以厘米计）称为坍落度。

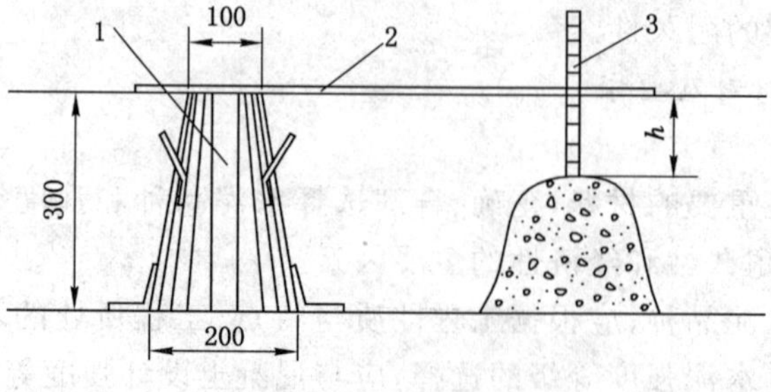

图 3-28 坍落度的测定

1——锥筒；2——横尺；3——量尺；h——坍落度

由于坍落度只表示混凝土拌和物的流动性，故在坍落度测定同时，不仅需要以棒轻击锥体表面侧部，观察是否有分层、离析，还要以抹刀抹面，看其表面是否光滑、砂浆是否饱满、底部是否析水等，来评定其黏聚性和保水性，以此综合评定其和易性。根据坍落度大小，将其划分为五种(表 3-16)，供设计参考。

表 3-16　混凝土拌和物的坍落度选用表

和易性	坍落度/cm	适用条件	施工条件
干硬性	0	预制构件	机械振动
低塑性	1～3	预制构件	
可塑性	3～5	现浇构件	
流动性	5～10	现浇构件、钢筋较密	
易流性	10～20	现浇混凝土	

(2) 混凝土强度

混凝土强度包括抗压、抗拉、抗剪、抗弯等，其中以抗压强度为最大。混凝土强度的测定，是以其拌和物按标准做成 15 cm×15 cm×15 cm 的立方体试件，在标准条件下[温度(20±3) ℃、相对湿度 90%～100%]养护 28 d 后，进行抗压强度试验，其极限抗压强度(MPa)，就称为混凝土的强度。按强度不同分为 16 个等级，即 C7.5、C10、C15、C20、C25、C30、C35、C40、C45、C50、C55、C60、C65、C70、C75 及 C80。

影响混凝土强度的因素很多，其中水泥强度和灰水比是主要因素。灰水比是指混凝土中水泥与水的质量之比。一般地，水泥强度、灰水比愈高，混凝土强度愈高。

混凝土强度与水泥强度、灰水比的关系如下：

$$R_{28} = A \cdot R_{C}\left(\frac{C}{W} - B\right) \tag{3-2}$$

式中　R_{28}——混凝土 28 d 抗压强度，MPa。

R_C——水泥的实际强度，MPa。

C/W——灰水比(水泥与水的质量比)。

A、B——经验系数，与骨料和水泥品种等因素有关，可通过试验确定。如无试验和统计数据，可采用下列参数：碎石，$A=0.46$，$B=0.07$；卵石，$A=0.48$，$B=0.33$。

此外，骨料的品质与级配，混凝土施工时的搅拌、振捣，养护的湿度、温度及养护龄期等，均对混凝土的强度产生影响。

(3) 混凝土的耐久性

混凝土的耐久性是混凝土在长期使用环境的条件下，能抵抗内、外不利因素的影响，保持其使用性能的能力。耐久性良好的混凝土，对延长结构使用寿命、减少维护保养费用、提高经济效益等具有重要意义。

3. 混凝土的外加剂

在混凝土拌和时或拌和前掺入(其掺量一般不大于水泥质量的 5%)，能显著改善混凝土性能的材料称为混凝土外加剂。常用的外加剂有减水剂、速凝剂，另外还有缓凝剂、鼓胀剂和防冻剂等。由于对混凝土技术性能的显著改善，外加剂已成为混凝土的重要组成部分，获得越来越广泛的应用。

(1) 减水剂

能保持混凝土拌和物的和易性不变又能减少拌和用水量的外加剂称为减水剂。减水剂有多种，包括木质素系减水剂，如木质素磺酸钙(又称 M 型减水剂)、木质素磺酸钠等；萘磺酸盐系减水剂，如 NF 型、FDN 型、MF 型等；水溶性树脂减水剂，如 SM 树脂减水剂。

(2) 速凝剂

为了使混凝土快速凝结并迅速达到较高的强度而使用的外加剂称为速凝剂。速凝剂主要有无机盐类和有机盐类，我国常用无机盐类，如红星Ⅰ型、711 型、728 型、8604 型等。速凝剂掺入混凝土后，能使混凝土在 5 min 内初凝，10 min 内终凝，1 h 就可产生强度，1 天强度提高 2～3 倍。但后期强度会下降，28 d 强度约为不掺时的 80%～90%。

红星Ⅰ型速凝剂适宜掺量为水泥质量的 2.5%～4.0%，711 型速凝剂适宜掺量为水泥质量的 3%～5%。这两类速凝剂均含有碱性物质，对人体皮肤有一定的腐蚀作用，使用时注意保护，且吸湿性强，应妥善保管。

速凝剂主要用于矿山井巷、铁路隧道、地下工程以及锚喷支护时喷射混凝土支护或喷射砂浆工程中。

4. 混凝土的配合比

混凝土配合比是指混凝土中各组成材料数量之间的比例关系。常用的表示方法有两种：一种是以 1 m^3 混凝土中各组成材料的质量表示，如水泥 336 kg、砂 654 kg、石子 1 215 kg、水 195 kg；另一种方法是以水泥为基数 1，用各种材料相互间的质量比来表示，将上述配合比换成水泥：砂子：石子：水，即 1：1.95：3.25：0.58。

混凝土配比设计，实质上就是确定水泥、水、砂子与石子这四项基本组成材料用量之间的三个比例关系。即水泥与水之间的比例关系，用灰水比表示；砂与石子之间的比例关系，用砂率表示；水泥浆与骨料之间的比例关系，用单位用水量来反映。确定这三个参数的基本原则是：(1) 在满足混凝土强度和耐久性的基础上，确定混凝土的灰水比；(2) 在满足混凝土施工要求的和易性基础上，根据粗骨料的种类和规格，确定混凝土的单位用水量；(3) 砂率应以填充石子孔隙后略有富余的原则来确定。

(三) 木材

用作矿井支架的木材称为坑木。常用的坑木有松木、杉木、桦木、榆木和柞木，其中以松木为主。

木材具有纹理，平行纤维(顺纹)方向与垂直纤维(横纹)方向的强度是不相同的。木材各种强度的关系见表 3-17。

表 3-17 木材各种强度关系(以顺纹压强度为 1)

抗拉		抗压		弯曲	抗剪	
顺纹	横纹	顺纹	横纹		顺纹	横纹
2～3	$\frac{1}{3}$～$\frac{1}{20}$	1	$\frac{1}{3}$～$\frac{1}{10}$	1.5～2.0	$\frac{1}{7}$～$\frac{1}{3}$	$\frac{1}{2}$～1

下面以东北长白山地区红松(落叶松)为例，说明其物理、力学性质。重度为 4.40(5.94) kN/m^3，顺纹抗压强度极限 32.8(52.2) MPa，顺纹抗拉强度极限 98.1(112.6) MPa，顺纹径向抗剪强度极限 6.3(8.8) MPa，顺纹弦向抗剪强度极限 6.9(7.0) MPa，横向

弯曲强度极限 65.3(99.3) MPa。

木材经防腐处理,能延长服务年限,从而节省坑木用量。随着国民经济的发展,木材需用量大增,在矿井支护中节约坑木和采用坑木代用品,有着重要的意义。

(四) 钢材

巷道支护所用的钢材,主要是用普通碳素钢(低碳钢或中碳钢)制成的各种型钢,如钢轨、工字钢、槽钢和角钢等。还有专门用于矿山的特殊型钢(图 3-29)和矿用工字钢(图 3-30)。其规格见表 3-18、表 3-19。

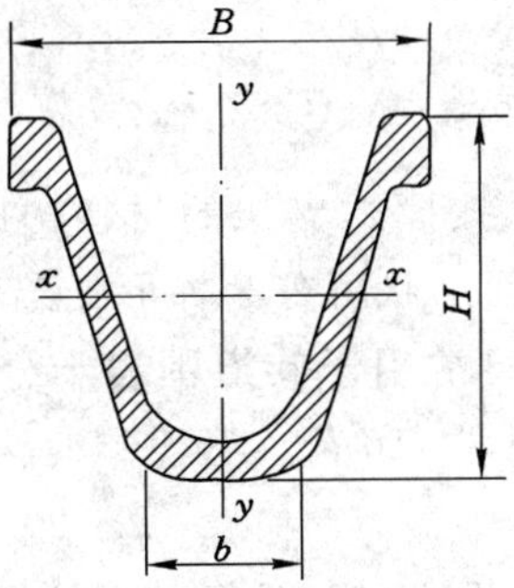

图 3-29　矿用特殊型钢(U 形钢)

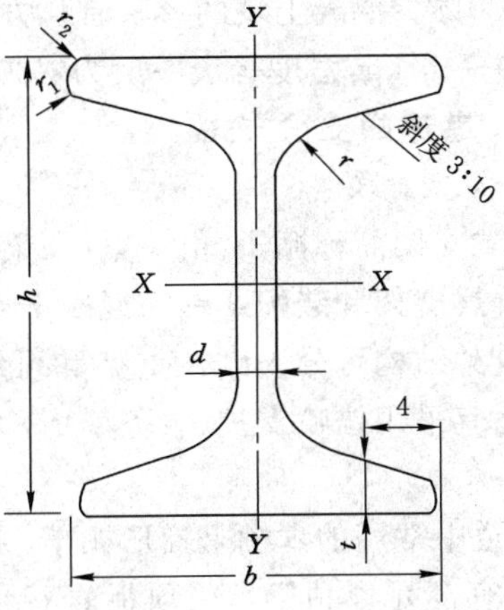

图 3-30　矿用工字钢

表 3-18　　矿用特殊型钢主要规格与技术特征

型号	截面尺寸/mm			截面积 F /cm²	每米质量 G /kg·m⁻¹	惯性矩		截面模数		主要对比参数		
	H	b	b			J_x /cm⁴	J_y /cm⁴	W_x /cm³	W_y /cm³	W_x/G	W_y/G	W_x/W_y
25U	110	134	50.8	31.54	24.76	451.7	518.7	81.68	76.92	3.3	3.1	1.08
29U	124	151.5	53	37	29	616	775	94	103	3.2	3.6	0.91

表 3-19　　矿用工字钢断面参数

型号	尺　寸/mm							截面面积 /cm²	每米质量 /kg·m⁻¹	断　面　参　数						
	h	b	d	t	r	r_1	r_2			J_x /cm⁴	W_x /cm³	i_x /cm	S_x /cm³	J_y /cm⁴	W_y /cm³	I_y /cm
9	90	76	8	10.9	12	4	1.5	22.5	17.7	281	62.5	3.53	37.8	62.5	16.5	1.67
11	110	90	9	14.1	12	5	1.5	33.2	26.1	623.7	113.4	4.34	68.5	127.7	28.4	1.96
12	120	95	11	15.3	15	5	1.5	39.7	31.2	867.1	144.5	4.67	87.9	178.2	37.5	2.12

用型钢做成的支架,具有强度高、使用期长、可多次复用、容易安装、耐火性强等优点。但是初期投资大。

(五) 石材

将具有较高强度而又不易风化的岩石(如石灰岩、砂岩、花岗岩等)加工制成的砌块称为天然石材(料石)。

料石按加工粗细不同,分为毛料石、粗料石和细料石三种。井下支护多用毛料石和粗料石。

料石多做成长方体,一般规格为:(250～300) mm×(200～250) mm×(150～200) mm,每块料石的质量应控制在 40 kg 以下,以便于施工。

除天然石材外,常用的人造石材有黏土砖和混凝土块。普通砖的标准尺寸为 24 cm×11.5 cm×5.3 cm,每块质量 2.65 kg。1 m^3 砌体用砖 512 块,灰浆用量约为砖砌体的 20%～30%。混凝土块的形状有长方形、弧形及其他形状,其尺寸按支架规格而定,每块质量为 30～40 kg,强度等级一般为 C20。

二、巷道的支护方式

(一) 架棚支护

棚式支架简称棚子,由一梁(顶梁)两柱(柱腿)组成。按棚式支架的材料构成可分为木支架、金属支架和装配式钢筋混凝土支架三种;按巷道断面形状可分为梯形支架和拱形支架等;按支架结构可分为刚性支架和可缩性支架。棚式支架常用于巷道围岩十分破碎、不稳定、不适宜采用锚喷支护、服务期不长的采区巷道,一般为 8～10 a。

1. 木棚

巷道中常用的木棚是梯形棚子,主要由顶梁、棚腿、背板、木楔、角楔和撑柱组成,其结构如图 3-31 所示。顶梁承受顶板岩石给它的垂直压力和由棚腿传来的水平压力,为压弯构件。棚腿承受顶梁传给它的轴向压力和侧帮岩石给它的横向压力,也是压弯构件。背板将岩石压力均匀地传给主要构件梁与腿上,并能阻挡岩石垮落。根据围岩的稳定程度,背板可密集或间隔布置。木楔的作用是使棚子与围岩紧固在一起,为防止爆破崩倒棚子,木楔应向工作面方向打紧。撑柱的作用是加强棚子在巷道轴线方向上的稳定性。

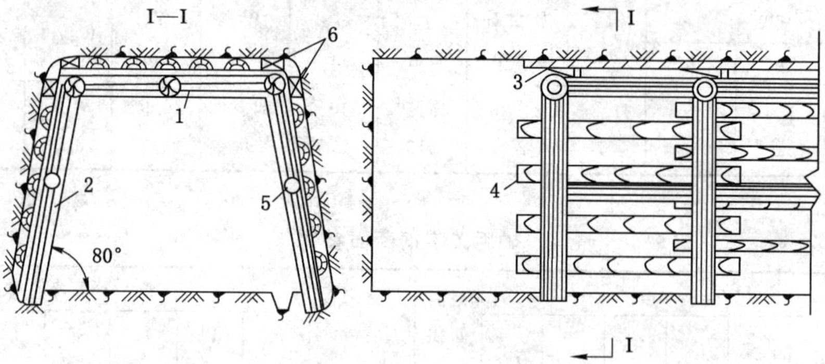

图 3-31 梯形木棚

1——顶梁;2——棚腿;3——木楔;4——背板;5——撑柱;6——角楔

木支架按照顶梁与棚腿的连接形式不同有盖口棚子和对口棚子两种。盖口棚子顶梁为台阶形布置,这种方式对承受顶压有较好的作用,但当侧压较大时顶梁容易劈裂。对口棚子的棚腿采用台阶形布置,这种方式对承受侧压有较好的作用,但顶压较大时棚腿容易劈裂。为了结合紧密,在梁腿接口处与顶帮围岩之间,需用 4 个角楔楔紧,以便承受此处较大的挤压力。

在井下加工梯形木棚时，应遵守下列规定：

(1) 用量具准确度量棚梁和棚腿的尺寸

① 棚腿下料时，要将料的粗端在上，超长的坑木只准截去细端。

② 按作业规程中规定的接口方式和规格量画好接口线，柱口和梁口的深度不得大于料径的1/4。

③ 用弯料时，必须保证料的弓背朝向巷道顶帮。

(2) 锯砍棚料时注意事项

① 锯砍棚料时应将木料放平稳，不许发生滚动。

② 砍料时，要注意附近人员和行人的安全，斧头和斧把不能碰在障碍物上。

③ 砍料人不得将脚伸到砍料处近旁。

④ 及时清除黏连在斧头上的木屑，注意木料上的木节、钉子，避免砍滑伤人。

⑤ 锯、砍料的地点，应避开风、水管路和电缆。

木支架的质量轻、加工容易、易架设、具有一定强度、适应性好，当地压突增时还会发生警号声响，所以，它在井下巷道使用得最早，应用最广。但木支架有很多缺点，如强度低、易腐朽、不耐火、不防火、不能阻水、不防围岩风化、使用年限短、木材资源紧张等，故使用逐渐减少。

木棚支护主要用于地压小、断面不大、服务年限短的采区巷道，或用于维修巷道和在巷道掘进时作临时支护。

2. 金属棚子

金属棚子常用9号、11号、12号矿用工字钢或18～24 kg/m钢轨制成。可分为金属梯形支架和金属拱形支架。

(1) 金属梯形支架

金属梯形支架有两种类型，一种为梯形刚性支架，另一种为梯形可缩性支架。一般多用梯形刚性支架，梯形可缩性支架应用较少。

梯形刚性支架为一梁两柱结构。梁柱连接方式多采用在柱腿上焊接一块槽板，梁上焊接一块挡板，限制梁和柱腿接口处的位移。为了防止柱腿受压陷入底板，可在腿下焊一块钢板底座或加垫木。

梯形可缩性支架，也是一梁两柱结构。顶梁用矿用工字钢，柱腿用U形钢，由两节构件组成，用卡缆连接，具有可缩性能。

架设梯形金属支架时应遵守下列规定：

① 严禁混用不同规格、型号的金属支架，柱腿无钢板底座或加垫木的不得使用，卡缆构件要齐全。

② 严格按中、腰线施工，并及时延线，保证巷道的坡度和方向。

③ 柱腿要靠紧梁上的挡块，不准打砸梁上焊接的矿用工字钢挡块。

④ 梁、腿接合处不吻合时，应调整梁、腿斜度和方向，严禁在缝口处打入木楔。

⑤ 按作业规程规定背帮背顶，并用木楔楔紧；前后棚之间必须上紧拉杆或打上撑木。

⑥ 固定好前探梁及防倒器。

(2) 金属拱形支架

金属拱形支架可分为两类，即普通金属拱形支架和U形钢拱形支架。

普通金属拱形支架多采用工字钢、矿用工字钢或轻型钢轨制造，没有可缩性，一般仅作巷道临时支架或与锚喷支护巷道联合支护用。普通金属拱形支架分为无腿、有腿和铰接三种。无腿拱形支架适用于两帮岩石较为稳定的巷道，有腿拱形支架适用于围岩较稳定的巷道，铰接拱形支架适用于岩层松软和受采动影响较大的采区巷道。无腿拱形金属临时支架如图 3-32 所示。

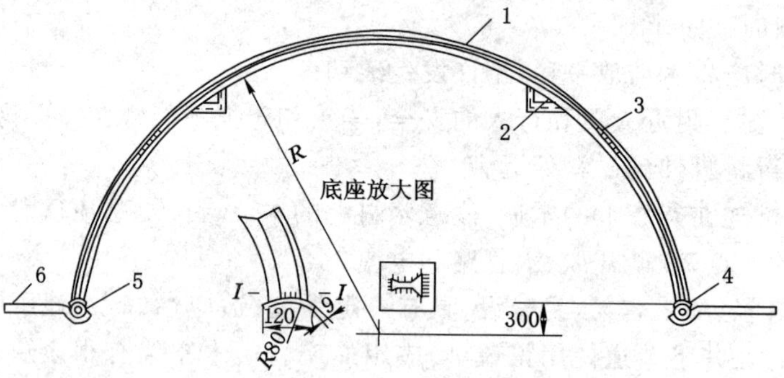

图 3-32　无腿拱形金属临时支架

1——架顶；2——顶托；3——连接板；4——底座；5——圆木；6——托钩

U 形钢拱形支架采用 U 形钢制造，具有可缩性，多用于地压大、受采动影响显著的采区巷道。U 形钢拱型支架可分为半圆拱、直腿三心拱和曲腿三心拱三种。

架设拱形支架时应遵守下列规定：

① 拱梁两端与柱腿搭接吻合后，可先在两侧各上一只卡缆，然后背紧帮、顶，再用中、腰线检查支架支护质量，合格后即可将卡缆上齐。卡缆拧紧扭矩不得小于 150 N·m。

② U 形钢搭接处严禁使用单卡缆。其搭接长度、卡缆中心距均要符合作业规程规定，误差不得超过 10%。

金属棚子具有强度高、体积小、坚固耐久、防火、可回收复用等一系列优点，是良好的坑木代用品。其缺点是不能封闭围岩，不能阻水和防止岩石风化，初期投资大。

金属棚子常用于回采巷道，在断面较大、地压较大的其他巷道也可采用。在一次成巷中，利用它作临时支架较为理想。但在有酸性水腐蚀的地区不宜使用。

3. 装配式钢筋混凝土棚子

装配式钢筋混凝土支架简称钢筋混凝土支架。它可分为两大类，一类是普通混凝土支架，另一类是预应力混凝土支架。

钢筋混凝土支架适用于地压稳定，断面小于 12 m^2 的巷道，但应避免用于受采动影响的巷道。

架设钢筋混凝土支架必须遵守下列规定：

(1) 所用支架构件应无开裂、露筋现象，支架接口处要垫上经防腐处理的 20～30 mm 厚的木垫板。

(2) 架支架构件时，不准用铁锤直接敲打支架；必须敲打时，应垫上木块或其他可塑性材料，保护支架不被损坏。

(3) 钢筋混凝土支架支护巷道一般采用预制水泥板背帮背顶，梁、柱不准直接与帮接触。

（4）在煤和软岩巷道中，钢筋混凝土支架紧跟工作面时，必须采取防止炮崩的加固措施，确保不崩倒、崩坏钢筋混凝土支架。

（二）砌碹支护

砌碹支护是以料石、砌块为主要原料，以水泥砂浆胶结，或以混凝土现场浇灌而成的连续体支护。其主要形式是直墙拱顶式，由拱、墙和基础三部分组成。当侧压大时，直墙宜改为曲线形；底鼓严重时应砌筑反拱。

砌碹支护对围岩能够起到防止风化的作用，具有坚固、耐久、防火、阻水、通风阻力小、材料来源广、便于就地取材等优点。缺点是施工复杂，劳动强度大，成本高，进度慢。一般使用在巷道服务年限超过 10 a 以上，围岩十分破碎同时很不稳定且有大面积淋水和部分淋水及水质有化学腐蚀性的地段。

砌碹支护在砌碹前按作业规程要求，对巷道断面进行刷帮、挑顶和拆除临时支架。在砌碹过程中，需要立碹胎、模板和拆模，施工工序复杂，而且由于砌碹支护劳动强度大，大多只在地质条件复杂的地点采用，因此，施工时应特别注意安全。

1. 石材砌碹支护的施工过程

（1）拆除临时支架。

（2）掘砌基础。

（3）砌墙。

（4）砌拱。

（5）拆模清理。

2. 砌碹支护施工安全注意事项

（1）砌碹前应按中、腰线检查巷道断面尺寸，凡有碍砌碹的部分都要进行刷大处理。

（2）砌碹施工工艺复杂，区队干部应与工人一起跟班作业，及时处理施工中出现的事故隐患，保证安全施工。

（3）砌碹前，如果需要拆除临时支架，应先加固前后支架，确保安全时，方可进行临时支架的拆除工作。拆除临时支架工作，应由外向里进行。

（4）掘砌基础的工作必须在临时支护的保护下进行。挖基础沟槽时，一般用风镐、手镐挖掘，岩石特别坚硬时，可打浅眼、少装药爆破将岩石崩松，但必须制定专门的安全措施，防止崩倒临时支架。挖基础沟槽，要对空帮部位进行安全检查。基础必须挖到实底。

（5）砌墙时应根据巷道的中、腰线进行，砌墙过程中应随砌随将壁后充填严实，不得使用可燃性材料作充填物。

（6）立碹胎时要配足人员，由班长或经验丰富的工人统一指挥，保证立胎工作的安全。相邻碹胎之间必须用拉杆连接。

（7）在砌拱过程中，要经常检查工作台的稳定性，不许在工作台上存放过多的料石，防止工作台倒塌。当冒顶过高时，拱后充填层厚度不得小于 0.5 m。

（8）回撤碹胎时，要配足人力，在班长或老工人的统一指挥下进行。回收人员必须站在安全的地点，退路必须畅通，严禁无关人员在其附近停留。若混凝土砌碹巷道回撤碹胎后，出现蜂窝、麻面，应用水泥砂浆填塞抹平。

（9）有冒顶危险的地区不能掘、砌平行作业。巷道围岩破碎时要短段掘砌。

(10) 在上山掘进和砌碹平行作业时，在砌碹工作面上方 5～10 m，要设置安全挡。在下山掘进和砌碹平行作业时，除在下山上部设置安全挡以外，砌碹和掘进工作面的上方 5～10 m 处也要设置防护装置，以防跑车。同时对砌碹处的材料和工具等都要有安全存放措施，防止向下滚动伤人。

(三) 锚喷支护

锚喷支护是锚杆支护、锚杆与喷浆及喷射混凝土联合支护的总称。锚喷支护特点如下：

(1) 及时性。由于锚喷支护工艺本身的原因，它能做到支护及时迅速，甚至可在挖掘前进行超前支护，加之喷射混凝土的早强和全面密贴性能，因而更保证了支护的及时性和有效性。

(2) 紧贴性。喷射混凝土同围岩能全面紧密地粘贴，黏结力一般可达 7 MPa。

(3) 柔韧性。锚喷支护属于柔性薄型支护。虽然喷射混凝土本身是一种脆性材料，但由于其施工工艺上的特点，喷射混凝土与岩体紧密粘贴，使它有可能喷得很薄，所以呈现一定柔性，而且这种柔性还可通过分次喷层的方法进一步发挥。锚杆也属柔性支护，因其加固的岩体，可以允许有较大的变形而不破坏，甚至能同被加固的岩体做整体移动，并且仍能保持相当大的支护抗力。

(4) 深入围岩内部加固。锚杆能深入岩体内部一定深度加固围岩。按一定方式、间距布置的锚杆群(系统锚杆)，可以提高围岩锚固区的强度和整体性，改善围岩应力状态，制止围岩松动，同时它同围岩相结合形成承载圈，充分调动和增强围岩的自承能力。

(5) 支护组合和设置时间的灵活性。灵活性是锚喷支护十分重要的工艺特点，主要表现在如下方面：锚喷支护的类型和参数可根据各段不同的地质条件随时调整；支护组合和设置时间的可分性，广泛的适用性、密封性。

1. 锚杆支护

锚杆支护就是在巷道掘出后，先向围岩打眼，在眼孔内锚入锚杆，把巷道围岩予以加固，充分利用围岩自身的强度，从而达到支护巷道的目的。锚杆不同于一般的支架，它不只是消极地承受巷道围岩所产生的压力和阻止破碎岩石的冒落，而是通过锚入围岩内的锚杆来改变围岩本身的力学状态，在巷道周围形成一个整体而稳定的岩石带，锚杆与围岩共同作用而达到支护巷道的目的。因此说，锚杆支护是一种积极防御的支护方法。

(1) 锚杆支护的作用原理

锚杆维护巷道的作用机理尚在探讨中，目前主要有以下几种理论：

① 悬吊作用。在层状岩层中，锚杆将下部不稳定的岩层悬吊在上部稳固的岩层上。锚杆所受的拉力来自被悬吊的岩层重量，如图 3-33 所示。

② 组合梁作用。在没有稳固岩层的薄层状岩层中，锚杆将薄岩石锚固成一个岩石板梁，提高顶板的承载能力。决定组合梁稳定性的主要因素是锚杆的锚固力及杆体强度和岩层性质.如图 3-34 所示。

③ 组合拱作用。在块状围岩中，锚杆可将巷道周围的危石彼此挤紧，对岩石起到挤压加固作用，在围岩周边一定厚度的范围内形成一个不仅能维持自身稳定，而且能阻止其上部围岩松动和变形的加固拱，从而能保持巷道的稳定性，如图 3-35 所示。

(2) 锚杆的类型适用性分析

我国自 1956 年开始使用锚杆支护，锚杆有木制的、金属的、水泥的、树脂的。其类型结

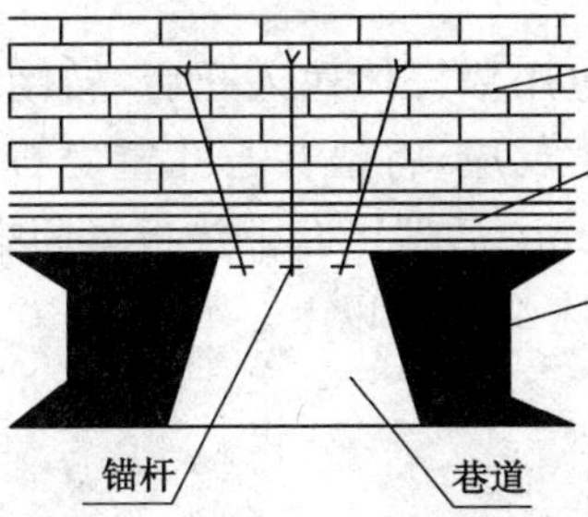

图 3-33　锚杆的悬吊作用原理图

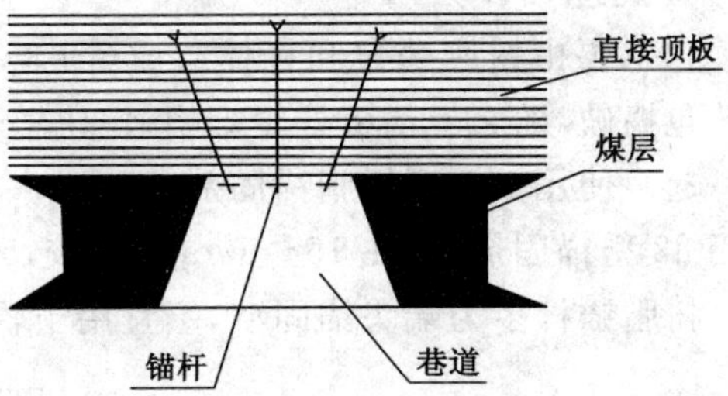

图 3-34　锚杆的组合梁作用原理图

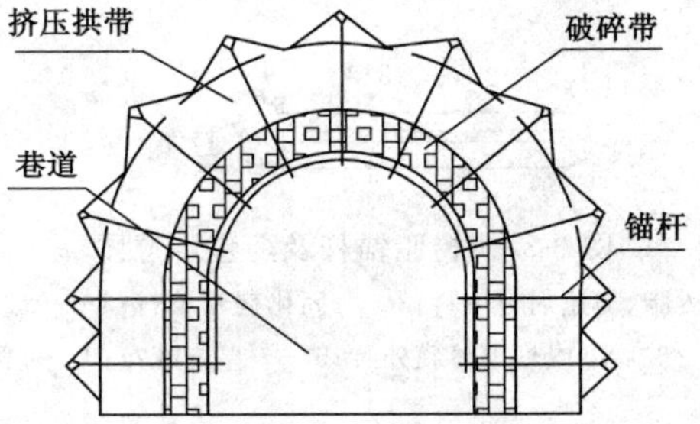

图 3-35　锚杆的组合拱作用原理图

构繁多，下面介绍常用的几种。

① 钢筋或钢丝绳砂浆锚杆

a. 钢筋砂浆锚杆：施工时，先向锚杆孔内注满标号为 25 号以上的水泥砂浆[砂浆用 32.5 号或 42.5 号普通硅酸盐水泥和粒径小于 3 mm 的中细石英砂，按水泥：砂＝1：(2～3)，灰水比为 2.38～2.63 制成]，然后插入 ϕ16～20 mm 螺纹钢筋，利用砂浆与钢筋、孔壁间的黏结力锚固岩层[图 3-36(a)]。

b. 钢丝绳砂浆锚杆：利用 ϕ10～19 mm 的废旧钢丝绳代替钢筋插入锚杆孔内，然后注入砂浆固结而成[图 3-36(b)]。为保证锚固效果，设计锚固力 30～50 kN。它结构简单，加工方便，成本低，广泛用于有一定自稳时间的岩石巷道。由于不能立即承载，围岩破碎处不宜使用。

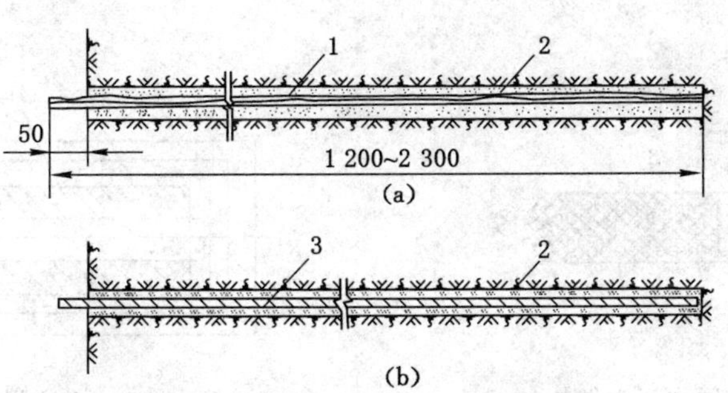

图 3-36　钢筋、钢丝绳砂浆锚杆

1——钢筋；2——砂浆；3——钢丝绳

② 树脂锚杆

它主要由树脂药包和杆体组成(图 3-37)。安装时,药包用锚杆体送入孔后,转动杆体将药包捣破,随之上垫板拧紧螺帽,使化学药剂混合进行化学反应,将锚头与孔壁岩石黏结在一起。使用 115 型树脂锚固剂,可在 3～5 min 内凝胶,15 min 后即可套上垫板紧固螺帽。使用 82 型锚固剂,可在 15～60 s 内凝胶,5 min 后锚固力可达 40 kN 以上。

树脂锚杆多为端头锚固型,不宜用于软岩。

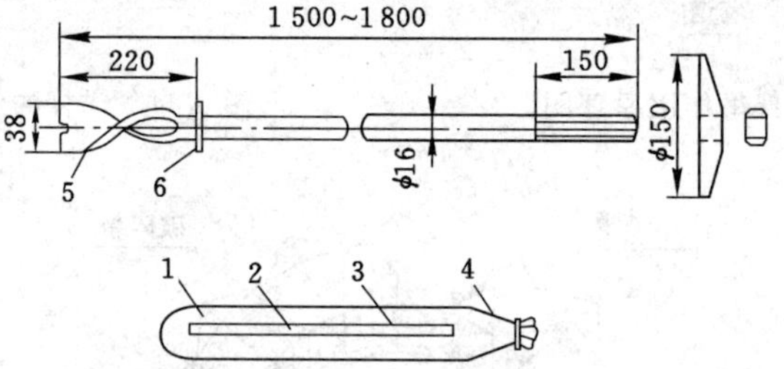

图 3-37 树脂锚杆及药包示意图

1——树脂、加速剂与填料;2——固化剂和填料;3——玻璃管;
4——玻璃纸或聚酯薄膜外袋;5——左旋麻花;6——挡圈

③ 快硬水泥锚杆

快硬水泥锚杆的杆体结构与树脂锚杆相同,它用快硬水泥卷代替树脂药卷(图 3-38)。水泥卷直径 37 mm,长度为 270 mm、205 mm 时水泥装量分别为 421 g、320 g。使用前需浸水 2～3 min,在锚杆孔内经杆头搅拌,12 min 后锚固力开始增长,1 h 后锚固力高达 60 kN 左右。由于成本低(约为树脂锚杆的 1/4)、材料来源广,应用前景好,适用于围岩自稳时间超过 12 min 的各类永久性地下工程,配合先喷后锚,亦可应用在软岩巷道中。

④ 快硬膨胀水泥锚杆

它用快硬膨胀水泥卷(图 3-39)取代快硬水泥卷。锚杆前端焊有 ϕ14 mm 或 ϕ16 mm 钢筋,杆前端焊有 ϕ38～40 mm 的阻挡垫圈,另一端车有螺纹。安装时,把水泥卷的塑料袋、纱网内的圆纸筒去掉,把水泥卷串入杆体放在阻挡垫圈上,并在水泥卷上套加一垫圈,将水泥卷插入水中浸泡 3～5 s 后送入锚孔中用冲压管轻轻压实后,用力冲几下,而后套上垫板,紧固螺母(图 3-40)。用一个水泥卷,2～5 min 后,锚固力可达 20～40 kN;用两个水泥卷,锚固力可达 60～90 kN。

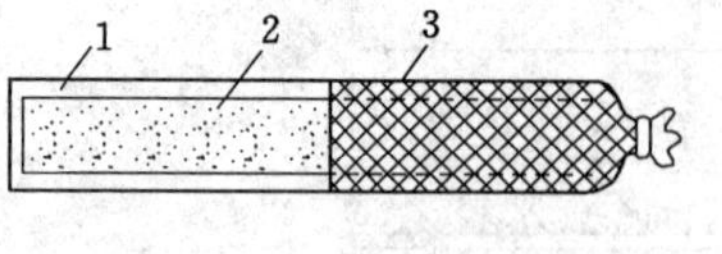

图 3-38 快硬水泥卷结构

1——滤纸内套;2——快硬水泥;
3——玻璃纤维纱网外套

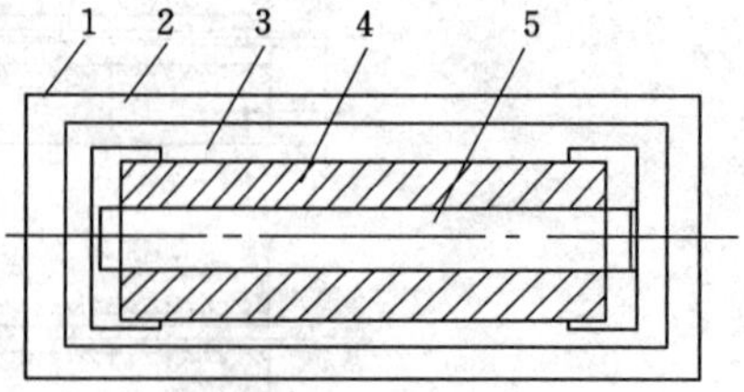

图 3-39 快硬膨胀水泥卷结构

1——塑料袋;2——套;3——水纸;
4——锚固剂;5——空心纱网

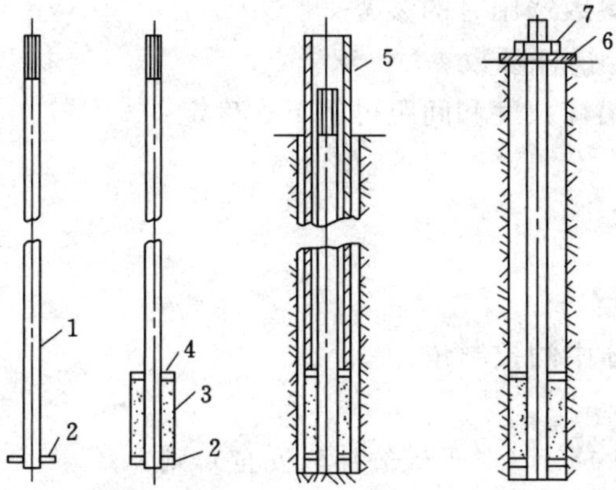

图 3-40　快硬膨胀水泥锚杆结构及使用过程

1——金属锚杆杆体；2——阻挡垫圈；3——水泥卷；4——垫圈；5——冲压管；6——垫板；7——螺帽

由于锚固剂来源丰富、锚速快、锚固力大、成本低，可大量推广应用。

⑤ 管缝式锚杆

管缝式锚杆又称开缝式或摩擦式锚杆。它采用高强度钢板卷压成带纵缝的管状杆体(外径 38.1 mm)，用凿岩机强行压入比杆径小 1.5～2.5 mm 的锚孔。为安装方便，打入端略呈锥形。由于管壁弹性恢复力挤压孔壁而产生锚固力，属全长锚固型锚杆。

我国于 20 世纪 80 年代初引进，试制用的材料为屈服应力大于 350 MPa 的 16Mn 和 20MnSi 钢，管壁厚 2.0～2.5 mm，管径 38～41.5 mm，开缝为 10～14 mm。由于锚固力大(60 kN 以上)、结构简单、制作容易、安装方便、质量可靠而迅速在全国推广。

⑥ 玻璃钢锚杆

为了减少金属锚杆与综采机械的切割头碰出火花而引发瓦斯爆炸和粉尘自燃，由非金属锚杆来替代金属锚杆是一种趋势。高强度玻璃钢锚杆如图 3-41 所示。它在许多技术参数上超过了金属锚杆。其优越性具体表现在以下几方面：

图 3-41　玻璃钢锚杆

a. 高强度：高性能的玻璃钢锚杆的抗拉强度可达到钢质锚杆的 1.5 倍。

b. 重量轻：是同类规格钢锚杆重量的 1/4，大大降低了安装操作工人的劳动强度，从而使作业效率提高。

c. 非金属，可切割，防静电，阻燃，采煤切割不产生火花，在高瓦斯矿不容易引发事故，可以满足煤矿安全生产的要求。

d. 耐腐蚀，耐酸，耐碱，耐高温，耐低温，井下作业可确保 20 a 以上不老化。

(3) 锚杆支护设计计算

各类锚杆的结构和尺寸已逐步标准化，使用时可根据地质条件、技术情况，参照有关的经验数据进行选取。必要时，可通过锚固力试验和巷道围岩移动观测予以调整。下面介绍的计算方法，可作为锚杆参数选用时的参考。

① 按加固拱原理确定锚杆参数

按挤压加固拱原理，锚杆长度和间距可按下式确定：

$$b = \frac{L\tan\alpha - a}{\tan\alpha} \tag{3-3}$$

式中 b——加固拱厚度，m；

L——锚杆有效长度，m；

α——锚杆在松散体中的控制角；

a——锚杆的间距，m。

锚杆的控制角如果按 45°计（对于破裂体较安全），则：

$$b = L - a \tag{3-4}$$

根据上式，如果按常用锚杆长度 L=1 600～1 800 mm，锚杆间距 a=600～700 mm，则加固拱厚度 b=900～1 200 mm，这相当于 2～3 层的料石碹拱厚度，并且还具有料石拱所不具有的可塑性。

② 按悬吊理论计算参数

按锚杆的悬吊作用，锚杆参数可参照图 3-35 按以下公式求得。

锚杆长度：

$$L = KH + L_1 + L_2 \tag{3-5}$$

式中 L——锚杆全长

K——安全系数，一般取 2；

H——软弱岩层厚度（或冒落拱高度），m；

L_1——锚杆锚入稳定岩层的深度，一般为 0.25～0.3 m；

L_2——锚杆外露长度，一般为 0.1 m。

锚杆间距：要求每根锚杆悬吊岩石的重量要小于或等于锚杆设计锚固力 Q 或杆体拉断力 P。即：

$$Q = KHa^2\gamma \tag{3-6}$$

$$P = \frac{\pi d^2}{4} \cdot \sigma = KHa^2\gamma \tag{3-7}$$

式中 Q——锚杆锚固力（取现场实测数的平均值），kN；

a——锚杆的间、排距，m；

γ——软弱岩层（被悬吊岩层）的平均重度，kN/m³；

P——锚杆杆体拉断力，kN；

d——杆体直径，m；

σ——杆体材料的设计抗拉强度，MPa。

由上面的公式，可以得到锚杆间、排距计算公式：

$$a = \sqrt{\frac{Q}{KH\gamma}} \tag{3-8}$$

或

$$a = 0.887d\sqrt{\frac{\sigma}{KH\gamma}} \tag{3-9}$$

(4) 锚杆的布置

根据围岩的性质，锚杆可排成方形、三花形、五花形等。方形、三花形适用于比较稳定的岩层；五花形适用于稳定性较差的岩层，其布置如图 3-42 所示。锚杆的锚入方向，应与岩层面或主要裂隙面成较大的角度相交，尽可能与其正交；层面与裂隙面不明显时，锚杆应垂直于巷道周边锚入。

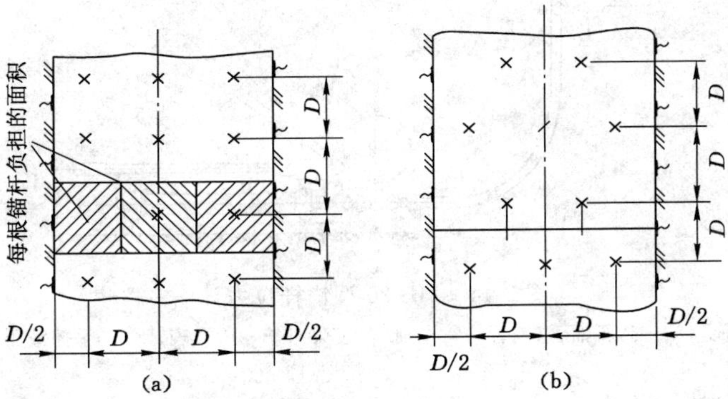

图 3-42　锚杆的布置方式

(a) 方形布置；(b) 五花形布置

(5) 锚杆支护的施工与检验

① 锚杆孔的钻凿与锚杆安装

为了获得良好的支护效果，一般在爆破后即安设顶部锚杆。目前多采用气腿式凿岩机或单体锚杆钻机钻眼，手工安装锚杆。当围岩较稳定时，也可以在爆破后先喷混凝土，待装岩后再用锚杆打眼安装机(图 3-43)进行支护工作，或者在装岩机后面用此机进行支护。

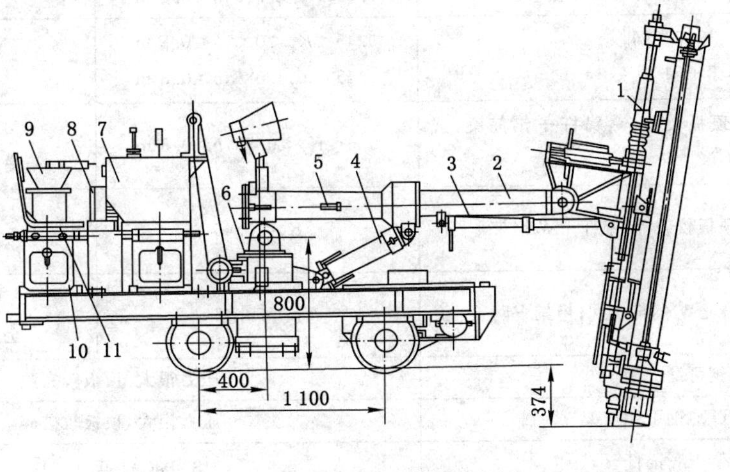

图 3-43　MGJ-1 型锚杆打眼安装机

1——工作机构；2——大臂；3——仰角液压缸；4——支撑液压缸；5——液压管路系统；6——车体；7——操作台；8——液压泵站；9——注浆罐；10——电气控制系统；11——座椅

② 锚杆的检验

为保证锚杆支护质量，必须对锚杆施工加强技术管理和质量检查，主要检查锚杆孔直径、深度、间距及螺母的拧紧程度，并对锚杆的锚固力进行抽查检验。常用设备是 ML-20 型锚杆拉力计(图 3-44),其主要部件是空心千斤顶和一台 SY4B-1 型高压手摇泵,最大拉力为 196 kN,活塞行程 100 mm,质量 12 kg。

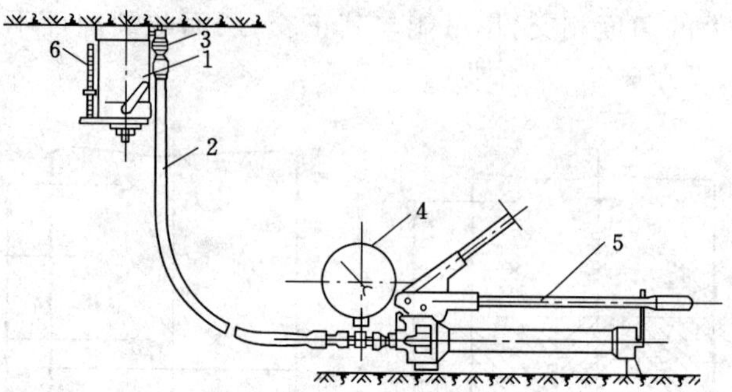

图 3-44 ML-20 型锚杆拉力计

1——空心千斤顶;2——高压油管(胶管);3——胶管接头;4——压力表;5——手摇液压泵;6——标尺

③ 锚杆支护形式选择

锚杆支护形式选择见表 3-20。

表 3-20　　巷道支护形式的选择

巷道类别	基本支护形式	支护形式的确定方法	
		$0.2<b<1.6$ m	$b>1.6$ m
Ⅰ	不支护	($b<0.2$ m)	
	单体锚杆	$0.75<K_y<1$	
Ⅱ	顶板较完整:单体锚杆+大托板	$0.6<K_y<0.75$,$b<0.8$ m	
	顶板较破碎:锚杆+网, 锚杆+钢筋梁+网	$0.45<K_y<0.6$,$b<0.8$ m $0.45<K_y<0.6$,$b>0.8$ m	
Ⅲ	压力较大,顶板较破碎:锚杆+钢筋梁,或桁架	$0.6<K_y<0.75$,$b>0.8$ m	$0.6<K_y<1$ 锚杆+W 钢带
	压力较大,顶板较破碎:锚杆+W 钢带+网	$K_y<0.45$	$0.45<K_y<0.6$ 锚杆+W 钢带
Ⅳ	压力大:锚杆+W 钢带+网;桁架+网	$K_y<0.45$	$K_y<0.45$ 全长锚固锚杆
Ⅴ	锚杆+U 形钢可缩支架	压力很大,顶板较完整	
	锚杆+网+U 形钢可缩支架	压力很大,顶板较破碎	
	环形可缩支架+底锚杆	压力很大,底鼓严重	

注:K_y是顶板岩层完整性系数,与岩层节理、分层厚度及强度等因素有关;b 是巷道顶板破坏深度。

④ 锚杆支护施工工艺

锚杆支护的效果与施工质量的好坏有着密切的关系。如果锚杆施工质量达不到设计要求,锚杆支护的有效性和可靠性就无法得到保证。我国许多矿区出现锚杆支护巷道冒顶事故的主要原因之一就是锚杆施工质量较差,可见锚杆支护施工工艺及质量的保证在锚杆支护中占有很重要的地位。

a. 施工前的准备

队伍培训：施工前施工队伍必须经过严格培训，了解有关锚杆支护技术的一般知识，掌握有关机具性能的操作方法，严格按照支护设计要求进行施工。

锚杆力拉拔试验：在进行锚杆支护施工之前，必须进行锚杆拉拔力试验，试验地点选在与所施工巷道相类似的地质条件下进行。如果锚杆锚固力达不到设计要求，必须增加药卷数，或者重新修正锚杆支护密度。

b. 施工工艺流程

下面以掘进机掘进，采用钢带式树脂锚固锚杆支护的工作面平巷为例，介绍锚杆支护施工工艺。

顶板支护：

(a) 挂、连金属网。

(b) 上托 W 钢带。

(c) 临时支护。

(d) 后撤掘进机。

(e) 钻顶板中部锚杆孔，清孔。

(f) 装树脂药卷，插入锚杆，搅拌药卷，装托板，紧螺母。

(g) 钻顶板锚杆孔，清孔。

(h) 装树脂药卷，插入锚杆，搅拌药卷，装托板，紧螺母。

(i) 临时支护改位。

(j) 钻顶板边斜锚杆孔，清孔。

(k) 装树脂药卷，插入锚杆，搅拌药卷，装托板，紧螺母。

(l) 钻顶板边斜锚杆孔，清孔。

(m) 装树脂药卷，插入锚杆，搅拌药卷，装托板，紧螺母。

巷帮支护：

(a) 钻上帮煤壁锚杆孔，清孔。

(b) 装树脂药卷，插入锚杆杆体，搅拌药卷。

(c) 挂、连上帮网。

(d) 安装(水泥)护板，上托板，紧螺母。

(e) 钻下帮煤壁锚杆孔，清孔。

(f) 装树脂药卷，插入锚杆杆体，搅拌药卷。

(g) 挂、连下帮网。

(h) 安装(水泥)护板，上托板，紧螺母。

c. 施工作业主要技术要求及注意事项

(a) 及时支护：顶板锚杆应紧跟掘进头及时支护，最大控顶距不得超过锚杆排距。

(b) 不得超挖掘：掘进机割煤时沿顶掘进，应严格控制巷道宽度，误差为±50 mm。不得超挖，并保证顶板及巷帮煤壁平整。

(c) 上托 W 钢带：W 钢带的上托可借助安设在掘进机机头上的托梁器进行。先将 W 钢带平放在托梁器上(机头处于较低位置)，然后上移机头，托起钢带，将移至顶板时需使用钢带的中线对准巷道中线(激光束)，并保证钢带间的排距误差不超过±50 mm；最后利用掘进机头通过钢带及金属网托住顶板，并撑紧。

(d) 临时支护：利用内(或外)柱式单体液压支柱进行临时支护。

(e) 锚杆孔的成孔：顶板钻孔可利用锚杆钻机或气动凿岩机完成。钻孔时，钻机升起，使钻头插入相应的W钢带孔位中，然后旋转钻机进行钻孔。孔深误差不大于±30 mm，顶板顶锚杆孔轴线与顶板之间的夹角为90°±5°。边斜锚杆孔的轴线与垂线间的夹角要求大于30°。钻头钻到预定孔深位置后下缩钻机，同时利用压力水清孔，清除岩粉及泥浆。

(f) 锚杆的安装：锚杆的安装主要包括装锚固剂、插入锚杆、搅拌药卷和紧螺母。

装药卷：装药卷之前应先检查锚杆孔的质量(深度与角度)，锚杆构件是否齐全，杆尾是否已涂防锈脂，以及待装药卷是否硬化、过期或损坏等。已硬化过期和损坏的药卷严禁使用。

插入锚杆杆体：锚体杆体套上托板及带上螺母，杆尾通过连接套与锚杆钻机机头连接，杆端插入已装好树脂药卷的岩孔内，升起锚杆钻机并用锚杆杆体将孔口处的药卷推送至孔内，使药卷接触到岩孔孔底为止，然后开始转动钻机搅拌药卷。

搅拌药卷：药卷的搅拌对保证锚固质量十分重要，直接影响到锚固效果的好坏。搅拌工作利用锚杆机或气动凿岩机进行，搅拌时间过短，药卷中的固化剂与树脂胶黏剂不能充分起化学反应而影响凝胶和固化效果；搅拌时间过长，使已凝胶和固化的状态遭到破坏，同样影响锚固效果。所以要求严格控制药卷的搅拌时间为了(30±5) s，同时要求药卷的搅拌过程应连续进行，中途不得间断。

安装托板及螺母：药卷的搅拌作业完成的同时，托板应压紧钢带使托住顶板，螺母也被拧紧(图3-45、图3-46)。

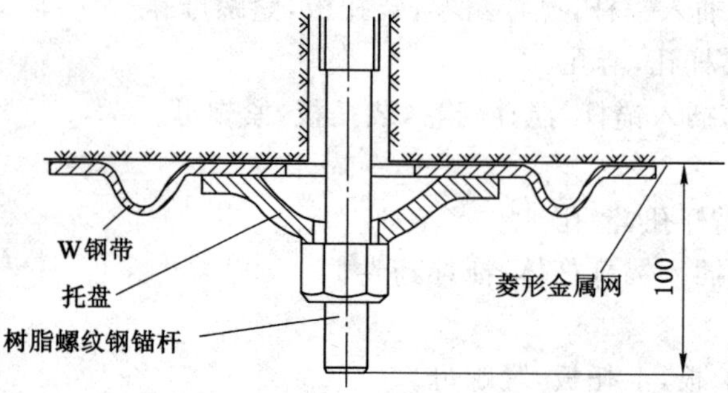

图3-45 安装顶锚杆

对锚杆施加预紧力：利用气动扳机，对顶板及帮锚杆施加预紧力，预紧扭矩为100 N·m。

特殊情况的处理措施：井下地质条件变化或出现片帮冒顶时，视变化程度调整试验支护参数，或采取应急措施及时处理，如用单体液压支柱或金属棚进行加强支护等。

掘进时形成巷帮超宽或由片帮造成的巷帮超宽时，应及时处理，可采用加长钢带和补打锚杆的方法进行顶板的补强支护。

2. 喷射混凝土支护

喷射混凝土支护是将水泥、砂、石子、速凝剂等按一定比例混合搅拌后，送入混凝土喷射机中，用压缩空气将干拌和料送到喷头处，在喷头的水环处加水后，高速喷射到巷道围岩表面，起到支护作用的一种支护形式和施工方法。

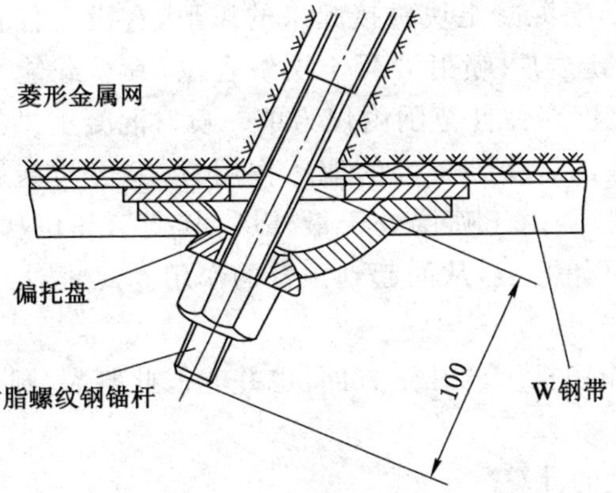

图 3-46　安装斜角锚杆

(1) 作用原理

① 支撑作用:喷射混凝土(或喷浆)具有良好的物理力学性能(表 3-21)。特别是抗压强度较高,可达 20 MPa 以上,因此能起支撑作用。又因其中掺有速凝剂,而使混凝土胶结快,早期强度高,紧跟掘进工作面起到及时支撑围岩的作用,有效地控制了围岩的变形和破坏。

表 3-21　　喷射混凝土的主要物理力学指标

项　目	单　位	指　标	备　注
重　　度	kN/m^3	2.15～23.0	采用 52.5 号普通硅酸盐水泥,配合比为 1∶2～2.5∶4,速凝剂掺量为水泥重量的 2.5%～4%
抗压强度	MPa	20～28	
抗拉强度	MPa	1.4～2.5	
抗折强度	MPa	4～5	
抗渗性能	MPa	0.5～1	
与岩石的黏结力	MPa	1～2	
与钢筋的黏结力	MPa	2.5～3.5	
弹性模数	MPa	$(2.2\sim3.0)\times10^4$	
收 缩 率	%	$(8\sim6)\times10^{-4}$	潮湿养护 28～45 d 后,再自然养护 150 d

② 充填作用:由于喷射速度很高,混凝土能及时地充填围岩的裂隙、节理和凹穴,大大提高了围岩的整体性。

③ 隔绝作用:喷射混凝土层封闭了围岩表面,完全隔绝了空气、水与围岩的接触,有效地防止了风化潮解而引起的围岩破坏与剥落;同时,由于围岩裂隙中充填了混凝土,裂隙深处原有的充填物不致因风化作用而降低强度,也不致因水的作用而使原有的充填物流失,使围岩保持原有的稳定性和强度。

④ 转化作用:高速喷射到岩面上形成的混凝土层,具有很高的黏结力和较高的强度,再加上充填和隔绝作用,提高了围岩的稳定性和自身的支撑能力,因而使混凝土层与围岩形成了一个共同工作的力学统一体,具有把岩石荷载转化为岩石承载结构的作用,从而根本上改变了支架被动承压的弱点。

梅山铁矿等单位曾做过“岩石-喷射混凝土共同工作”的模拟试验。被模拟的不稳定岩层系用正“八”字和倒“八”字混凝土块拼接起来的拱形，它没有任何承载能力。当喷上一层混凝土后，就形成了不稳定岩层-喷射混凝土层组合拱，其承载能力比单一的喷射混凝土拱大1.2～3倍，而其变形挠度在弹性范围内仅为单一喷射混凝土拱的1/5～1/18。

⑤ 预警作用：当巷道围岩受到较大的地压作用时，喷层与基岩一起受力变形。当变形较大时，同时开始受到破坏，由于喷层处于最外层，其变形和位移量最大，加之喷层一般较薄，故此，喷层一般最先开始开裂，从而起到预警的作用。此时对井巷加以维护，能更好地为安全生产服务。

喷射混凝土支护的作用机理的几个方面，也并非彼此割裂、孤立存在，而是互为补充、相互联系、共同作用的。

(2) 喷射混凝土厚度的计算

喷层的厚度，至今尚无确切的计算方法。当围岩被节理、裂隙等弱面切割形成的危岩发生错动或坠落时，往往会引起围岩丧失稳定，此时，混凝土喷层必须具有足够的强度阻止危岩的错动、坠落，才能保证围岩的稳定。一般喷层与岩石的黏结强度大于抗冲切强度，因此可按抗冲切强度计算喷层厚度。如图3-47所示，为保证危岩坠落时喷层不被冲切破坏，应满足以下关系：

由
$$\frac{G}{u \cdot d} \leqslant [\tau]_c$$

得
$$d \geqslant \frac{G}{u[\tau]_c} \tag{3-10}$$

式中 d——喷层厚度，m；

u——危岩与喷层接触面的周长，m；

$[\tau]_c$——喷层的容许抗剪强度，Pa；

G——危岩的重力，N。

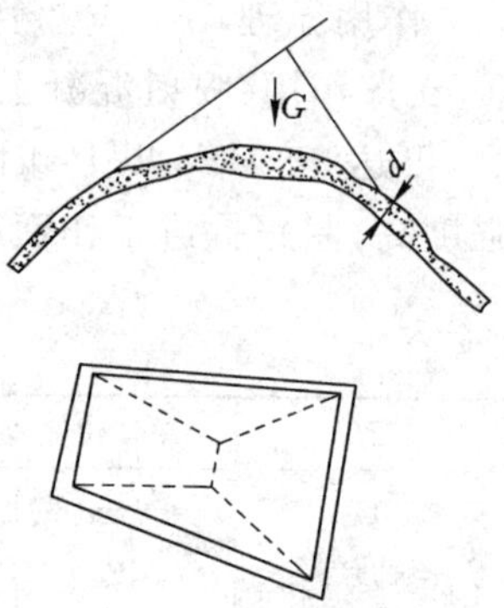

图3-47 喷层按冲切破坏计算简图

由于地质条件十分复杂，计算喷厚的方法只能供参考或作验算用。现今设计部门和现场仍多是根据工程类比经验数据选取喷厚。

(3) 喷射混凝土材料

喷射混凝土要求凝结快、早期强度高、收缩率小和适合于喷射机使用等。

① 材料

水泥：一般选用硅酸盐水泥或普通水泥，其标号不应低于32.5号。火山灰水泥初期强度低、收缩率大，不宜使用。

砂：以采用粒径为0.35～3.0 mm的中粗砂为好。用细砂制成的混凝土容易产生较大的收缩变形，且过细的粉砂中游离SiO_2含量较高，有损操作人员的健康。砂的含水率不应大于7%。

石子：一般选用坚硬的河卵石或碎石，其中碎石回弹力低，但易于堵管和磨损管道，而河卵石则相反。石子粒径应根据喷射机性能选取。在实际工作中，为了减小回弹，石子粒径不应大于15 mm。石子的合理级配是影响混凝土质量、水泥用量和回弹率的重要因素之一，其合理级配可参考表3-22。

表 3-22　　喷射混凝土用石子的合理颗粒级配

粒径/mm	5～7	7～15	15～25
百分率/%	25～35	55～45	<20

水：要求洁净，不含杂质。pH 值大于 4 的酸性水和硫酸盐含量按 SO_3 计超过水重 1% 的水，都不许使用。

速凝剂：为了使混凝土速凝，提高早期强度，一般掺入水泥重量的 2.5%～4% 的速凝剂，要求初凝时间小于 5 min，终凝时间小于 10 min。为了适应湿喷混凝土，使用液体速凝剂和减水剂。

② 混凝土配合比

合适的配合比应使喷层有足够的抗压、抗拉和黏结强度，收缩变形值要小，回弹力要低。喷混凝土重量配合比可参照表 3-23 选用。

表 3-23　　喷混凝土的配合比

喷射部位	配合比	
	水泥：粗中混合砂：石子	水泥：细砂：石子
侧壁	1：(2.0～2.5)：(2.5～2.0)	1：2.0：(2.0～2.5)
顶拱	1：2.0：(1.5～2.0)	1：(1.5～2.0)：(1.5～2.0)

喷水泥砂浆的重量配合比为：水泥：砂＝1：(2～3)，砂浆标号不应低于 75 号。灰水比：1.82～2.22。

近年来，国外已较多地应用了钢纤维喷混凝土，即在普通喷混凝土材料中掺加 3%～6%(重量比)的长 20～25 mm、直径 0.3～0.4 mm 的钢纤维，要求搅拌均匀，不得成团。粗骨料粒径不宜大于 10 mm。钢纤维喷混凝土具有良好的性能，比普通喷混凝土抗弯强度提高 27%，韧性提高 9 倍，破坏形式也由脆性转为韧性，允许较大的变形，且在裂缝出现后仍有承载能力。我国最近已开始在井下试验和应用，但由于成本较高，仅用于矿山巷道中的关键部位，如交岔点、煤仓等处。

(4) 施工机具

喷射混凝土的机具，主要包括喷射机、干料搅拌机、上料设备和机械手等。

① 混凝土喷射机

混凝土喷射机按喷射工艺可分为干式和湿式两大类。目前国内使用的多为湿喷混凝土机。PZ-5 型混凝土湿喷射机如图 3-48 所示。

这种喷射机具有结构简单、工作可靠、轻便灵活、操作方便、装料高度较小等优点，故使用广泛。

② 混凝土湿喷射机械手(MK-Ⅱ型液压机械手)

MK-Ⅱ型液压机械手如图 3-49 所示。

3. 锚喷联合支护

(1) 锚杆喷射混凝土支护

在比较破碎的、节理裂隙发育比较明显的岩层，巷道掘进后围岩稳定性较差，容易出现

PZ-5型喷浆机	
主要技术参数	
生产能力	5 m³/h
最大输送距离	水平200 m，垂直20 m
适用材料配比	水泥∶砂石=1∶(3~5)
适用材料灰水比	≥2.5
最大骨料粒径	ϕ20 mm
输料管内径	ϕ51 mm
转子体直径	438 mm
工作压力	0.4~0.6 MPa
耗风量	7~8 m³/min
电动机型号	Y132-6-5.5
电压	380 V
外形尺寸	1 520 mm×820 mm×1 280 mm
整机质量	700 kg

图 3-48　PZ-5 型混凝土湿喷射机

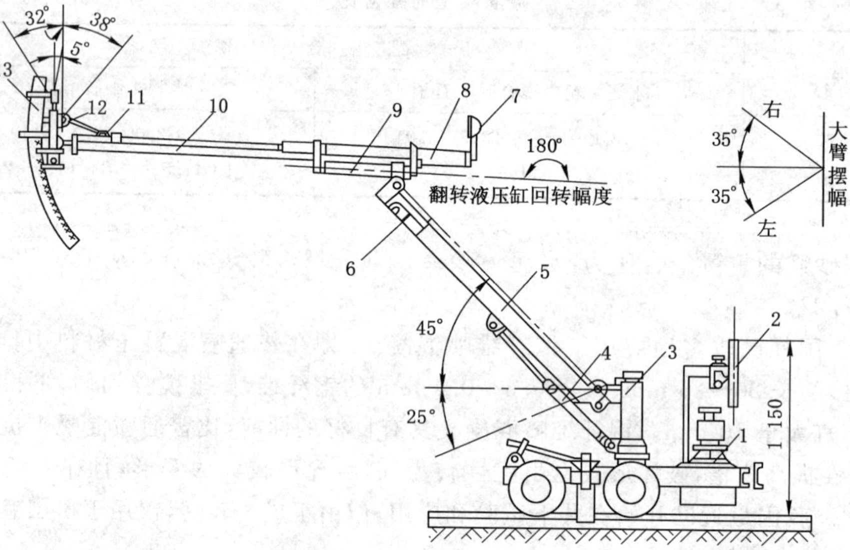

图 3-49　MK-Ⅱ型液压机械手

1——液压系统；2——风、水系统；3——转柱；4——支柱液压缸；5——大臂；6——拉杆；7——照明灯；8——伸缩液压缸；9——翻转液压缸；10——导向支撑杆；11——摆角液压缸；12——回转器；13——喷头

局部或大面积冒落，一般应采用锚杆喷射混凝土支护。这种支护方式既能充分发挥锚杆的作用，又能充分发挥喷射混凝土的作用，两种作用相结合，有效地改善了支护的效能。因而该方式在矿井生产实践中得到了广泛应用。

采用该方式支护时，一般情况下，爆破后应首先及时初喷混凝土封闭围岩，紧接着打入锚杆，随后在一定距离内复喷到设计厚度。

(2) 锚杆喷射混凝土金属网联合支护

对特别松软破碎和断层带，或围岩稳定性差、受爆破震动较大的巷道，宜选用锚、喷、网联合支护。设置金属网的主要作用是防止收缩而产生裂隙，抵抗震动，使混凝土应力均匀分布，避免局部应力集中，提高喷射混凝土支护能力。金属网用托板固定或绑扎在锚杆端头，为便于施工和避免喷射混凝土时金属网背后出现空洞，金属网格不应小于 200 mm×200 mm。喷射厚度一般不应小于 100 mm，以便将金属网全部覆盖住，并使金属网外至少有 20 mm 厚的保护层。

(3) 钢架喷射混凝土联合支护

在软岩巷道中，掘进后先架设钢架，允许围岩收敛变形，基本稳定后再进行喷射混凝土支护，把钢架喷在里面。有时也打一些锚杆，控制围岩变形。这样，钢架自身仍保持相当的支护能力，同时，被喷射混凝土裹住后又起到了"钢筋加固"的作用，而喷射混凝土层有一定的柔性，对围岩基本稳定后的变形量也可以适应。

4. 锚索支护

(1) 锚索支护原理

传统的锚索支护一般适合于煤矿井下大断面硐室和巷道的补强和加固。锚索钻孔深度和直径一般都较大，而且采用注浆锚固，对巷道的适用性受到较大的限制。小孔径树脂锚固预应力锚索加固技术是近年来研制和开发的一种适合煤巷掘进期间按正规循环施工的支护技术。其最大特点是采用树脂药卷锚固，通过专用装置可以像安装普通树脂锚杆一样用锚索搅拌树脂药卷对锚索锚固端进行加长锚固，其安装孔径仅为 28 mm 左右，用普通单体锚杆机即可完成打孔、安装。

预应力锚索加固围岩的实质是通过锚索对被加固的岩体施加预应力，限制岩体有害变形的发展，从而保持岩体的稳定。在顶板上打注锚索后，由于锚索的锚固点在深部稳定岩层中，起悬吊顶板的作用；同时由于锚索预紧力作用，对已有锚杆支护的下部岩层进行组合、加固。锚索能有效地控制顶板下沉，减少支架、锚杆受力，使群体支护达到良好的效果。

小孔径预应力锚索主要用在破碎、复合顶板回采巷道，放顶煤开采沿煤层底板掘进的巷道，软弱和压力较高的回采巷道，以及大跨度开切眼和巷道交岔点。

小孔径预应力锚索一般不单独作为巷道支护方式，往往与锚杆支护一起形成一种联合支护方式，锚索能够起到补强的作用。

(2) 锚索主要支护参数

钻孔直径：28～30 mm。

锚索直径：15～24 mm。

最大长度：8 m。

最大锚固力：260 kN。

预紧力：120～230 kN。

锚固力：1 200～1 600 kN。

锚索材料包括索体、索具和托板；索具配套机主要有高压防爆电动液压泵(或手动泵)、张拉千斤顶、锚索尾部切割器等。

(3) 锚索操作要求

① 施工前的准备

a. 施工前设备的检查：施工前要备齐钢绞线、锚固剂、托盘、索具等支护材料和锚杆钻机、套钎、锚索专用驱动头、张拉液压缸、高压液压泵、锚索尾部切割器、注浆泵专用机具及常用的工具。

b. 锚杆钻机打眼前应检查以下内容：检查所有操作控制开关，所有开关都应处在"关闭”位置；检查油雾器工作状态，确保油雾器充满良好的润滑油；清洁风、水软管，检查其长度及与锚杆机连接情况；检查锚杆机械是否完好；检查是否漏水，及时更换水密封；安装钻杆前检查钻头是否锋利，检查钻杆中孔是否畅通，严禁使用弯曲的钻杆打眼。

c. 检查工作面的安全情况：打锚索眼前应敲帮问顶，检查施工地点的围岩和支护情况，并根据锚孔设计位置要求，确定眼位，做出标志。

② 锚索的安装

a. 打锚索眼的操作要求

(a) 竖起钻机把初始钻杆插到钻杆接头内，观察围岩，定好眼位，使钻机和钻杆处于正确位置。钻机开眼时，要扶稳钻机，先升气腿，使钻头顶住岩面，确保开眼位置正确。

(b) 开钻。操作者站在操作臂长度以外，分腿站立保持平衡。先开水，后开风。开始钻眼时，用低转速，随着钻孔深度的增大，调整到合适转速，直到初始锚孔钻进到位。在软岩条件下，锚杆机用高速钻进，要调整气腿推进力，防止“糊眼”；在硬岩条件下，锚杆机用低速钻进，要缓慢增加气腿推进力。

(c) 退钻机，接钻杆，完成最终钻孔。

(d) 锚索眼必须与巷道岩面垂直，眼深误差为±50 mm，偏差为±150 mm。

(e) 锚索打眼完后，先关水，再停风。

(f) 按要求打注浆孔。

b. 安装、锚固锚索

(a) 检查锚索眼及注浆孔质量，不合格的及时处理。把锚索末端套上专用驱动头，拧上导向管并卡牢。

(b) 将树脂药卷用钢绞线送入锚索孔底。使用两个以上树脂药卷时，按超快、快、中速顺序自上而下排列。

(c) 用锚杆机进行搅拌，将专用驱动头尾部推进器插入锚杆钻机上，一人扶住机头，一人操作锚杆机；边推进边搅拌，前半程用慢速后半程用快速，旋转约 40 s。

(d) 停止搅拌，但继续保持锚杆的推力约 1 min 后，缩下锚杆机。

(e) 卸下专用驱动头和导向管，装上托盘、索具，并将其托至紧贴顶板的位置，把张拉液压缸套在锚索上，使张拉液压缸和锚索同轴，挂好安全链，人员离开，张拉液压缸前不得有人。

(f) 开泵进行张拉，注意观察压力表读数，分级张拉，分级方式为 0 kN→30 kN→60 kN→90 kN→130 kN。达到设计预紧力或液压缸行程结束后，迅速换回回程。

(g) 卸下张拉液压缸，用锚索尾部切割器截下锚索外露部分。

(h) 锚索注浆防锈。注浆孔用排气注浆法，把锚孔剩余段一次灌注。

(4) 锚索施工安全

① 检查施工地点支护状况，严防片帮、冒顶伤人。在有架空线巷道内作业时，要先停电。

② 遇到节理、裂隙发育，顶板破碎时，应先进行临时支护，确认安全再进行打眼。

③ 打锚索眼时，要注意观察钻进情况，有异常时必须迅速闪开，防止断钎伤人。钻机 5 m 内不得有其他人员。

④ 巷道支护高度超过 3 m，必须有脚手架或搭设工作平台。

⑤ 锚索张拉预紧力应控制在 80～100 kN。锚索安装 48 h 后，如发现预紧力下降，必须及时补拉。张拉时如发现锚固不合格，必须补打合格的锚索。

⑥ 服务年限 10 a 以上锚索需注浆防锈。

5. 锚杆桁架支护

锚杆桁架支护的关键构件是桁架锚杆。桁架锚杆一般由两根顶板斜锚杆和一根水平拉杆及托盘组成，如图 3-50、图 3-51 所示。在斜锚杆和水平拉锚杆作用下，桁架锚杆支护系统对顶板中部产生压缩和托顶作用，增大了顶板裂隙体中的压应力和摩擦力，减小甚至抵消了顶板中部可能产生的拉应力。两根斜锚杆通过拉杆协调受力，具有一定的柔性，允许顶板适量下沉，在下沉过程中顶板裂隙体摩擦力增大，产生自锁作用，从而能够有效地维护高应力区的破碎顶板。钢带及金属网的作用在于增加单体锚杆间的联系，防止锚杆间围岩松脱冒顶。

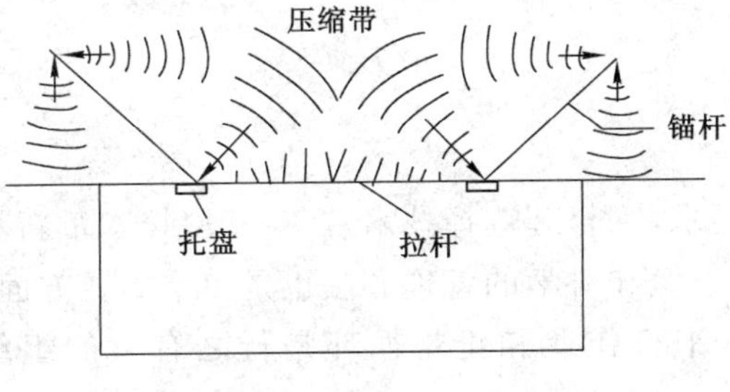

图 3-50　锚杆桁架支护原理

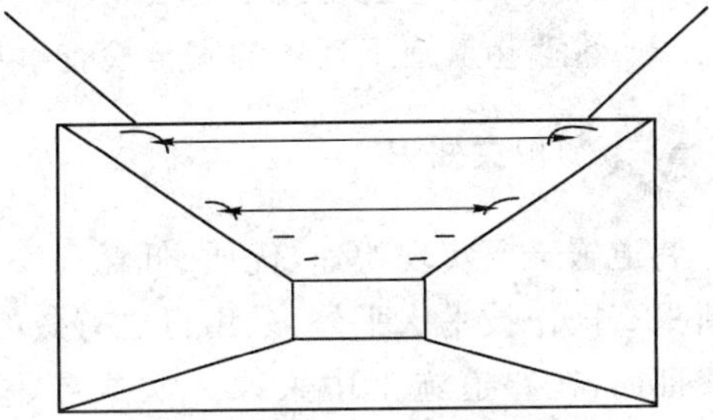

图 3-51　锚杆桁架支护结构

任务实施

教师先讲解本任务的基本知识和培训技能，组织学生到实训室进行参观各种支护材料和支护方式，完成实训技能，最后任课老师进行评价总结。

思考与练习

1. 陈述水泥的主要性质，分析如何充分利用这些性质。
2. 总结巷道支护中常用的钢材型号与技术经济指标。
3. 分析锚喷支护的技术特点。
4. 分析喷射混凝土支护常用的设备、材料的配比。
5. 分析锚杆支护的原理。
6. 列举锚杆的种类与主要技术参数。简述锚杆支护设计程序。
7. 分析锚杆支护常用的施工设备、质量检查内容与检查设备。

任务五　施工组织与管理

知识要点

成巷方式，劳动组织形式，循环图表编制，施工现场的安全检查，管理制度的制定。

技能目标

能进行合理选择巷道掘进中的成巷方式、劳动组织形式，并熟悉循环图表编制步骤。

任务导入

(1) 常用的成巷方式、劳动组织形式有哪些？如何进行编制循环图表？
(2) 巷道施工现场的安全检查有哪些安全事项需要注意？
(3) 巷道掘进施工管理制度内容有哪些？

任务分析

(1) 熟练掌握巷道掘进中的成巷方式、劳动组织形式，并熟悉循环图表编制步骤。
(2) 熟悉巷道施工现场的安全检查事项。

相关知识

巷道施工要实现快速、优质、低耗和安全的要求，除合理选择技术装备、开展技术革新和不断提高操作技术水平外，采用行之有效的施工组织和科学的管理方法也是一个重要方面。实践证明，在巷道施工中采取一次成巷、多工序平行作业和正规循环是行之有效的组织措施。

一、成巷与作业方式选择

(一) 成巷方式

巷道施工成巷方式有一次成巷和分次成巷两种。

一次成巷是将巷道施工中的掘进、永久支护、掘砌水沟三个分部工程（有条件的还应加上永久轨道的铺设和管、线路的安装）视为一个整体，有机地联系起来，统筹安排，在一定距离内，按设计质量标准要求，相互配合，前后连贯，最大限度地同时施工，一次做成巷道，不留收尾工程。

由于掘进后能及时对围岩进行永久支护，不但作业安全，有利于保证支护质量，加快成巷速度，而且材料消耗和工程成本也显著降低。

分次成巷是先以小断面或全断面掘完整条巷道，并架设临时支架，然后拆除临时支架进行永久支护。这种方式坑木消耗量大，而且围岩长期暴露使之风化、变形，给永久支护造成困难，施工速度和安全受到很大影响。

除急需贯通的巷道或地质条件特别复杂，需要多次支护的巷道外，不允许分次成巷，应采取一次成巷。

(二) 一次成巷的作业方式

受地质条件、巷道规格尺寸、施工设备以及操作技术等条件的影响和限制，按照掘进与永久支护的相互关系，一次成巷可分为以下三种作业方式。

1. 掘进与永久支护平行作业

这种作业方式的具体安排，取决于永久支护的类型。平行作业的具体方式有以下几种：

(1) 采用棚式支架，工艺过程很简单，随着掘进而架棚即可。

(2) 采用砌碹支护，首先应全断面一次掘进，并架设金属拱形临时支架，随后逐步拆除并砌碹。掘砌工作面间距，一般为 20～40 m，以免互相干扰。工作面的布置如图 3-52 所示。在这段距离内，同时有几个工种和几道工序进行施工，要求在有限的空间内，必须组织安排好各工种和工序紧密配合，使其紧而有序。

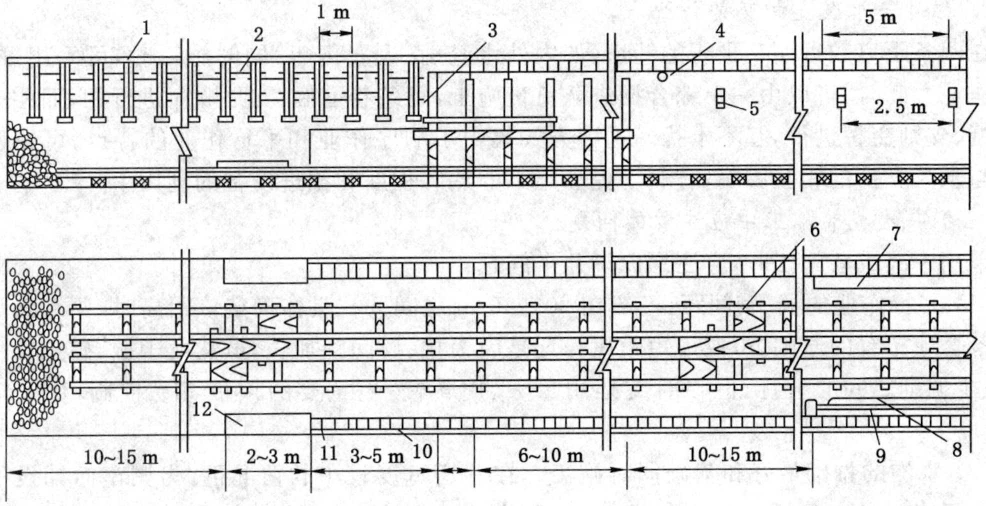

图 3-52 双轨巷道掘砌平行作业示意图

1——临时支护；2——纵向拉杆；3——碹胎；4——照明沟；5——电缆沟；6——浮放道岔；7——砌水沟段；8——供水管；9——压风管；10——砌拱段；11——砌墙段；11——挖基础段

(3) 采用喷射混凝土支护，掘进后可先喷一层 30～50 mm 厚的混凝土作为临时支护，随后在距工作面 20～40 m 处再按设计厚度进行复喷。

(4) 采用锚喷作为永久支护，锚杆可作为掘进工作面临时支护用，锚杆紧跟工作面安设，在工作面后 20～40 m 处再按设计厚度喷射混凝土。当顶板围岩不稳定时，爆破后可立即喷 30～50 mm 厚的一层混凝土进行封顶，此后，再安装锚杆。锚喷支护为一次成巷施工开辟了更广阔的前景，大大加快了巷道施工速度。

掘进与永久支护平行作业，由于永久支护不单独占用时间，可提高成巷速度 30%～40%；施工机械设备能得到充分利用，可降低施工成本。但是需要的物力、人力较多，组织工作比较复杂。

这种作业方式适用于围岩比较稳定、掘进断面大于 8 m^2(锚喷支护不受此限制)的巷道，以免掘、支工作互相干扰，影响成巷速度。

2. 掘进与永久支护顺序作业

掘进与永久支护顺序作业是先将巷道掘进一段距离(10～20 m)，然后停止掘进，边拆除临时支架边进行永久支护工作。

若采用锚喷支护，也要根据围岩的稳定情况来决定掘进与锚喷的距离。通常有两种方式，即两掘一锚喷或三掘一锚喷(即掘进二个或三个班，然后用一个班进行锚喷)，空顶距以不超过 5 m 为宜。这种作业方式的特点是掘、支轮流进行，由一个工作队来完成。因此要求工人既会掘进又会砌碹或锚喷。这种作业方式组织工作比较简单，但成巷速度较慢，适用于掘进断面小于 8 m^2，巷道围岩不太稳定的情况。

当巷道穿过松软岩层或断层破碎带，用平行作业和顺序作业都有困难时，即可采用短段掘砌和边掘边锚喷的办法来施工。掘、支间距为 2～4 m，一般不用临时支架，但在不太稳定的地方，可适当打些点柱或者以刹杆和前探梁来控制顶板。这样既保证了工作安全，也节约了坑木，并能提高成巷速度。

3. 掘进与永久支护交替作业

在两条距离较近而又平行的巷道(如内外水仓、正副石门等)同时施工时，可采用掘、支交替作业。此时，可以由一个综合掘进队负责施工，每条巷道掘、支是顺序进行的，而相邻巷道的掘、支则交替进行，互不干扰。这种方式集中了顺序作业和平行作业的特点，可以避免掘进与永久支护的相互影响，有利于提高施工的熟练程度和掘进设备的利用率。

(三) 一次成巷施工中应注意的问题

采用一次成巷施工时，应注意以下几个问题：

(1) 平行作业的掘、砌间距，一般在 20～40 m 之间。在具体确定该距离时，要在满足掘砌设备合理布置的原则下，取最短距离。这是因为掘、砌间距加长，虽然便于掘、砌工作的安排，减少掘砌之间的干扰，但临时支架用量大、周转慢，更重要的顶板不易控制，作业安全性差。

(2) 水沟的掘砌最好和基础同时施工。在巷道宽度较小的情况下，为调车而铺设的临时双轨可能暂时占用了水沟的位置，这样，水沟的掘砌就可后移一定的距离。

(3) 永久轨道最好是紧跟永久支护之后铺设。由于临时轨道一般不铺设道碴，在临时轨道与永久轨道之间会存在标高差。为了避免重车走上坡，永久轨道的铺设也应适当向后移 50～100 m。临时管道应敷设于巷道底板两角处。风筒应平直地吊挂在两帮。

(4) 永久管路在永久支护完成后最好一次安装好。

在选择巷道施工作业方式时，必须加强调查研究，详细了解施工的各方面情况，如巷道断面形状和大小，采用的支架材料与结构；巷道穿过岩层的地质及水文地质情况(如岩石的坚固性、整体性，是否易于风化、变形、剥落，以及岩石中含水或瓦斯的情况等)；对巷道的施工速度的要求技术装备情况，器材供应情况，工人技术水平；等等，进行综合分析和比较，这样才能选择出合理的施工作业方式。

二、选择劳动组织

实行一次成巷的施工方法，必须有与之相适应的劳动组织，才能保证各项施工任务的顺利完成。巷道施工劳动组织形式有综合掘进队和专业掘进队两种。

综合掘进队是将巷道施工的主要工种(掘进、支护)和辅助工种(机电维修、运输等)组织在一个掘进队内，既有明确的分工，又要在统一领导下密切配合和协作，共同完成各项施工任务。它具有以下优点：

(1) 各工种互相协助，可以消除工种之间工作量不均衡的现象，从而能充分利用工时，提高工效。

(2) 各工种处于统一指挥和调动之下，工序的衔接紧密，可减少或避免相互间影响，有利于缩短循环时间。

(3) 各主要工种和辅助工种人员的目标一致，是一个团结协作的有机整体，有利于加快施工速度和提高工程质量。

(4) 形成人员固定、设备固定、任务固定、工作位置相对固定和时间固定的“五固定”制度，从而保证掘进循环作业的顺利进行。

目前主要采用的综合掘进队形式，每小班分成掘进支护组、装岩运输组、成巷组，其全队劳动组织见表 3-24。

表 3-24　　劳动组织表

全队在册人员								合计	
掘支组		装运组		成巷组		班长	轮休	在册	21×3
钻工、支护工	爆破员	装岩司机	推车工	喷浆工	砌水沟工	1×3(其中1人为队长)	2×3	出勤	19×3
7×3	1×3	1×3	3×3	4×3	2×3			63	

综合掘进队的规模，可根据各地区特点，工作面运输提升条件等确定。一般有单独运输系统的施工工程，如平硐或井下独头巷道，可以组成包括掘进、支护、掘砌水沟、铺轨、运输、机电检修、通风等工种的大型综合掘进队。当许多工作面合用一套运输、检修系统时，如井底车场、运输大巷及运输石门等，可组成只有掘进、支护、掘砌水沟等工种的小型综合掘进队。

表 3-25 为不同支护形式、不同作业方法的综合工作队组成和人员配备的实例。

表 3-25　　综合掘进队组成实例

队名			湖南三处利民主平硐	枣庄矿快速队	开滦赵各庄矿开一队
施工方法			掘喷一次成巷	掘喷一次成巷	短段掘喷一次成巷
工作制度			四班作业	四班作业	四班作业
掘进断面/m²			11.3	10.3	9.6
最高月进尺/m			434.56	488.7	184.6
人员配备(出勤人员)	掘进	打眼工	15×4	7×4①	5×3
		领钎工	(包括在打眼工之内)	2×4	2×3
		爆破工	3×4(兼作通风)	1×4	兼职
		装岩司机	2×4	1×4	(2+辅助 4)×3
		班长	兼职	兼职	兼职
	支护	支架工	0	0	0
		砌碹工	8×1②(水沟，三班)	0	(8+擢灰充填 5)×1
		喷浆工	20×2(二、四班)	8×2②	0
	运输	推车工	10×4	3×4	7×3
		供料工	0	6×1	7×1
	辅助	维修工	3(机修)×4	1×4	0
		轨道工	0	3×4	0
		其他	14×1(大班)	2×2	0
	小班计		41～53	20～32③	20
圆班合计			194	98	80

注：① 打眼工负责安装锚杆。

② 包括砌水沟人数。

③ 包括接管工。

表中乘号前为每小班出勤人数，乘号后为作业班数。

专业掘进队只有主要工序工种，辅助工种另设工作队，并服务于若干个专业掘进队。任务比较单一，管理比较简单，有利于钻研专业技术，适合于多头掘进。

三、正规循环作业

掘进作业循环是指掘进主要工序（钻眼、爆破、装岩和支护）和辅助工序（通风、铺轨和接管线等）的周期性重复。每重复一次，就称为一个掘进循环。每个掘进循环巷道向前推进的距离称为循环进尺；完成一个掘进循环所需的时间是掘进循环时间。

掘进作业循环用掘进作业循环图表表示。为了组织施工，循环作业要以图表的形式表现出来，即是将一个循环中完成各工序的时间、先后顺序和相互衔接关系，用图表形式表现，使施工人员心中有数，工作忙而不乱。

正规循环作业是指按照掘进作业规程中爆破图表、循环图表的安排，在掘、支工作面按规定的时间，保质保量地完成所规定的任务。这一过程总是周而复始地循环往复。

实践证明，实现正规循环作业是全面、有计划、均衡地完成施工任务的有力保证，是实现高产、高效、安全生产的有效措施，也是改进企业管理、降低成本的重要环节。快速掘进队的月循环率一般都在 90%以上。为了确保正规循环的实现，必须选择好循环方式与循环进度，制定出切实可行的循环图表。

1. 编制图表的原则

编制原则为：充分利用时间和空间，确保达到先进的技术经济指标和安全施工条件。

2. 编制循环图表应考虑的内容

（1）合理选择施工作业方式和循环方式

根据巷道断面形状与大小和地质条件、施工任务、施工设备和技术水平等情况，首先选择巷道施工是采用多工序平行作业还是顺序作业。根据我国目前巷道施工设备和技术水平情况，应尽可能采用一次成巷多工序平行作业。随着机械化程度的不断提高，以钻眼和装运岩石为主要工序的顺序作业，则更有利于发挥高效率机械设备的作用，而且工作组织简单。

循环方式，一般条件下，每班一个循环或多循环都可采用，主要取决于巷道断面大小和施工技术装备。在断面大和地质条件差的巷道，也有采用一日一循环的。每班的循环次数应为整数，即一个循环不要跨（班）日完成，否则，将会打破正规循环作业，使施工管理困难。班循环次数还与劳动工作制度有关，我国煤矿采用“三八”“四八交叉”“四六”作业制。后两种作业制度对提高劳动生产率、加快巷道施工速度有利。

（2）确定循环进尺

掘进循环进尺与掘进循环次数密切相关、相互制约。依据掘进循环进尺，确定每个循环的工作量和每个循环所需的时间，从而可求得每小班的循环次数。

根据我国目前的钻眼爆破技术条件，一般以 1.5～2.0 m 的炮眼深度较为合理。随着高效凿岩机和爆破器材的发展，可进一步采用 2.0～3.5 m 的中深孔爆破，这对提高掘进速度更为有利。

（3）循环时间的确定

根据施工设备情况、工作定额（或实测数据）和工作量计算出完成各主要工序所需的时间。在全部作业时间中，扣除能与其他工序平行的时间，便是完成一个循环的时间，即：

$$T=T_1+T_2+\varphi(t_1+t_2)+T_3+T_4 \tag{3-11}$$

式中　T_1——交接班时间或为下一个循环作准备的时间，min，一般取 20 min。

T_2——装岩时间，min。

t_1——钻上部炮眼时间，min。

t_2——钻下部炮眼时间，min。

φ——钻眼工作单行作业系数。φ 值愈小，钻眼与装岩的平行时间就愈多，当钻、装平行作业时，φ 值一般为 0.3～0.6；钻装完全平行时，$\varphi=0$；当钻、装为顺序作业时，$\varphi=1$。

T_3——装药连线时间。

T_4——爆破通风时间，一般为 15～20 min。

装岩时间（T_2）：

$$T_2=\frac{SL\eta}{np} \tag{3-12}$$

式中　S——巷道掘进断面积，m^2；

L——炮眼深度，m；

η——炮眼利用率，一般为 0.8～0.9；

n——同时工作的装岩机台数；

p——装岩机实际生产率（指实体岩石），m^3/min。

装药连线时间（T_3）与炮眼数目与同时参加装药的工作组数有关：

$$T_3=\frac{Nt}{A} \tag{3-13}$$

式中　N——炮眼数目，个；

t——每个炮眼装药所需时间；

A——同时装药的工人组数。

钻眼时间：

$$t_1+t_2=\frac{NL}{mv} \tag{3-14}$$

式中　L——炮眼平均深度，m；

m——同时工作的凿岩机台数；

v——凿岩机的实际平均钻速，m/min。

将以上各项时间代入式(3-11)得：

$$T=T_1+\frac{S\cdot L\cdot \eta}{n\cdot p}+\varphi\frac{NL}{mv}+\frac{NT}{A}+T_4 \tag{3-15}$$

在实际工作中，为了防止难以预见的事故以及由于短时间停工而打乱循环，应考虑留有10％的备用时间，故循环时间为：

$$T=1.1(T_1+\frac{S\cdot L\cdot \eta}{n\cdot p}+\varphi\frac{NL}{mv}+\frac{NT}{A}+T_4) \tag{3-16}$$

按上式，如先确定循环时间 T，也可求出与之相应的炮眼平均深度 L。即：

$$L=\frac{0.9T-(T_1+\frac{NT}{A}+T_4)}{\varphi\frac{N}{mv}+\frac{S\cdot \eta}{np}} \tag{3-17}$$

不难看出，炮眼深度值直接影响循环进尺和掘进速度。最优的炮眼深度应使掘进每米巷道所需时间最少，设备利用率最高，每米巷道成本最低。

通过以上的计算，便可着手编制循环作业图表。随着工人操作技术水平的提高和机具的改革，编制出来的循环图表，还要在实际中进一步检验修改，如循环时间有了富裕，则可加大眼深或增加循环次数，使之不断完善，这样才能起到指导施工的作用。

四、循环图表编制示例

某矿南部运输大巷掘进，其穿过岩层的坚固性系数 $f=4\sim6$（属Ⅱ类岩石）。巷道断面形状为半圆拱形，掘进断面 11.5 m^2，锚喷支护。采用 YT-23 型凿岩机打眼，P-30B 型耙斗机装岩，"四六"作业制。工作面共布置炮眼 $N=45$ 个，其中上部眼 19 个，下部眼 26 个。锚杆眼 $N_1=22$ 个，其中上部 11 个，下部 10 个。锚杆眼深度 $L_1=1.6$ m，间距为 0.8 m，喷混凝土厚度 100 m。要求根据月(30 d)成巷 210 m 任务的要求，考虑其作业方式、施工组织，并编制施工循环图表。

1. 作业方式

因巷道断面较大，围岩稳定，决定采用掘锚平行，全断面一次掘进的作业方式。为便于安装顶部锚杆，采用抛渣爆破。

2. 确定循环进尺

为完成月成巷 210 m 的任务，考虑到地质、机电或其他难以预料的事故影响，按月成巷 240 m 的计划安排进度，拟确定日进度为 8 m，班进度为 2 m，循环时间为 6 h，循环进尺为 2.0 m。

3. 验算循环时间

通过调查研究及实测得到以下数据：炮眼利用率 $\eta=0.85$，由此炮眼平均深度 $L=2.0/0.85=2.4$ (m)。P-30B 型装岩机生产率(破碎岩石) $P=30\ m^3/h$，岩石碎胀系数 $K=1.5$。YT-23 型凿岩机平均钻速 $v=0.4$ m/min，共 6 台。

根据工作面技术装备及工人技术情况，采用的作业顺序是：站在矸石堆上打上部炮眼及顶板锚杆眼→装岩并安装上部锚杆→打下部炮眼及两帮锚杆眼并安装下部锚杆→装药连线→爆破通风。

取 $T_1=20$ min，$T_3=40$ min，$T_4=20$ min。

(1) 装岩时间：$T_2=\dfrac{S\cdot L\cdot\eta\cdot K}{P}=\dfrac{12.5\times2.4\times0.85\times1.5}{0.5}=75$ (min)，考虑调车及其他影响，实际装岩时间需 140 min。

(2) 钻眼时间：$t_1+t_2=\dfrac{NL+N_1L_1}{mv}=\dfrac{45\times2.4+22\times1.6}{6\times0.4}=60$ (min)，考虑炮眼长度比炮眼平均深度长及其他影响，实际钻眼时间需 100 min。

根据以上数据，得完成一个循环共需时间 T：

$$T=T_1+T_2+\varphi(t_1+t_2)+T_3+T_4=20+140+1\times100+40+20=320\ (\text{min})$$

再乘以 10%的备用时间：

$$T=1.1\times320=352\ (\text{min})<6\ \text{h}$$

由上可知，在 6 h 内可完成进尺 2.0 m 的工作量，且时间尚有富裕，符合预计要求。

4. 编制循环作业图表

根据以上作业顺序，各工序所需时间，并参考以下循环作业图表(图 3-53)的格式，读者自行作出南部运输大巷施工时的循环作业图表。

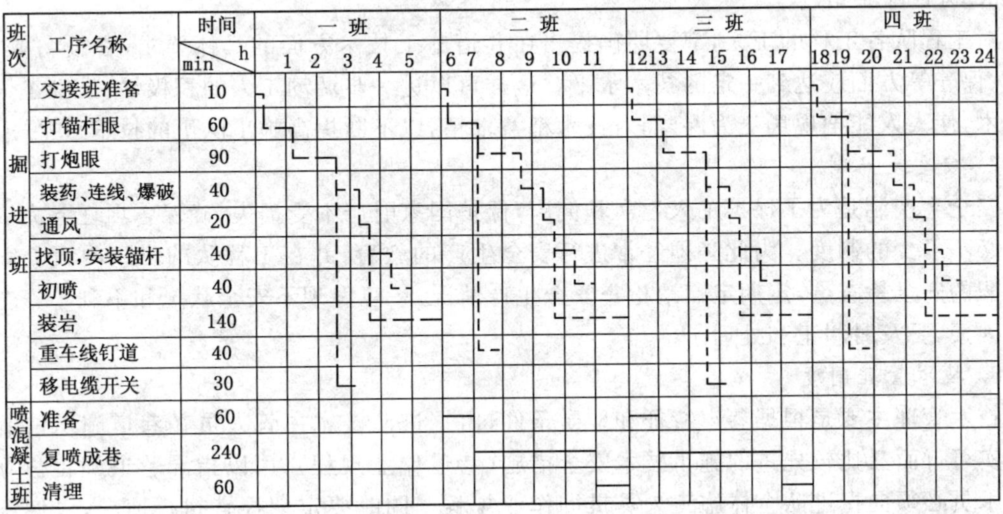

图 3-53　某矿水平大巷掘、喷循环作业图表

五、施工管理制度

实践表明，建立和坚持以岗位责任制为中心的各项管理制度，是加快巷道施工速度、降低成本、确保质量和安全的可靠保证。

1. 工种岗位责任制

工种岗位责任制就是按照工作性质，将每一小班的全体人员划分为钻眼爆破组、装岩运输组、支护组等，每个人自始至终按照规定的循环次数和进度，在一定时间内使用固定的工具或设备，在各自的岗位上完成规定的任务；在一个时期内，每循环如此，每班如此，形成固定人员、固定设备、固定任务、固定地点、固定时间的一项制度。它的主要特点是：任务到组、固定岗位、责任到人，因此可以加强工人的责任感，努力做好本职工作，同时又可使各项工作井然有序，减少混乱现象，从而有利于提高工程质量和施工速度，并能有效地防止事故的发生。

2. 交接班制度

在巷道掘进中，要实行工作面的交接班制度，不仅每班的负责人要进行交接，各工种甚至每个岗位上的工人都应进行对口交接，同时要做到“四交”——交任务、交措施、交设备、交安全，使下一班能很快做到“情况清、任务明”，马上就能连续作业，充分利用工时。

3. 巡回检查制

掘进队必须组织有关人员，对工作面进度、安全、质量以及设备使用情况等做定期的巡回检查，以便及时掌握施工情况，发现问题及时解决。

4. 设备维修保养制

对施工中所使用的设备，要建立定期的维护、保养、检修制度，从而使设备经常处于良好状态，提高设备的完好率。

5. 质量负责制

百年大计、质量第一。巷道工程是煤矿建设中的主体工程，提前施工质量意义十分重大。因此，施工中必须严字当头，确保工程质量，尤其是隐蔽工程，更要随时加强施工质量的检查，防患于未然，把不合格的工程消灭在施工过程当中。为了切实把好质量关，掘进队要建立起班组质量自检和互检制度。

6. 岗位练兵制

对工程队各工种的工人，都要明确提出在巷道施工技术方面的具体要求，在设备操作、维修、保养等方面应达到一定的技术水平。这样可以进一步调动工人的积极性，鼓励工人钻研技术，使人人能把现场变为课堂，对技术精益求精，以不断提高施工队伍的技术水平。

7. 安全生产制

安全生产制是为了保护工人生命和健康，保护国家财产不受损失，确保各项任务完成的一项必不可少的制度。为此必须经常进行安全生产的教育，并在工程队的班组内设立兼职和专职的安全检查员，定期定点地检查安全生产情况，一旦发现不安全状况和不利于安全生产的因素，要及时纠正和处理。

8. 技术管理制度

技术管理主要是根据巷道特征和地质条件，由掘进队技术主管人员在巷道施工前制定出切实可行而又比较先进的施工技术安全措施(巷道作业规程)，用以指导巷道施工。施工前技术员必须向掘进队全体施工人员贯彻作业规程。同时要定期检查执行情况，以便不断调整，充实提高，获得更高的施工速度和良好的技术经济指标。

巷道施工作业规程的格式，目前尚无统一规定，其内容可参照表 3-26。

表 3-26　　巷道施工作业规程的目录及内容提要

目　录	内　容　提　要
工程概况	巷道位置、用途、工程量、断面、工程结构特点、施工条件，以及与其他巷道的关系等
地质、水文条件	详细说明巷道穿过煤(岩)层柱状，地质构造，巷道顶底板岩层名称、性质、硬度，涌水量，瓦斯等有害气体及煤尘情况
施工方法	1. 根据巷道情况及地质条件，选用先进而切实可行的施工方案和施工方法(各工序施工方法，各工序之间的平行交叉作业以及一次成巷的规定，掘进、支护、水沟之间的距离和要求等)； 2. 推广新技术、新工艺的要求和措施
施工技术安全组织措施	1. 爆破说明书； 2. 循环图表； 3. 支护说明书； 4. 劳动组织形式及劳动力配备； 5. 掘进辅助工作(根据巷道掘进方式及循环进度，选择合理的运输、通风、压风、供排水、供料方式等)； 6. 施工安全技术措施(顶板管理、装岩运输、爆破通风、瓦斯煤尘管理以及综合防尘、水患预防等)； 7. 巷道质量标准及保证工程质量的措施
附表	1. 施工计划进度表； 2. 主要材料、设备、工具、仪表需用量计划表； 3. 主要技术经济指标(工程成本、主要材料消耗定额、劳动效率)
附图	1. 巷道位置及平、断面图； 2. 掘进工作面设备布置图； 3. 巷道穿过岩(煤)层的地质预计剖面图

实践表明，以上管理制度都是行之有效的，是提高企业基层管理所不可缺少的。只有建立、健全和切实执行这些制度，才能优质、快速、高效、低耗、安全地完成巷道施工任务。

六、施工现场的安全检查

1. 安全目标管理标准

(1) 认真贯彻学习《中华人民共和国安全生产法》《中华人民共和国矿山安全法》《中华人民共和国煤炭法》等有关法律、法规。

(2) 执行"安全第一、预防为主"的安全生产方针，树立安全服务于生产的观念。

(3) 杜绝死亡、重伤事故，控制轻伤事故。

2. 安全检查内容

安全检查内容见表 3-27。

表 3-27　巷道掘进工作面安全检查项目

确认项目	序号	检查内容	检查责任人	检查结果(无隐患打○，有隐患打×)
局部通风	1	局部通风机运行正常，瓦斯显现正常，不超限	瓦检员	
	2	风筒出口距迎头的距离：半煤巷≤5 m；岩巷≤8 m		
巷道支护	3	巷道顶、帮无活石悬矸	班长	
	4	支护完好，无空顶		
	5	前探支护符合作业规程规定		
机电设备	6	提升绞车和扒渣机安装牢固，连接装置、制动装置、转动部分防护完好	安全员	
	7	设备保护装置、斜坡坡挡装置齐全完好		
监控系统	8	监控系统运行正常		
通风系统	9	通风设施完好能正常使用	瓦检员	
安全防护	10	压风自救器、隔爆棚、洒水喷雾防尘设施能正常使用	安全员	
特种作业	11	特种作业人员持证上岗	班长	

七、管理制度

1. 瓦斯检查制度

(1) 瓦斯检查员必须由经过培训考试取得合格证者担任，并持证上岗。

(2) 矿井应配备足够的瓦斯检查员，满足生产需要。对相邻的两个工作面，每班可配备一名瓦检员检查瓦斯，对瓦斯涌出量较大的工作面，每班应配一名专职瓦检员检查瓦斯。

(3) 掘进工作面及总回风巷应班班检查瓦斯，每班检查次数不得少于 3 次。不准空班、漏检和假检，瓦检员不准迟上班早下班。

(4) 瓦检员若检查工作面瓦斯超限有权立即停止工作面作业，并报告当班管理人员采取措施进行处理，严禁工作面瓦斯超限作业。

(5) 因临时停电或其他原因局部通风机停止运转，在恢复通风前应首先检查瓦斯，证实停风区域瓦斯浓度不超过 1%，设备附近瓦斯浓度不超过 0.5%时，方可恢复局部通风机通风。

(6) 如遇主通风机停风时，工作面应无条件停止作业，撤出井下所有人员。当主通风机恢复通风后，应制定排放采掘工作面瓦斯的安全措施，并派两名专职人员先排放瓦斯，然后才准井下恢复生产。

(7) 因瓦斯超限而切断电源的设备，必须在瓦斯浓度降到1%以下时，方可复电启动设备。

(8) 瓦斯检查员所检查的数据，当班应填在工作面瓦斯记录牌、瓦检手册和瓦斯日报上，并做到“三对口”。

2. 交接班制度

(1) 坚持正常作息时间，按时上下班，遵守劳动纪律，坚持交接班制度。每班出现的问题要及时处理，处理不了要向下一班交代清楚，做到“上不清、下不接”。

(2) 各采掘队，下设两名班长，分班带领井下工作人员，且必须听从值班人员的指挥和安排。到指定的工作面必须按作业规程操作。

(3) 上班前半小时做好准备工作，备好井下必需的材料和工具，戴好防护用具。下班时班长必须向值班人员汇报工作情况，交代下一班人员应注意事项。若有隐患，必须向矿长汇报，以便制定安全措施。

(4) 上班前必须到井口调度室登记，统一进井；下班时由班长清点人数，统一下班，到调度室销号。

(5) 瓦检员、爆破员对当班出现的情况处理不完时，必须与班长在现场等下一班人员到场当面交代清楚，两班人员签字后，方可离岗。

(6) 电工、充电工、井口调度员必须按时上下班。交接班时，必须在工地交清工具、材料等和其他情况。

3. 机电设备管理制度

(1) 专职电工负责本矿的高压供电设备、电缆、变压器、输电线路、高压防爆配电装置、防爆漏电继电器、局部通风机、防爆电开关、防爆磁力启动器等的维修和保养。重大问题，矿另请专门维修人员维修。

(2) 井下电气设备未经试验运行，不准投入井下使用。对现用电气设备和库存设备做到“四防”，既防明火、防雨淋、防潮湿生锈、防损坏丢失。

(3) 电工应做好对所用设备的保养、维修和定期检修工作，认真做好设备运行记录，严格执行交接班制度。

(4) 充电设备、硅整流充电机、电瓶由充电工负责充电和维修，凡被盗或损坏必须照价赔偿。

(5) 电焊机、氧焊机、爆破器专人保管使用，一切维修由专职电工负责。

(6) 救护器、自救器、瓦检仪等由安检人员保管，一切维修由专业人员负责。

(7) 一切电气设备，未经矿长批准，任何人不准占用或借出。

4. 矿井防尘管理制度

(1) 矿井必须建立完善的通风系统，设置通风机应能满足矿风量风压的要求。

(2) 入风井口及井内不得有污染源，掘进工作面应有局部通风设施。

(3) 井下产尘点应采取综合防尘措施，从抑制尘源开始，使工作地点的粉尘浓度达到国家卫生标准。

(4) 必须采取湿式作业，必须进行喷雾洒水，进风道及人行道、运输巷道的岩壁，应定期清洗。

(5) 接尘工作人员必须戴防尘口罩，防尘口罩应符合国家标准。

(6) 矿井应定期进行测风测尘工作，及时根据生产要求调整通风系统，定期对通风除尘设施进行检查，发现问题及时处理，及时封闭废弃巷道，减少矿井漏风。

任务实施

教师先讲解本任务的基本知识和培训技能，给定一个循环图表编制的案例，组织学生进行分组讨论，最后任课老师进行评价总结。

思考与练习

1. 列举说明巷道施工中安全质量检查的内容。

2. 巷道施工组织形式有哪两种？

3. 何谓一次成巷？它具有哪些优点？

4. 按照掘进与永久支护的相互关系，一次成巷有哪几种作业方式？各适用于什么条件？

5. 一次成巷施工应注意哪些问题？

6. 什么是正规循环作业？循环图表的编制应考虑哪些方面？

7. 根据教材中“循环图表编制示例”所给出的已知条件，作出循环作业图表。

8. 巷道施工劳动组织形式有哪几种？综合掘进队的优点有哪些？

9. 巷道施工管理应建立、健全和执行哪些责任制度？

项目四 水平岩巷施工

任务一 炮眼布置与要求

知识要点

掏槽眼、辅助眼和周边眼及其作用;炮眼的布置方式、原则与要求。

技能目标

能合理布置炮眼。

任务导入

破碎岩石的方法有钻眼爆破法和联合掘进机掘进等。钻爆法由于对地质条件适应性强、开挖成本低,特别适合于坚硬岩石巷道、破碎岩石巷道及大量硐室的开挖施工,因此,是巷道掘进的主要手段。巷道掘进的发展方向应是提高机械化水平,加快巷道掘进的平均速度,提高掘进单进和工效,逐步解决好巷道掘进机械化作业线的配套问题,迅速提高施工速度。

任务分析

(1) 炮眼的分类及作用。

(2) 炮眼布置的原则与要求。

(3) 进行炮眼布置,并分析其合理性。

相关知识

钻爆法是岩石巷道施工的主要方法。炮眼布置是基础,关系到爆破的效果。钻眼、爆破和装岩是井巷掘进施工中的主要工序,其他工序都要围绕它进行有序安排。岩石巷道施工的主要任务是在保证安全的条件下,高速度、高质量地将岩体按规定的断面爆破下来,并尽可能不破坏巷道围岩。

一、炮眼的分类及作用

井巷钻眼爆破掘进时,通常将炮眼分为三类,即掏槽眼、辅助眼和周边眼。

掏槽眼用于爆破出新的自由面,为整个巷道爆破提供有利的条件;辅助眼用来进一步扩大掏槽眼形成的自由面,同时也是主要破碎岩石的炮眼;周边眼又称轮廓眼,按其所在位置又分为顶眼、帮眼和底眼，主要用途是使爆破后的巷道断面、形状和方向符合设计要求。

二、炮眼的布置

(一) 掏槽眼布置

掏槽眼的作用是首先在工作面上将其一部分岩石破碎并抛出，在一个自由面的基础上崩出第二个自由面来，为其他炮眼的爆破创造有利条件。掏槽效果的好坏对循环进度起着决定性的作用。

掏槽眼一般布置在巷道断面中央靠近底板处，利于打眼时掌握方向，并有利于其他多数炮眼能借着于岩石的自重崩落。在掘进断面中如果存在有显著易爆的软弱岩层，应将掏槽眼布置在这些软层中。由于掏槽眼受围岩夹制作用，一般掏槽眼的爆破效果在 80%左右，因而掏槽眼的深度要比其他炮眼深 200～300 mm。

按照掏槽眼的方向可分为三大类，即斜眼掏槽、直眼掏槽和混合掏槽。

1. 斜眼掏槽

斜眼掏槽时各炮眼与巷道中线和工作面水平方向成一角度。其优点是：掏槽体积较大，能将掏槽内的岩石全部抛出，形成有效的自由面，掏槽效果容易保证，眼位容易掌握。其缺点是：斜眼掏槽深度受巷道宽度限制，不适用于深孔爆破；多台钻机作业时，互相干扰。若角度和装药量掌握不好，往往影响爆破效果，容易崩倒支架和崩坏设备；抛掷距离较大，爆破分散，不利于清道和装车等。在应用现代技术装备和掘进断面大于 4 m^2 的各类巷道，2 m 以内浅眼爆破应用比较普遍。在装备凿岩台车的大断面巷道中，斜眼掏槽已逐渐被直眼掏槽和混合掏槽所取代。

目前常用的斜眼掏槽方式有单斜掏槽、扇形掏槽、锥形掏槽和楔形掏槽。其中楔形掏槽使用范围比较广泛，适用于各类岩石及中等以上断面。

(1) 单斜掏槽

炮眼布置如图 4-1 所示。眼数一般为 1～3 个，眼距为 0.3～0.6 m，与工作面的平面夹角为 50°～75°，眼深为 0.8～1.5 m，装药满度系数(装药长度与炮眼长度比值)为 0.5 左右。适用于中硬及较软的岩层。

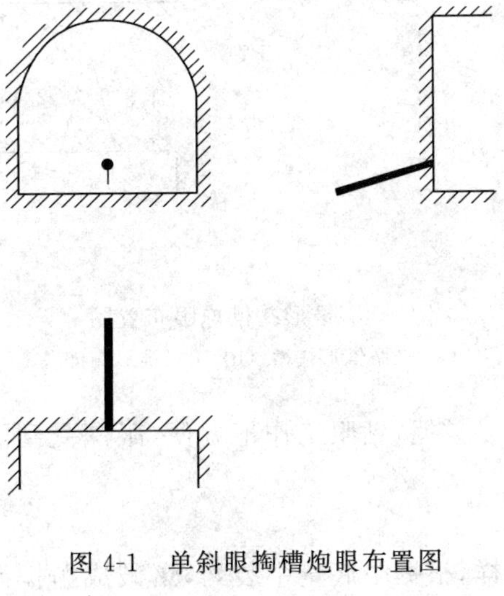

图 4-1 单斜眼掏槽炮眼布置图

（2）扇形掏槽

炮眼布置如图 4-2 所示。掏槽眼一般为 3～5 个，眼距为 0.3～0.6 m，眼深为 1.3～2.0 m，装药满度系数为 0.5 左右，各槽眼利用多段延期电雷管依次起爆。适用于软岩层中有弱面可利用的巷道。

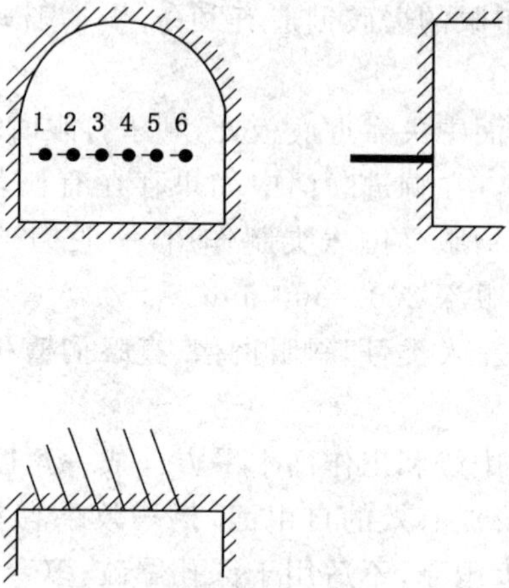

图 4-2　扇形掏槽炮眼布置图

（3）锥形掏槽

炮眼布置如图 4-3 所示。锥形掏槽可分为三眼或四眼掏槽，眼数一般为 3～6 个，多为 4 个。眼口左右间距一般为 0.8～1.2 m，上下间距为 0.6～1.0 m，与工作面夹角为 55°～70°，眼底间距为 0.1～0.2 m，眼深应小于巷道高或宽的 1/2，各掏槽眼同时起爆。

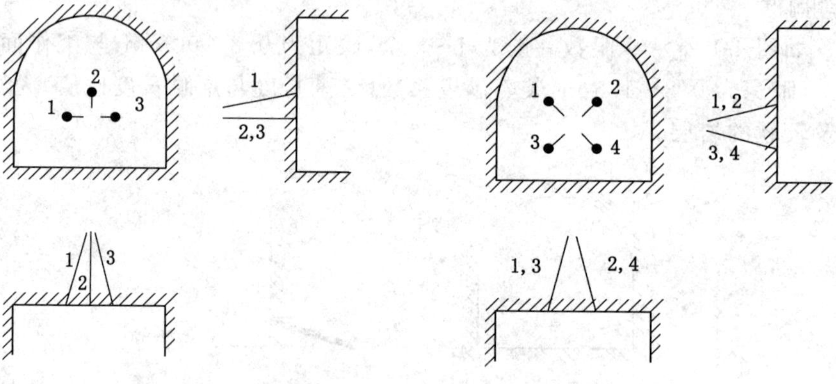

图 4-3　锥形掏槽炮眼布置图

（a）三眼锥形掏槽；（b）四眼锥形掏槽

锥形掏槽因槽眼方向不易掌握，钻眼工作不方便，眼深受到限制，在目前巷道掘进中应用较少。

（4）楔形掏槽

楔形掏槽和锥形掏槽一样，根据眼底集中装药，爆破成抛掷漏斗的原理，集中装药的炮眼在眼底面一条直线。槽眼为对称布置，分水平楔形掏槽和垂直楔形掏槽，如图 4-4 所示。

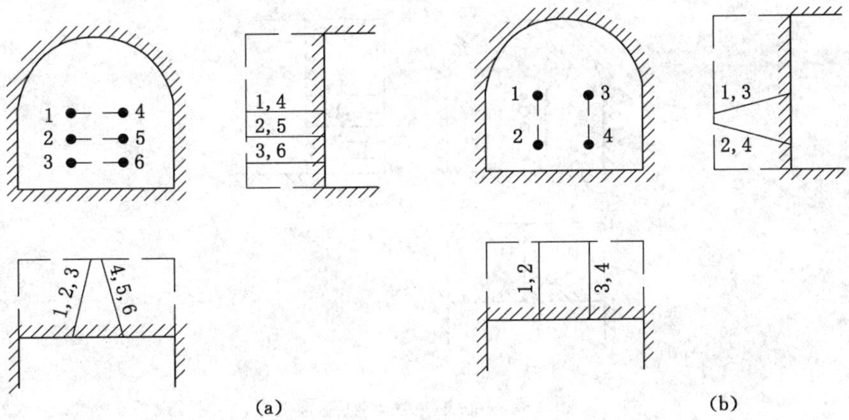

图 4-4　楔形掏槽炮眼布置图

(a) 垂直楔形掏槽；(b) 水平楔形掏槽

垂直楔形掏槽眼口间距为 1.0～1.4 m，眼底间距为 0.2～0.3 m，排距一般为 0.3～0.5 m，眼数一般为 4～6 个，槽眼角度一般为 60°～70°，槽眼深度一般为巷道宽度的 1/3，装药满度系数一般为 0.7。垂直楔形掏槽因受巷道宽度限制，深度较浅，如欲加深，可采用复式楔形掏槽，由内楔和外楔组成，由内向外分段起爆。

楔形掏槽由于钻眼技术比锥形简单，易于掌握，故适用于任何岩石，在岩巷掘进中使用较广泛。

2. 直眼掏槽

直眼掏槽是指所有掏槽眼的方向均垂直于巷道工作面，布置方式简单，槽眼的深度不受巷道断面限制，便于进行深眼爆破。其优点是：槽眼相互平行，便于实现多台钻机平行作业和采用凿岩台车作业；岩石块度均匀，抛掷距离较近，爆堆集中，便于清道装岩；不易崩坏支架和设备。其缺点是：所需槽眼数目和炸药消耗量偏多，掏槽体积小，掏槽效果不如斜眼掏槽。

通常情况下要留有不装药的空眼，作为掏槽眼爆破时的自由面和破碎岩石的膨胀空间。直眼掏槽面积（包括辅助掏槽眼）占巷道总断面的 5%～10%，楔形掏槽面积占巷道总断面 10%～20%，掏槽眼比其他眼加深 10%～25%，装药系数也应比其他炮眼大。

直眼掏槽方式有直线掏槽、菱形掏槽、角柱掏槽、五星掏槽和螺旋掏槽等。

(1) 直线掏槽

炮眼布置如图 4-5 所示。炮眼间距为 0.1～0.2 m，处于一条直线上，掏槽面积小，适用于整体性好的韧性岩石和较小的巷道断面，尤其适用于工作面有较软夹层或接触带相交的情况。

(2) 菱形掏槽

菱形掏槽利用毫秒电雷管分两段起爆，距离小的一对先起爆，距离大的一对后起爆，装药满度系数为 0.7～0.8。这种掏槽方式简单，易于掌握，适用于各种岩层条件，效果较好。

炮眼布置如图 4-6(a)所示。图中的中心眼为不装药的空眼，各眼间距随岩石性质不同而不同。一般在普氏硬度 f 为 4～6 的页岩或砂页中 a 取为 150 mm，b 取为 200 mm。在 f 为 6～8 的中硬岩石中 a 取为 100～130 mm，b 取为 170～200 mm。在坚硬岩石中，为了保证掏槽效果，可将中心空眼改为两个相距 100 mm 左右的空眼，如图 4-6(b)所示。

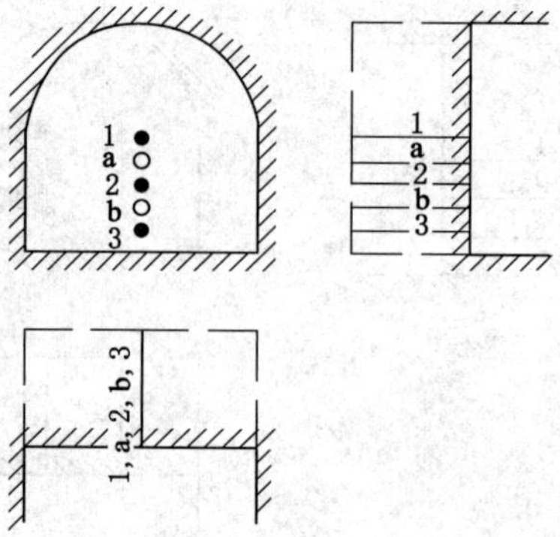

图 4-5　直线掏槽炮眼布置

1,2,3——装药眼;a,b——空眼

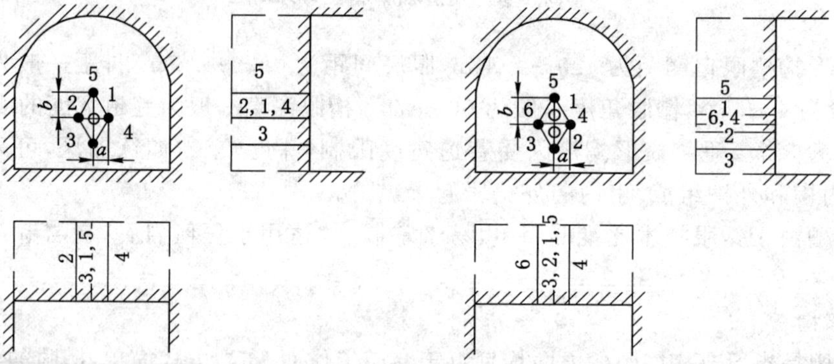

(a)　　　　(b)

图 4-6　菱形掏槽法炮眼布置

(a) 单空眼布置;(b) 双空眼布置

(3) 三角柱掏槽法

炮眼布置如图 4-7 所示,三角柱掏槽法用于中硬以上岩层中小断面巷道。掏槽眼一般用两段毫秒电雷管起爆,眼距一般为 100～300 mm。

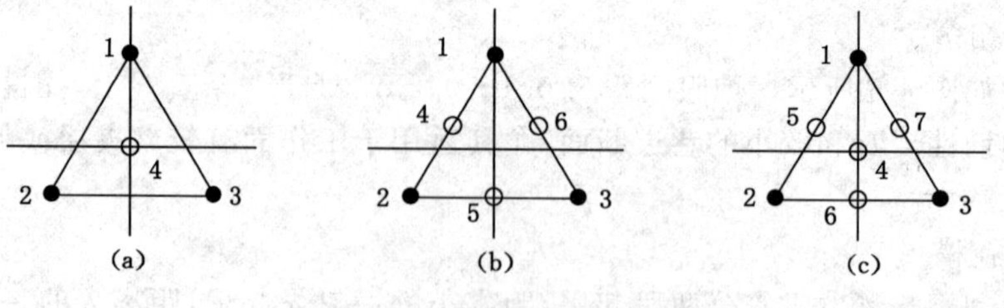

(a)　　　　(b)　　　　(c)

图 4-7　三角柱掏槽炮眼布置

(a) 单空眼布置;(b) 三空眼布置;(c) 四空眼布置

1,2,3——装药炮眼;4,5,6,7——空眼

(4) 五星掏槽

炮眼布置如图 4-8 所示。五星掏槽法掏槽效果比较可靠,中心眼装药,在其四周对称地

布置 4 个空眼。用毫秒电雷管起爆时，起爆顺序为：1 号眼为 1 段，2～5 号眼为 2 段。装药满度系数为 0.7～0.8。各眼之间的距离，在软岩层中 a 不大于 200 mm，b 取 250～300 mm。在中硬岩层中 a 取 150～160 mm，b 取 220～280 mm。这种掏槽方法在深眼和坚硬岩石中都较可靠，适用于井下各种条件。

(5) 螺旋掏槽

炮眼布置如图 4-9 所示。螺旋掏槽以中空眼为中心，周边布置 4 个掏槽眼，逐个加大距离，形成螺旋。在 1、2、3 号眼连线中间各加一个空眼，作为自由面，以防炸药压死。适用于中硬以上岩石，是较好的直眼掏槽方式之一。为了提高掏槽效果，可以适当加大中空眼的直径。

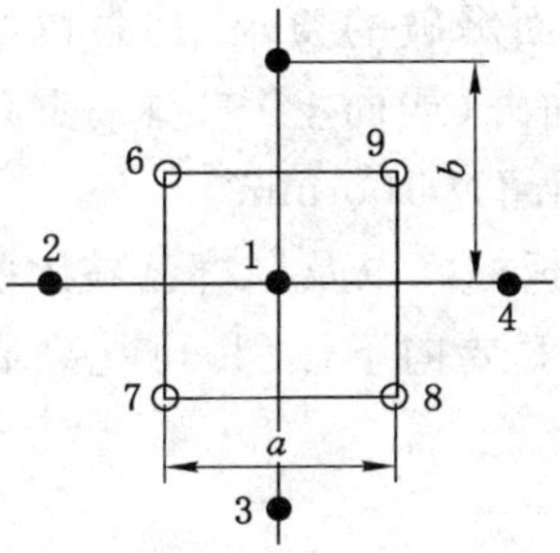

图 4-8　五星掏槽布置

1,2,3,4,5——装药眼；6,7,8,9——空眼

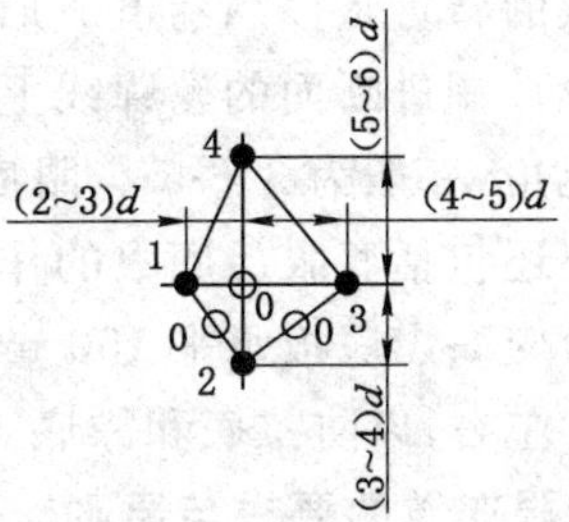

图 4-9　螺旋式掏槽法布置图

d——炮眼直径

直眼掏槽施工中应注意问题如下：

① 空眼和装药眼的间距不能过大，最好不超过破碎圈的范围。当用等直径空眼时，此距离一般是炮眼直径的 2～4 倍；用大直径空眼时，眼距不宜超过空眼直径的两倍。

② 空眼数目对掏槽成败也有很大影响。增加空眼数目能获得良好的效果，一般随眼深和槽腔体积的增大，空眼数目也要相应增加。

③ 直眼掏槽一般都是过量装药，装药长度占全眼长的 70%～80%，若装药长度不够，则易发生留岩埂现象。眼深在 3 m 以上时，炸药在眼内传爆过程中有爆速衰减现象，最后可能产生爆炸不完全和拒爆，严重影响掏槽效果。解决的办法有：采用高威力炸药以增大传爆长度，或改善装药结构，如利用装药器来装散药或将起爆药卷置于所有药卷的中部来起爆等。

3. 混合式掏槽

在断面较大、岩石较硬的巷道中，为了弥补直眼掏槽在抛渣和掏槽槽腔较小等方面的不足，采用直眼与斜眼混合掏槽方式以改善掏槽效果。斜眼作垂直楔状布置，布置在直眼外侧，与工作面的夹角为 75°～85°，眼底与直眼相距约 0.2 m。斜眼要尽量朝向槽腔方向布置。斜眼装药系数为 0.4～0.5，直眼装药系数为 0.7 左右。如图 4-10 所示。

(二) 辅助眼和周边眼布置

辅助眼(又称崩落眼)是布置在掏槽眼和周边眼之间的炮眼。它是大量崩落岩石和刷大断面的主要炮眼。其布置原则应当充分利用掏槽所创造的自由面，最大限度地爆破岩石。辅助眼间距一般为 500～700 mm，方向基本上垂直于工作面。要布置得比较均匀，使崩下的岩块大小和堆积距离都便于装岩。采用光面爆破时必须为靠近周边眼的辅助眼创造条

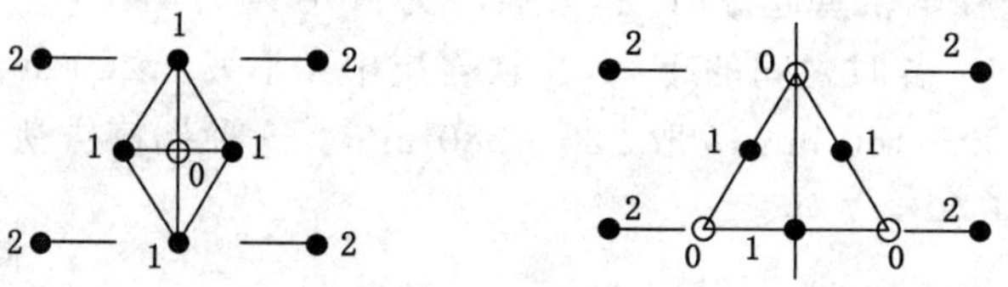

图 4-10　混合式掏槽

件，使其爆破后，周边眼有最好的预留光面层，使留下的岩层厚度恰等于周边眼的抵抗线，以确保周边眼的光爆效果。

周边眼的布置是控制巷道成形好坏的关键。按照光面爆破的要求，其眼口中心都应布置在巷道设计掘进断面的轮廓线上。为便于打眼，通常向外（或向上）偏斜一定角度。偏斜角又称外甩角，一般为 3°～5°。眼底落在设计轮廓线外不超过 100 mm。

周边眼还包括底眼。底眼的作用主要是控制巷道底板标高以及抛掷已破碎的岩石。一般底眼眼口应高出底板水平 150 mm 左右，以防灌水，眼底要向下倾斜，可扎到底板标高以下 200 mm 左右，以防拉底和漂底。

三、炮眼布置的要求与原则

（一）炮眼布置的要求

合理的炮眼布置应能满足下列要求：

(1) 爆破后巷道断面符合设计要求。光面爆破要求局部超挖不得大于 300 mm，不得欠挖。

(2) 爆破块度均匀，大小符合装岩要求。爆破后岩石块度不大于 300 mm，以有利于提高装岩生产率。

(3) 爆破后围岩震裂要小，飞石距离小，不会损坏支架或其他设备，利于支护。

(4) 爆破单位岩石所需炸药和雷管消耗量要低。

(5) 便于打眼，钻眼工作量要小，并尽可能减少钻眼机械和设备的移动。

(6) 炮眼利用率大于 85%。

（二）炮眼布置方法与原则

(1) 工作面上各类炮眼布置是“抓两头，带中间”。即首先选择掏槽方式和掏槽眼位置，其次是布置好周边眼，最后根据断面大小布置崩落眼。

(2) 掏槽眼通常布置在断面的中央偏下，并考虑使崩落眼的布置较为均匀和减少崩坏支护及其他设施的可能。

(3) 周边眼一般布置在巷道断面轮廓线上，顶眼和帮眼按光面爆破的要求，各炮眼相互平行，眼底落在同一平面上。

(4) 崩落眼均匀地布置在掏槽眼和周边眼之间，以掏槽眼形成的槽腔为自由面层层布置。

(5) 为降低爆堆高度，给打眼和装岩平行作业创造条件，可减少底眼间距和最小抵抗线，增大单眼耗药量，并使底眼最后起爆，将爆破下的岩石抛离工作面。这种方法称为抛渣爆破。

任务实施

教师先分析讲解本任务的基本知识，学生小组讨论、总结岩石巷道炮眼布置的方法、原则与要求，提交成果或总结。

思考与练习

1. 在爆破实训室，用模拟炸药和雷管，完成装药与爆破过程。要求：(1) 独立完成正向装药、反向装药，雷管的串联、并联、混合联，爆破器材的使用等单项实训；(2) 按3人一组，完成装药与爆破过程。

2. 依据教师提供的条件，用光面爆破技术，编制岩石巷道施工作业规程。要求：(1) 按8～10人为一组；(2) 文字内容完整；(3) 图纸符合要求、正确；(4) 提交设计成果。

3. 分析岩石巷道炮眼布置的方式与作用。

4. 绘制各种岩石巷道炮眼布置图。

任务二　爆破参数确定与爆破图表绘制

知识要点

单位炸药消耗量，炮眼直径，炮眼深度，炮眼间距，炮眼数目等。

技能目标

能计算或选择单位炸药消耗量、炮眼数目；能绘制爆破图表。

任务导入

在钻爆法施工中，主要的爆破参数有哪些？如何合理确定这些参数才能取得良好的爆破效果？

任务分析

(1) 主要爆破参数的分析、确定与选择。

(2) 爆破图表的内容与绘制。

相关知识

一、爆破参数确定

在钻爆法施工中，主要的爆破参数有单位炸药消耗量、炮眼直径、炮眼深度、炮眼间距、炮眼数目等。合理确定这些参数才能取得良好的爆破效果。对于这些参数的确定，国内外有多种计算方法，但由于影响爆破效果的因素很多，计算数据不一定符合实际情况，通常可采用工程类比法或通过实地试验来确定具体情况下的爆破参数。

（一）单位炸药消耗量的确定

单位炸药消耗量是指爆破 1 m^3 原岩所需的炸药重量，也就是工作面一次爆破所需的总炸药量与工作面一次爆下来的实体岩石总体积之比，通常用 q 来表示，单位为 kg/m^3。其数值确定得正确与否，会直接影响到岩石块度的大小、钻眼工作量与装岩工作量、巷道周边轮廓的整齐和稳定的程度、炮眼利用率以及巷道造价等。

影响炸药消耗量的因素有岩石性质、巷道断面尺寸、自由面的位置与数目、炮眼的装药结构、炮眼的直径和深度以及炸药的性能等。一般说来，岩石越坚固、巷道断面积越小、炮眼直径越小、炮眼越深、炸药的爆破性能越差，单位炸药消耗量越高；反之，单位炸药消耗量就相应降低。

到目前为止，还没有事前精确计算单位炸药消耗量的方法。但在实际工作中，可根据合理布置的炮眼总数，按照各类炮眼不同的爆破作用、所需的装药量和装药系数，合理地分配每个炮眼的装药量。

一般掏槽眼的装药系数为 0.7～0.8，辅助眼为 0.5～0.7，周边眼为 0.4～0.6，光面爆破眼一般为 0.1～0.2。在实际工作中，装药系数还应视岩石条件、炸药性质和炮眼直径等因素而定。

（1）计算单位炸药消耗量

依据各个炮眼的实际装药量统计出工作面的总装药量，再根据每循环的实际进度，即可计算出单位实体岩石的单位炸药消耗量。然后根据实际爆破效果，还要不断修改，以更为切合实际。单位炸药消耗量计算式为：

$$q=Q/(\eta SL) \tag{4-1}$$

式中 q——单位体积岩石的炸药消耗量，kg/m^3；

S——井巷掘进断面积，m^2；

L——平均炮眼深度，m；

η——炮眼利用率，一般为 80%～95%；

Q——循环炸药消耗量，kg。

（2）查表法选择单位炸药消耗量

根据实践经验，单位体积岩石的炸药消耗量见表 4-1。

表 4-1　单位体积岩石的炸药消耗量　　单位：kg/m^3

巷道断面 /m^2	木支架或砌碹巷		光爆锚喷巷			
	软岩 （f=2～3）	中硬岩 （f=4～6）	软岩	中硬岩	硬岩 （f=8～10）	坚硬岩 （f=10～20）
<4	1.47 3.07	2.13 4.22	—	—	—	—
<6	1.32 2.70	1.92 3.54	1.58 3.64	2.32 4.35	3.26 4.61	4.08 6.18
<8	1.15 2.33	1.65 2.97	1.56 3.15	1.80 3.26	2.64 3.59	3.30 4.81

续表 4-1

巷道断面 /m^2	木支架或砌碹巷		光爆锚喷巷			
	软岩 (f=2～3)	中硬岩 (f=4～6)	软岩	中硬岩	硬岩 (f=8～10)	坚硬岩 (f=10～20)
<10	1.02 2.10	1.42 2.71	1.27 2.53	1.79 3.10	2.55 3.15	3.19 4.22
<12	0.95 1.96	1.26 2.37	1.26 2.42	1.72 2.94	2.31 2.94	2.89 3.94
<15	0.85 1.76	1.25 2.36	1.15 2.41	1.55 2.66	2.11 2.97	2.64 3.98
>15	0.77 1.60	1.20 2.30	1.13 2.39	1.43 2.56	1.99 2.93	2.49 3.93

注:表中所列数据分别为下限和上限。

注意:表 4-1 是按岩石巷道用 2 号岩石硝铵炸药、煤及半煤岩巷道采用 2 号煤矿硝铵炸药,均用纸壳电雷管总结的,若采用其他炸药,可按表 4-2 进行调整。

表 4-2　使用非标准炸药时的调整系数

巷道类别	2 号岩石硝铵炸药	1 号岩石硝铵炸药	1 号煤矿硝铵炸药	2 号煤矿硝铵炸药	3 号煤矿硝铵炸药
岩石巷道	1.00	0.91	1.10	1.28	1.33

(二) 确定炮眼直径

(1) 炮眼直径是根据炸药药卷直径来确定的。目前国内巷道掘进均采用直径 32 mm、35 mm 两种药卷,炮眼直径比药卷直径一般大 4～6 mm,所以目前的炮眼直径多采用 36～41 mm。

(2) 在生产实践中,大断面岩巷掘进时,若采用凿岩台车和高效率凿岩机,可采用 35～45 mm 的大直径药卷来进行爆破,以提高爆破利用率和降低爆破材料消耗,炮眼直径为 39～51 mm。另外,在断面较小、岩石坚硬的小断面巷道和使用高威力炸药时,应用 25～32 mm 小直径药卷也可取得较好的爆破效果,炮眼直径为 29～38 mm。

注意:标准直径药卷 32～35 mm,大直径药卷 35～45 mm,小直径药卷 25～32 mm。

(三) 确定炮眼深度

炮眼深度和炮眼长度不同,它是指炮眼底到工作面的垂直距离。影响炮眼深度的主要因素有巷道断面尺寸和掏槽方法、岩石的物理力学性质、钻眼设备、劳动组织和循环作业方式。

1. 炮眼深度合理的主要判据

(1) 炮眼利用率高。

(2) 钻眼和掘进速度快。

(3) 巷道掘进成本低。

2. 合理确定炮眼深度的要求

(1) 合理的炮眼深度应与具体施工条件相适应

目前常用的气腿式轻型凿岩机，钻眼深度一般不超过 3 m。当钻眼深度超过 3 m 时，由于钎子重量的增加，其克服钎子弹性变形的冲击功增大，同时，钻眼深度增加，排粉也较为困难，使眼孔壁阻力增大，能量消耗增加，有用功相应减少，结果导致钻眼速度显著下降。尤其在坚硬岩石中，炮眼深度更不宜超过 3 m。若采用凿岩台车配备重型凿岩机时炮眼深度在 3 m 以上则较为有利。若组织钻眼和装岩平行作业，炮眼深度就要适中，眼深过大时，矸石堆满工作面空间，钻眼工作无法与装岩平行或者很少平行；眼深太小，则矸石量小，钻装作业平行时间很短，其实际意义不大。一般装岩生产率是随眼深的增加而提高的，这在大断面巷道中尤为显著。另外，掘进的辅助工序作业时间(如准备工作、爆破、检查等)一般随眼深的增大而时间变化不大，故在一定的辅助时间内加大眼深对掘进速度是很有利的。故此，必须综合考虑这些因素来确定合理的炮眼深度。

(2) 合理的炮眼深度必须保证较高的爆破效率

要想提高炮眼的利用率，除岩石条件和合理的炮眼布置外，还与炮眼的质量和爆破材料、装药结构等有密切关系。如果炮眼深度太大，在现有钻眼设备条件下，若操作人员不熟练，会造成钻眼质量尤其是掏槽眼的质量难以保证，因而会直接影响爆破效果，降低炮眼利用率。

(3) 合理的深度应尽可能使每班能够完成整循环

如果每班能够完成整循环，这样每班的工作任务明确，便于施工的组织管理，有利于实现正规循环作业。眼深与循环时间的确定必须和现有技术装备水平和施工条件密切结合，在合理的炮眼深度范围内，应力争达到每班多循环，以加快掘进速度。

从爆破理论分析，采用中深孔(孔深大于 2.5 m)爆破最为合理。但是在我国浅孔(孔深为 1～2 m)多循环在一定时期取得了较好的成绩。从近年发展趋势来看，炮眼平均深度逐渐由浅孔向中深孔发展。

注意：浅孔孔深 $L \leqslant 2 \sim 2.5$ m，中深孔 2.5 m $< L < 5 \sim 6$ m，深孔 $L > 6$ m。

(四) 确定炮眼数目

1. 合理炮眼数目的总体要求

炮眼布置数目是否合理只能在通过实践来证明，其评价标准大体如下：

(1) 有较高的炮眼利用率。

(2) 爆破后岩体的块度适中。

(3) 爆破后巷道成形较好。

2. 炮眼数目在实践中的确定

(1) 按选择确定掏槽眼布置方式，确定好掏槽眼数目。

(2) 按周边眼眼距要求布置好周边眼的数目。

(3) 计算炮眼总数：

炮眼总数按下式计算：

$$N = qSmp/(ar) \tag{4-2}$$

式中 q——单位炸药消耗量，kg/m^3，按矿井实际或类似矿井平均数来确定；

S——巷道掘进断面积，m^2；

p——平均利用率；

m——每个药卷的长度，m；

a——炮眼平均装药系数，按矿井或类似矿井实测数据来确定；

r——单个药卷的质量，kg；

N——循环炮眼总数，个。

(4) 计算辅助眼数量：根据以上计算的炮眼总数，扣除掏槽眼和周边眼的数量后即为辅助眼的数量。

二、爆破图表绘制

爆破图表是在正确确定各种爆破参数的基础上，编制出来的指导和检查钻眼爆破工作的技术文件。其作用一方面是指导生产实践，另一方面是规范员工的操作行为。实践中，爆破图表的各项参数随着井下生产实际的变化在不断地探索和调整之中，在不断地完善和优化之中。爆破参数的合理和经济性只有"更优"，没有"最优"。爆破图表的绘制包括两个方面的内容，即巷道掘进炮眼布置图和爆破说明书两部分。下面以某矿运输大巷掘进施工的爆破图表绘制为例介绍如下。

（一）爆破图表编制的基本程序

(1) 调查原始条件。

(2) 选用钻眼工具和爆破材料。

(3) 确定掏槽方式。

(4) 计算爆破主要参数。

(5) 编制初步爆破图表。

(6) 按爆破图表的相关参数来组织生产实践。

(7) 收集生产实践中的相关数据，并进行分析和调整。

(8) 形成更优化的爆破图表。

（二）绘制原始条件表

根据矿井现有的条件收集好掘进工作面的各项原始数据并列表，见表4-3。

表4-3　　爆破原始条件表

序号	名称	规格型号	单位	数量
1	巷道净断面		m^2	
2	巷道掘进断面		m^2	8.73
3	岩石硬度系数 f			4～6
4	钻眼工具	7655型凿岩机	台	2
5	装岩设备	耙斗式装岩机	台	1
6	运岩设备	1.5 t底卸式矿车	辆	2
7	工作面瓦斯情况			无
8	炸药	2号乳化炸药		
9	雷管	毫秒延期电雷管		
10	掏槽方式			
11	炮眼深度		m	2.2
12	炮眼直径		mm	36
13	光面爆破形式	预留层光爆		

续表 4-3

序号	名称	规格型号	单位	数量
14	断面形状	半圆拱		
15	炮眼数目		个	45
16	雷管数目		个	44
17	总装药量		kg	27.5

（三）预期爆破效果

具体见表 4-4。

表 4-4 预期爆破效果

序号	名称	单位	数量	备注
1	炮眼利用率	%	91.0	
2	每循环工作进尺	m	2.0	
3	每循环爆破实体岩石	m^3	17.5	
4	单位体积炸药消耗量	kg/m^3	1.6	
5	每米巷道消耗量	kg/m	13.8	
6	每循环炮眼总长度	m	99.5	
7	每立方米岩体消耗雷管量	个/m^3	2.5	
8	每米巷道耗雷管量	个/m	22.0	

（四）绘制爆破说明书

绘制爆破说明书时应先根据前文的介绍计算好爆破参数，与绘制炮眼布置图配套进行。具体见表 4-5。

表 4-5 装药量及起爆顺序

炮眼名称	眼号	眼数/个	炮眼深度/m	装药量/kg				起爆顺序	连线方式	装药结构
				单孔		小计				
				卷数/个	质量/kg	卷数/个	质量/kg			
空　眼	1	1	2.3							
掏槽眼	2～5	4	2.3	7	1.05	28	4.20	Ⅰ	串联	连续反向装药
一圈辅助眼	6～11	6	2.2	5	0.75	30	4.50	Ⅱ		
二圈辅助眼	12～22	11	2.2	5	0.75	55	8.25	Ⅲ		
帮　眼	31～32,44～45	4	2.2	2	0.30	8	1.20	Ⅳ		
顶部眼	33～43	11	2.2	2	0.30	22	3.30	Ⅴ		
底　眼	23～39	8	2.2	3	0.75	40	6.00	Ⅵ		
合计							27.5			

（五）炮眼布置图的绘制

如图 4-11 所示为大巷炮眼的具体布置。其绘制的具体步骤如下：

(1) 根据设计断面绘制出巷道轮廓线。

(2) 绘制出巷道中心线和拱基线。

(3) 根据爆破参数计算的结果绘制掏槽眼在平面图、俯视图和侧视图上的布置。

(4) 按同样的方法绘制出周边眼、光爆眼和水沟眼的布置。

(5) 按同样的方法绘制出辅助眼的布置。

(6) 检查绘出的炮眼布置图是否合理、均匀，如有不合理处再做适当的调整。

(7) 绘制出根据要求可以在炮眼布置图上反映出来的其他相关内容，如探眼布置。

(8) 按计算的爆破参数标注出相关的眼距、眼深、巷宽、巷高等参数。

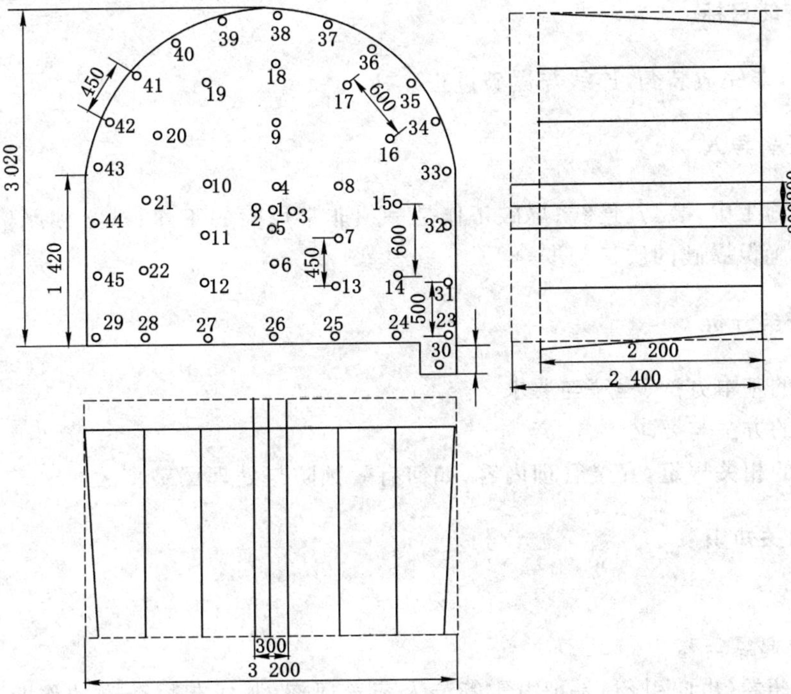

图 4-11　掘进工作面炮眼布置图

任务实施

教师先分析讲解本任务的基本知识，学生小组讨论、总结如何合理确定主要的爆破参数，绘制爆破图表，提交成果或总结。

思考与练习

1. 如何计算或选择爆破单位岩石所需的炸药量？

2. 分析影响爆破效果的主要技术参数。

任务三　装药连线与爆破

知识要点

装配起爆药卷的方法与要求,装药结构的选择,装药的基本程序与要求;导线的分类与要求,连线的形式与选择,连线的方法与要求;爆破的电源、器材,相关规定,安全管理,事故的预防与处理。

技能目标

三人一组,能完成装药、连线与爆破过程。

任务导入

在钻爆法施工中,装药、连线、爆破工作是一项非常危险的工作,都必须严格按照"三大规程"的要求,确保爆破的质量与安全。

任务分析

(1) 装药的基本方法、程序与要求。

(2) 连线的方法与要求。

(3) 爆破的相关规定,安全管理内容,如何有效预防与处理爆破事故。

相关知识

一、装药

(一) 装配起爆药卷

装配起爆药卷(也叫引药)是把电雷管装入药卷顶部,制成起爆药卷的作业过程。装配起爆药卷必须按下列程序和要求进行。

1. 装配地点的选择

《煤矿安全规程》规定,装配起爆药卷必须在顶板完好,支架完整,避开电气设备和导电体的爆破工作地点附近进行。严禁坐在爆炸材料箱上装配起爆药卷。

在有杂散电流的地点装配起爆药卷时,必须坐在绝缘胶垫上,并将扭结短路的雷管脚线用绝缘胶布包好。

2. 引药数目的确定

《煤矿安全规程》规定,装配起爆药卷数量,以当时当地需要的数量为限。严禁制作多余的起爆药卷。

3. 抽取单个电雷管

从成束的电雷管中抽取单个电雷管时,不得手拉脚线硬拽管体,也不得手拉管体硬拽脚线,应将成束的电雷管顺好,拉住前端脚线将电雷管抽出。抽出单个电雷管后,必须将其脚线末端扭结成短路。

4. 装配起爆药卷

装配起爆药卷时，必须防止电雷管受振动、冲击或折断脚线和损坏脚线绝缘层。

电雷管必须由药卷的顶部装入，严禁用电雷管代替竹、木棍扎眼。电雷管必须全部插入药卷内。严禁将电雷管斜插在药卷的中部或捆在药卷上。

电雷管插入药卷后，必须将脚线缠在药卷上，以便把电雷管固定在药卷内，还必须扭结电雷管脚线末端成短路。

起爆药卷的装配方法有以下两种：

(1) 药卷扎孔装配：用一根直径略大于电雷管直径的尖端木棍或竹棍，在药卷顶部的封口扎一圆孔，将电雷管全部装入药卷中，然后用电雷管脚线将药卷缠住，以便把电雷管固定在药卷内，并将电雷管脚线扭结。

(2) 启开药卷封口装配：先打开药卷顶部封口，用竹、木棍在药卷中央扎孔，再将电雷管全部装入药卷内，用脚线把封口扎住，并将电雷管脚线扭结成短路。

5. 起爆药卷保存

在起爆药卷装配完成后，应清点数目，放入专用箱内锁好，不得乱放，以防丢失。

(二) 炮眼装药

1. 装药结构

装药结构是指炸药在炮眼内的装填方式。主要有连续与间隔装药、耦合与不耦合装药、正向与反向装药。

(1) 连续与间隔装药

连续装药：炸药在炮眼内连续装填，没有间隔。连续装药操作简单，单发雷管引爆，但药量集中，爆炸能量分布不均。

间隔装药：炸药在炮眼内分段装填，之间用炮泥、砂子、水或空气等介质隔开。间隔装药可克服连续装药的缺点。实验和工程实践表明：在较深炮眼中采用间隔装药可使炸药在炮眼全长分布更均匀，岩石爆破破碎块度均匀，大块率低。

空气间隔装药：间隔中的空气起到缓冲作用，使作用在炮眼壁上的冲击压力峰值降低，从而减少对周边围岩的冲击压缩作用，对周边眼光面爆破非常有利，延长了爆生气体在膨胀作用时间和增加了应力波的作用时间。原因如下：

① 由于降低了冲击作用，相应地增大了应力波的能量。

② 装药间空气柱中形成空气冲击波，相向传播，发生碰撞，压力升高，同时在眼壁的反射以及空气冲击波在炮眼内的往返传播、碰撞，增加了压力作用时间，因而，提高了爆炸能量的有效利用率。

(2) 耦合与不耦合装药

耦合装药：装药直径与炮眼直径相同。耦合装药爆轰波直接作用于眼壁，激起岩石中的冲击波，造成粉碎区，消耗大量能量。

不耦合装药：装药直径小于炮眼直径，用不耦合系数(炮眼直径与装药直径的比值)表示不耦合程度。多用空气不耦合或水不耦合装药，在光面爆破中常用。不耦合装药可克服耦合装药缺点，其原理类似于间隔装药，降低眼壁冲击压力，减少或消除了粉碎区，延长爆生气体在炮眼内存在时间和增加应力波的作用时间，提高了爆炸能量的有效利用率。

(3) 正向与反向装药(或正向与反向起爆)

正向装药:起爆药包在眼口,爆轰波向眼底传播。

反向装药:起爆药包在眼底,爆轰波向眼口传播。

后者优于前者,这是因为,爆轰波、眼底起爆在岩石中形成的应力波以及破碎岩石的运动方向都是朝向眼口的,利于岩石的破碎和运动(尤其是坚硬岩石,应力波超前爆轰波传播,能加强炮眼上部岩石的破碎)。同时,反向起爆也延长了爆生气体在炮眼内存在时间,加强了应力波的作用,提高了爆炸能量的有效利用率。

在坚硬岩石中、中深孔爆破时反向装药更为有利。

2. 装药的基本程序

在井下爆破地点爆破作业时,爆破员、班组长和瓦斯检查员必须对爆破地点通风、瓦斯、煤尘、顶板、支护、爆破器材等全面检查,确认可以装药时,方可按下列程序进行装药。

(1) 检验炮眼

在装药前,用炮棍插入炮眼内,检验炮眼的角度、深度、方向和炮眼内的情况。

(2) 清理炮眼

待装药的炮眼,必须用掏勺或压缩空气吹眼器清除净炮眼内的煤、岩粉,以防止煤、岩粉堵塞,使药卷不能密接或装不到眼底。使用吹眼器时,附近人员必须避开压风吹出气流方向,以免炮眼内飞出的焰块杂物伤人。

(3) 装药

井下爆破地点使用的炸药和电雷管的种类、品种、数量、电雷管的段数必须符合爆破作业说明书的规定,并严格按下列规定进行装药:

① 装药前,首先必须清除炮眼内的煤粉或岩粉,再用木质或竹质炮棍将药卷轻轻推入,不得冲撞或捣实。

② 在低瓦斯矿井的采掘工作面采用毫秒爆破时,可应用反向起爆;在高瓦斯矿井(或低瓦斯矿井的高瓦斯区域)采掘工作面采用毫秒爆破时,若采用反向起爆,必须制定安全技术措施,经矿总工程师批准。

③ 装药时,所有炸药和电雷管的聚能穴方向必须一致。最初的两段应慢用力、轻捣动,以后各段药卷需依次用力一一捣实。

(4) 封孔

先装水炮泥,水泡泥外边的剩余部分应用黏土炮泥封实。封泥长度必须符合《煤矿安全规程》的规定。用于炮眼填塞的材料通称为炮泥。炮泥材料主要有黏土、砂子以及两者的混合物,煤矿井下还增加了水炮泥(水炮泥可以吸收部分热量,降低喷出气体的温度,有利于安全)。可燃性材料不能作炮泥。炮泥的作用如下:

① 保证炸药充分反应,使之放出最大热量和减少有毒气体生成量。

② 延长爆生气体在炮眼内的存在时间,降低爆生气体逸出自由面的温度和压力,使炮眼内保持较高的爆轰压力和较长的作用时间,增强岩石的破碎作用。

③ 阻止炽热的固体颗粒从炮眼中飞出,保证煤矿井下爆破安全。

(5) 电雷管脚线悬空

装药后必须把电雷管脚线悬空,严禁电雷管脚线、爆破母线与运输设备、电气设备以及采掘机械等导电体相接触。

3. 装药注意事项

(1) 硬化的硝酸铵类炸药在装药前必须用手揉松,使其不成块状,但不得将药包纸损坏。严禁使用硬化到不能用手揉松的硝酸铵类炸药,也不能使用破乳或不能用手揉松的乳化炸药。不能用手揉松的硬化硝酸铵类炸药爆轰性能显著降低,容易产生残爆、爆燃、拒爆,而且爆燃极易引燃瓦斯和煤尘。乳化炸药破乳时,感度降低。夏季生产的乳化炸药,有时可能发生硬化现象。不能揉松的硬化乳化炸药,感度降低,容易发生瞎炮,影响爆破安全和效果,因此,严禁使用。

(2) 不得使用水分含量超过0.5%的铵梯炸药。铵梯炸药水分含量较高时,易产生残爆、爆燃或拒爆,对瓦斯的引爆率增高,爆力和猛度大大降低,爆生气体中增加了一氧化碳的生成量,因而不能使用。不能使用的炸药必须交回爆破材料库。

(3) 潮湿或有水的炮眼应使用抗水型炸药。

(4) 装药时不得装"盖药"或"垫药"。

(5) 不得装错电雷管的段数。

(6) 毫秒电雷管不得跳段使用。

(7) 一个炮眼内不得装两个引药。在特殊情况下确需装两个引药时,必须制定专门措施。

4. 装药要求

装药前,必须对装药工作面附近进行检查,发现有下列情况之一时,必须报告班组长,及时处理,未妥善处理前不得装药:

(1) 采掘工作面控顶距不符合作业规程的规定,或者支架有损坏,或者留有"伞檐"时。

(2) 装药前爆破地点附近20 m以内风流中瓦斯浓度达到1%时。

(3) 爆破地点附近20 m以内,有矿车,未清除的煤、矸或其他物体堵塞巷道断面1/3以上时。

(4) 炮眼内发现异状,出现温度骤高骤低、瓦斯涌出、煤岩松散、透老空等情况时。

(5) 采掘工作面无风、微风时。

(6) 炮眼内煤、岩粉未清除干净时。

(7) 没有合乎质量和满足数量要求的黏土炮泥和水炮泥时。

(8) 工作面正在打眼、装岩时。

(9) 发现炮眼缩小、坍塌、有裂缝时。

(10) 炮眼深度与最小低抗线小于《煤矿安全规程》规定时。

(11) 过断层、冒顶区无安全措施时。

(12) 有冒顶、透水、瓦斯突出预兆时。

二、连线

(一) 导线的分类与要求

电爆方法是通过由电雷管、导线和起爆电源三部分组成的起爆网路来实现的爆破方法。导线根据在起爆网路中的不同位置划分为母线(主线)、支线(区域线)、连接线、端线和脚线。

(1) 母线

母线指连接电源与区域线的导线,因它不在崩落范围内,一般用专用爆破线或两芯铜制电缆。母线可多次重复使用。

(2) 支线

支线指连接母线与连接线之间的导线，其规格与母线相同，长度以不崩伤母线为原则，一般为10～20 m。因支线经常受炮崩，应及时更换或包扎，以防漏电短路。对其要求同母线。

(3) 连接线

连接线指连接各串联组或并联组的导线。因位于工作面，直接受到炮击，常用截面为2.5～4 mm^2的铜芯或铁芯塑料线。对其要求与母线相同。

(4) 端线

端线指用来接长雷管脚线，使之引出炮孔口的导线。常用截面为0.2～0.4 mm^2多股铜芯塑料皮软线。端线必须悬空，不淹水，不虚连。

(5) 脚线

脚线是雷管原带聚氯乙烯导线。对其连接要求为：

① 必须经常处于扭结状态，不连线不分开。

② 脚线接头应对头连接，不得顺向连接和留有须头。两根脚钱的接头位置应错开，并用胶布包扎好。

③ 脚线应在连接完毕后，经检查无误才能与连接线连接。其工作只准爆破工一人操作，与其无关人员要撤离到安全地点。

④ 连线工作必须严格执行“一炮三检”和“三人连锁爆破”制度。

(二) 对爆破母线的要求

(1) 煤矿井下爆破必须采用符合标准的爆破母线。

(2) 爆破母线与连接线、电雷管脚线和连接线、脚线和脚线之间的接头必须相互扭紧并悬挂，不得与轨道、金属管、金属网、钢丝绳、刮板输送机等导电体相接触。

(3) 巷道掘进时，爆破母线应随用随挂。不得使用固定爆破母线，特殊情况下，在采取安全措施后，可不受此限。

(4) 爆破母线与电缆、电线、信号线应分别挂在巷道的两侧。如果必须挂在同一侧时，爆破母线必须挂在电缆的下方，并应保持0.3 m以上的悬挂距离。

(5) 只准采用绝缘母线单回路爆破，严禁用轨道、金属网、水或大地等当作回路。

(6) 爆破前，爆破母线必须扭结成短路。

(7) 母线长度必须大于规定的爆破距离。

(8) 母线接头不宜太多，以免增加电阻、断线、漏电或短路故障。每个接头要刮除锈垢后接牢，并用绝缘胶布包好。

(9) 母线破坏时，必须及时包扎，以防漏电、短路或接触放电，发生意外事故。

(10) 不得用两根材质、规格不同的导线作爆破母线。

(11) 严禁用四芯、多芯或多根导线作爆破母线。

(12) 爆破母线使用后要升井干燥；在井下要放在干燥安全地点，并定期做电阻测定和绝缘性能检查。

(三) 连线方式选择

掘进工作面的连线方式有串联、并联和串并联(混合联)等几种。

1. 串联

串联电路是将各雷管脚线连续地、一个接一个连在一起，最后串联到爆破母线上，如图 4-12 所示。

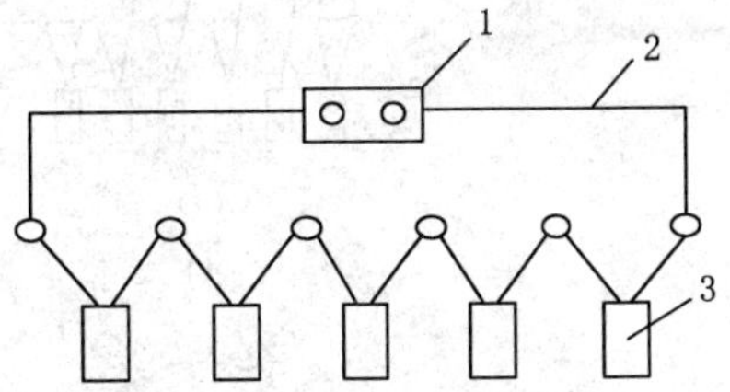

图 4-12　串联电爆网路

1——电源；2——导线；3——雷管

(1) 特点

① 电路的总电流小，适应于发爆器爆破，安全。

② 母线电阻的大小对雷管起爆影响不明显。

③ 连线操作简便，不易漏连或误连，便于用导通表检查。

④ 一发雷管断路时会导致全部拒爆，处理很麻烦。

⑤ 对雷管的电阻值差要求较严，不同雷管严禁混用。

(2) 网路电流

串联网路的总电阻为：

$$R = R_m + nr \quad (\Omega) \tag{4-3}$$

式中　R_m——母线总电阻，Ω；

n——串联雷管个数；

r——每个雷管全电阻，Ω。

串联网路的总电流为：

$$I = \frac{U}{R_m + nr} \tag{4-4}$$

式中　I——网路总电流，也就是通过每个雷管的电流，A；

U——电源电压，V。

当通过每个雷管的电流大于串联准爆电流时，串联网路中的电雷管被全部引爆，即：

$$I = I_d \geqslant I_{准} \tag{4-5}$$

式中　I_d——通过每个雷管的电流，A。

$I_{准}$——串联网路准爆电流，A。当采用直流电起爆时，康铜丝雷管为 2 A，镍铬丝雷管为 1.5 A；当采用交流电起爆时，康铜丝雷管为 4 A，镍铬丝雷管为 3 A。

(3) 适应条件

① 有瓦斯与煤尘爆炸危险的采煤或掘进工作面，均采用串联。

② 全断面一次起爆的炮眼数目少，发爆器的起爆能力和外接负载能满足实际校核条件。

2. 并联

并联是将各个雷管的两根脚线分别连接到两根连接线上。根据连接方式不同可分为分段并联和并簇联两种，如图 4-13 所示。

(1) 特点

① 电路的总电流大，发爆器无法起爆，必须用线路电源起爆，在瓦斯矿井中禁用。

② 母线、连接线及接头电阻值的大小，对雷管的准爆影响很大，所以必须使用断面足够大的母线。

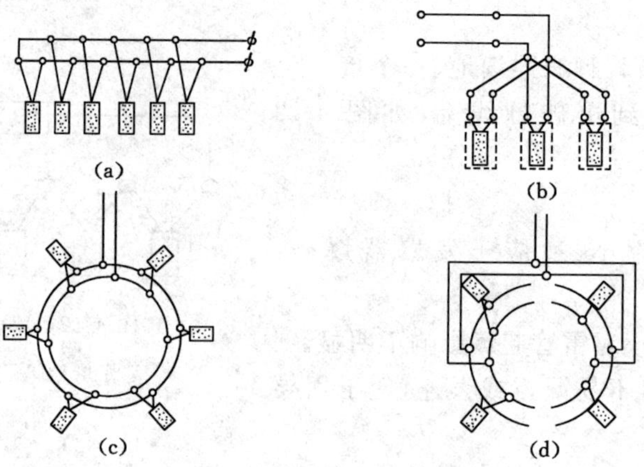

图 4-13 并联电爆网路

(a) 分段并联；(b) 簇状并联；(c)、(d) 两面供电的分段并联

③ 不会因一个雷管不爆导致全部拒爆。

④ 并簇联(俗名“两把抓”)的连线特别迅速方便，但需要雷管脚线稍长才能连到一起。

⑤ 分段并联由于连接线的电阻影响很大，容易使电流分配不均，只有在大直径井筒掘进时才使用。为减小连接线影响，常用闭合反向电路。

(2) 网路电流

并联网路总电阻为：

$$R = mR_m + r \tag{4-6}$$

式中 m——并联电雷管的数目。

通过每一个电雷管的电流为：

$$I_d = \frac{U}{mR_m + r} \geqslant I_{准} \tag{4-7}$$

当 I_d 满足准爆条件时，并联电路的雷管将全部被引爆。

(3) 适应条件

① 立井或斜井井筒施工应采用并联，尤其涌水量较大时，显得更优越。

② 采煤或掘进工作面检查瞎炮时，应采用并联，发爆器起爆。但由于发爆器输出电流很小，一次并联的雷管数一般不超过 10 发。

3. 串并联

串并联电路是将若干个雷管先行串联起来组成一个串联组，然后再将各组并联起来，如图 4-14 所示。

(1) 特点

① 在同样电压和起爆电流条件下，可以起爆的雷管数目最多。

② 各组串联的雷管数应当完全相等。

③ 为使每个雷管均获得最大电流，应采用最优并联组数。

④ 连线复杂，容易出错。

(2) 网路电流

最优并联组数为：

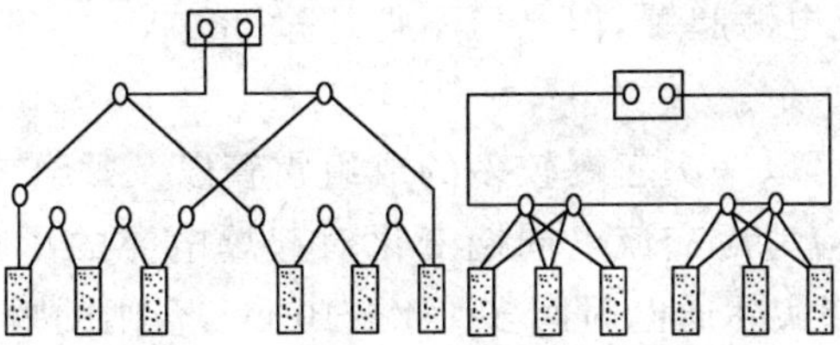

图 4-14　混合联电爆网路

$$m=\sqrt{\frac{N_r}{R_m}} \tag{4-8}$$

式中　m——并联的组数，必须取整数；

N_r——每炮的雷管总数。

网路总电流为：

$$I_d=\frac{U}{mR_m+nr}\geqslant I_{准} \tag{4-9}$$

式中　n——每串雷管的个数，$n=N_r/m$。

当 $I=I_d\geqslant I_{准}$ 时，串并联电路的雷管将全部被引爆。

(3) 适应条件

① 适应大断面硐室、全断面一次起爆，需用大功率发爆器。

② 适应大规模爆破工程，还可采用多种变形方案，例如，串并联或并串联等方案。

(四) 连线方法与要求

连线应按照爆破作业说明书规定的连线方式，将电雷管脚线与脚线、脚线与连接线、连接线与爆破母线连好接通。具体的连线方法与要求如下：

(1) 脚线的连接工作可由经过专门训练的班组长协助爆破工进行。爆破母线连接脚线，检查线路和通电工作，只准爆破工一个操作。与连线无关人员都要撤离到安全地点。

(2) 连线前，必须认真检查瓦斯浓度、顶板、两帮、工作面及支架情况，确认安全后方可进行连线。

(3) 连线时，连线人员应把手洗净擦干，以免增加接头电阻、影响接头导通。然后把电雷管脚线解开，刮净接头，进行脚线间的扭结连接。脚线连接应按规定的顺序从一端向另一端进行。如脚线长度不够，可用规格相同的脚线作连接线，连线接头要用对头连接，不要用顺向连接，不要留有须头。当炮眼内的脚线长度不够需要拉长脚线时，两根脚线接头的位置必须错开，并用胶布包好，防止脚线短路和漏电。连接接头必须握紧牢固，并要悬空，不得与任何物体相接触。

(4) 电雷管脚线间的连接工作完成以后，再与连接线连接。

(5) 连接线与爆破母线连接时，应采用脚线围绕母线的方式连接。

(6) 在煤矿井下严禁用起爆器检查母线是否导通，这样易产生火花而引爆瓦斯或煤尘。

三、爆破

(一) 起爆电源

起爆电源指引爆电雷管所用的电源。电源有交流电源、直流电源或发爆器。《煤矿安全规程》规定，煤矿井下只允许用发爆器爆破，在开凿或延伸通达地面的井筒时，无瓦斯的井底工作面，才可使用交、直流电源起爆，但电压不得超过 380 V。

1. 交流电源

交流电源的电流大，可以一次起爆较多的成组雷管以及敷设较长的电爆网路。

采用交流电起爆时，应考虑交流电周期变化对起爆电流的影响。因交流电的交变周期为 20 ms，而串联雷管网路实际通电时间多为 8～10 ms，合闸的瞬间电爆网路获得的电流平均值也不相等，当通电时间恰好在峰值电位时，爆破网路可获得足够的电流量而准爆；若通电时间内处在零电位附近，就不能保证雷管准爆，所以交流电起爆时的准爆电流应比直流电提高一些。

交流电爆破安全地点应设置爆破接线盒，并满足以下要求：

① 设置电源开关刀闸和爆破刀闸两个开关，且都必须是双刀双掷刀闸。

② 设置指示灯，当电源开关刀闸合上以后，指示灯发光表明电源接通。

③ 较大直径立井井筒施工时，因每茬炮数较多，网路电流很大，应设专用变压器。

④ 立井井筒施工中，接近和通过瓦斯煤层时，应设置毫秒开关延时供电。

为提高交流电源的起爆能力，可采用三相交流电全波整流技术，将三相交流电源变成直流电源，保证准爆电流。

2. 发爆器

电容式发爆器种类和规格很多，但基本原理大致一样，即为晶体管振荡电路，将干电池的直流电改变为振荡交变电流，然后经变压器升压，再经整流后给主电容充电。当充电达到额定电压时，指示灯发亮，就可利用毫秒开关向网路通电，引爆雷管。

发爆器的起爆能力从数十发到数千发。煤矿常用的防爆型 MFB50～MFB100 发爆器，最大外接电阻为 170～320 Ω，但该系列发爆器在安全上还存在一些问题。例如，接线柱是裸露的，若与母线连接不牢，易产生火花；发爆能力不能随雷管数变更进行调换，造成“大马拉小车”现象；网路连接不良时，输入网路的高电压大电流容易产生“爆前火花”；等等。目前推广使用的 MFBB 型发爆器，采用了控制模块技术，随外接负载的变化自动换挡并恒定输出引燃冲量，避免了“大马拉小车”和“爆前火花”产生，而且还具有网路闭锁的功能，当网络虚接、短路或断路时，发爆器自动闭锁不工作。MFBB 型发爆器技术特征见表 4-6。

表 4-6　　MFBB 型发爆器技术特征表

项目	特征
起爆能力	100 发
电压峰值	1 800 V
输出引燃冲量	$\geqslant$8.7 $A^2 \cdot ms$
供电时间	4 ms
充电时间	$<$20 s
电源	4.5 V
质量	2 kg

对发爆器使用过程中的要求如下：

① 发爆器钥匙必须由爆破工随身携带，严禁插在发爆器上或转交他人。

② 有煤尘与瓦斯爆炸危险工作面，严禁在一个面使用两台发爆器同时爆破。

③ 严禁在井下拆修发爆器或更换电池。

④ 严禁将两个接线柱连线短路打火花检查有无残余电荷。

⑤ 严禁用发爆器检查导通母线。

（二）井下爆破的有关规定

煤矿必须指定部门对爆破工作专门管理，配备专业管理人员。所有爆破人员，包括爆破、送药、装药人员，必须熟悉爆炸物品性能和相关规程的规定。

1. 爆破工的要求

爆破作业属煤矿井下的特种作业，作业过程的每一个环节都要严格按照作业规程的有关规定执行。

(1) 爆破工的安全工作资格

① 爆破工必须经过专门培训，并经考试合格，持证上岗。爆破工必须依照爆破作业说明书进行爆破作业。

② 所有爆破人员，包括爆破、送药、装药人员，必须熟悉爆炸材料的性能和《煤矿安全规程》的相关规定。井上、下接触爆炸材料的人员，必须穿棉布或抗静电衣服。

(2) 爆破工的基本职责

① 严格执行《煤矿安全规程》、作业规程和操作规程的有关规定。严格执行“一炮三检”和“三人连锁爆破”制度。

② 严格遵守爆破材料领退制度，保证爆破材料不丢失。

③ 严格遵守爆破材料运送制度，保证沿途安全。

④ 严格遵守爆破各项操作规定，保证爆破过程安全。

⑤ 严格遵守处理爆破故障及特殊情况下爆破的规定和要求。

⑥ 经常检查工作地点及所使用设备、仪器的安全状态，确保爆破工作顺利进行。

⑦ 严格遵守劳动纪律，坚决制止任何人违章作业，拒绝接受任何人违章指挥。

2. 爆破材料的领退

煤矿企业必须建立爆炸物品领退制度和爆炸物品丢失处理办法。

电雷管(包括清退入库的电雷管)在发给爆破工前，必须用电雷管检测仪逐个测试电阻值，并将脚线扭结成短路。

发放的爆炸物品必须是有效期内的合格产品，并且雷管应当严格按同一厂家和同一品种进行发放。

爆炸物品的销毁，必须遵守《民用爆炸物品安全管理条例》。

3. 爆破材料的运送

(1) 地面运输爆破材料

在地面运输爆炸物品时，必须遵守《民用爆炸物品安全管理条例》以及有关标准规定。

(2) 井筒内运送爆破材料

在井筒内运送爆炸物品时，应当遵守下列规定：

① 电雷管和炸药必须分开运送。但在开凿或者延深井筒时，符合《煤矿安全规程》第三百四十五条规定的，不受此限。

② 必须事先通知绞车司机和井上、下把钩工。

③ 运送电雷管时,罐笼内只准放置 1 层爆炸物品箱,不得滑动。运送炸药时,爆炸物品箱堆放的高度不得超过罐笼高度的 2/3。采用将装有炸药或者电雷管的车辆直接推入罐笼内的方式运送时,车辆必须符合《煤矿安全规程》第三百四十条(二)的规定。使用吊桶运送爆炸物品时,必须使用专用箱。

④ 在装有爆炸物品的罐笼或者吊桶内,除爆破工或者护送人员外,不得有其他人员。

⑤ 罐笼升降速度,运送电雷管时,不得超过 2 m/s;运送其他类爆炸物品时,不得超过 4 m/s。吊桶升降速度,不论运送何种爆炸物品,都不得超过 1 m/s。司机在启动和停止绞车时,应当保证罐笼或者吊桶不振动。

⑥ 在交接班、人员上下井的时间内,严禁运送爆炸物品。

⑦ 禁止将爆炸物品存放在井口房、井底车场或者其他巷道内。

(3) 井下用机车运送爆炸材料

井下用机车运送爆炸物品时,应遵守下列规定:

① 炸药和电雷管在同一列车内运输时,装有炸药与装有电雷管的车辆之间,以及装有炸药或电雷管的车辆与机车之间,必须用空车分别隔开,隔开长度不得小于 3 m。

② 电雷管必须装在专用的、带盖的、有木质隔板的车厢内,车厢内部应当铺有胶皮或麻袋软质垫层,并只准放 1 层爆炸材料箱。炸药箱可以装在矿车内,但堆放高度不得超过矿车上缘。运输炸药、电雷管的矿车或者车厢必须有专门的警示标识。

③ 爆炸物品必须由井下爆炸材料库负责人或经过专门训练的专人护送。跟车工、护送人员和装卸人员应当坐在尾车内,严禁其他人员乘车。

④ 列车的行驶速度不得超过 2 m/s。

⑤ 装有爆炸材料的列车不得同时运送其他物品。

井下采用无轨胶轮车运送爆炸物品时,应当按照民用爆炸物品运输管理有关规定执行。

(4) 巷道内用钢丝绳牵引车辆运送爆破材料

水平巷道和倾斜巷道内有可靠的信号装置时,可以用钢丝绳牵引的车辆运送爆炸物品。炸药和电雷管必须分开运输,运输速度不得超过 1 m/s。运输电雷管的车辆必须加盖、加垫,车厢内以软质垫物塞紧,防止振动和撞击。

严禁用刮板输送机、带式输送机等运输爆炸物品。

(5) 井下人力运输爆炸材料

由爆炸物品库直接向工作地点用人力运送爆炸物品时,应当遵守下列规定:

① 电雷管必须由爆破工亲自运送,炸药应当由爆破工或者在爆破工监护下运送。

② 爆炸物品必须装在耐压和抗冲撞、防振、防静电的非金属容器内,不得将电雷管和炸药混装。严禁将爆炸物品装在衣袋内。领到爆炸物品后,应当直接送到工作地点,严禁中途逗留。

③ 携带爆炸物品上下井时,在每层罐笼内搭乘的携带爆炸物品的人员不得超过 4 人,其他人员不得同罐上下。

④ 在交接班、人员上下井的时间内,严禁携带爆炸物品人员沿井筒上下。

(三) 爆破安全管理

1. 爆破制度

井下爆破工作必须由专职爆破工担任。突出煤层采掘工作面爆破工作必须由固定的专职爆破工担任。爆破作业必须执行“一炮三检”和“三人连锁爆破”制度，并在起爆前检查起爆地点的甲烷浓度。

（1）“一炮三检”

“一炮三检”制度是指装药前、起爆前和爆破后，必须由瓦检工检查爆破地点附近 20 m 以内的瓦斯浓度。

① 装药前、起爆前，必须检查爆破地点附近 20 m 以内风流中的瓦斯浓度。若瓦斯浓度达到或超过 1%，不准装药、爆破。

② 爆破后，爆破地点附近 20 m 以内风流中的瓦斯浓度达到或超过 1%，必须立即处理。若经过处理瓦斯浓度不能降到 1%以下，不准继续作业。

（2）“三人连锁爆破”

“三人连锁爆破”制度是爆破工、班组长、瓦检工三人必须同时自始至终参加爆破工作过程，并执行换牌制。

① 入井前：爆破工持警戒牌，班组长持爆破命令牌，瓦检工持爆破牌。

② 爆破前：

a. 爆破工做好爆破准备后，将自己所持的红色警戒牌交给班组长。

b. 班组长拿到警戒牌后，派人在规定地点警戒，并检查顶板与支架情况，确认支护完好后，将自己所持的爆破命令牌交给瓦检工，下达爆破命令。

c. 瓦检工接到爆破命令牌后，检查爆破地点附近 20 m 处和起爆地点的瓦斯和煤尘情况，确认合格后，将自己所持的爆破牌交给爆破工，爆破工发出爆破信号 5 s 后进行起爆。

③ 爆破后：“三牌”各归原主，即班组长持爆破命令牌、爆破工持警戒牌、瓦检工持爆破牌。

2. 爆破安全要求

装药前和爆破前有下列情况之一的，严禁装药、爆破：

（1）采掘工作面控顶距离不符合作业规程的规定，或者有支架损坏，或者伞檐超过规定。

（2）爆破地点附近 20 m 以内风流中甲烷浓度达到或者超过 1.0%。

（3）在爆破地点 20 m 以内，矿车、未清除的煤（矸）或者其他物体堵塞巷道断面 1/3 以上。

（4）炮眼内发现异状、温度骤高骤低、有显著瓦斯涌出、煤岩松散、透老空区等情况。

（5）采掘工作面风量不足。

3. 爆破后作业程序及注意事项

（1）巡视爆破地点。爆破后，爆破工、班组长和瓦斯检查员必须巡视爆破地点，检查通风、瓦斯、煤尘、顶板、支架、拒爆、残爆等情况，发现问题应立即处理。

（2）撤除警戒。检查爆破地点以后，班组长亲自将警戒人员撤回。

（3）发布作业命令。只有在工作面的炮烟吹散，警戒人员按规定撤回，检查瓦斯不超限，影响作业安全的崩倒、崩坏的支架已经修复的情况下，班组长才能发布人员可以进入工作面正式作业的命令。

（4）洒水降尘。爆破后，爆破地点附近 20 m 的巷道内都必须洒水降尘。

（5）处理拒爆、残爆。发现并处理拒爆、残爆时，必须在班组长直接领导下进行，并应在当班处理完毕，如果当班未能处理完毕，爆破工必须同下一班爆破工现场交接清楚。

（四）爆破事故的处理

1. 拒爆处理

通电以后拒爆时，爆破工必须先取下把手或者钥匙，并将爆破母线从电源上摘下，扭结成短路；再等待一定时间（使用瞬发电雷管，至少等待 5 min；使用延期电雷管，至少等待 15 min），才可沿线路检查，找出拒爆的原因。

处理拒爆时，必须遵守下列规定：

(1) 由于连线不良造成的拒爆，可重新连线起爆。

(2) 在距拒爆炮眼 0.3 m 以外另打与拒爆炮眼平行的新炮眼，重新装药起爆。

(3) 严禁用镐刨或者从炮眼中取出原放置的起爆药卷，或者从起爆药卷中拉出电雷管。不论有无残余炸药，严禁将炮眼残底继续加深；严禁使用打孔的方法往外掏药；严禁使用压风吹拒爆、残爆炮眼。

(4) 经处理，拒爆的炮眼爆炸后，爆破工必须详细检查炸落的煤、矸，收集未爆的电雷管。

(5) 在拒爆处理完毕以前，严禁在该地点进行与处理拒爆无关的工作。

2. 残爆的防治处理

(1) 发生残爆的原因

① 管道效应的作用是深孔爆破发生残爆的主要原因；② 装填盖药和垫药因传爆方向不一致而发生残爆；③ 一孔严禁装两炮头，避免引爆瓦斯；④ 炮眼未吹净使药卷间阻隔而影响传爆；⑤ 药卷被捣实，增加了密度而降低爆轰稳定性；⑥ 炸药变质失效或雷管起爆能不足造成爆轰中断。

(2) 预防措施

① 采用水胶炸药消除管道效应；② 采用合理的装药方法；③ 装药前将炮眼内的煤、岩粉吹干净；④ 不使用超期的和变质炸药；⑤ 装药时不要用炮棍将炸药捣实。

任务实施

教师先分析讲解本任务的基本知识，学生三人一组，完成装药、连线与爆破整个过程，最后提交实训成果。

思考与练习

1. 简述起爆药卷的装配方法。
2. 常见的装药结构有哪些？各有何优点？
3. 掘进工作面电爆网路的连线方式有几种？分析其适用条件。
4. 简述“一炮三检”和“三人连锁爆破”制度的内容。
5. 三人一组，分组完成爆破过程。
6. 爆破安全管理的内容有哪些？

任务四 岩石装运

知识要点

装载机种类，选择装载机的主要依据；运输设备的分类及主要应用；调车器具与常用的调车方式；常用的专用转载设备及应用。

技能目标

能独立操作装载机完成装岩过程。

任务导入

岩石爆破后，岩石装运是巷道施工中非常繁重的一项工作，如何安全、快速高效将破碎的岩石装运出井，直接关系到掘进的速度与经济效益。

任务分析

(1) 常用装载机有哪些？如何选择装载机？

(2) 运输设备的分类及主要应用。

(3) 常用的调车方式和专用转载设备。

相关知识

一、装岩设备的选择

合理选择装载机的主要依据如下：

(1) 巷道断面尺寸和巷道围岩情况。当巷道过小时有些装岩石设备无法使用。

(2) 巷道的支护形式。有些支护形式不适合一些装岩设备的使用，应根据具体情况来确定。

(3) 装载机的适应性能和生产率。每一种类型和不同型号的装岩设备都有不同的设备参数和其相对的适应性，选择时应优先选择适合自身条件的设备。

(4) 操作、维修的难易程度和可靠性。由于装载设备的使用频率极高，同时井下的生产环境又极为恶劣，其故障率也相应较高，选择装载设备时，还应充分考虑其操作的方便性和维修的简易性。

(5) 货源、造价。由于不同的生产厂家生产的装载设备在质量、造价方面有一定的差别，在选择时应按价廉物美的原则进行选择。

(6) 与其他设备的配套等。装载设备是与其他的运输设备、转载设备配套运转的，在选择装载设备时应注意与其他设备的配套适应性。

目前，煤矿使用较多的装载机仍是耙斗装岩机，蟹爪式等装载机正在不断发展和完善。

二、常用运输设备

(一) 运输设备的分类

煤矿井下运输设备可归纳为两大类型：连续动作的设备和周期动作的设备。

连续动作的运输设备的特点是：设备启动后，能连续不断地运送货载，在运转中无须控制。常用的连续运输设备或方式如下：

(1) 输送机：主要是指刮板输送机、带式输送机等。

(2) 无极绳运输：指无极绳绞车拖动矿车在轨道上运行。

(3) 自重运输：它利用货载本身的自重分力，沿斜坡向下滑行。该种方式在平巷施工中很少使用。

周期性动作的运输设备的特点是：以一定的方向做周期性的运行。该种设备在运转中要经常操纵，控制其运行速度和方向。常用的周期性动作的运输设备或方式如下：

(1) 电机车运输：就是用电机车拖挂一组矿车在轨道上运行。

(2) 扒矿设备运输：就是利用扒矿绞车上的钢丝绳牵引扒斗扒运货载。

下面就矿井平巷施工中常用的运输设备简要说明。

(二) 刮板输送机

刮板输送机又叫链板输送机，俗称电溜子。它既可用于采煤工作面的运输，也可作为掘进工作面的运输设备。

1. 刮板输送机的特点

(1) 沿运输机全长任意地点均可装载。

(2) 货载的运送是连续的。

(3) 高度和宽度均较小，便于装载。

(4) 运输能力不受货载的块度和湿度影响。

(5) 结构简单而且坚固，便于维护、检修，便于拆装和伸缩，移置方便。

2. 刮板输送机的主要组成

刮板输送机尽管型号品种繁多，但其组成基本上大同小异，分为四大部分，即机头部、机身部、机尾部和辅助设备。

3. 刮板输送机的工作原理

开动电动机，经减速器、主动链轮带动无极循环的刮板链在溜槽内移动，刮板链带动与其连接在一起的刮板移动，使得装在溜槽内的货载由刮板运送到输送机的一端，从而起到运送货载的作用。

(三) 带式输送机

带式输送机是煤矿井下广泛使用的一种连续动作式运输设备。

1. 煤矿常用带式输送机的种类

(1) 吊挂式带式输送机(也叫绳架式带式输送机)。

(2) 伸缩式带式输送机。

(3) 钢丝绳芯带式输送机(也叫高强度带式输送机)。

(4) 钢丝绳牵引带式输送机。

2. 带式输送机的主要优点

(1) 运输能力大。

(2) 运输距离长。

(3) 工作阻力小，耗电量低。

(4) 节省人力，运输费用低。

(5) 使用方便,操作安全可靠,维修容易。

(四) 电机车运输

电机车运输主要在矿井运输大巷、井底车场等平巷或坡度小的巷道内使用。电机车运输在平巷施工中是最为普遍的运输工具。

1. 矿用电机车的主要结构

(1) 车架:是电机车的主要机械部分,是电机车的主体。电机车的主要重量都支撑在车架上,车架要有足够的强度,构造上重心越低越好。

(2) 行走部分:主要由轮对、轴箱、弹簧托架组成。

(3) 缓冲器:是用来缓冲与吸收冲击力的,以保持机车运行的平稳性。

(4) 连接器:是用来连接矿车的。

(5) 制动系统:是用来制动电机车运行的。

(6) 洒砂装置:洒砂的目的是为了增加车轮与轨道之间的摩擦系数,以便获得较大的牵引力和刹车力,保证运输的需要和行车的安全。

(7) 齿轮传动装置:也叫减速装置,是把电动机的动力传递到轮对的重要中间环节。一方面传递动力,另一方面是减速以达到需要的运行速度。

(8) 牵引电动机:是电机车的动力装置,一般采用直流串激电动机。该电动机有较大的启动力矩,有较大的过负荷能力。负荷变化时电动机功率变化很小,负荷增大时转速降低,电动机功率几乎不变。

2. 矿用电机车的分类

矿用电机车分为架线式电机车和蓄电池电机车两种。架线式电机车的电流由架设在运输线路上方的架空导线通过电机车的受电弓、电动机再经轨道回到变电所,构成电流回路。蓄电池电机车的电源(即蓄电池)是安装在车体上的,定时更换,或用完电后更换。

架线式电机车的主要优点是构造简单,操作方便,动力费用少。但其适用范围受到限制。而蓄电池机车最大的优点就是适用性很好。

三、调车与转载

在装运岩石过程中,如果采用矿车运输,当矿车装满后,必须迅速调换空车继续装岩。因此,合理选择调车方法与设备,缩短调车时间,减少调车次数,是提高装岩效率与加快巷道掘进的主要途径。

(一) 调车器具

常用的调车器具有浮放道岔、翻框式调车器两种。

1. 浮放道岔

(1) 对称浮放道岔

其结构如图 4-15 所示,在一块厚 8～10 mm 的钢板上焊有 25 mm×25 mm 的方钢作为轨道,在轨道两端与永久轨道接触处,制成扁平道尖,扣在四根轨距为 600 mm 的轨道上,以便矿车通行。这种道岔使用于双轨巷道单机装岩的工作面,适宜于耙斗装岩机装岩。

(2) 扣道式浮放道岔

如图 4-16 所示,是用扁铁拼焊成长槽形,以便扣在轨道上,在岔尖处焊上小块钢板将道岔连接起来,扣道两头制成斜坡状,以便通过矿车。为使车轮能通过浮放轨道,可在槽钢上割一斜槽。

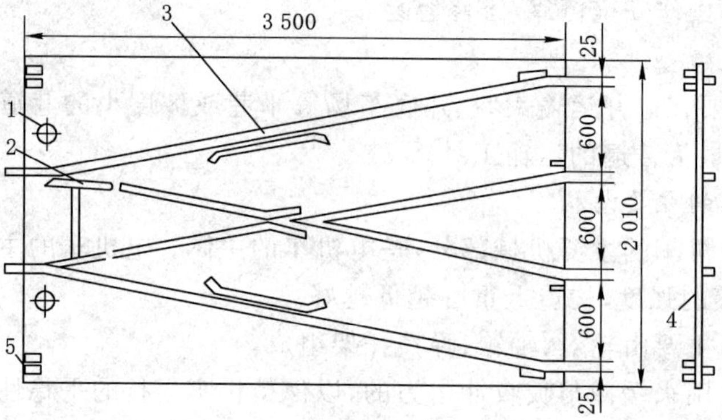

图 4-15　对称浮放道岔

1——牵引孔；2——活动尖轨；3——方钢轨道；4——钢板；5——卡在轨道上的定位槽

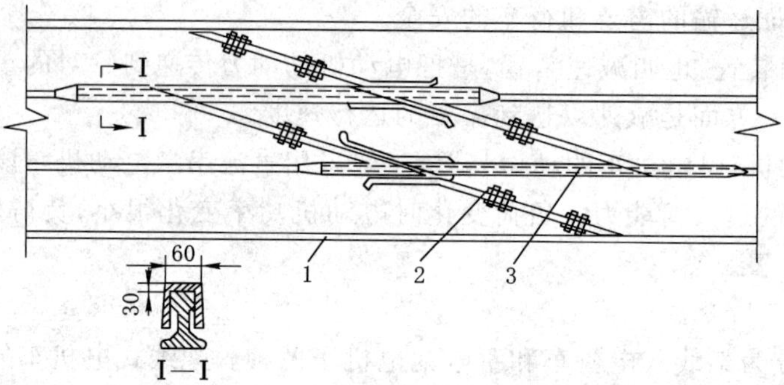

图 4-16　扣道式浮放道岔

1——轨道；2——长槽形扣道；3——渡轨

这种道岔扣在轨道上，轨道只抬高一块扁钢的厚度，并不妨碍通过车辆。这种道岔可用于单轨巷道，也可用于双轨巷道。

(3) 菱形浮放道岔

其结构如图 4-17 所示，它是在 8～10 mm 厚的钢板上焊上 6～8 kg/m 的轻型钢轨而制成的。适用于双轨巷道装岩的工作面。

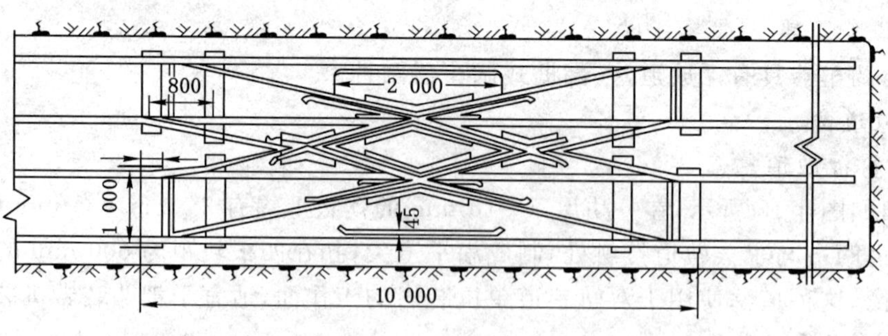

图 4-17　双向菱形浮放道岔

2. 翻框式调车器

这种调车器也叫折叠式或手移式调车器，如图 4-18 所示。它的两个框架由 75 mm×75

mm×5 mm 等边角钢焊成，一个称为活动盘，一个称为固定盘。两个盘用螺栓连接，活动盘可翻起折叠。在盘上设有一个四轮滑车板(移车盘)，可以沿框架的长边横向移动。滑车板上焊有两根方钢轨条，其间距与轨距相等。在活动盘四角与轨道接触处用扁钢焊成斜坡形道尖，以便通过矿车。使用时将活动盘放在轨道上，调来的空车推到活动盘的滑车板上，再横推到固定盘上，然后翻起活动盘让出轨道，待工作面重车推出后，再放下活动盘，即可将空车推下调车器到工作面装岩。

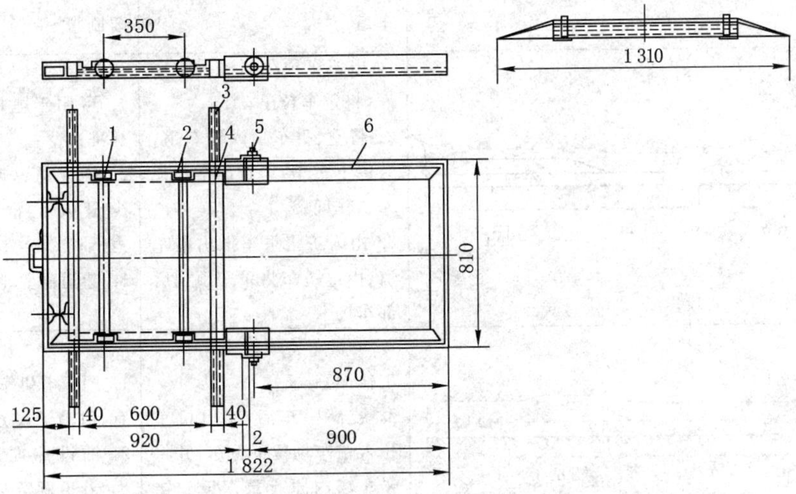

图 4-18　翻框式调车器

1——滑车板；2——活动盘；3——斜坡道尖；4——方钢轨条；5——螺栓；6——固定盘

这种调车器具有结构简单、重量轻、移动方便等优点，在单轨巷道掘进时应用相当广泛。

(二) 调车方法

单、双轨巷道调车方法较多，常用的调车方法和使用特点见表 4-7。

(1) 固定错车场调车

此种调车方法比较简单，但错车场与工作面不能经常保持较短的调车距离，因此装岩机的工时利用率只有 20%～30%。特别是在单轨巷道中掘进，为了调车，需要加宽一段巷道而敷设错车道岔(现场常采用简易道岔)。在双轨巷道施工则可利用双轨段敷设标准道岔进行调车。可用电机车调车，或辅以人力。这种调车方法可用于工程不大、工期要求较缓的工程。

(2) 活动错车场调车

为了缩短调车时间，加快巷道掘进速度，使错车场与工作面经常保持较短的调车距离，可将固定道岔改为专用调车设备(翻框式调车器、浮放道岔)。这时装载机的工时利用率可达 30%～40%。

(三) 专用转载设备

为了提高装载机的工时利用率，减少调车时间，尽可能使装载机连续作业，利用带式转载机与梭式矿车等专用转载设备是行之有效的措施。据统计，用梭式矿车可使装岩机的工时利用率达 80%以上。

表 4-7 单、双轨巷道调车方法

方法	布置图	调车方法	使用特点
固定式	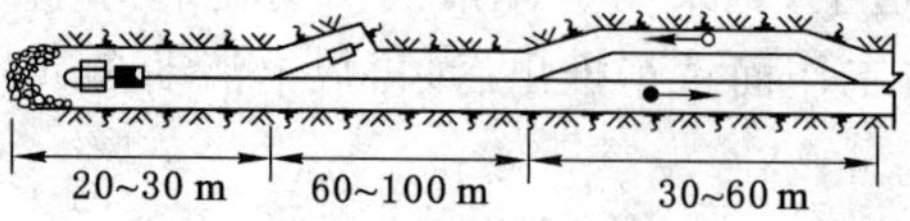	1. 空车由后部车场推入错车道； 2. 重车通过错车道后将空车推入工作面； 3. 根据需要可设置多个错车道	1. 可采用扣道式浮放道岔、简易道岔或标准道岔； 2. 仅适于人工调车，便于空车迅速进入工作面； 3. 占用人工较多，巷道需要刷帮
固定式	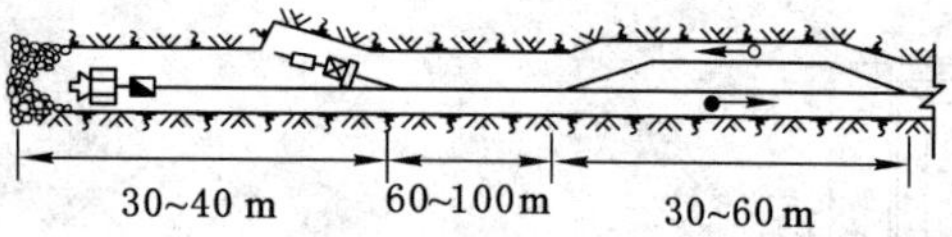	1. 电机车顶空车进入工作面，将重车拉出； 2. 将空、重车顶入错车道，并留下重车，再拉出空车顶入工作面； 3. 由人工将重车推出错车道，由电机车将重车顶到后部车场	1. 可用于电机调车，铺设标准道岔； 2. 铺设道岔麻烦，仍占用少量人工推车，调车能力低； 3. 巷道需要刷帮
固定式	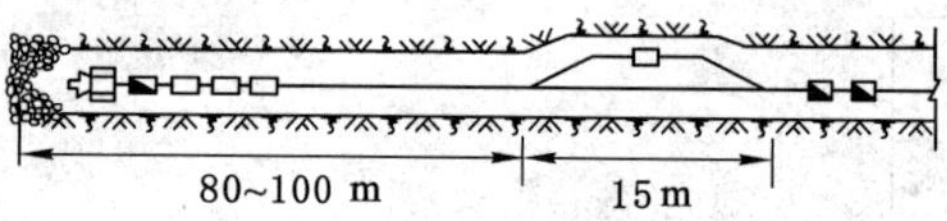	1. 电机车将成组空车顶入工作面； 2. 装满一车后，由电机车拉入错车场留下重车，并将错车场内原有重车顶到错车场后面	1. 用于电机车成组调车为宜，取消了人力车； 2. 铺设标准道岔工作量大，巷道刷帮量大
固定式	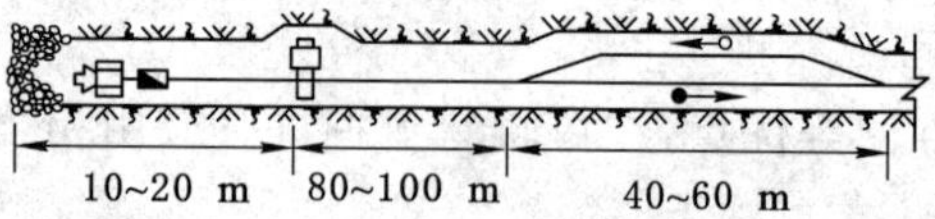	1. 将空车推入平移式调车器，并平移至巷道一侧； 2. 将重车通过调车器推向后部车场； 3. 将空车平移还原，推入工作面	1. 采用翻框式调车器或风动吊车器，配合人力或电机车调车； 2. 安设方便，能随工作面推进迅速前移
活动式	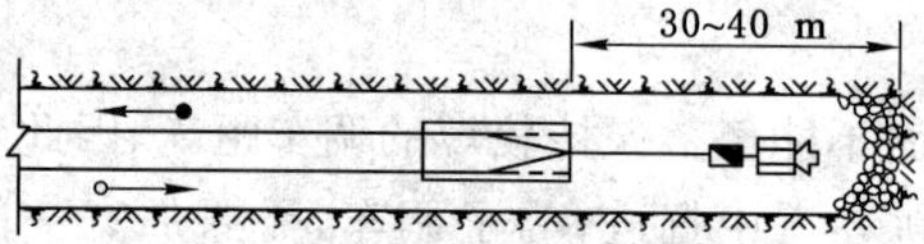	利用道岔调动空、重车	1. 可采用浮放道岔或标准道岔； 2. 用于单机装岩，适宜配合耙斗装岩机使用
活动式	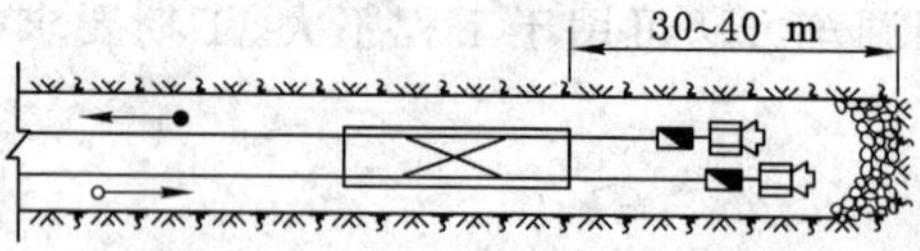	1. 空车经由道岔分别供两台装岩机使用； 2. 两侧重车经由道岔进入重车线	1. 采用菱形浮放道岔，用于双机装岩； 2. 道岔长度比用两个渡线道岔大为缩短，两股道上的车辆调动同样方便； 3. 设备简单，但移动笨重

(1) 带式转载机

这种转载机结构简单，长度较短，行走方便，能适应弯道装岩。为了增加连续装车的数目，可采用反复倒车的方法。连续装车的数目与转载机下容纳的矿车数有关，如图 4-19 所示。连续装车数目的计算公式如下：

$$X = 2^n - 1 \tag{4-10}$$

式中 X——能连续装车的矿车数目,辆;

n——转载胶带下一次能存放的矿车数目,辆。

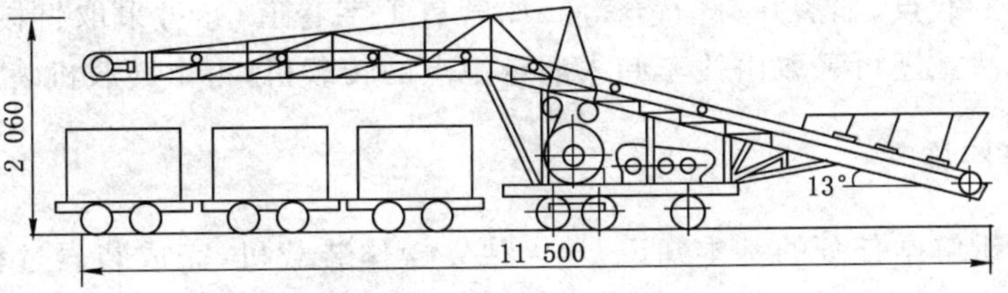

图 4-19 悬臂式带式转载式

例如,$n=3$,$X=2n-1=7$。具体倒车方法如图 4-20 所示。

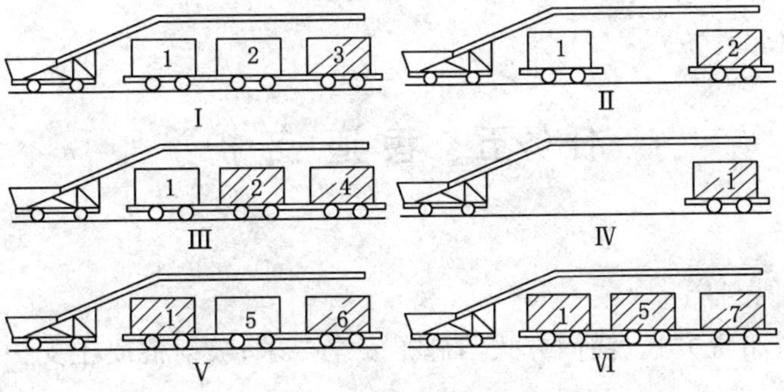

图 4-20 连续装车调车方法示意图

1,2,3,…,7——矿车排列顺序;Ⅰ,Ⅱ,…,Ⅵ——调车步骤序号

(2) 梭式矿车

梭式矿车由前车体、后车体、刮板输送机、前后横梁、转向架、传动系统和电气控制系统等组成,如图 4-21 所示。梭车由前后车体构成一个窄长大容积箱体,并通过前后横梁放在两个转向架上,全车重量通过转向架传递到轨道上。

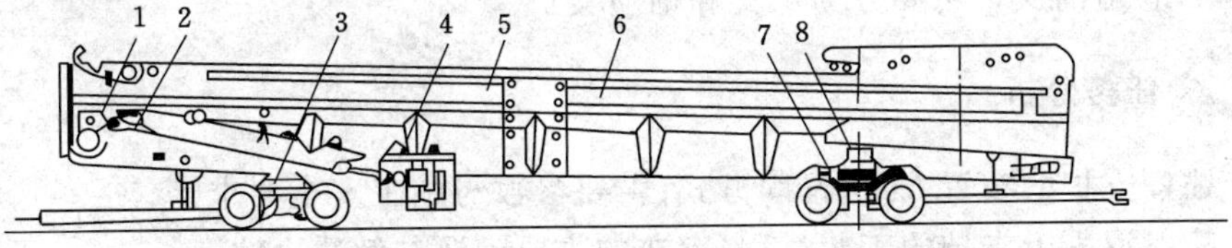

图 4-21 8 m^3 梭式矿车

1——蜗轮减速器;2——万向传动轴;3——前横梁;4——电动托架;
5——前车体;6——后车体;7——转向梁;8——后横梁

梭式矿车既是大容积矿车,又是一种转载设备。刮板输送机安设在车箱底部。装岩时,装载机把岩石装入车箱的前端,每当岩堆达到车箱高度时,即开动刮板输送机将岩堆向车箱后端移运一段,直至装满整个车箱为止。然后用电机车拉至卸载点,开动刮板输送机将梭车内的岩石全部卸出。

根据工作面的条件,可以一次进一台梭车,亦可把梭车搭接组列使用,一次将工作面爆落的岩石装走。

梭式矿车具有装载连续，转载、运输和卸载设备合一，性能可靠等优点。但井下使用一般需要有专门的卸载点，如溜井、矸石仓等。如若有丁字巷道，亦可采取将梭车尾部抬高直接卸入矿车的方法。还可采取由梭车卸入固定地点的转载机，再由转载机装入矿车的办法。

任务实施

教师先分析讲解本任务的基本知识，学生独立操作装载机，完成装岩过程，提交实训报告或成果。

思考与练习

1. 简述装运设备的分类。
2. 如何选择装运设备？

任务五 巷道支护

知识要点

锚杆支护种类、布置方式、锚固方式与施工安全要求；喷射混凝土支护的工艺过程、存在的主要问题与解决办法。

技能目标

能选择锚杆和操作混凝土喷射机。

任务导入

巷道支护的目的在于改善围岩的受力状况，减缓围岩的变形移动速度，维护安全的工作空间。岩石巷道的支护主要分为裸支和锚喷支护。

任务分析

(1) 锚杆支护的布置方式、锚固方式、主要参数与施工安全要求。
(2) 喷射混凝土支护的工艺过程、存在的主要问题与解决办法。

相关知识

一、锚杆支护

(一) 围岩分类与锚杆支护的关系

锚杆支护按组合构件可分为7类支护：① 单体锚杆；② 锚杆网；③ 锚杆钢带；④ 锚杆梁；⑤ 锚杆桁架；⑥ 锚杆锚索；⑦ 多种组合，包括锚带网、锚梁网、锚杆桁架网、锚带(梁)网索等。根据巷道围岩稳定性，选用合适的锚杆支护形式。表4-8为巷道围岩分类与锚杆支护形式对照表。

表 4-8　　巷道围岩分类与锚杆支护形式对照表

巷道类别	稳定情况	基本支护形式	备注
Ⅰ	非常稳定	不支护	端锚
		单体锚杆支护	
Ⅱ	稳定	顶板较完整：单体锚杆＋大托板	端锚、加长锚固
		顶板较破碎：锚杆＋网；锚杆＋钢带＋网	
Ⅲ	中等稳定	压力较大，顶板较完整：锚杆＋钢带	端锚、加长锚固
		压力较大，顶板较破碎：锚杆＋钢带＋网＋锚索	
Ⅳ	不稳定	压力大：锚杆＋钢带＋网＋锚索；桁架锚杆＋网＋锚索	端锚、加长或全长锚固
Ⅴ	极不稳定	压力很大，顶板较完整：锚杆＋网＋金属可缩支架	全长锚固
		压力很大，顶板较破碎：锚杆＋网＋金属可缩支架＋锚索	
		压力很大，底鼓严重：环形可缩性支架＋锚杆＋锚索	

（二）确定锚杆支护参数

各类支护应选择合理的参数，以便达到最佳的支护效果。锚杆杆体的直径、长度及形状，托盘的材质、强度，树脂锚固剂的技术特征等，都决定着锚杆在巷道内的布置。

(1) 锚杆布置方式

锚杆的布置一般有“三花”布置、“五花”布置和矩形布置等，锚杆的间排距一般取 0.6 m、0.8 m 和 1.0 m，顶板条件良好或采用联合支护方式可取 1.0 m 和 1.2 m。

(2) 锚固方式

锚杆的锚固方式可分为端头锚固、加长锚固和全长锚固。应根据锚杆杆体性能和围岩强度来选择锚固方式。如圆钢锚杆宜选用端头锚固，螺纹钢锚杆可采用加长或全长锚固；硬岩层中可采用端头锚固，破碎软岩及煤层中宜采用加长锚固或全长锚固。

(3) 树脂锚固剂

树脂锚固剂能与不同材质的杆体配套，已成为现代锚固工程的最佳材料。它黏结能力强，固化速度快，耐久性好，抵御外界和人的影响因素能力强，安全可靠性高，产品质量稳定，储存期长。锚固剂由两种不同成分严格按科学配方分隔包装组成。安装时，锚固剂放入锚杆孔内，用锚杆安装机械带动杆体高速旋转，搅破薄膜后，两种成分相互混合，立即发生化学反应。其凝胶时间可按设计要求从十几秒到几小时准确调控。

在安装锚杆时，应严格按照锚固剂的技术特征进行操作。表 4-9 所列为树脂锚固剂主要技术特征。

表 4-9　　树脂锚固剂主要技术特征

型号	凝胶时间/min	固化时间/min	备注
CK	0.5～1.0	≤5	超快型
K	1.5～2.5	≤7	快型
Z	3.0～6.0	≤12	中型
M	10～20	≤30	慢型

(4) 钻孔、锚杆、树脂药卷直径的合理匹配

锚杆支护的目的是控制巷道围岩变形破坏,使巷道围岩保持稳定。锚杆锚固力的大小直接关系到其控制围岩变形的能力。为了使锚杆获得最大的锚固力,并且能够顺利安装,煤巷锚杆钻孔直径应为 28 mm。当使用无纵筋左旋螺纹钢锚杆时,钻孔直径与锚杆直径之差应在 4～10 mm 之间,最佳值为 5～6 mm;当使用带纵筋螺纹钢筋锚杆时,钻孔直径与锚杆直径之差应在 6～12 mm 之间,最佳值为 7～8 mm。树脂药卷直径与钻孔直径之差为 5 mm 左右。

(三) 锚杆支护施工安全注意事项

(1) 锚杆支护施工必须有作业规程,并要严格按作业规程的规定组织施工。

(2) 锚杆眼必须按作业规程要求的间距和排距布置,锚杆至工作面的间距必须小于锚杆的设计排距。如有特殊要求应在作业规程中明确。

(3) 打眼前,必须敲帮问顶,撬掉活矸,按规定架设临时支护,严禁空顶作业。钻眼时应按事先确定的眼位标志钻进。钻完后应将眼内的岩粉和积水吹(掏)干净。

(4) 锚杆眼应做到当班打的眼当班锚。锚杆的外露长度要符合作业规程的规定,一根锚杆上不允许上两个托板或螺帽。

(5) 锚杆眼必须按照规定角度打眼,原则上应与岩石的层理面垂直。当层理面不明显时,锚杆眼方向应与巷道周边垂直,不得打"穿皮眼"或沿顺层面、裂缝打眼。

(6) 使用树脂锚杆时应用防护手套,未固化的树脂药包和固化剂具有毒性和腐蚀性,应避免与皮肤接触。破损的药包应及时处理,严禁树脂药包接触明火。

(7) 锚杆安装时的预应力必须符合作业规程的规定,否则将可能导致重大事故的发生。

(8) 锚杆安装后,要定期按规定进行锚固力检测,对不合格的锚杆必须重新补打。有滴水或涌水的锚杆眼,不许使用水泥锚杆。

(9) 安装锚杆前,应将锚杆眼内的积水、煤岩粉用掏勺或压风吹干净。用压风吹时,操作人员应站在眼孔一侧,正对眼孔方向不得有人。

(10) 安装管缝式锚杆时,在推进锚杆过程中,要始终保持锚孔与锚杆呈一条直线。推入眼孔的杆体长度必须符合作业规程的规定,垫板应与岩面紧密接触。

(11) 安装水泥锚固剂时,锚固剂在入井前和使用前都要进行检查,严禁使用失效的锚固剂。水泥锚固剂在净水中浸泡的时间要符合锚固剂的使用要求。

二、喷射混凝土支护

喷射混凝土是一种不用模板,没有浇注和捣固工序的快速、高效的混凝土施工工艺。喷射混凝土支护具有及时、密贴、早强、封闭的特点。根据使用机具或施工方法的不同,喷射混凝土大致可分为干式喷射法、半湿式喷射法和湿式喷射法。目前,使用较多的是干式喷射法。

(一) 喷射混凝土支护的工艺过程

目前,喷射混凝土施工常用工艺流程如图 4-22 所示。

1. 施工准备工作

喷射混凝土前,应按设计要求检查巷道规格;用压风、水冲洗岩面并清除险石;埋设控制喷层厚度的标桩;认真检查喷射机具和风、水、电、管线以及准备好照明和防尘设施等。

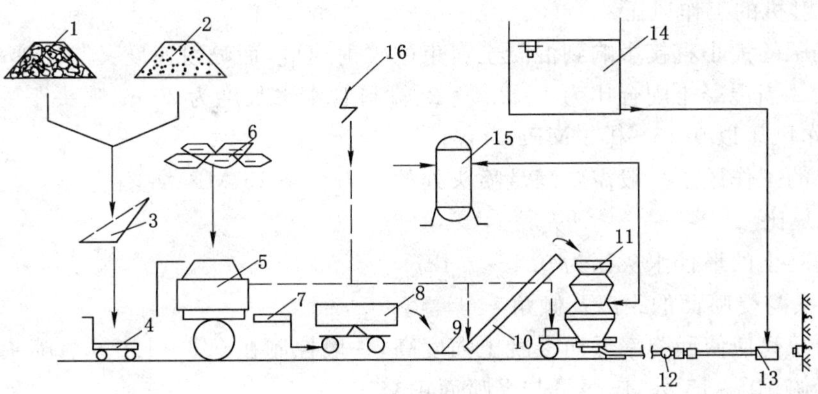

图 4-22　喷射混凝土的工艺流程

1——石子；2——砂子；3——筛子；4——磅秤；5——搅拌机；6——水泥；
7——筛子；8——运料小车；9——料盘；10——上料机；11——喷射机；
12——异径葫芦管；13——喷头；14——水箱；15——风包；16——电源

2. 喷射作业

(1) 严格按操作规程正确使用混凝土喷射机，尤其要注意调整好风压、水压，以减少回弹量和粉尘浓度。另外，混合料应随拌随用，其存放时间，掺速凝剂时不应超过 20 min，不掺速凝剂时不应超过 2 h。

(2) 喷头操作，要先给水后送料，及时调整灰水比；喷射顺序应先墙后拱，自下而上呈螺旋状轨迹移动，旋转直径以 200 mm 左右为宜。

(3) 为了保证喷射质量、提高工效，应合理划分喷射区段。一般以 6 m 长为一基本段，基本段再分为 2 m 长的三小段。喷墙时，每喷完 1.5 m 高便依次向相邻小段前进。图 4-23 所示为拱形巷道合理划分喷射区段的一个实例。对于凹凸严重的岩面，应先凹后凸、自下而上地正确选择喷射次序。

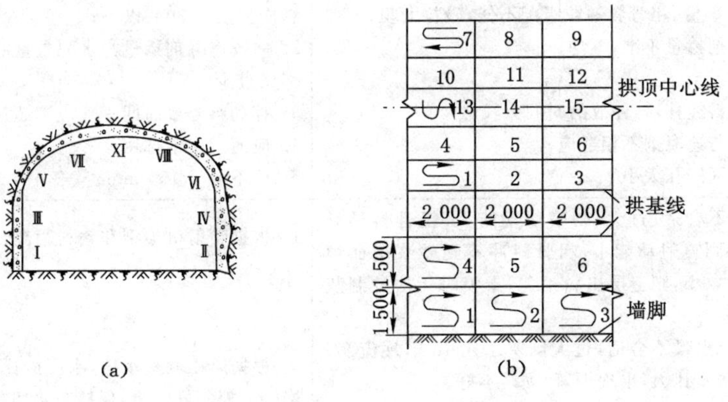

图 4-23　喷射区段的划分与喷射顺序

(a) 区段划分；(b) 喷射顺序

3. 确定主要工艺参数

为了确保喷层质量、减少回弹率和降低粉尘浓度，必须正确选择施工工艺参数。

(1) 喷射机的工作风压

工作风压的大小直接影响到混凝土料束的喷射速度，而喷射速度又与回弹率、喷层强度等密切相关。当混凝土配合比为1∶2.5∶2、输料管水平长度为20 m、喷头距受喷面1 m左右时，其工作风压以0.15～0.3 MPa为宜。

喷射机的工作风压一般需要满足喷头处的压力在0.15 MPa左右。

(2) 水灰比

喷射混凝土的最佳水灰比为0.4～0.42。

(3) 喷头与受喷面的距离及倾角

合适的距离应使回弹率低而混凝土强度高，一般控制在0.6～1.0 m。喷头方向除了喷墙下部可下俯10°～15°外，应尽量与受喷面正交。

(4) 一次喷射厚度及喷层之间的间歇时间

为了不使混凝土从受喷面发生重力坠落，一般喷射顺序为分段向上喷射，并且自下而上的一次喷射厚度逐渐减小。如果一次达不到设计厚度，需要进行复喷时，其间隔时间与水泥品种、工作温度、速凝剂掺量等因素有关。一般对于掺有速凝剂的普通水泥，温度在15～20 ℃时，其间歇时间为15～20 min；不掺速凝剂时为2～4 h，并在复喷前先喷水湿润。

(二) 喷射混凝土支护存在的主要问题及解决措施

1. 回弹

喷射混凝土施工中，部分材料回弹落地是难以避免的，但回弹过多，既浪费材料，又在一定程度上改变了混凝土的配合比，使喷层强度降低。因此，在施工中应合理确定工艺参数，使回弹率控制为：边墙不超过计划的15%，拱部不超过计划的25%。回弹量增大的原因及减少回弹的措施详见表4-10。

表4-10 喷射混凝土回弹影响因素分析

影响因素	回弹量大的原因	减少回弹量的措施
材料方面	1. 没有严格掌握配比，拌和料中水泥量少，粗骨料多，含砂率低，粗骨料颗粒级配不佳，砂粒太粗； 2. 速凝剂掺量不准，不均； 3. 拌和料搅拌后，停放的时间太长； 4. 水泥与速凝剂不相适应； 5. 金属网网孔太小	1. 严格按设计配合比配料，粒径大于15 mm的骨料应控制在20%以下； 2. 一般速凝剂掺量为水泥重量的2%～4%，不宜过多或过少； 3. 拌和料停放时间一般应不超过30 min； 4. 应通过实验选用； 5. 应不小于150 mm
工艺方面	1. 风压不合适，过大，则喷射动能大，粗骨料易弹回；过小则喷射动能小，粗骨料冲不到砂浆层而掉落；忽大忽小，则造层出料不匀，干喷时无法控制灰水比。 2. 水压、水量不合适，过大则灰水比小，出现流淌；过小则灰水比大，出现干斑，黏结不好。 3. 一次喷射厚度过大，会使未凝固的混凝土下坠；过小则粗骨料易溅回。 4. 分层喷射时，两次喷射之间的间歇时间太短，已喷射层遭到破坏。 5. 喷枪与受喷面的距离过近或过远	1. 根据喷射机类型和输料距离合理选择风压。 2. 根据风压调整水压，水压应比风压高0.05～0.1 MPa。控制好水量，保持灰水比在2～2.33范围内。 3. 一次喷射厚度一般应小于最大骨料粒径的2倍。 4. 合理的间歇时间应是喷射混凝土达到终凝后再进行下一分层的喷射。 5. 在0.5～1 m范围内，随风压变化而调整

续表 4-10

影响因素	回弹量大的原因	减少回弹量的措施
工作条件	1. 受喷面太光滑； 2. 受喷面上有灰尘； 3. 受喷面凹凸严重； 4. 受喷面水大	1. 用喷砂法增加岩石的粗糙度，或先喷一层砂浆，再喷混凝土。 2. 喷射前先洗岩石灰尘。 3. 采用光爆，使断面轮廓尽量规整。 4. 水大时，先采取排水措施，治水后喷射；水小时，一面用压风吹去淋水，一面喷射，边吹边喷
操作方法	1. 喷射顺序不对； 2. 喷枪的移动方式不对； 3. 拿喷枪的姿势不对； 4. 给料不连续、不均匀，使喷射手掌握不住灰水比； 5. 使用单罐湿喷射机时，每罐开始喷射部位不对	1. 应先墙后拱，自下而上进行喷射； 2. 应按螺旋状轨迹一圈压半圈横向运动； 3. 应使喷枪垂直于受喷面； 4. 应专人掌握喷射机的入料，保证给料连续均匀； 5. 每罐初喷时，先喷射已喷部位或罐内保持少量混凝土

回弹物应尽量收回利用，可作为喷射混凝土的骨料，但掺量不应超过骨料总量的 30%。也可用于浇灌水沟、地板或预制水沟盖板等低强度混凝土构件。

2. 粉尘

喷射混凝土会产生粉尘。降低粉尘浓度的主要措施如下：

(1) 采用湿喷机，严格采用湿喷射法。

(2) 加强通风。尽量采用混合式或压入式通风，风筒口距作业地点以 10 m 左右为宜。在喷射作业地点的回风流中应设喷雾洒水装置。

(3) 注意操作人员的个体防护，如佩戴防尘眼镜、防尘口罩。

3. 围岩渗漏水的处理

围岩涌水会降低喷层与岩面的黏结力，使喷层脱落或离层。因此，喷射混凝土前必须对水进行处理。若岩帮仅有少量渗水、滴水，可用压风清扫，边吹边喷即可；遇有小裂隙水，可用快凝水泥砂浆封堵，然后再喷；若有成股涌水或大面积漏水，则单纯封堵是不行的，必须将水导出，如图 4-24 所示，首先找到水源点，在该凿一个深约 10 cm 的喇叭口，冲洗干净后，用快凝水泥将导水管埋入，再向管子周围喷混凝土，待混凝土达到一定强度后，再向导管内注入水泥浆，将孔封闭。

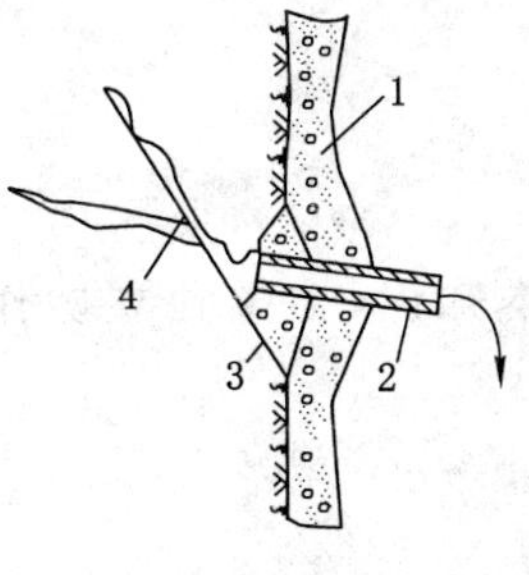

图 4-24　埋设导管排水

1——喷层；2——导水管；3——快凝水泥净浆；4——水源

4. 喷层的养护

喷射混凝土水泥用量较大，含砂量较高，喷层又是大面积薄层结构，加入速凝剂后迅速凝结，这就使混凝土在凝结期的收缩量大为减少，而硬化期的收缩量则明显增大，使喷层产生规则的收缩裂缝，降低了喷层的强度。

为了减少喷层的收缩裂缝，应尽可能选用优质水泥，控制水泥用量，不用细砂，掌握适宜的喷层厚度，喷射后必须按养护制度规定进行养护。要求在混凝土终凝 2 h 后喷水养护，用普通水泥时，喷水养护时间不小于 7 d，矿渣水泥不小于 14 昼夜。只有在淋水的地段或相对湿度 95％以上的情况下，才可不专门进行养护。

（三）喷射混凝土支护安全施工注意事项

(1) 在使用喷射机前，应对其进行全面检查，发现问题及时处理。喷射机要专人操作。处理机械故障时必须切断电源、风源。送风、送电时必须通知有关人员，以防发生事故。

(2) 选用输料管时，应选用抗静电的管路系统。管路的铺设要平直，不得有急弯；接头必须严紧，不得漏风。

(3) 配料时所用材料的标号、规格、材质及其配合比都必须符合作业规程的要求。速凝剂的掺入量要均匀并适度，如果过高，虽然能加快初凝时间，但其喷层的脆性将加大，从而影响其质量。

(4) 初喷前，要先敲帮问顶，清除危岩活石，以保证作业安全。初喷应紧跟工作面，喷体支护的端头距工作面的距离必须符合作业规程的规定。

(5) 喷射中发生堵管时，应停止作业。处理堵塞的喷射管路时，在喷枪口的前方及其附近严禁有其他人员，以防突然喷射和管路跳动伤人。疏通堵管可采用敲击法。

(6) 在巷道中使用的长距离钢管或塑料管应定期转动，使其磨损均匀。作业中要经常检查输料管转弯和出料弯头处等易损地点有无磨薄、击穿现象，发现问题及时处理。

(7) 较高巷道喷顶时，要搭设可靠的工作台或用机械手喷射。喷射手应配两人，一人持喷头喷射，一人辅助照明并负责联络、观察顶板及喷射情况，以保证安全。

(8) 喷射机的安设地点要选择支护完好、工作方便的安全地点，向喷射机送料人员要站在安全地点作业。

(9) 喷射机必须保持密封性能良好，防止漏风和粉尘飞扬，加强工作面通风。

(10) 喷射作业中粉尘的来源主要是水泥和砂粒中的矽尘飞扬。长期吸入粉尘，危害工人的身体健康。凡从事喷射作业的人员，必须佩戴劳动保护用品。喷射前应开启降尘设备和设施。

任务实施

教师先分析讲解本任务的基本知识，学生独立操作混凝土喷射机，提交实训报告或成果。

思考与练习

1. 简述锚杆支护的种类及常见的布置形式。
2. 列表说明锚固剂的技术特征。
3. 简述锚杆支护施工安全注意事项。

4. 如何合理确定喷射混凝土主要工艺参数？

5. 分析喷射混凝土支护存在的主要问题，制定相应的对策措施。

任务六　掘进通风与防尘

知识要点

掘进通风的任务与目的，压入式、抽出式和混合式的布置及应用分析，掘进通风的安全管理内容，综合防尘的内容。

技能目标

能布置局部通风机，能陈述掘进通风安全管理和综合防尘的内容。

任务导入

在掘进巷道时，为了供给人员呼吸的新鲜空气，稀释掘进工作面的瓦斯及爆破后产生的有害气体及矿尘，并创造良好的气候条件，必须对掘进工作面进行通风。这种通风称为掘进通风，也叫局部通风。局部通风区域是煤矿的事故多发地点。据统计，矿井的瓦斯爆炸有约80％与局部通风有关。

任务分析

(1) 为何要掘进通风？压入式、抽出式和混合式的布置及应用分析。

(2) 如何安全管理掘进通风？综合防尘的主要内容。

相关知识

一、掘进通风方式

局部通风的方法主要有三种：一是利用矿井总风压进行通风，二是利用水力或压气引射器通风；三是局部通风机通风。

(一) 总风压通风

矿井总风压通风是利用矿井主要通风机所造成的风压借导风设备对掘进工作面通风的一种方法。它主要有三种布置方式，即利用纵向风障导风、利用风筒通风、利用平行巷道通风。

(二) 引射器通风

引射器通风的原理是利用喷嘴喷出的高压流体(高压水或高压气)在喷嘴射流的周围造成负压而吸入空气，并在混合管口内混合，将能量传递给被吸入的空气，使之具有通风压力，达到通风的目的。引射器通风一般采用压入式。采用引射器通风的主要优点是：无电气设备，无噪声，比较安全。若采用水力引射器通风，还能起到降温、降尘的作用。其缺点是：供风量小，需要水源或高压气。故引射器通风适用于需要风量不大的短距离掘进通风，一般用于有煤与瓦斯突出的巷道掘进。

（三）局部通风机通风

使用局部通风机进行通风，其布置方式可分为压入式、抽出式和混合式三种方式。

(1) 压入式通风

压入式通风是利用局部通风机将新鲜空气经风筒压入工作面，污风则排出。其布置如图 4-25 所示。

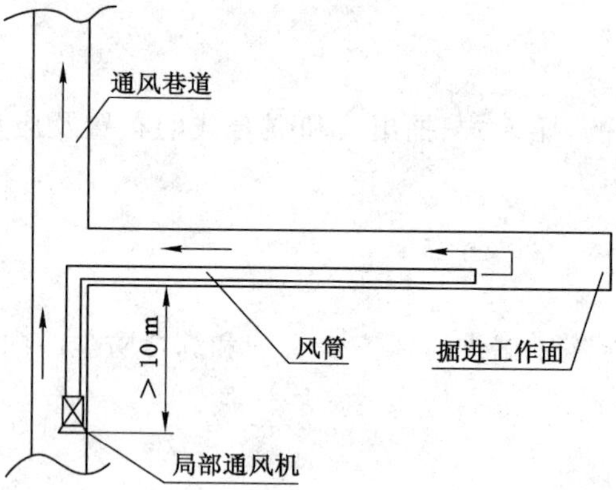

图 4-25　压入式通风机布置图

压入式通风的风流，从风筒末端以自由射流状态射向工作面，有效射程一般可能达 7～8 m，易于排出工作面的污风和矿尘，通风效果好。局部通风机安装在新鲜风流中，污风不经过它，安全性较好。

(2) 抽出式通风

抽出式通风与压入式通风相反，新鲜空气由巷道进入工作面，污风经风筒由局部通风机抽出。其布置如图 4-26 所示。

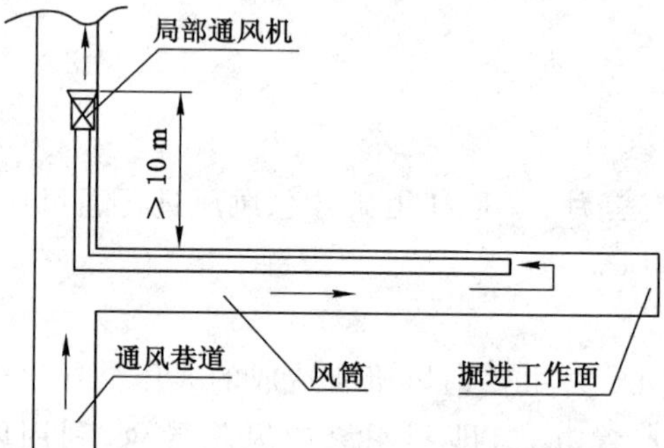

图 4-26　抽出式通风机布置图

抽出式通风，由于污风经风筒排出，保持了巷道中为新鲜空气，故劳动卫生条件较好。但风流的有效吸程较短，一般为 3～4 m。如果风筒末端距工作面较远，有效吸程以外的风流将形成涡流停滞区，通风效果不良。

(3) 混合式通风

混合式通风就是把上述两种通风方法同时使用。新风利用压入式局部通风机和风筒压入工作面，污风则由抽出式局部通风机和风筒排出。其布置如图 4-27 所示。

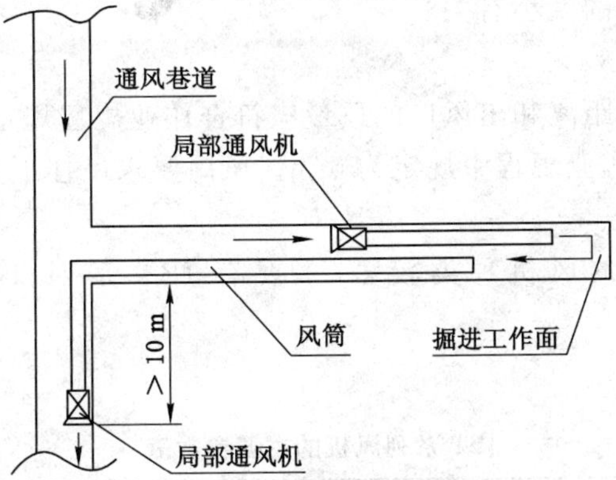

图 4-27 混合式通风机布置图

混合式通风兼有压入式通风和抽出式通风的优点，但其缺点也很多，如设备多，能耗大，管理复杂，有引起瓦斯、煤尘爆炸的危险。

压入式通风是我国煤矿应用最广泛的一种局部通风机通风方式。

《煤矿安全规程》规定，煤巷、半煤岩巷和有瓦斯涌出的岩巷的掘进通风方式应采用压入式，不得采用抽出式（压气、水力引射器不受此限制）；如果采用混合式，必须制定安全措施。瓦斯喷出区域和煤（岩）与瓦斯（二氧化碳）突出煤层的掘进通风方式必须采用压入式。

二、局部通风设备的选择

局部通风设备由局部通风动力设备、风筒及其附属装置组成。

（一）风筒

（1）风筒种类

煤矿使用的风筒主要是帆布风筒。它是一种柔性风筒，其最大优点是轻便、可伸缩、拆装搬运方便。此外还有铁风筒、玻璃钢风筒，其重量大，搬动困难，煤矿使用较少。随着大断面巷道机械化掘进的增多，混合式通风技术得到了广泛应用，为了满足其中抽出式通风的要求，多采用以金属整体螺旋弹簧钢圈为骨架的可伸缩风筒。

（2）风筒的接头

柔性风筒的接头方式有插接、单返边接头、双返边接头、活三环多返边接头、螺圈接头等多种形式。插接方式最简单，但漏风大；返边接头漏风小，不易胀开，但局部风阻较大。后两种接头风阻小、漏风小，但拆装比较困难，操作不是很方便。

（3）风筒的阻力

风筒的风阻是由摩擦风阻、局部风阻组成的。其大小取决于风筒的直径、接头方式、长度、负压和风筒的布置等因素。

（4）风筒的漏风

漏风使局部通风机风量 Q_a 与风筒出口风量 Q_h 不相同，因此，应用始末端风量的几何平均值作为风筒的风量，即：

$$Q=(Q_aQ_h)^{1/2} \tag{4-11}$$

Q_a 与 Q_h 的差就是风筒的漏风量，与风筒的种类，接头的数量、方法和质量以及风筒直径、风压等有关,但更主要是与风筒的维护和管理密切相关。需要注意的是,掘进工作面的通风效果与风筒出口风量的大小有关。

(5) 风筒的布置要求

风筒末端到工作面的距离和出风口的风量应符合作业规程规定。一般压入式通风的出风口距工作面的距离,在作业规程中规定为 5 m。风筒要求吊挂平直,逢环必挂,环环吃力。

(二) 局部通风机

目前煤矿企业使用的风机种类较多,主要有 JBT 系列、BJK 系列。其主要参数见表 4-11 和表 4-12。

表 4-11　　JBT 系列风机的主要参数表

型号	JBT-51	JBT-52	JBT-61	JBT-62
外径/mm	500	500	600	600
转速/r・min^{-1}	2 900	2 900	2 900	2 900
全风压/Pa	245～1 770	490～2 354	343～1 569	686～3 139
风量/m^3・min^{-1}	145～225	145～225	250～290	250～290
功率/kW	5.5	11	14	28
级数	1	2	1	2
质量/kg	175	235	315	410

表 4-12　　BKJ 系列风机主要参数表

型号	风量/m^3・min^{-1}	全风压/Pa	功率/kW	转速/r・min^{-1}	动轮直径/m
BKJ66-11No3.6	80～150	600～1 200	2.5	2 950	0.36
BKJ66-11No4.0	120～210	800～1 500	5	2 950	0.4
BKJ66-11No4.5	170～300	1 000～1 900	8	2 950	0.45
BKJ66-11No5.0	240～420	1 200～2 300	15	2 950	0.5
BKJ66-11No5.6	330～570	1 500～2 900	22	2 950	0.56

三、掘进通风安全要求

(一) 掘进通风质量总体要求

(1) 掘进通风机的安装和使用应符合《煤矿安全规程》的规定,风机的位置、供风量应满足要求,防止发生循环风。

(2) 局部通风机的设备齐全,吸风口有风罩和整流器,高压部位(包括电缆接线盒)有衬垫,通风机必须吊挂或垫高,离地面高度大于 0.3 m,5.5 kW 以上的局部通风应装有消声器(低噪声局部通风机和除尘风机除外)。

(3) 局部通风机要由专人看管,其他人员不得随意停开局部通风机。因检修、停电等原因停风时,必须撤出人员,切断电源。恢复通风前,必须检查瓦斯,只有在局部通风机及其开关附近 10 m 以内风流中的瓦斯浓度都不超过 0.5%时,方可人工开启局部通风机。

(4) 不得使用一台局部通风机同时向两个作业的掘进工作面供风。风筒末端距工作面的距离:煤巷不超过 5 m,岩巷不超过 8 m。风筒末端风量不少于 40 m^3/min(作业规程另有规定除外)。

(5) 风筒接头严密(手距接头 0.1 m 时感觉不到漏风),无破口(末端 20 m 除外)。风筒吊挂平直,逢环必挂,铁风筒每节至少吊挂两个点。

(6) 风筒拐弯处设弯头或缓慢拐弯,不准拐死弯。异径风筒接头用过渡节,先大后小,不准花接。风筒分岔要设三通。

(7) 瓦斯喷出区域、高瓦斯矿井、煤(岩)与瓦斯(二氧化碳)突出矿井,掘进工作面的局部通风机应采用"三专"(专用变压器、专用开关、专用线路)供电,也可采用装有选择性漏电保护装置的供电线路供电,但每天应有专人检查一次,保证局部通风机可靠运转。

(8) 使用局部通风机供风的地点必须实行风电闭锁,保证停风后切断停风区内全部非本质安全型电气设备的电源。使用两台局部通风机供风的,两台局部通风机都必须同时实现风电闭锁。

(9) 压入式局部通风机和启动装置必须安装在进风巷道中,距掘进巷道回风口不得小于 10 m。全风压供给该处的风量必须大于局部通风机的吸入风量,局部通风机安装地到回风口间的巷道中的最低风速必须符合表 4-13 的要求。

表 4-13　　最低风速表

巷道名称	最低风速/$m \cdot s^{-1}$
架线式机车巷道	1.0
运输机巷、采区进回风巷道	0.25
采煤工作面、掘进中的煤及半煤岩巷道	0.25
掘进中的岩巷	0.15
其他通风人行巷道	0.15

(10) 必须采用抗静电、阻燃风筒。风筒口到掘进工作面的距离以及混合式通风的局部通风机和风筒的安设,应在作业规程中明确规定。

(11) 严禁使用 3 台以上(含 3 台)的局部通风机同时向一个掘进工作面供风。

(12) 掘进工作面的进风和回风不得经过采空区或冒顶区,掘进工作面应实行独立通风。

(二) 局部通风机安装及运行

(1) 局部通风机的搬运、安装和拆除工作应由专职安装人员进行,各项工作应按规定和质量标准进行。对入井前的局部通风机应进行试运转,同时由专职防爆人员进行完好性检查,保证完好。

(2) 局部通风机在搬运过程中,装卸车时要互相配合、稳起稳落,防止损坏设备和碰伤装卸人员。人工搬运时,必须系牢抬稳,并注意来往车辆。不得带电移动局部通风机。

(3) 局部通风机应安装在设计规定的地点,安装地点的顶板支护应完好,无滴水。局部通风机进风口前 5 m 内不应堆有杂物。

(4) 局部通风机安装要稳固,并装有安全网罩。局部通风机与风筒连接处要有过渡节,连接要牢固。

(5) 压入式局部通风机的吸风量必须小于全风压供给该处的风量，以防出现循环风。

(6) 采用混合式通风方式时，要保证风筒重叠段巷道中的风速大于最低容许风速。对于长压短抽方式，压入式风筒出口风量应大于抽出式风筒入口的风量。对于长抽短压方式，抽出式风筒入口风量应大于压入式风筒的出口风量。

(7) 湿式除尘风机安装结束后，应检查风叶与筒壁的间隙，其任何方向都不得小于2.5 mm。

(8) 每台局部通风机必须悬挂管理牌板，内容包括：局部通风机编号、管理人员姓名、风筒长度、周围瓦斯及二氧化碳浓度、有效风量。

(9) 局部通风机启动前，应先由瓦斯检查员检查掘进工作面、局部通风机及其开关附近的瓦斯浓度。只有当瓦斯和二氧化碳浓度符合《煤矿安全规程》的规定时，才准启动。当其浓度超过规定时，应请示有关领导并采取专门处理措施，待符合规定后，再启动。

(10) 同一地点安装两台局部通风机和两台开关时，开关上要有明显标志，以防发生误操作。两台局部通风机串联时，应在第一台启动后再开第二台，严禁同时启动。

(11) 局部通风机启动后，发现机体有振动、颤动等异常情况时，应及时处理。启动10 min以后，确认一切正常后方能进行其他工作。

(三) 风筒的安装及管理

(1) 风筒吊挂要平、直、紧、稳，避免车挂、炮崩，必须逢环必挂。铁风筒每节吊挂两点，每节风筒末端两侧的挂钩应用铁丝系在巷道帮壁上。

(2) 一列风筒的直径要一致，如果不一致，要有过渡节。要经常检查使用中的风筒，如有破口要随时修补，做到不漏风。

(3) 更换风筒时，不得随意停局部通风机。必须停机时，应提前通知掘进工作面施工人员，待停止掘进工作、撤出人员后再更换。

(4) 拆除风筒时，应由里向外拆除。拆除独头巷道风筒时，不准停局部通风机。

(5) 修补风筒时，粘补风筒的胶浆应按要求配制。根据破口大小裁剪补丁，补丁以圆形为好，补丁压边应大于破口尺寸20 mm，为防止补丁补后翘边，补丁边应裁成斜面，补钉和破口应刷净至露出胶质风筒本色，晾干后才能涂上胶浆进行粘合，补丁粘合后应用木锤砸实，使其粘合严密，保证不漏风，粘好的风筒应再涂上滑石粉。对于100 mm以上的大破口，必须先用线缝合后再进行粘补。

(6) 装卸风筒时应注意安全，要防止铁丝划手、扎手和碰伤眼睛。

四、综合防尘

掘进岩石巷道时，在钻眼、爆破、装岩、运输等工作过程中，不可避免要产生大量的岩石粉尘。根据测定，这些粉尘中含有游离二氧化硅30%～70%，其中大量的是粒径小于5 μm的粉尘。这些粉尘极易在空气中悬浮，被人吸入体内，时间久了就易患硅肺病，严重地影响工人的身体健康。

《煤矿安全规程》规定，掘进井巷和硐室时，必须采取湿式钻眼、冲洗井壁巷帮、水炮泥、爆破喷雾、装岩(煤)洒水和净化风流等综合防尘措施。

(1) 湿式钻眼是综合防尘最主要的技术措施。钻眼过程中用水冲洗炮眼，使岩粉变成浆状从炮眼流出，使粉尘不会飞扬，可显著降低巷道中的粉尘浓度。

(2) 水炮泥在爆破中由于炸药气浪的冲击作用，水炮泥中的水形成一层水幕，可降低炸药爆炸后的温度，使爆炸火焰存在的时间缩短，减小了引爆瓦斯和煤尘的可能性，更有利于矿井安全生产。另一方面，水炮泥形成的水幕，有降低和吸收爆破中的有毒有害气体和粉尘的作用，改善了井下的劳动环境。

(3) 爆破喷雾是掘进工作面防尘工作的重要环节。爆破时，由于破碎岩石和爆破冲击波的作用，会产生大量粉尘。这些粉尘虽经水炮泥形成水幕的吸收降尘，但还有很多悬浮于空中，这时在掘进工作面的适当位置安设喷雾装置将起到极其重要的作用。实践中，经常是的掘进工作面附近安设好风水联动的压气喷雾装置，另外在掘进工作面后方每隔一定的距离，安一处喷雾装置，爆破前将两种装置开启，爆破结束后又关闭，从而起到降尘的作用。

(4) 冲洗岩帮、洒水对防尘和降尘都有良好的作用。在爆破前、作业前要用水冲洗岩帮，装岩前要向岩堆上洒水，水能黏结细粒粉尘，使其不在装岩时被铲斗扬起。实践证明，岩堆单位体积的耗水量与粉尘浓度成反比，见表 4-14。从表中可以看出，当耗水量为 8 L/m³ 时，粉尘平均浓度即可降低到 2 mg/m³ 以下。

表 4-14　　粉尘浓度与岩堆耗水量的关系表

耗水量	L/m³	8	16	22	25
粉尘浓度范围	mg/m³	1.5～1.8	1.1～1.5	0.9～1	0.5～1.5
平均粉尘浓度	mg/m³	1.7	1.4	1	0.9

(5) 加强通风排尘工作。通风工作除不断向工作面供给新鲜空气外，还可将含尘空气排出，以降低工作面的含尘量。为了做好通风排尘工作，首先应在掘进巷道周围建立通风系统，以形成全风压风流。其次应在各作业点搞好局部通风工作，保证工作面得到足够的风量和一定的风速，以便迅速把工作面的粉尘稀释并排到主回风流中去。

(6) 加强个人防护工作。工人在工作面作业时，一定要戴好防尘口罩。要定期进行身体健康检查，发现病情要及时治疗。

(7) 矿井必须建立完善的防尘供水系统。没有防尘供水管路的采掘工作面不得生产。主要运输巷、带式输送机巷、掘进巷道、转载点等地点都必须敷设防尘供水管路，并安设支管和阀门。防尘用水均应过滤。

任务实施

教师先分析讲解本任务的基本知识，学生分组完成局部通风机安装布置，提交总结或成果。

思考与练习

1. 简述局部通风的目的与方法。
2. 绘图说明掘进通风设备布置与安装。
3. 简述掘进通风的安全要求。
4. 分析综合防尘措施的内容。

任务七 机械化掘进作业线

知识要点

掘进机分类，综掘与掘进机械化，常用岩巷掘进机械化作业线，岩巷掘进机械化作业线的要求。

技能目标

能选择和改进岩巷掘进机械化作业线。

任务导入

气腿凿岩机需用劳动力多，劳动强度大，且不易保证炮眼的规格质量，不利于推广光面爆破和保证巷道的规格质量。随着矿山科技的发展、机械化进程的要求，掘进凿岩台车、钻装机、全液压凿岩机、盾构机等代替气腿凿岩机，能较大地提高掘进工效，减轻工人劳动强度和改善作业条件。

任务分析

(1) 分析常用岩巷掘进机械化作业线。

(2) 总结国内岩巷综掘、掘进机械化作业线的要求。

相关知识

一、掘进机的分类

巷道掘进机是一种能够同时完成截割、装载、运输、转载煤岩，并具有调动行走、喷雾降尘等功能的巷道掘进联合机组。某些掘锚一体机型还具有支护功能。它以机械方式破落煤岩，可掘出矩形、梯形、拱形、圆形等各种断面形状的巷道。

（一）按煤岩类别划分

掘进机按煤岩类别划分为煤巷掘进机、半煤岩巷掘进机和岩巷掘进机。煤巷掘进机主要适应于全煤巷道的掘进；岩巷掘进机主要适用于全岩巷道的掘进；半煤岩巷掘进机既适用于煤巷的掘进，又适用于半煤岩巷道的掘进。其中，应用最广泛的是煤巷掘进机和半煤岩巷道掘进机。岩巷掘进机由于受各种条件的限制，目前应用有限。对于岩石巷道的掘进主要是采用钻眼爆破法。

（二）按截割工作面方式划分

按照工作机构截割工作面的方式不同，掘进机可分为部分断面掘进机和全断面掘进机两大类。

(1) 部分断面掘进机

该掘进机一次只能截割巷道断面的一部分，其工作机构一般由悬臂及安装在悬臂上的截割头组成。要截割全部断面，形成所需的断面形状时，掘进机工作机构必须经过上下左右反复摆动，截割头旋转，完成煤岩的破碎。

部分断面掘进机一般采用悬臂式工作机构，具有掘进速度快、生产效率高、适应性强、操作方便等优点。目前，部分断面掘进机在矿山上应用广泛，主要适用于煤及半煤岩巷道的掘进。

(2) 全断面巷道掘进机

该掘进机工作机构沿整个工作面同时进行连续推进破碎煤岩，主要用于全岩巷道的掘进，目前在我国矿山上应用较少。

(三) 按截割头布置方式划分

悬臂式掘进机按照截割头布置方式的不同，分为横轴式和纵轴式两种。

(1) 纵轴式掘进机

该掘进机截割头的旋转轴线与截割臂轴线重合，工作时可根据截割阻力的大小，使截割头水平进给或垂直进给，来完成断面的截割。

这种类型的掘进机在推进掏槽时，工作机构可以很方便、快速地达到要求的截割深度，钻进效率高。但在横向摆动时，工作机构会受到较大的煤岩反力作用，影响机器工作时的稳定性，所以，这种类型的掘进机一般重量都比较大。纵轴式掘进机一般能截割出表面光整的巷道，且可开挖柱窝和水沟，尤其在煤巷掘进中得到广泛应用。

(2) 横轴式掘进机

该掘进机截割头的旋转轴线与截割臂轴线垂直，工作时主要靠截割头的水平进给，即悬臂的水平摆动，实现断面的截割。截齿截割方向比较合理，破碎煤岩省力，排屑方便。这种类型掘进机的工作机构横向摆动阻力小，机器稳定性好，重量轻，但截深小，钻进效率低。在掏槽切进和上下摆动截割时都必须左右移动截割头，不如纵轴式掘进机使用方便。

二、全断面岩石掘进机

全断面巷道掘进机的开发研究始于19世纪中期，经过多年的研究和发展，在国外一些国家的应用越来越普遍。目前我国全断面掘进机主要用于地铁隧道及其他岩巷掘进，在煤矿巷道掘进中应用很少。

我国于1966年生产了第一台全断面巷道掘进机，并在杭州人防工程中进行试验。20世纪70年代到80年代，先后研制出SJ58A、S58B、SJ40/45、EJ30/32、EJ50型全断面掘进机，并在隧道和煤矿巷道掘进中使用。长期以来，我国生产的全断面掘进机与国际水平有比较大的差距，主要表现为掘进速度慢，效率低，平均月进尺一般仅为100～300 m，而国际水平平均月进尺可达到500～1 000 m。

(1) 全断面岩巷掘进机系统组成

岩巷掘进机一般由移动部分和固定支撑推进部分组成，主要有破岩、行走推进、岩渣装运、驱动、动力供给、方向控制、除尘和锚杆安装等装置。

全断面掘进机包括主机和后配套系统。主机由刀盘工作机构、传动导向机构、推进操纵机构、大梁、主带式输送机和司机房等部件组成。配备内喷雾、水膜除尘、瓦斯自动检测报警仪等设施。主机上配备环形支架安装机和锚杆钻机，掘进机工作系统中配备激光导向、坡度指示和浮动支撑调向机构，可以不停机调向和控制掘进方向。全断面掘进机的后配套系统主要由斜带式输送机、转载机和喷雾泵站组成。

(2) 全断面岩巷掘进机作业线

全断面岩巷掘进机破碎的岩石，经主带式输送机、斜带式输送机、带式转载机装入矿车或带式输送机。

当采用锚喷支护时，主机上配备锚杆钻机，在掘进的同时可以打眼和安装锚杆，在距离工作面 20 m 的地方进行喷射混凝土作业。当采用金属拱形支架时，该机上配备的环形支架安装机也可以在掘进破岩的同时安装支架。不论以上哪种支护方式，都可以与掘进破岩平行作业，支护所需要的时间均小于掘进破岩时间，可大大缩短循环时间，提高成巷效率，实现快速掘进。

全断面岩巷掘进机庞大笨重、拆装时间长、转移运输不方便、辅助作业时间长、机器作业率低、动力消耗大、刀具寿命短、掘进成本高、要求所掘巷道曲率半径大以及难以适应井下复杂地质条件的缺点，使其在实际使用中受到一定的限制。

三、岩巷掘进机械化作业线

（一）掘进凿岩台车

在巷道掘进中，采用多台凿岩机打眼是国内目前情况下快速施工的行之有效的常规方法，但使用手持式气腿凿岩机需用劳动力多，劳动强度大，且不易保证炮眼的规格质量，不利于推广光面爆破和保证巷道的规格质量。目前国内外正在发展和研制其他钻眼设备，如掘进凿岩台车、钻装机、全液压凿岩机、盾构机等。在平巷掘进中，用凿岩台车来代替气腿凿岩机，可以较大地提高掘进工效，减轻工人劳动强度和改善作业条件。

近年来，我国对凿岩台车的研制工作是重视的，先后研制了多种型号的凿岩台车。如 CGJ2 型双轨液压台车，GT1 型双轨液压台车，CGZ-3 型三机液压台车及 CG-4 型、CG-15 型、CG-16 型等多种型号的台车。就其动力形式看，有风动、电动和液压等多种。这些台车上装设的凿岩机一般为 2～4 台，且多为轻型气腿式凿岩机，同时，除了个别型号外，均为非自行的轨轮式行走机构。国内已正式投入生产的凿岩台车有 CGJ2 型双机轨轮式凿岩台车和 CGJ3 型三机轨轮式凿岩台车。

(1) CGJ2 型双机轨轮式掘进台车

CGJ2 型双机轨轮式掘进台车的主要结构如图 4-28 所示。它是水平巷道的钻眼设备，在两个钻臂上各配有 YT-24 型风钻。台车主要由钻臂、车体、电气系统、液压系统、供风系统等部分组成。台车适用于巷道断面(高×宽)最小 1.8 m×2.0 m，最大 2.8 m×3.2 m，巷道坡度 0～35‰，轨距 600 mm 的巷道中。

(2) CGZ3 型三机轨轮式掘进台车

CGZ3 型三机轨轮式掘进台车由液压传动，行走配备了直流电动机。三台钻机由三个支臂支撑，中间的支臂是固定的。中间支臂上的凿岩机只能在垂直方向上下移动，目的是打一排 ϕ55～65 mm 的垂直龟裂掏槽眼和在同一垂直面上的几个小直径炮眼。两边的两个斜臂，除可旋转 360°外，上下还可摆动 30°，以便能打出周边炮眼。

在台车上装配三台 YG-30 型风钻。在钻凿岩石较为坚硬的条件下，巷道断面为 12.3～12.4 m^2，采用直线龟裂掏槽法，炮眼数为 30～32 个，眼深为 2.4 m，每循环钻眼时间为 150 min，循环进尺为 2～2.2 m，每班可完成两个循环，台车班效率为 4～4.4 m。

凿岩台车给钻眼工作的机械化及自动化提供了条件，特别是全液压钻机的出现，给凿岩台车提供了全部液压化的条件，因而使台车有了更广泛的使用前景。但由于无法补偿因使用凿岩台车而增加的辅助时间和难以实现钻装工序平行作业，以及在工作面与装岩设备的

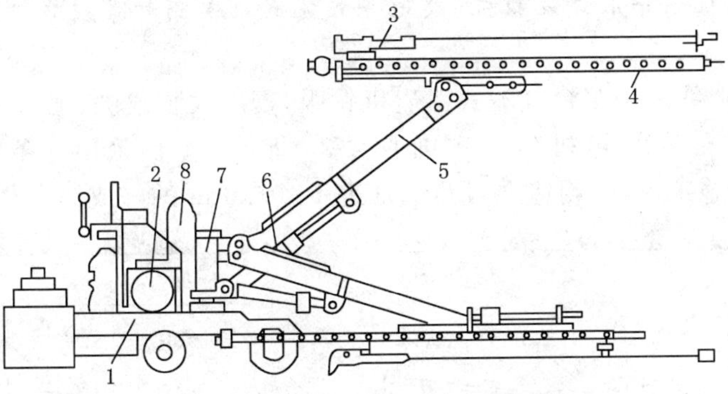

图 4-28 CGJ2 型双机轨轮式掘进台车

1——车体；2——直流电动机；3——凿岩机；

4——滑架；5——动臂；6——支承缸；7——转柱；8——固定气筒

调动比较麻烦，所以，在总的钻眼掘进效率上没有能大幅提高。

（二）岩巷掘进机械化配套

我国通过引进吸收世界各国的先进装备和技术，大力发展机械化配套，通过多年的科研和施工实践，在生产中形成了多种形式的机械化作业线。从装运方面进行分类，岩巷掘进施工机械化主要有以下几种配套方式。

1. 气腿凿岩机＋耙斗装岩机为主的机械化作业线

这种作业线采用多台气腿凿岩机钻眼、耙斗或铲斗侧卸式装载机装岩、带式转载机转载、矿车及电机车运输。作业线配套设备均为常规设备，结构简单，机械性能可靠，机电维修技术水平要求不高；初期投资少；机动灵活，能组织钻眼、装岩平行作业，提高了掘进工时利用率；耙斗装岩机配备气动调车盘或带式转载机，缩短了调车时间，提高了装岩机的生产效率，加快了巷道的施工速度。因此这条作业线在我国岩巷掘进中是一种主要的配套形式。

2. 凿岩台车＋侧卸式装载机为主的机械化作业线

如图 4-29 所示，这种作业方式采用由凿岩台车钻眼、铲斗侧卸式装载机装岩、带式转载机转载、矿车及电机车运输。主要适用于巷道掘进宽度大于 4 m 的大断面全岩巷道快速掘进。

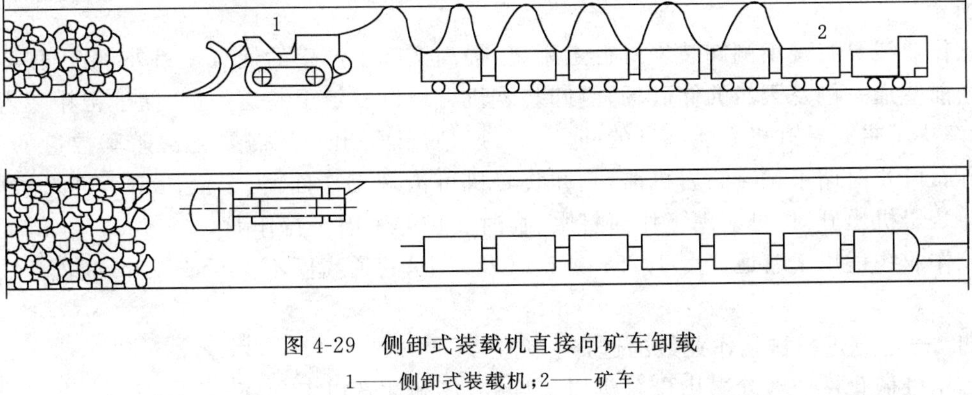

图 4-29 侧卸式装载机直接向矿车卸载

1——侧卸式装载机；2——矿车

3. 气腿式凿岩机+蟹爪式装载机(或耙斗式装载机或侧卸式装载机)+梭式矿车机械化作业线

这种机械化作业线采用多台气腿式凿岩机钻眼,蟹爪式装载机、耙斗式装载机或侧卸式装载机装岩,梭式矿车转运,电机车牵引,如图 4-30 所示。矿山采用这条机械化作业线,在断面 6.7 m^2 的隧道施工中,曾创造全岩巷道月进 1 403.6 m 的好成绩。

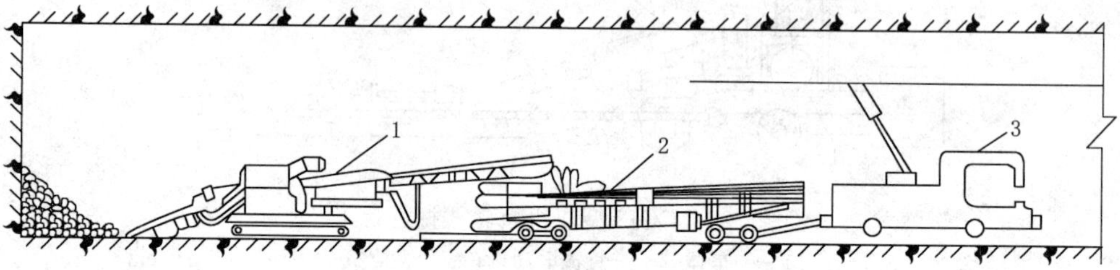

图 4-30 蟹爪式装载机与梭式矿车配套示意图

1——蟹爪式装载机;2——矿车梭式;3——电机车

4. 以钻装机为主的机械化作业线

这种机械化作业线采用钻装机钻眼与装岩、带式转载机转载、矿车及电机车运输,如图 4-31 所示。钻装机是在耙斗装岩机上安装凿岩钻臂,利用安装在钻臂上的凿岩机打眼,耙斗装岩,它能一机多用,能钻眼、装岩,还能打锚杆眼,又称为钻装锚机。

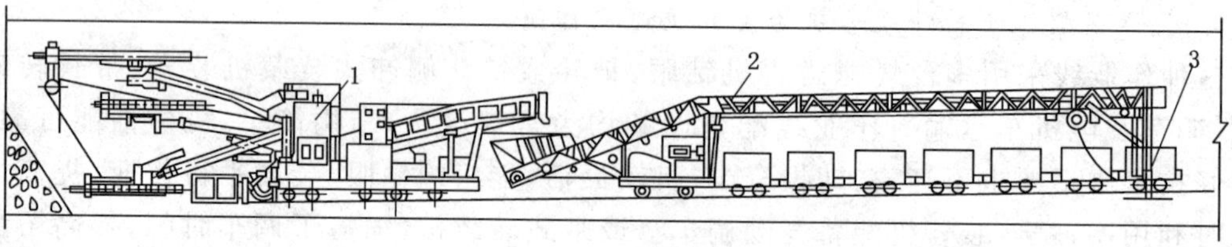

图 4-31 钻装机与带式转载机配套示意图

1——钻装锚机组;2——带式转载机;3——矿车

5. 液压钻车+侧卸装岩机配耙斗装岩机机械化作业线

这种作业线用耙斗装岩机置于掘进工作面一侧,用全液压钻车打工作面炮眼,爆破后,侧卸装岩机将工作面矸石铲运至耙斗装岩机料仓前,由耙斗装岩机将矸石扒装入矿车,如图 4-32 所示。

该作业线具有减小侧卸装岩机行走距离,提高实际生产率的优点。另外,由于耙斗装岩机料仓前巷道一侧是天然的储矸场,侧卸装岩机可将矸石铲至巷道一侧,储于耙斗装岩机料仓前,解决了带式转载机不能储矸的问题。一般情况下,出矸只需要正常矿车数量的一半,其余矸石可暂时储于耙斗装岩机前,侧卸装岩机可清理工作面,为全液压钻车进入做准备。在耙斗装岩机出矸时,可实现工作面打眼、临时支护等工序平行作业。

该作业线适用于巷道宽度 4.25～4.5 m 及以上、巷道高度不低于 4.5 m、断面 14 m^2 以上的巷道。

四、岩巷掘进机械化作业线的选择

选用机械化作业线除考虑设备供应条件外,还须注意以下问题。

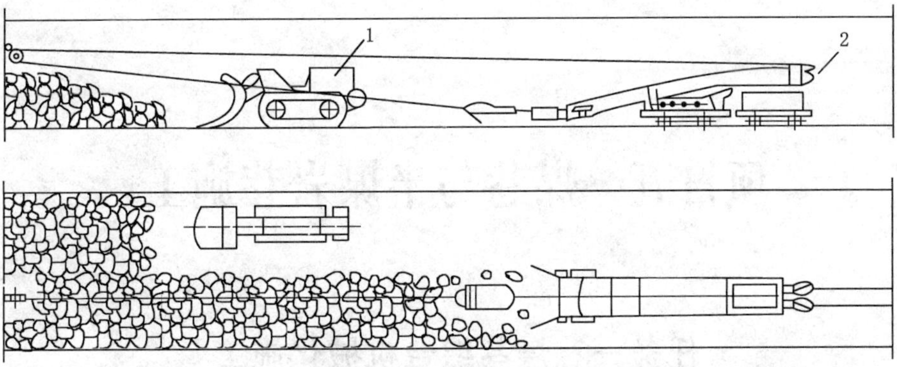

图 4-32　液压钻车＋侧卸装岩机配耙斗装岩机机械化作业线示意图

1——侧卸装岩机；2——耙斗装岩机

(1) 掘进巷道的岩石性质及断面。破碎带中的巷道、稳定性很差的软岩巷道，不适于采用高生产率的机械化作业线。

(2) 作业选择要与全矿的生产系统，如提升、运输、动力供应系统等相适应，使作业线的正常运行能得到充分保证。

(3) 采用中深孔或深孔爆破，以充分发挥装岩机的生产效率。浅孔多循环的作业方式使装岩设备进出工作面频繁，增加辅助时间，不利于提高掘进效率。

(4) 机械化作业线掘进巷道高效率的发挥，必须有良好的组织管理水平及严密的机电维修制度，不断提高工人的操作技术水平。

任务实施

教师先分析讲解本任务的基本知识，学生分组提出 2～3 个选择和改进岩巷掘进机械化作业线，提交总结或成果。

思考与练习

1. 掘进机是如何分类的？
2. 查阅资料，分析我国岩巷综掘的现状与未来。
3. 查阅资料，分析我国岩巷掘进机械化的现状与未来。

项目五　煤巷与半煤岩巷施工

任务一　煤巷综合机械化施工

知识要点

煤巷，综掘机，综掘生产线的构成；连续采煤机及作业线。

技能目标

能选择或配备综掘生产线和连续采煤机作业线。

任务导入

我国煤层巷道的施工方法使用掘进机掘进已比较普遍，钻眼爆破法正逐渐减少。综合机械化掘进是高产高效矿井回采巷道掘进的主要方法。我国已研制开发和引进使用了近20种悬臂式掘进机，综合机械化掘进程度逐步提高。近年来，我国成功开发和推广使用了煤巷锚杆支护技术，使巷道围岩地质力学性能测试技术、煤巷锚杆支护设计技术、施工机具、支护材料等均得到快速发展。煤巷机械化掘进和支护技术为我国高产高效矿井建设提供了必不可少的技术支撑。同时，随着综采生产技术的发展，百万吨综采工作面大量涌现且已出现年产 1 000 万 t 以上全自动化综采工作面，使年消耗回采巷道量大幅度增加，从而使煤巷掘进和支护正在成为煤矿高效安全集约化生产的技术瓶颈，是当前煤炭工业亟待研究和开发的关键性技术。

任务分析

(1) 煤巷的概念，常用综掘机系列，合理综掘生产线。

(2) 连续采煤机的选择及作业线配制。

相关知识

一、综掘设备组成的综掘生产线

煤巷是指在巷道掘进断面中，煤层占五分之四及以上面积的巷道。综合掘进机械化施工是实现连续破岩、装岩、转载、支护、防尘等工序的一种联合机组。其优点是提高掘进机械化水平，提高掘进速度，减轻劳动强度，实现矿井安全高效的发展。

对煤巷、半煤岩巷道而言，掘进机法掘进又可分为两类：一类是采用综掘设备组成的综掘生产线;另一类是采用连续式采煤机组成的采掘生产线。国产综掘设备的代表机组有ELMB、EBZ、EBJ和JMZ等系列。我国高水平综掘队多采用这四种型号机组,并创造过年平均进尺8 508 m,最高达15 342 m的好成绩。第二类采掘生产线主要是引进国外的连续采煤机,20世纪90年代引进的10余台连续采煤机在神华集团东区、陕西黄陵和兖州矿区的矿井中得到了良好使用,其中在神华东区的9个创水平掘进队的年平均进尺达到过13 799 m,最高达22 324 m。

然而,煤层的赋存条件因成煤环境不同而异,巷道的顶板条件千差万别,为掘进巷道提供及时支护,将掘进与支护作业有机结合在一起,就成为提高综合条件下巷道掘进成巷速度的关键,采掘锚、掘锚一体化快速掘进成巷技术及其设备因此得到了快速发展。

(一) 掘进机

掘进机能够把掘进中的破煤(岩)、装煤(矸)、转载等工作用一台机械完成,有的掘进机上还装有锚杆钻装机,可同时完成支护工作。与钻眼爆破法相比,使用掘进机具有工序少,速度快,效率高,质量好,施工安全,劳动强度小等优点。

我国20世纪八九十年代引进、消化国外设备技术,目前自主生产的掘进机质量稳定,技术性能处于世界先进水平。

掘进机的构造及工作原理大体相同,大都属于部分断面巷道掘进机。它是用截杆(或称悬臂)前端的截头伸入煤(岩)体旋转破煤(岩)的。根据截割布置方式的不同,悬臂式工作机构有横轴式和纵轴式两种,其割煤方式如图5-1所示。

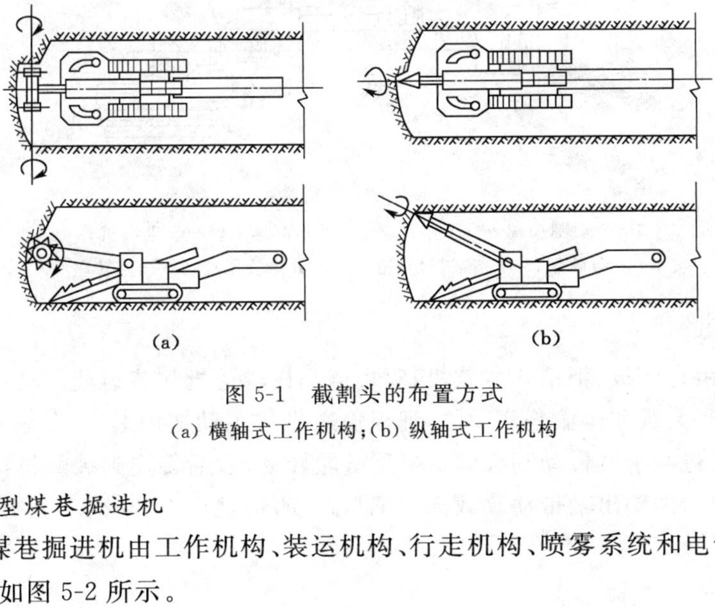

(a)　　(b)

图5-1 截割头的布置方式

(a) 横轴式工作机构;(b) 纵轴式工作机构

1. ELMB型煤巷掘进机

BLMB型煤巷掘进机由工作机构、装运机构、行走机构、喷雾系统和电气控制系统等部分组成,其构造如图5-2所示。

(1) 工作机构

如图5-3所示,工作机构由截割头、减速器、电动机、导轨架、回转座、回转液压缸、升降液压缸和推进液压缸等部件组成。截割头上按螺旋形布置有30个截齿。截割头由一台55 kW电动机经二级行星轮减速器带动,以56 r/min的转速进行落煤或破岩。截割头、工作臂、电动机和减速器四个部件组成一个整体,利用推进液压缸使截割部在导轨内做前后整体滑动,实现机体不动而截割头自动钻进和回缩,滑动的最大行程为500 mm。导轨架安设在

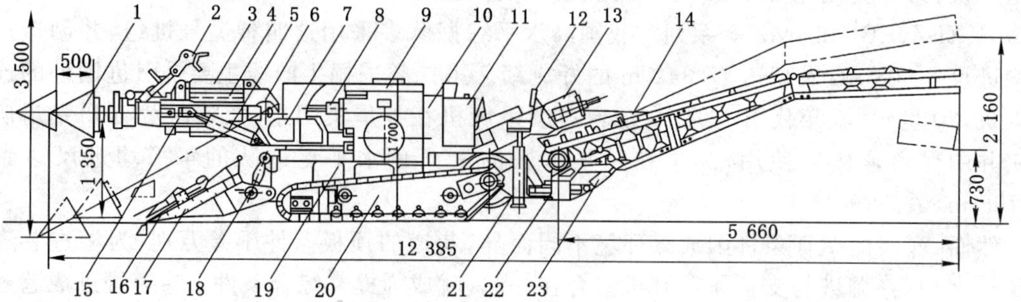

图 5-2 ELMB 型巷道掘进机

1——截割头；2——托梁器；3——伸缩液压缸；4——减速器；5——升降液压缸；6——电动机；7——回转座；8——回转液压缸；9——油箱与泵站；10——电控箱；11——操纵台；12——司机座；13——刮板输送机；14——带式转载机；15——导轨架；16——耙爪；17——铲板；18——铲板液压缸；19——主机架；20——行走部；21——起重液压缸；22——带式机转座；23——带式机升降液压缸

回转座上，可随回转座同样转动。回转座是支承整个工作机构的承载部件，它通过回转轴承和底座固定在主机架上。利用升降液压缸和回转液压缸使截割部上下和左右运动，即可切割出所需要的巷道断面形状。

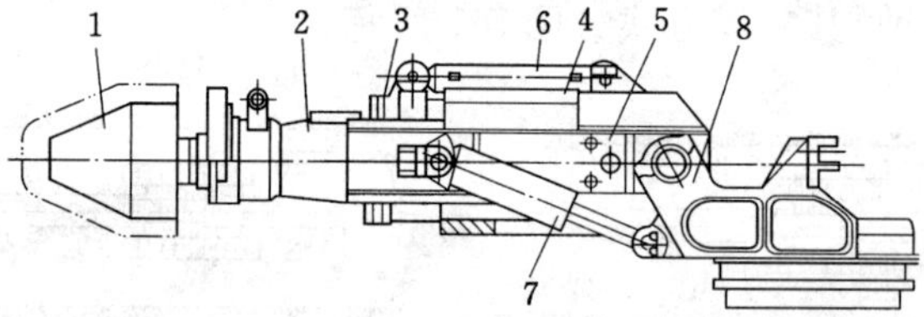

图 5-3 工作机构

1——切割头；2——工作臂；3——行星减速器；4——电动机；5——导轨架；6——推进液压缸；7——升降液压缸；8——回转座

（2）装运机构

装运机构由组合铲板、耙爪式装载机、双边链刮板输送机和装运液压马达等组成。装运机构的最大特点是装载和运输是联动的，刮板输送机的主动链由装在机头两侧的两台摆线液压马达驱动，通过刮板链带动刮板输送机尾链轮转动，然后传递到装载机构耙爪减速器的输入轴，耙爪减速器的输出轴带动装载部的耙爪运动，使耙爪以 30 次/min 的速度不断地耙取落煤或矸石。

（3）转载机构

为使掘进机能向不同配套的运输设备卸煤，机器后面安装了带式转载机，转载机构由带式输送机、输送机转座，升降液压缸和回转液压缸等组成。输送机转座与掘进机主机架连接，转座由水平液压缸推动可绕立轴向左右各摆动 20°，以适应不同的卸载位置。安装在转载机后架下部的升降液压缸，它不仅支撑转载机，还可调节转载机的卸载高度，其调节范围为 730～2 160 mm。转载机的主动卷筒用一台摆线式液压马达直接驱动。

（4）行走机构

行走机构为履带式，由履带板、主链轮、导向轮、托链轮、支重轮、履带架及主机架等组成。左右履带架通过销轴与主机架连接，分别由一台内曲线大扭矩马达通过花键轴直接带动链轮再经履带板与驱动轮的啮合，实现履带的运动；通过操纵换向阀，可实现机器的前进，后退及左右转弯等动作。

正常情况下行走速度为 2.86 m/min，空载调动机器时，可通过调节液压系统回路合流，将行走速度提高到 5.04 m/min。

(5) 喷雾系统

为了降尘和降温的需要，该机装备了喷雾系统，包括内喷雾、外喷雾和引射器三部分。供水泵采用 PB80/35 型喷雾水泵，水泵输出的压力水经水门分成 3 条水路同时工作。

内喷雾的 19 个喷嘴按螺旋线布置在截割头上，截割头切割煤壁时，喷嘴也随截割头旋转，喷出的水雾渗进煤壁中，形成湿式切割。除降低煤尘外，还可大幅度降低刀齿温度，防止产生摩擦火花，确保生产安全。喷嘴工作水压为 1.5 MPa。

外喷雾布置在截割头后面的工作臂上，8 个喷嘴呈成马蹄形分布，喷出的水雾扩散后将截割头包围，以提高降尘效果。喷嘴工作水压为 1 MPa。

引射喷雾器由喷嘴、引射风筒、底板等组成，压水力由喷嘴射出时在风筒后部形成负压区，带有煤尘的空气被吸入并随水雾一起射向前方。引射喷雾器安装在工作机构导轨架前方的两侧。喷嘴工作水压为 1 MPa。

(6) 液压系统

掘进机的装运、行走、转载等各机构都采用液压传动。整个液压系统由一台 45 kW 双输出轴电动机带动一台 $CBZ_2$063/032 型和一台 $CBG_1$025/025 型双联齿轮泵，两台双联齿轮泵分别向工作机构、行走机构、装运机构和转载机构 4 个液压回路供油。液压油采用 N68 号普通液压油，油箱容积为 700 L。

(7) 电气系统

电气系统主要由 KBJM-125/660 矿用隔爆型兼安全火花型电气箱和 LHJM 矿用安全火花型操作箱组成。电气系统具有失压、过载、断相、短路、漏电闭锁保护和显示以及截割功率负荷显示功能，可保证掘进机安全可靠地使用。掘进机的总功率为 100 kW。

2. *EBZ 系列局部断面掘进机*

EBZ 系列掘进机是我国在消化引进国外设备技术的基础上自主开发的集截割、装运和行走于一体的悬臂式纵轴掘进机，适用于煤及半煤岩巷道施工。它有以下主要特点：

(1) 采用电动和液压混合传动，主要液压件为进口产品，机身矮，结构紧凑，操作方便、可靠，运转平稳。

(2) 截割臂可伸缩，其回转、升降可实现联动，能进行弧形截割。

(3) 采用圆锥台形小直径截割头，单刀力量大，截齿布置合理，破岩过断层能力强，切割振动小，工作稳定性好。

(4) 采用独特的分装分运系统，降低了截割煤岩过程中装运机构的故障发生率，改善了装运效果，提高了装运能力。

(5) 配备内喷雾及外高压喷雾装置，可有效抑制截割时产生的粉尘。

(6) 可选装液压锚杆钻机驱动装置，驱动一台或两台液压锚杆钻机作业。

3. EBJ 系列掘进机

EBJ 系列掘进机，主要用于煤矿中煤巷、半煤岩巷的掘进，其经济切割煤岩的单轴抗压强度可达 40～100 MPa，能够切割任意形状的断面。

EBJ-160 型重型掘进机，整机综合指标达到 20 世纪 90 年代初国际同类机型先进水平。该机机器质量 65 t，总功率为 280 kW，能经济截割岩石硬度，是当前国产掘进机中功率较大、切割硬度较高、机器较重的机型。EBJ-160 掘进机后配 ES-800 型转载机和 SSJ-800/240 可伸缩式带式输送机。EBJ-160 型重型掘进机不但适用于煤和半煤岩综采工作面巷道掘进，也适用于类似条件的工程隧道掘进。

针对 AM-50 型和 S-100 型掘进机在使用中暴露出的截割能力小、稳定性和工作可靠性较差的问题，我国自行研制开发了 EBJ-132 型、EBJ-120TP 型半煤岩巷掘进机。目前，这两种机型的使用效果良好。

从国外使用情况看，半煤岩巷道掘进机适用机型质量一般为 45～90 t。切割岩石抗压强度以不大于 80 MPa 为宜。EBJ-160 型在切割局部硬岩时若出现强烈振动，表明其重量不够，常处于这种工况，机器寿命必将大大缩短。考虑原材料和制造精度等方面与国外掘进机的差距，为了减轻机器振动、延长机器零件寿命，国产半煤岩巷道掘进机以 60～70 t 的机重为宜。

4. JMZ 型掘锚一体化快速掘进机

就国产悬臂式掘进机而言，单机技术已接近国际先进水平。但无论是引进设备还是国产设备，一旦进入掘进循环系统，均难以达到快速掘进要求。除因掘进机本身可靠性的影响外，主要配套环节如支护、转载、运输、供电、供排水、通风、通信、安全等亦是掘进速度受制约的关键因素。据测算，在一个循环中支护时间可占总时间的 50%～60%，切割占 20%～30%，系统故障影响占 10%～15%。如能解决支护与切割的同步或交叉同步作业，就可大大提高单位时间内的掘进速度。

现有煤巷掘进机，均为部分断面悬臂式掘进机，工作原理基本相同。通过升降臂上下、水平摆动，配合截割头旋转呈 S 形运动轨迹完成一个断面切割。科研单位和生产厂家曾多次尝试，在悬臂式掘进机上安装单体锚杆钻机。为避免悬臂式掘进机升降臂的运动与锚杆钻机干涉，锚杆钻机只能安装在升降臂后部，造成的实际空顶距较大。除神华、大同矿区地质条件较好以及个别煤矿空顶距可达 10 m 外，我国其他矿区顶板条件均较差，采用悬臂式掘进机机载锚杆支护很难满足作业规程要求，为确保及时支护只能停机进行支护作业。由于掘进与支护无法平行作业，按目前配套形式，无论采取锚杆支护还是架棚支护，即使后配套都很正常，按每掘进一循环 1 m 计，仍约需 55～75 min 进行支护。按目前“四六”制作业方式，每天的极限掘进量是 18～22 m，按每月 25 个工作日计，最高月进尺为 450～550 m。随着高效集约化矿井建设的发展，这一掘进速度显然难以满足要求。解决的唯一途径就是自主开发能完成掘锚平行作业的设备——掘锚机组，以满足高效集约化采煤技术的配套要求。煤炭科学研究总院南京研究所研制的 JMZ 型掘锚机组如图 5-4 所示。

掘锚机组的工作原理是：掘锚机组截割部在上下摆动切割煤岩的同时，装运机构将破落的煤岩通过星轮和刮板运输系统运至机后配套运输设备，机载除尘装置处于长时工作状态，同时掘锚机组上的机载锚杆钻机进行钻孔、安装锚杆作业，一排锚杆安装完毕，机器前进进行下一循环作业。其作业程序如图 5-5 所示。

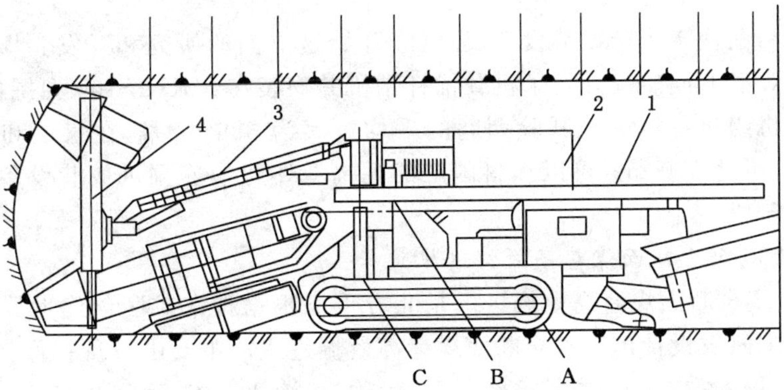

图 5-4　JMZ 型机载锚杆钻机及其配套示意图

A——掘进机；B——机载锚杆钻机；C——机载锚杆钻机联合组件；

1——滑道；2——滑台；3——主臂；4——钻架

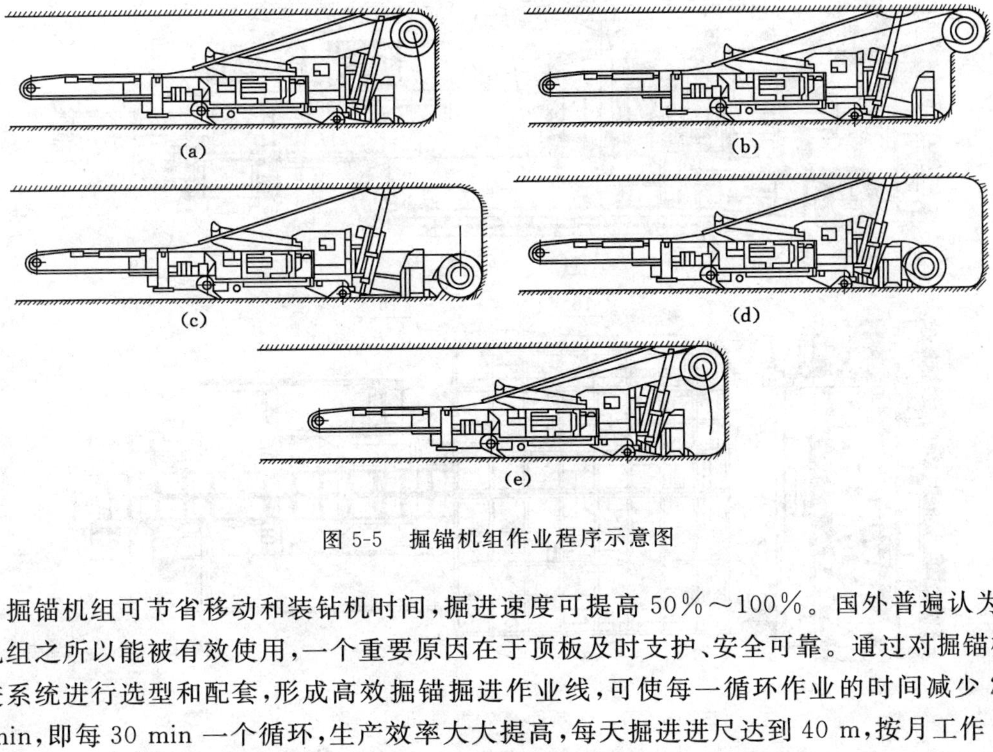

图 5-5　掘锚机组作业程序示意图

掘锚机组可节省移动和装钻机时间，掘进速度可提高 50%～100%。国外普遍认为，掘锚机组之所以能被有效使用，一个重要原因在于顶板及时支护、安全可靠。通过对掘锚机组掘进系统进行选型和配套，形成高效掘锚掘进作业线，可使每一循环作业的时间减少 25～45 min，即每 30 min 一个循环，生产效率大大提高，每天掘进进尺达到 40 m，按月工作 25 d 计算，能实现月进尺 1 000 m，年进尺 10 000 m 的目标，满足高效集约化矿井综采工作面巷道掘进要求。

国外主要采煤国家已广泛采用掘锚支一体化掘进机。其主要代表机型是奥地利塔姆洛克・沃依斯特-阿尔派思公司生产的 ABM20 型、ABM12 型、ABM14 型和 ABM30 型掘锚联合机组。其中，ABM20 型可以在掘进的同时，在距工作面 1.2 m 处进行锚杆支护作业，现已在南非、澳大利亚等许多国家取得了良好声誉。德国保拉特(Paurat)公司生产的 E230 型掘锚联合机组在德国取得了良好使用效果。据预测，未来的掘锚联合机组将向自动钻眼和自动装锚杆的目标发展。

虽然我国目前尚未生产该类设备,但已经开始这方面的研究和开发。煤科院南京研究所与兖州鲍店煤矿共同研究开发了机载锚杆钻机并安装在 MRH-S100 型掘进机上,组成掘锚一体化掘进机组进行试验。试验期间的平均进尺为 389 m/月,在煤层和顶板硬度合适时,月实际进度可达 500 m。可以预料国产的掘锚一体化快速掘进成巷设备很快将在我国进入实际应用阶段。

5. QMJ4260 型全断面煤巷高效掘进机

QMJ4260 型全断面煤巷高效掘进机是北方重工根据神东矿区创建世界一流矿井的总体规划要求自主研发设计出一种全断面煤巷高效掘进机。主要由刀盘装置、上滚筒装置、本体、履带行走机构、左右支架、电控系统、第一运输机、液压系统、后临时支护、机载锚杆钻机、前临时支护、铲板、下滚筒装置、水系统、除尘系统、润滑系统构成。总体结构如图 5-6 所示。

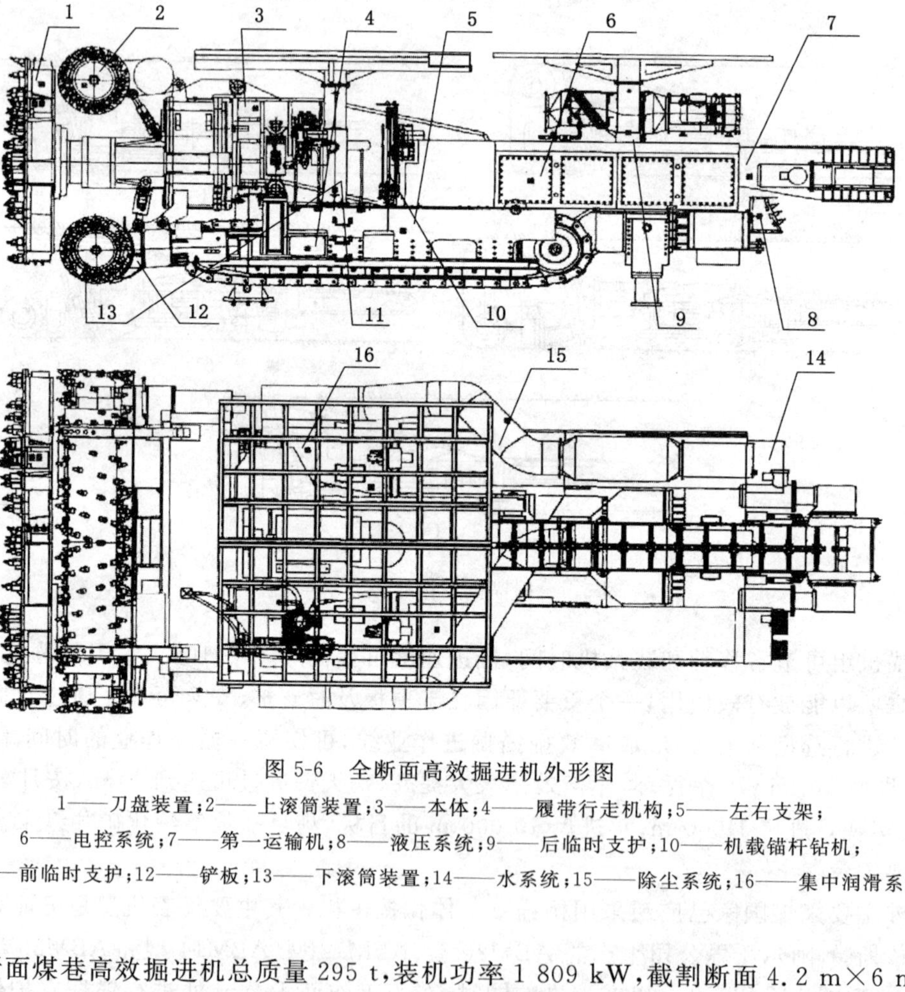

图 5-6　全断面高效掘进机外形图

1——刀盘装置;2——上滚筒装置;3——本体;4——履带行走机构;5——左右支架;6——电控系统;7——第一运输机;8——液压系统;9——后临时支护;10——机载锚杆钻机;11——前临时支护;12——铲板;13——下滚筒装置;14——水系统;15——除尘系统;16——集中润滑系统

全断面煤巷高效掘进机总质量 295 t,装机功率 1 809 kW,截割断面 4.2 m×6 m,电源 3 300 V/50 Hz,掘进速度 0～0.2 m/min,调车行走速度 0～4 m/min,最大接地比压 0.40 MPa,集全断面连续切割技术、自动定位、无线遥控技术、快速装运、机载除尘、机载锚杆钻机、调车等功能于一体，是我国研发的首台全断面高效掘进机。

使用全断面高效快速掘进机及后配套支护设备来掘进巷道，能够达到 0.3 m/min，运输煤炭能力突破 1 500 t/h。全断面高效快速掘进系统总长约 210 m，系统总质量 630 t，总装机功率超过 2 400 kW，主要由截割系统、装运系统、行走系统和临时支护系统四部分组成，包括全断面掘进机、十臂锚杆钻车、可弯曲带式转载机、迈步式自移机尾和自移动力站等 5 种设备。整套系统及核心技术使大断面 25 m^2 巷道掘进做到掘支同步、一次成形，可实现 50 m 无线遥控。该系统于 2014 年 5 月在神东公司大柳塔煤投入使用，最高达到日进尺 150 m、月进尺 4 000 m 以上。该系统既全方位强化了施工人员的安全及健康保障，又显著减少了井下掘进作业人员，并减轻了人员的劳动强度。

该系统的最大特点，是把过去传统的掘进、运输、支护、除尘等多道工序分步实施工艺，通过新技术装备有机整合在一起，有效解决了掘进、打锚、支护、运输等多项工艺的同步进行、连续作业问题，实现了掘锚平行作业、多臂同时支护、连续破碎运输、长抽短压湿式通风和智能远程操控等高效一体化运行，第一次在煤矿井下掘进作业面实现真正意义的综合掘进机械化。

（二）综掘机作业线

煤巷、半煤巷在采用局部断面掘进机进行掘进时，必须有一套与之相适应的机械运输设备，通常称之为后配套。后配套的合理性是影响巷道掘进速度和劳动生产效率的重要因素。目前常用的局部断面掘进机作业线有以下几种。

(1) 综掘机-刮板输送机机械化作业线

该作业线的主要设备是综合掘进机和刮板输送机，是国内曾经采用较多的机械化作业线。掘进机截割下来的煤(岩)经装载机构，由转载机卸给其下方的刮板输送机，经刮板输送机输送卸载到煤仓或其他运输设备上。当刮板输送机与掘进机的桥式转载机配套使用时，需要将胶轮小车拆掉，换上落地车，落地车轮骑在刮板输送机槽帮两侧，随掘进机向前掘进而沿槽帮运行。掘进机向前掘进达到桥式转载机的最大搭接长度后，需要停机接长刮板输送机。因此该作业线虽然在机器工作时能连续运输，但由于频繁接长刮板输送机，仍然存在间断运输、劳动强度大、占用人员多的问题。该作业线主要用于巷道坡度变化大、巷道长度较短的条件。

(2) 综掘机-可伸缩双向带式输送机机械化作业线

该作业线的主要设备是煤巷掘进机和可伸缩双向带式输送机，是综掘机械化中较先进的一种，在大型煤矿的区段平巷掘进中得到了广泛使用，并取得很好的经济效果。掘进机切割下来的煤(岩)经装运机构、桥式转载机、可伸缩双向带式输送机再卸至其他运输设备上，带式输送机向外送煤的同时，在带式输送输送机的下胶带上能向工作面运送各种材料，使上胶带出煤(矸)和下胶带(回空胶带)进料形成一个运输系统。为减少接长胶带辅助时间，胶带可储存 100 m 的长度。掘进工作面延长带式输送机的方法，见图 5-7。掘进机在工作面向前掘进到桥式转载机的最大搭接长度以后，掘进机后退使其尾部与可伸缩带式输送机尾部连接，同时将可伸缩带式输送机的外段带式输送机尾部与中间架部分的连接装置脱开，如图 5-7(b)所示。通过掘进机前移，将外段带式输送机机尾部拖前 12～15 m，如图 5-7(c)所示，然后在预留的间隔空间中进行中间架的组装工作。

这种机械化作业线可充分发挥掘进机的生产效率，切割、装载、运输生产能力大，掘进速

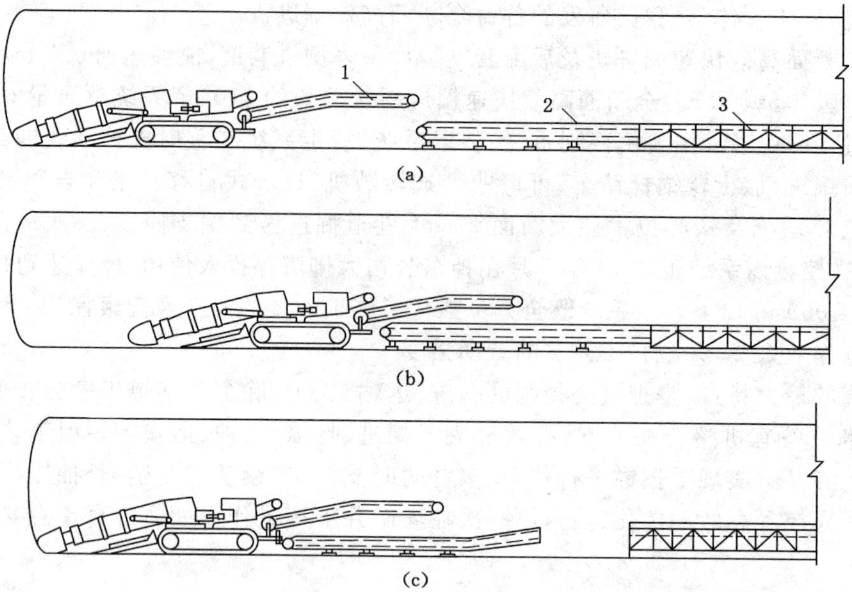

图 5-7 伸缩式胶带输送机延长方法

(a) 胶带延长顺序Ⅰ;(b) 胶带延长顺序Ⅱ;(c) 胶带延长顺序Ⅲ

1——桥式转载机;2——外段带式输送机尾部;3——可伸缩带式输送机的中间架

度快,上胶带出煤,下胶带运料,胶带延长速度快(每延长 12 m 胶带仅需 30 min),并可利用伸缩胶带接长时间进行工作面永久支架安设工作,有效地利用了掘进循环时间。

该机械化作业线主要适用于连续掘进的独头巷道长度大于 800 m 的条件。

(3) 综掘机-梭式矿车(或仓式列车)机械化作业线

该作业线由煤巷掘进机、梭式矿车(或仓式列车)、电机车等几部分组成。掘进切割下来的煤经装载机构,带式转载机卸入梭式矿车(仓式列车),然后通过梭式矿车(或仓式列车)车箱底板上刮板输送机逐渐运向后部,直至均匀装满仓车,然后由电机车牵引至卸载地点。

该机械化作业线不能连续作业,掘进机效率不能充分发挥,因此,它适用于装卸地点距离较短的巷道,此外要求井下设有卸载点。

(4) 综掘机-吊挂式带式转载机-矿车、电机车机械化作业线

如图 5-8 所示,该作业线对采用金属永久支护矿车运输的小断面巷道的机械化作业较适用。为了提高掘进的效率,减少调车次数和调车停机时间,在巷道转弯半径允许的前提下尽量先用长度较大(可容 8~10 辆矿车)的吊挂式带式转载机。吊挂式带式转载机一端与掘进机相连,另一端通过行走导轮吊挂在巷道顶板专设的单轨梁上,随掘进机向前掘进,吊挂式带式转载机随着一起向前移动。

该机械化作业线,不能实现连续作业,掘进机工时利用率低,掘进速度与其他机械化作业线相比较低。另外,永久支架的安装质量要求比较严格,辅助工程量较大。多在输送机运煤系统未建成前采用。

二、连续采煤机作业线

(一) 连续采煤机

连续采煤机是房柱式采煤的主要设备。它与掘进机结构上的不同之处在于其截割滚筒

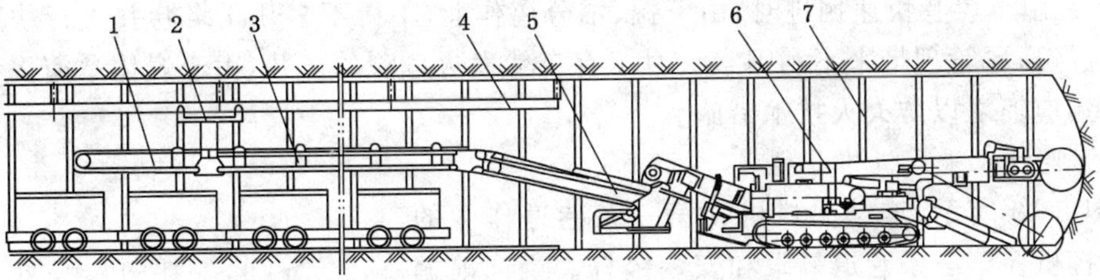

图 5-8　掘进机与吊挂带式转载机、矿车组成的机械化作业线

1——机尾部；2——吊挂小车；3——中间架；4——I140E 轨道；5——机头部；6——掘进机；7——拱形支架

多为横轴式，宽度较大，在液压缸控制下上下摆动，可一次掘出宽 4 m 左右的巷道。随着英、美等国将前进式开采改为后退式开采，连续采煤机逐步被用于煤巷掘进并取得很高进尺。用于掘进时，它与一般掘进机使用上的不同之处在于：巷道掘进机用于单一巷道掘进，而连续式采煤机则是多巷道同时掘进并可实现掘锚装运平行作业。

我国一些有条件的矿区已开始学习世界先进采煤国家的经验，在开采方法上实现长壁回采和房柱式联合采掘的统一。即在长壁工作面两侧各布置 3～4 条巷道，用连续采煤机进行房柱开采，结束后再进行长壁工作面开采。一般来说，对于开采深度不大于 500 m、煤柱稳定性好的矿区，可利用连续采煤机进行房柱式开采，如图 5-9 所示。

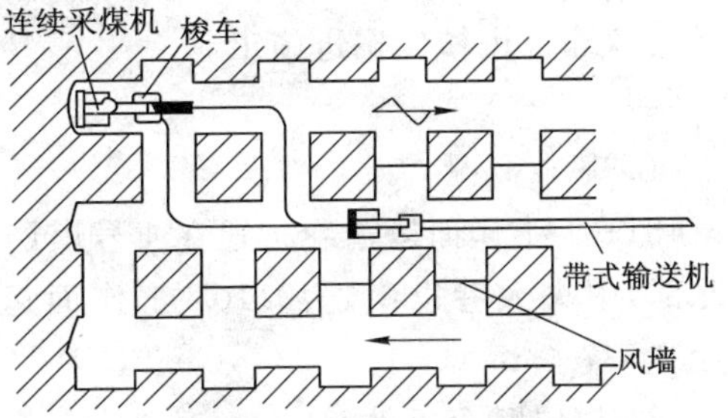

图 5-9　连续式采煤机

目前国内使用的连续采煤机大多为进口设备，既用于煤巷掘进又用于工作面开采。神东矿区利用连续采煤机开采边角煤，创造了月进 1 498 m、产煤 47 179.5 t 的记录。神东公司上湾矿连采一队于 2003 年 1 月使用连续采煤机，掘进工作面单机三巷完成月进尺 4 656 m，创造了全国综掘进尺最高纪录。

应用实践表明，连续采煤机较掘进机具有下列优点：

(1) 液压系统简单，大多采用电动机驱动，故障少，传动系统可靠。

(2) 既可用于掘进又可用于采煤。用于掘进时，掘、锚、装、运可平行作业，掘进速度快、工效高；用于采煤时，能充分发挥连续采煤机采掘合一功能，便于采煤工艺改革，减少顶板管理工作量，尤其对于边角煤、残煤的开采具有普通掘进机无可比拟的优点。

(3) 多平巷开拓长壁工作面时，可保证工作面所需的足够风量，甚至可通过通风设施实现全负压通风，对防止瓦斯积聚非常有利。此外，在主通道冒顶时，还可提供备用的脱险通道。

连续采煤机和综掘机比较也存在以下缺点：

(1) 连续采煤机及配套梭车往复运行，对底板破坏比掘进机严重。

(2) 连续采煤机受地质条件影响较大，一般煤层倾角不宜太大，厚度在 1.3～4 m 之间，底板坚硬或矿井水对底板影响较小，顶板应为中等稳定，有较好自控和可锚性。

(3) 截割头在液压缸控制下上下摆动，巷道断面一般为矩形，对其他巷道断面适用性较差。由于截割头一般在 3 m 左右，通常大于机身宽度，仅适用于巷道宽度大的矿井。

(4) 在用于煤巷快速掘进时，由于掘、锚分离作业，不得不多开联络巷并进行快速密闭，给今后生产通风管理带来不利因素。对于有自然发火危险的矿井，由于煤体暴露多，可造成安全隐患，应辅之以防灭火技术措施。

(二) 连续式采煤机作业线

如图 5-10 所示，连续采煤机在第一条巷道作业的同时，锚杆机在第三条巷道打眼和安装锚杆。当向前掘进一段距离后，连续采煤机转移到第二条巷道，而锚杆机转移到第一条巷道安装锚杆。梭车运行路线如图中虚线所示，往返于连续采煤机和给料破碎机之间，依次进行循环作业。在工作面作业人员基本相同的情况下，一台连续采煤机的掘进量相当于三台掘进机的掘进量。

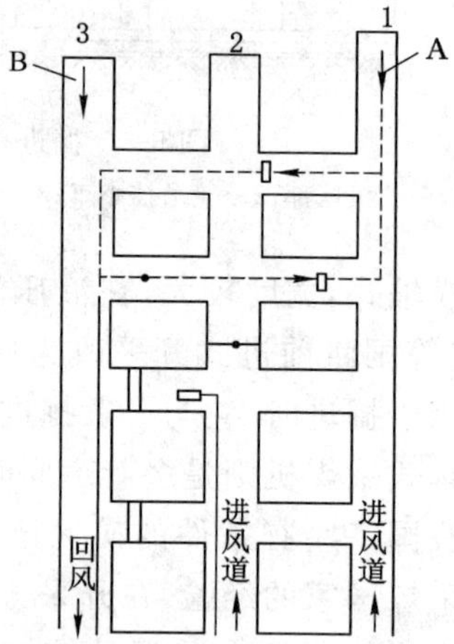

图 5-10 连续式采煤机掘进作业线

A——连续采煤机；B——锚杆机

三、施工案例

下面简单介绍陕西彬长矿区孟村煤矿 401101 工作面运输巷综合机械化掘进施工。

(一) 工程概况

(1) 基本概况

401101 工作面运输巷布置在 4 号煤层，位于 401 盘区北部，中央大巷以南。401101 工作面运输巷设计长度为 2 637.6 m。

(2) 煤层赋存条件

4 号煤层平均厚度 24 m，煤层倾角 0°～5°，地质构造简单。伪顶为黑色炭质泥岩，厚度小，与采煤同时垮落。直接顶板为深灰色泥岩、砂质泥岩及粉砂岩，属半坚硬不稳定顶板。底板为灰褐色含鲕状结构的铝土质泥岩，属软弱岩层，遇水膨胀，产生底鼓现象，属不稳定底板。

(3) 其他开采技术条件

矿井绝对瓦斯涌出量为 60 m^3/min，属高瓦斯矿井。4 号煤层属易自燃煤层，煤尘具有爆炸性。巷道涌水量预计：正常涌水量 2～4 m^3/h，最大涌水量 30～35 m^3/h。

(二) 巷道断面及支护

1. 巷道形状与断面

根据巷道的位置、用途、服务年限和围岩压力等条件，设计确定 401101 工作面运输巷为矩形断面，为满足通风、行人、运输和设备安装等要求，设计巷道宽度 5.5 m，高度 3.4 m，掘进断面积 18.7 m^2。

2. 巷道布置

由于该处煤层厚度平均 24 m，401101 工作面设计分上下两层采用分层综采放顶煤工艺开采，因此，401101 工作面运输巷为全煤巷。根据开采需求，巷道沿 4 号煤层中部布置，掘进方位 270°，坡度为 +3‰～+3°，沿巷道右帮底板布置水沟，规格为(宽×高)400 mm×400 mm。

3. 巷道支护设计

(1) 永久支护

巷道采用锚网索支护方式。锚杆规格为 ϕ20 mm×2 500 mm 的左旋无纵筋螺纹锚杆，间排距为 700 mm×700 mm，矩形布置。每根锚杆配用 1 支 MSK23/60 型和 1 支 MSZ23/60 型树脂锚固剂；锚杆托盘为规格 150 mm×150 mm×8 mm 的 Q235 钢板。顶网采用 ϕ6.0 mm 钢筋加工而成，规格 1 000 mm×2 000 mm，网孔为 100 mm×100 mm。帮网采用 50 mm×50 mm 网孔的 8# 菱形铁丝网，网幅 10 m×1 m。锚索规格为 ϕ21.8 mm×7 100 mm，每根锚索配用 1 支 MSK23/60 型和 2 支 MSZ23/60 型树脂药卷，间排距为 1 200 mm×1 400 mm。钢带规格为 W 型，BHW-280-3.0-5100mm，间距为 700 mm。如图 5-11 所示。

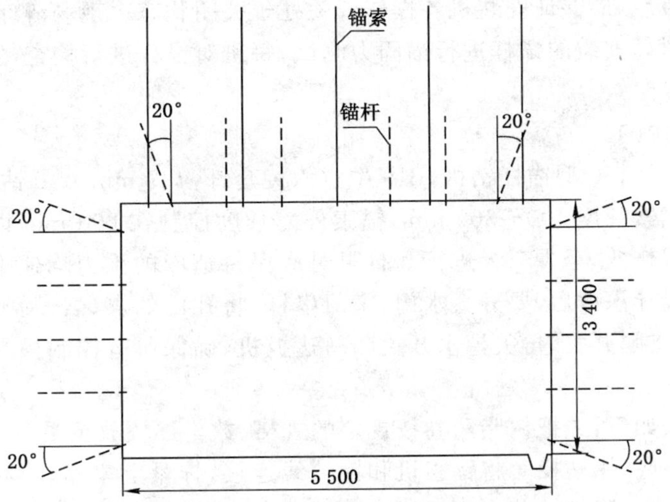

图 5-11　401101 工作面运输巷断面支护示意图

（2）临时支护

巷道采用吊环前探梁作为临时支护，前探梁由 3 根 4 m 长的 4 英寸厚皮钢管制成，钢管壁厚 6 mm。每根前探梁设 3 个吊环，按锚杆间排距将吊环扭结在巷道顶板支护锚杆上，第一个吊环安装在最靠近工作面永久支护处，其余两个在第一个吊环后 0.7 m 和 1.4 m 处。前探梁上加塞木板背实。最大控顶距不大于 1 400 mm，严禁空顶作业，允许空顶距不得超过措施及相关规程规定。

4. 支护工艺

（1）锚杆支护施工

打眼前要先敲帮问顶，仔细检查顶帮围岩情况，找掉活矸、危岩，确认安全后方可开始工作。施工前检查巷道断面是否符合设计要求，不符合作业规程要求时必须先进行处理；检查锚杆、托板、药卷规格、型号是否符合设计要求。打眼顺序为由外向里，先顶板后两帮，顶板先中间后两边，两帮自上而下。

安装锚杆前，检查锚杆机各零部件是否齐全、是否有松动现象，操纵机构是否灵活可靠，外接水源和压气是否完好，风压是否保持在 0.4～0.6 MPa，扳机和搬把是否处于关闭状态，润滑油是否充足。上述检查完毕后，再开机空转检查运行是否正常。

严格控制打眼深度，确保眼深比锚杆长度短 50～100 mm。打完眼后，应采用高压风吹眼，把眼内的岩粉、积水吹干净，清洁锚杆前端是否有煤岩粉、油脂等异物，以确保树脂药卷与眼壁的黏结力。

安装锚杆时先把树脂药卷按规定的规格和数量，按照快凝药卷在内、中速药卷在外的顺序逐块放进眼口，用锚杆顶住逐块送至眼底，然后启动锚杆机将药卷边推进边搅拌。推进搅拌速度要均匀，推力要适度，搅拌时间为 20～30 s，不途不得中断。搅拌充分后，等树脂药卷凝固后，再将锚杆机退下，装上托盘上好螺母，15 min 后用风动扳手拧紧，保证托盘压紧、压正金属网并紧贴巷道围岩表面。顶帮锚杆预紧力矩不得低于 100 N·m，外露长度露出螺母外 20～50 mm。

锚杆安装结束后，应保证安装机各操作开关处于关闭状态。现场清理干净后，搬离安装地点。按规定要对已安装的锚杆进行锚固力测试，每班对锚杆进行检查，发现问题要及时紧固或补打锚杆。

(2) 锚索支护施工

打眼采用 MQT-130 型锚杆钻机，B19 中空六棱套钎，ϕ27 mm 双翼钻头湿式打眼，锚索眼的深度应小于锚索长度 100～300 mm，锚索外露长度控制在 200 mm 以内。打眼时严格按照操作技术规程作业，至少三人进行。打眼时应保持适度的推力均速推进，以免顶弯、折断钻杆。打眼至设计深度后，要开大水门，来回串钎，将孔内的煤(岩)粉冲洗干净。打眼工作完成后，先关闭支腿开关，再关掉水开关和马达扳机，确保所有控制操纵把手停在非工作位置。

安装锚索方法如下：先把树脂药卷按规定的规格、数量逐块放至眼口，用锚索顶住药卷，将药卷逐块送至眼底，用转换套将锚索机和钢绞线连接，拧紧上牢固，然后启动锚索机将药卷边推进边搅拌，直至眼底。前半程用慢速旋转，后半程用快速旋转，搅拌过程中不能停顿，搅拌时间控制为 20～30 s，严禁反复搅拌。停止搅拌后应继续保持锚杆钻机有足够的推力，待树脂锚固剂充分凝固 3 min 后，落下气腿，穿上托盘，装上锁具。10～15 min 后用张拉机具顶住锁具张紧锚索，张拉时注意观察压力表计数，使预紧力控制在 100～120 kN。

锚索安装 48 h 后，如发现预紧力下降，必须及时补拉，使锚索锚固力不低于 200 kN。张拉时发现锚固不合格的锚索时，必须立即处理，采取拔出不合格的锚索，清洗钻孔后重新安装锚索，或者及时在其附近补打合格锚索的方式处理。

(三) 施工工艺

1. 施工方法

401101 工作面运输巷为全煤巷，由掘进机全断面一次掘进，带式输送机运煤，矿用防爆胶轮车运料和对旋式局部通风机运风等，它们组成无轨施工机械化作业线。

2. 施工工艺

(1) 凿岩方式

采用 EBZ-200 型掘进机破煤。

(2) 工艺流程

交接班(安全检查)→校核中线→开机前准备→截割、运煤→退机→敲帮问顶→临时支护→检校巷道尺寸→锚网索支护→清理出煤→洒水防尘→检查质量进入下一个循环。

(3) 进刀方式及路线

巷道采用横向往复式截割，并按照先上后下、先中间后四周的原则截割。综掘机截割时将截割头调至巷道中，由巷道中上部开口进刀，左右摆动，割出横槽，然后由上向下截割，进刀深度以 500 mm 为宜，然后按照截割路线割煤，每刀割截深度为 800 mm。然后以左→右→下→左→下→右→下→左为一个循环，依次循环，先截割至与设计接近的断面，最后从巷道的左下角进刀截割至设计断面。

(4) 运输路线

运煤路线：掘进工作面→副立井→401 盘区带式输送机运输大巷→中央带式输送机运输大巷→上仓带式输送机斜巷→井底煤仓→主立井→地面。

运料路线：地面→井底车场→中央辅助运输大巷→401 盘区辅助运输大巷→联络巷→掘进工作面。

(5) 装载与运输设备

装载设备：1 部 EBZ-200 型掘进机。

运输设备：3 部 DSJ-80/40/2×55 带式输送机，2 辆 WC1.8J 型矿用防爆胶轮车。

(四) 生产系统

1. 掘进通风系统

(1) 工作面采取压入式局部通风方式，风机为 FB№8.0/2×45kW 型对旋轴流式局部通风机，实用 ϕ1 000 mm 阻燃风筒向工作面通风。

(2) 局部通风机安设位置：401 盘区辅运巷新鲜风流内，距回风口距离应大于 10 m。

(3) 通风路线：地面→副立井/主立井→井底车场→401 盘区辅助运输大巷(局部通风机)→401101 带式输送机巷联络巷→掘进工作面

2. 压风系统

风源来自地面压风机房，经主干管 ϕ159 mm 钢管和 ϕ108 mm 无缝钢管供到工作面，迎头风压最小不低于 6 MPa。工作面迎头用 ϕ75 mm 胶管连接主干管和设置分风器，供风动工具使用。

压风系统：地面压风机房→主立井→上仓带式输送机斜巷→五号交岔点→中央辅助运输大巷→401 盘区辅助运输大巷→401101 工作面带式输送机巷联络巷→掘进工作面。

3. 防尘系统

工作面掘进及防尘用水均由地面消防水池通过管道供给。

综合防尘措施有：① 在距掘进工作面 30 m、50 m 及距离回风巷口 50 m 范围内各安设一道净化水幕。② 工作面采用湿式钻眼。③ 布置冲刷巷帮水管。④ 掘进机内外喷雾。⑤ 各转载点喷雾。⑥ 加强个体防护，佩戴防尘口罩。

4. 防灭火系统

掘进工作面带式输送机机头处各配备 2 个灭火器(MFZ/ABC8 型手提式干粉灭火器)、1 个砂箱、1 把消防斧、1 把专用消防锹、1 把消防钩和一个消防桶；砂箱内保证有 0.2 m^3 的存砂；静压水管每隔 50 m 留一个三通阀门，外接不小于 25 m 长的消防软管备用。防火水源分别用 ϕ54 mm×4 mm 钢管和 1 英寸胶管接至掘进工作面。

5. 监测监控系统

井下设备装备了瓦斯断电仪和风电闭锁装置。距工作面 5 m 范围内风筒另一侧安设一甲烷传感器。距回风巷巷口 10～15 m 处安设一甲烷传感器。掘进机上配备便携式瓦斯断电仪。跟班队干、班长、安全员、值班电工及项目部管理人员下井时必须携带便携式甲烷指示报警仪和便携式 CO 指示报警仪。

6. 排水系统

(1) 涌水量

涌水量预计在 2～4 m^3/h 左右，但如突遇断层或较大节理裂隙等地质构造，涌水量将可能增大至 30～35 m^3/h。

(2) 排水设施及路线

401101 工作面运输巷在巷道右帮底板布置(宽×高)400 mm×400 mm 的水沟，在巷道最低点位置设一处不少于 6 m^3 的临时的排水窝。水窝安设 1 台 BQW50-100-30 型潜水电泵配合 1 趟 ϕ108 mm 钢管将水排至井底车场水沟，由水沟排至井底水仓，通过副井内安装的排水泵将水排放至地面。

(五) 劳动组织及主要技术经济指标

(1) 劳动组织

采用“三八”工作制度，三班掘进。劳动组织见表 5-1。

表 5-1 劳动组织图表

序号	工种	班次 / 在册人数	出勤人数/人			备注
			0 点班	8 点班	16 点班	
1	跟班队长	3	1	1	1	
2	班长	3	1	1	1	
3	验收员	3	1	1	1	
4	掘进机司机	6	2	2	2	
5	带式输送机机司机	9	3	3	3	
6	锚网支护工	12	4	4	4	
7	材料搬运工	3	1	1	1	
8	机电维修工	3	1	1	1	
合计		42	14	14	14	

(2) 正规循环作业

根据劳动组织作业安排，每天完成 9 个循环掘进，日进尺 7.2 m。

(3) 主要技术经济指标(见表 5-2)

表 5-2 主要技术经济指标

序号	项目	单位	指标	备注
1	工作面长度	m	2 637.6	
2	巷道掘进断面	m^2	19.5	
3	在册人数	人	50	
4	出勤人数	人	42	
5	出勤率	%	84	
6	循环进度	m	0.7	
7	日进尺	m	8.4	

续表 5-2

序号	项目	单位	指标	备注
8	月进尺	m	210	按 25 d/月计算
9	循环率	%	85	
10	锚杆消耗	根/m	23.8	
11	锚索消耗	根/m	1.4	
12	金属网消耗	m^2/m	12	
13	钢带消耗	根/m	1.4	

任务实施

教师先分析讲解本任务的基本知识，学生上网查阅综掘机、连续采煤机的生产企业、技术参数与应用情况，总结设备选择的方法，提交报告或技术总结。

思考与练习

1. 掘进机分为哪几类？各有什么优缺点？
2. 目前常用的煤巷施工机械化作业线有哪几种？
3. 谈谈你对综合机械化掘进煤巷的认识。
4. 根据给定条件选择掘进机及配套方案。

任务二　半煤岩巷钻爆法施工

知识要点

半煤岩巷，半煤岩巷道破岩位置选择、炮眼布置与施工组织；煤矸装运设备，巷道支护方式选择。

技能目标

能选择半煤岩巷道破岩位置、炮眼布置与施工组织、巷道支护方式。

任务导入

当岩层占掘进工作面面积 1/5～4/5(不含 1/5 及 4/5)时，称其为半煤岩巷道。半煤岩巷道钻爆法施工方法与岩巷施工方法基本相同。以下简要介绍半煤岩巷道破岩位置的选择、炮眼布置与施工组织、煤岩装运、支护方式选择等方面内容。

任务分析

(1) 半煤岩巷的概念，合理选择半煤岩巷道破岩位置、炮眼布置与施工组织。

(2) 合理配备煤矸装运设备。

(3) 选择半煤岩巷道支护方式。

相关知识

一、炮眼布置与施工组织

(一) 半煤岩巷道破岩位置的选择

当巷道在薄煤层中掘进时,为了保持巷道的高度和坡度,必定有部分巷道断面位于岩层中,我们把这种情况称之为挑顶或卧底,如图 5-12 所示。

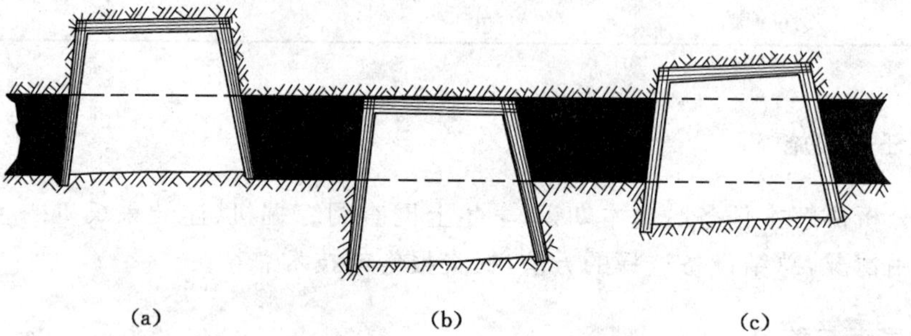

图 5-12 半煤岩巷布置方式

(a) 挑顶;(b) 卧底;(c) 挑顶兼卧底

(1) 挑顶:以煤层底板为巷道底板,保持煤层底板的完整性,为满足巷道高度要求而爆破煤层部分顶板岩石的施工方式。

(2) 卧底:以煤层顶板作为巷道顶板,保持煤层顶板的完整性,为满足巷道高度而爆破煤层部分底板岩石的施工方式。

(3) 挑顶兼卧底:既爆破煤层顶板岩石又爆破煤层底板岩石的施工方式。

在半煤岩巷道施工中,应尽可能采用卧底的方式,以保持巷道顶板的完整性和稳定性;在厚煤层分层开采时,如上分层高度不足而其下需铺设假顶,则应采用挑顶的方式。

对于急倾斜煤层梯形断面的半煤岩巷道,为维护顶板的完整性,通常以煤层顶板作为巷道一侧的腰,另一侧下部采用爆破法(硬岩)或直接用风镐(软岩)破岩形成需要的断面。

实际上,为了保证巷道顺直和有一定坡度,上述挑顶、卧底或挑顶兼卧底的三种情况往往在一条巷道中都可能出现,甚至暂时脱离煤层进行全岩掘进的情况也是有的。但在煤层稳定的情况下,根据煤层倾角不同一般以图 5-13 所示的采石位置为宜。

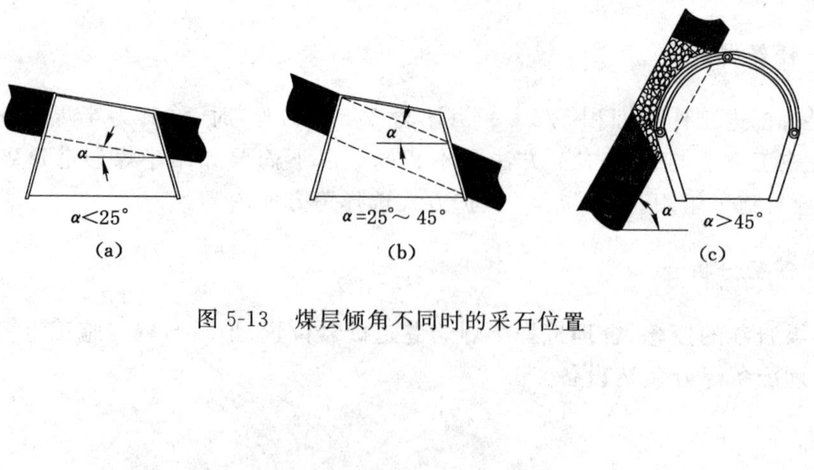

图 5-13 煤层倾角不同时的采石位置

（二）炮眼布置

由于煤比岩石的硬度小，掏槽眼一般都布置在煤层部分，采用斜眼掏槽，如图 5-14 所示。半煤岩巷道在施工过程中，掘进所用的钻眼设备应尽量做到动力单一。在有煤与瓦斯突出威胁的半煤岩巷道掘进时，煤体中必须使用煤电钻打眼而禁止使用风镐，以避免因强烈振动诱发煤与瓦斯突出。

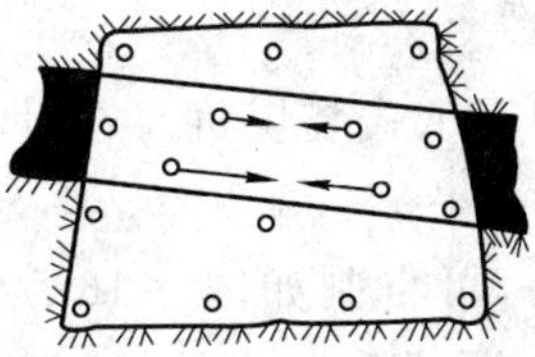

图 5-14　半煤岩巷道炮眼布置

（三）施工组织

1. 全断面一次掘进，煤、岩混合装运

这种方式工作组织简单，装运时间短，巷道掘进速度快。而所出的混合煤矸如进入煤仓则增大商品煤灰分，如卸入矸石山又损失了部分煤炭，因此这种施工组织方式主要适用于煤层薄、煤质差或煤层较厚但易分选的半煤岩巷。当采用全断面一次掘进时，通常以煤层中的炮眼作掏槽眼，岩石中的炮眼装药量比煤体中炮眼的装药量要多一些。

2. 煤、岩分掘分运

采用煤、岩分掘分运方式时，一般采用煤层工作面超前岩石工作面的台阶工作面施工法。当煤层厚度大于 1.2 m 时，岩石工作面可以钻垂直炮眼，这样钻眼和爆破效果较好，如图 5-15(a)、(b)所示。若煤层较薄，岩石工作面的炮眼应平行于巷道轴线方向，如图 5-15(c)、(d)所示。

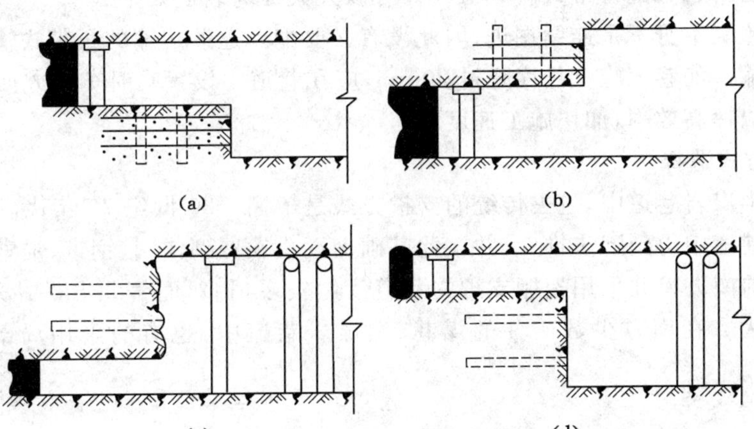

图 5-15　半煤岩巷掘进岩层台阶工作面施工法

具体选择哪一种施工组织方式，应根据矿井的采掘关系平衡状况、煤质及经济效益情况等综合考虑。在贫煤或缺煤地区，为提高资源回收率，在半煤岩巷道通常采用分掘分运的施工方式。

二、煤岩装运

（一）装运方式

煤岩装运有机械和人工两种方式。只要具备条件，都应采用装煤（岩）机械，以减轻工人劳动强度，提高施工速度。

（二）装运机械

(1) 装煤（岩）机械

常用的装煤机械是ZMZ-17型蟹爪式装煤机。在没有瓦斯涌出的半煤岩巷道，可以使用小型耙斗装载机。

为满足小断面煤巷装车的需要，可自制如图5-16所示的小型装煤转载机械。电溜子（刮板机）转载机上部是一个60型链板机改装成的，下部是普通平板车，溜子的坡度可以调节，下边设有转盘，可以水平转动溜槽，以适应不同方向装车的需要。

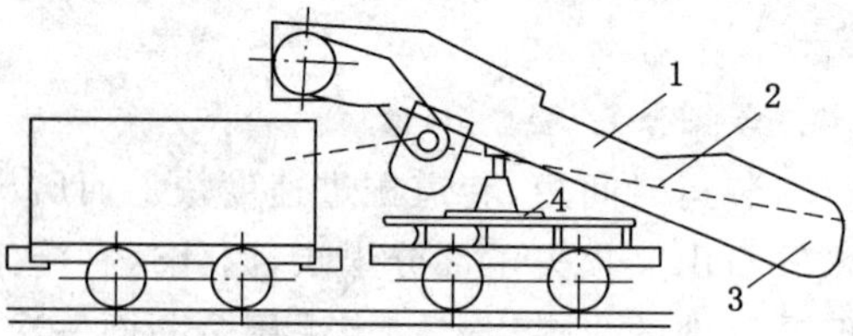

图5-16 电溜子转载机

1——短溜子；2——移动机体时短溜子翘起的部位；3——受煤部；4——转盘

(2) 转运设备

采用ZMZ-17型蟹爪式装煤机装运煤矸时，矿车可逐一进入其尾部链板输送机下方接装煤（矸）；为充分发挥其效能，可配备带式转载机，其下方可容纳多个矿车实现连续装车。

在耙斗装岩机后方配备带式转载机同样可以大大提高装运效率。

由于钻爆施工本身不是连续掘进，因此没有必要配套连续运输的长带式输送机，而是大量使用矿车运输。如巷道施工长度超过200 m，应在巷道中设置临时车场方便调车，并配备小型机车牵引以提高效率，加快施工速度。

三、支护方式选择

在煤巷和半煤岩巷道中，过去传统的支护方式是架棚。20世纪70年代以来，锚杆支护在煤及半煤岩巷道中得到逐步推广，并在此基础上逐步发展到锚网、钢带、锚索、桁架等联合支护方式。目前南方矿井采用架棚支护的巷道依然较多，相对而言北方矿井采用锚杆支护的巷道比例较大。在南方少数矿井的煤巷、半煤岩巷道中，也有的采用局部砌碹的支护方式。

（一）棚式支架

棚式支架材料有木棚、金属棚和装配式钢筋混凝土棚等。为减少木材消耗量，增大支护强度，保证施工安全，目前在巷道支护材料方面主要推广金属棚。

金属棚常用9～12号矿用工字钢或18～24 kg/m钢轨加工制成。金属棚支护大多为梯形巷道，其梁、腿长度由断面大小决定，梁、腿结构形式如图5-17所示。棚距根据围岩稳定性来确定，一般为0.6～1.2 m，同一巷道棚距基本保持一致。架设时要求顶梁水平且尽可能与巷道轴线垂直，梁、腿连接牢固可靠，拆卸方便。图5-17(b)所示的接头比较简单，但不够牢固，支架的稳定性较差；图 5-17(a)与(c)所示的接头比较牢靠，但拆装不便。为了防止棚腿受压陷入底板，可在其下端焊一块钢垫板或加垫木。

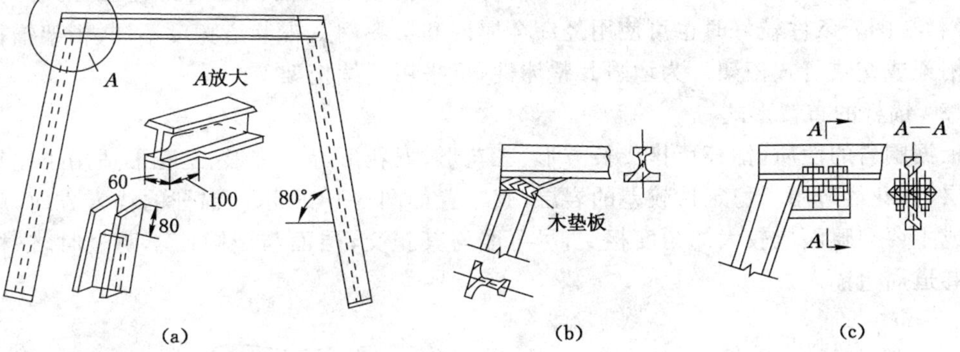

图 5-17　金属棚的构造

金属棚具有强度高、体积小、坚固耐久、防火、可回收复用等一系列优点。其缺点是不能封闭围岩，不能阻水和防止岩石风化，初期投资大。

金属棚常用于回采巷道，在断面较大、地压较大的其他巷道也可采用。在一次成巷中，利用它作临时支架较为理想。但在有酸性水腐蚀的地区不宜使用。

为加强掘进过程中的顶板管理，保证施工安全，在金属棚之间应加装撑木或拉杆，一方面保持合理的棚距，另一方面增大支架的稳定性；同时配合使用金属前探梁，即在靠近掘进工作面的前 3～5 架金属棚梁上用金属抱箍固定 2～3 根长钢轨或工字钢，紧随掘进工作面推进而前移，防止空顶作业，避免爆破时大量推垮靠近工作面的支架。

U 形钢可缩性金属拱形支架适用于断面大、地压大、地压不稳定、围岩变形较大的地段，通常在局部断面综掘机掘进大断面煤或半煤岩巷道时使用。

（二）锚杆支护

目前我国煤巷和半煤巷锚杆支护技术及成套装备已基本形成，煤巷、半煤巷锚杆支护技术已得到广泛应用，从薄及中厚煤层回采巷道到综采放顶煤工作面煤层底板掘进的巷道或者煤层巷道，从顶板比较稳定的煤巷到复合破碎顶板巷道，从实体煤巷道到沿空掘巷，从小断面巷道到大断面开切眼，锚杆支护的使用范围越来越广，不仅为矿井实现高产高效创造了良好条件，而且也取得了巨大技术经济效益。

(1) 煤与半煤岩巷道锚杆类型选择

在端锚类锚杆中主要使用树脂锚杆和金属倒楔式锚杆，在全长类锚杆中主要使用管缝式锚杆。鲍店矿研制出一种更新换代型螺旋锚杆，由螺旋锚头、杆体和托盘组成，依靠锚杆螺旋齿条镶入岩体中而获得锚固力，镶入越深，锚固段越长，锚固力越大。这种锚杆适用于煤巷、切眼等服务周期短的巷道工程。螺旋锚杆改革了传统的锚杆锚固方式，不使用化学锚固材料，利用螺旋锚头的旋进作用产生较高的锚固力和预紧力，减少了安装过程中人为因素和材料因素的影响，能有效抑制两帮围岩变形，提高了锚杆安装可靠性，改善了支护效果，支护巷道安全可靠。MLX 系列螺旋锚杆采用机械安装，效率较高，有利于提高掘进速度，减轻劳动强度，且可以回收复用，经济效益明显，具有广泛的推广应用价值。

当围岩稳定性类别为Ⅰ、Ⅱ类时，可采用单锚。Ⅲ、Ⅳ类应发展组合锚杆（群锚），包括锚网梁组合支护和桁架锚组合支护等。V类巷道可采用联合支护，也可试验高强、超高强锚杆支护系统。锚网(梁)组合支护的梁和网需进一步加强。当围岩较稳定时可用钢筋梁，围岩稳定性较差时应使用W型钢带。网以选用有一定强度和韧性较好的为宜，如钢筋网、菱形金属网，在围岩条件较好时也可使用经纬金属网和塑料网。视巷道宽度不同，桁架锚杆可用单式桁架或交错复式桁架。为增强其整体性，可采用连续桁架。

(2) 锚杆的布置形式

根据围岩的性质，锚杆可排成长方形、三花形、五花形等。方形、三花形适用于比较稳定的岩层；五花形适用于稳定性较差的岩层，其布置如图5-18所示。锚杆的锚入方向，应与岩层面或主要裂隙面成较大的角度相交，尽可能与其正交；层面与裂隙面不明显时，锚杆应垂直于巷道周边锚入。

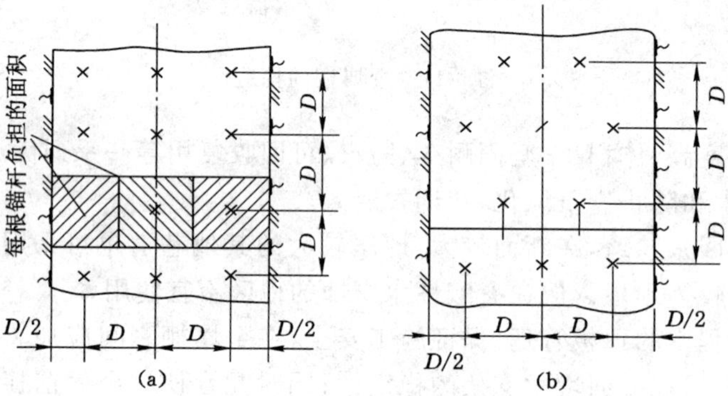

图5-18 锚杆的布置方式

(a) 方形布置；(b) 五花形布置

(3) 锚杆孔的钻凿与锚杆安装

为了获得良好的支护效果，一般在爆破后即安设顶部锚杆。目前多采用气腿式凿岩机或单体锚杆钻机钻眼，机械或手工安装锚杆。当围岩较稳定时，也可以在爆破后先喷混凝土，待装岩后再用锚杆打眼安装机进行支护工作，或者在装岩机后面用该机进行支护。

顶板孔可利用锚杆钻机或气动凿岩机完成。孔深误差不大于±30 mm，顶板顶锚杆孔轴线与顶板之间的夹角为90°±5°。边斜锚杆孔的轴线与垂线间的夹角要求大于30°。钻头钻到预定孔深位置后撤出钻杆，同时利用压力水清孔，清除岩粉及泥浆。

锚杆的安装包括装锚固剂、插入锚杆、搅拌药卷和紧螺母。

装药卷之前应先检查锚杆孔的质量(深度与角度)，锚杆构件是否齐全，杆尾是否已涂防锈脂，以及待装药卷是否硬化、过期或损坏等。已硬化过期和损坏的药卷严禁使用。

锚杆体套上托板及带上螺母，杆尾通过连接套与锚杆钻机机头连接，杆端插入已装好树脂药卷的岩孔内，开启锚杆钻机并用锚杆杆体将孔口处的药卷推送至孔内，使药卷接触到岩孔孔底为止，然后开始转动钻机搅拌药卷。

药卷的搅拌对保证锚固质量十分重要，直接影响到锚固效果。搅拌工作利用锚杆机或气动凿岩机进行，搅拌时间过短，药卷中的固化剂与树脂胶黏剂不能充分起化学反应而影响凝胶和固化效果；搅拌时间过长，使已凝胶和固化的状态遭到破坏，同样影响锚固效果。所以要求严格控制药卷的搅拌时间，同时要求药卷的搅拌过程连续进行，中途不得间断。

药卷的搅拌作业完成后，用托板应压紧钢带托住顶板，螺母也被拧紧。

采用机械或手工安装钢筋砂浆锚杆，多用 MJ-2 型注浆罐灌注砂浆。其容积为 20 L，每小时可灌注 50～60 个锚杆孔。

锚杆安装完成后，利用气动扳机对顶板及帮锚杆施加预紧力，预紧扭矩为 100 N·m。

(4) 锚杆的检验

为保证锚杆支护质量，必须对锚杆施工加强技术管理和质量检查，主要检查锚杆孔直径、深度、间距及螺母的拧紧程度，并对锚杆的锚固力进行抽查检验，常用设备是 ML-20 型锚杆拉力计。

(5) 锚杆拉拔实验

在进行锚杆支护施工之前，必须进行锚杆拉拔力实验，实验地点选在与所施工巷道相类似的地质条件下进行。如果锚杆锚固力达不到设计要求，必须增加锚固剂药卷数，或者重新修正锚杆支护密度。

(6) 国内外锚杆支护技术发展方向

① 研制可伸长锚杆

安装锚杆的目的是为了控制围岩的变形，但在围岩剧烈变形的条件下还要能适应围岩的变形，使锚杆本身不受到损坏，因此发展既有足够的支护阻力又有一定延伸性的可伸长锚杆是必要的，现在研制出的锚杆延伸率已可达 50%。

② 向高强度、超高强度发展

其技术途径主要有二：一是研制高强和具有较好延伸率的材料；二是加大锚杆直径。关于锚杆材质，大致可分为三类：一是普通锚杆，材料的屈服强度 $Q_S<340$ MPa；二是高强度锚杆，材料的屈服强度 $Q_S=340\sim600$ MPa；三是超高强度锚杆，材料的屈服强度 $Q_S>600$ MPa。不论哪种材料，其延伸率均应大于 15%～17%。从锚杆直径和材质综合考虑，锚杆破断载荷一般均在 200 kN 以上，现在已发展到 300 kN 以上。

③ 完善锚杆施工配套机具

掘锚联合机组的发展为巷道掘进和锚杆施工创造了极为有利的条件，单体锚杆钻机也有很大发展，主要是风动锚杆钻机，并配有使用方便、耐磨性好的钻杆钻头以及快速安装系统等。

④ 建立一套适合自身条件的锚杆支护设计方法

随着新奥法、收敛约束法在国际上的流行，澳、英等国在充分考虑水平地应力作用的条件下，采用了"地质力学评估—计算机数值模拟进行初始设计—现场施工、监测—信息反馈，修改完善设计"的方法。美国在现场监测和信息反馈的基础上进行锚杆支护设计，把顶板特性和锚杆参数结合起来，形成一个通用的方程式或诺模图，以选择合理的锚杆类型、支护参数及安装方式。

⑤ 完善锚杆支护监测系统

锚杆支护是一种隐蔽性很强的工程，只有完善锚杆支护监测系统才能确保锚杆支护巷道的安全可靠性。在使用常规的矿压仪器的基础上，发展到使用顶板离层指示仪、钻孔探测仪等仪器，以监测顶板的离层破坏情况，并发展到可以遥控监测。同时制定了锚杆支护的规范、标准，严格控制锚杆支护施工质量。

任务实施

教师先分析讲解本任务的基本知识，学生分组讨论半煤岩巷道钻爆法施工方法与岩巷施工方法的异同点，提交报告或技术总结。

思考与练习

1. 简述煤层巷道综合掘进机的型号、技术参数、应用情况。
2. 简述连续采煤机的型号、技术参数、应用情况。
3. 分析综合掘进机械化发展方向。
4. 绘制半煤岩巷炮眼布置图。
5. 分析半煤岩巷施工组织的特点。

项目六　硐室与交岔点施工

任务一　硐室设计

知识要点

硐室与硐室设计的原则与要求，采区煤仓、变电所、水仓等硐室设计的基本步骤。

技能目标

能根据矿井具体条件进行主要硐室设计。

任务导入

硐室是什么？有何作用？常用的硐室有哪些？如何进行硐室设计？

任务分析

(1) 硐室的概念，硐室设计的原则与要求。

(2) 采区煤仓、变电所、水仓设计的基本步骤与内容。

相关知识

一、硐室设计的原则与要求

硐室有立井硐室、斜井硐室、井底车场硐室以及采区硐室等。各种硐室由于用途不同，其断面形状及规格尺寸亦变化多样，但是它们设计的原则和方法基本上是相同的。

一般首先根据硐室的用途，合理选择硐室内需要安设的机械和电气设备；然后根据已选定的机械和电气设备的类型和数量，确定硐室的形式及其布置；最后再根据这些设备安装、检修和安全运行的间隙要求以及硐室所处围岩稳定状况，确定出硐室的规格尺寸和支护结构。有些硐室还需要考虑防潮、防渗、防火和防爆等特殊要求。

二、采区硐室设计

采区硐室是采区生产系统的重要组成部分，上山采区的硐室主要包括采区煤仓、采区绞车房、采区变电所；下山采区的硐室除需要设置采区煤仓、采区绞车房、采区变电所外，还需设置采区水泵房及水仓。

(一) 采区煤仓设计

当采区煤炭为连续运输，大巷为不连续运输时，设置采区煤仓对采区生产及大巷运输可以起到调节作用，而且还可以缩短装车时间，提高矿车及机车周转率；同时增大了采区下部车场的通过能力，有利于提高采区生产能力。煤仓设计的主要内容是：确定采区煤仓的容量、煤仓的形式，煤仓的结构尺寸及煤仓支护。

1. 采区煤仓的容量计算与选择

采区煤仓的容量，主要取决于采区的生产能力、采区下部车场装车站及运输大巷的通过能力。

确定采区煤仓容量可参考以下公式计算。

(1) 按采区高峰生产延续时间内，保证采区连续生产计算，采区煤仓容量 Q 为：

$$Q=(A_G-A_N)t_GK_b \tag{6-1}$$

式中 A_G——采区高峰生产能力，t/h，高峰期间的小时产量为平均产量的 1.5～2.0 倍；

A_N——装车站通过能力，t/h，合理的采区车场通过能力，为平均产量的 1.0～1.3 倍；

t_G——采区高峰生产延续时间，机采取 1.0～1.5 h，炮采取 1.5～2.0 h；

K_b——运输不均匀系数，机采取 1.15～1.20，炮采取 1.5。

(2) 按车站的装车间隔时间计算：

$$Q=A_Gt_OK_b \tag{6-2}$$

式中 A_G——采区高峰生产能力，t/h；

t_O——装车间隔时间，可取 15～30 min；

K_b——运输不均匀系数。

目前采区煤仓容量一般为 50～300 t。近年来随着采区生产的集中化，采区煤仓不断加大，但过大的煤仓使施工期加长，工程量增大，反而不利。

设计部门建议按 0.5 h 的采区高峰生产能力来确定。

2. 采区煤仓的形式及参数

煤仓的形式按倾角分有垂直式、倾斜式和混合式三种；按煤仓断面形状分有圆形、拱形、方形、椭圆形和矩形。

垂直煤仓一般为圆形断面，断面利用率高，不易发生堵塞现象，便于维护，施工速度快。倾斜式煤仓多为拱形和圆形断面，仓底倾角为 60°～65°，这种煤仓施工也很方便，但承压性能稍差，铺底工作量大。混合式煤仓折曲多，施工不便，采用较少。椭圆形断面煤仓施工复杂；矩形断面煤仓，断面利用率低，承压性能差。因此，一般常用垂直式圆形断面煤仓。

煤仓的参数主要是煤仓的断面尺寸及高度。

圆形垂直煤仓的直径一般为 2～5 m，以直径 4～5 m 应用较多；拱形断面倾斜煤仓宽度一般为 3 m 左右，高度可大于 2 m。

煤仓的高度不宜超过 30 m，以 20 m 左右为宜。为便于布置和防止堵塞，圆形垂直煤仓应设计成"短而粗"的形状。设垂直圆形断面煤仓的高度为 h，直径为 D。当 $h\geqslant 3.5D$ 时，可使煤仓的有效容积 $V'\geqslant 90\%V$(V 为垂直圆形断面煤仓总容积)，即为了有效地利用煤仓，煤仓高度应不小于直径的 3.5 倍。

3. 煤仓的结构及支护

煤仓的结构如图 6-1 所示，包括煤仓的上部收口、仓身、下口漏斗及溜口闸门基础、溜口和闸门装置等。

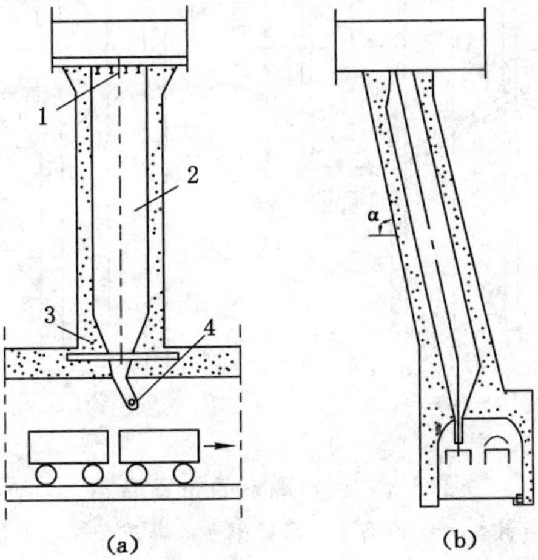

图 6-1　煤仓结构

1——上部收口；2——仓身；3——下口漏斗及溜口、闸门基础；4——溜口和闸门

(1) 煤仓上口

由于煤仓断面较大，为了保证煤仓上口安全，需用混凝土收口。为了防止大块煤、矸石、废木料等进入煤仓，造成堵塞，在收口处可设铁箅。常用铁箅孔 200 mm×200 mm，250 mm×250 mm，300 mm×300 mm，如图 6-2 所示。

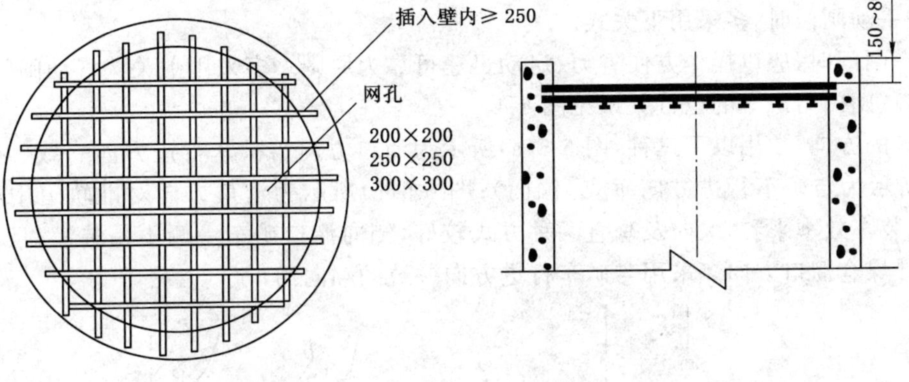

图 6-2　煤仓上口铁箅子

网孔上大块煤炭的破碎及杂物的清理工作，可在煤仓上部巷道内直接进行或者设置专门的破碎硐室，图 6-3 所示为破碎硐室的煤仓上口布置。煤仓上口应高出巷道底板，防止水流入仓内。上口处巷道断面一般都应扩大，且加强支护。

(2) 仓身

煤仓仓身一般均应砌碹，壁厚一般为 300～400 mm。有条件时，应尽量采用锚喷支护。当煤仓穿过坚固稳定易于维护的岩层中时，也可以不支护。

(3) 下口漏斗及溜口、闸门基础

煤仓仓身下部为收口漏斗，收口漏斗一般为圆锥形，以便安装溜口和闸门。为了防止堵

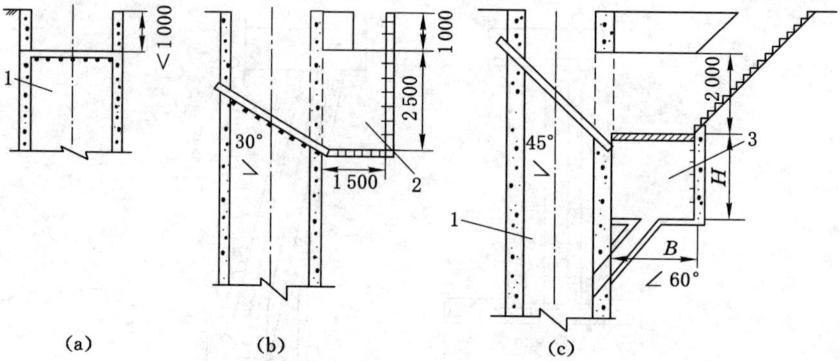

图 6-3 破碎硐室的布置形式

(a) 煤仓上口兼作破碎硐室;(b) 设有人工破碎硐室的煤仓;(c) 设有机械破碎硐室的煤仓

1——煤仓;2——人工破碎硐室;3——机械破碎硐室

塞,下口漏斗应尽量消除死角。垂直煤仓下口漏斗可取 60°,倾斜煤仓收口漏斗底板倾角应与煤仓倾角相同。锥形漏斗以下的拱顶部分为溜口和闸门基础。为了安装溜口和闸门,在漏斗下方留一边长为 0.7 m 的方形孔口,在孔口预埋安装固定溜口的螺栓。

(4) 溜口及闸门装置

煤仓的溜口,一般均做成四角锥形,在溜口处安设可以启闭的闸门。按开闭闸门所使用的动力,可将闸门分为手动、电动和气动三种。按闸门的形式分有扇形闸门和平闸门。扇形闸门有单扇和双扇之分,单扇闸门又分上关式、下关式和反扇形闸门。上关式最好用气动闸门,采用手动闸门时,多采用下关式。

选择闸门时,应以操作方便省力、启动迅速可靠为原则。多采用上关式气动闸门。

溜口、闸门与矿车的位置关系见图 6-4。

溜口的方向,常用以下三种:图 6-5(a)所示为溜口方向与矿车行进方向一致(顺向);图 6-5(b)所示为与矿车行进方向垂直(侧向);图 6-5(c)所示为溜口方向对准轨道中心线(垂直)。从装车效率来看,顺向及垂直两种方式较好,侧向溜口矿车一侧不易装满,且易撒煤。目前设计煤仓溜口方向多采用与矿车行进方向一致的顺向溜口。

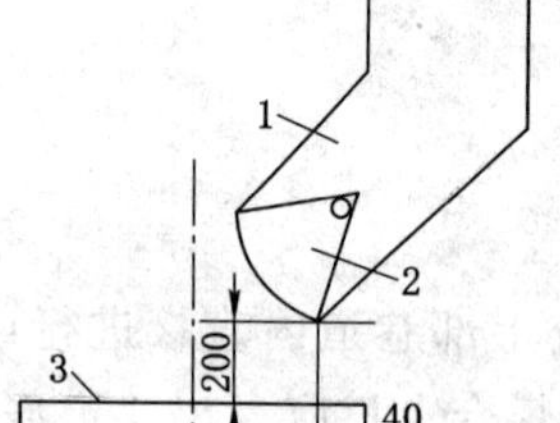

图 6-4 溜口与矿车的相对位置

1——溜口;2——闸门;3——矿车

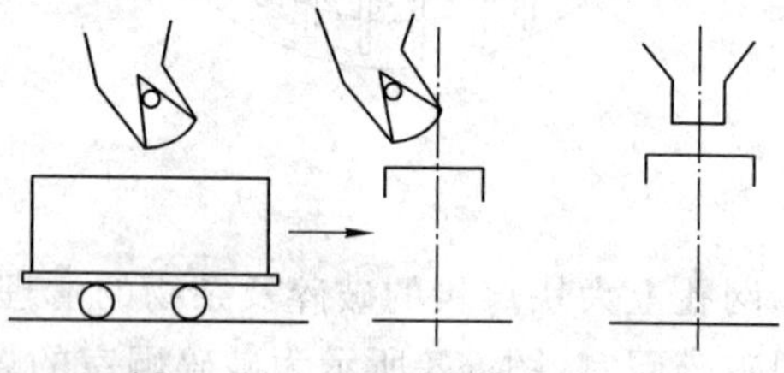

图 6-5 溜口方向

(a) 顺向;(b) 侧向;(c) 垂直

当煤仓下口要求连续均匀装煤时,煤仓漏斗下方应设置给煤机。

（二）采区变电所设计

采区变电所是向采区供电的枢纽。由于低压输电的电压降较大，为保证采区正常生产，必须合理地选择采区变电所的位置。

(1) 采区变电所的位置

确定采区变电所位置时，应考虑以下几方面：对范围较小的采区，尽可能由一个采区变电所向采区全部采掘工作面的受电设备供电，并使之位于负荷的中心；对较大的采区可设两个或两个以上变电所；当开采过渡到下一阶段时，尽可能充分利用原有变电所，尽量减少变电所的迁移次数；应保证最远端的设备正常启动，并要求采区变电所通风良好，而且所选地点应易于搬迁变压器等电气设备和无淋水、地压小、易于硐室的维护。

采区变电所的具体位置，一般设在输送机上山与轨道上山之间或设在上（下）山巷道与运输大巷交岔点附近。

(2) 采区变电所的尺寸和支护

采区变电所的尺寸决定于硐室内设备的数目、规格、设备间距以及设备与墙壁之间距离等因素。

硐室内主要行人道要>1.2 m。采区变电所的高度应根据行人高度、设备高度及吊挂电灯的高度确定，一般为 2.5～3.5 m。如图 6-6 所示。

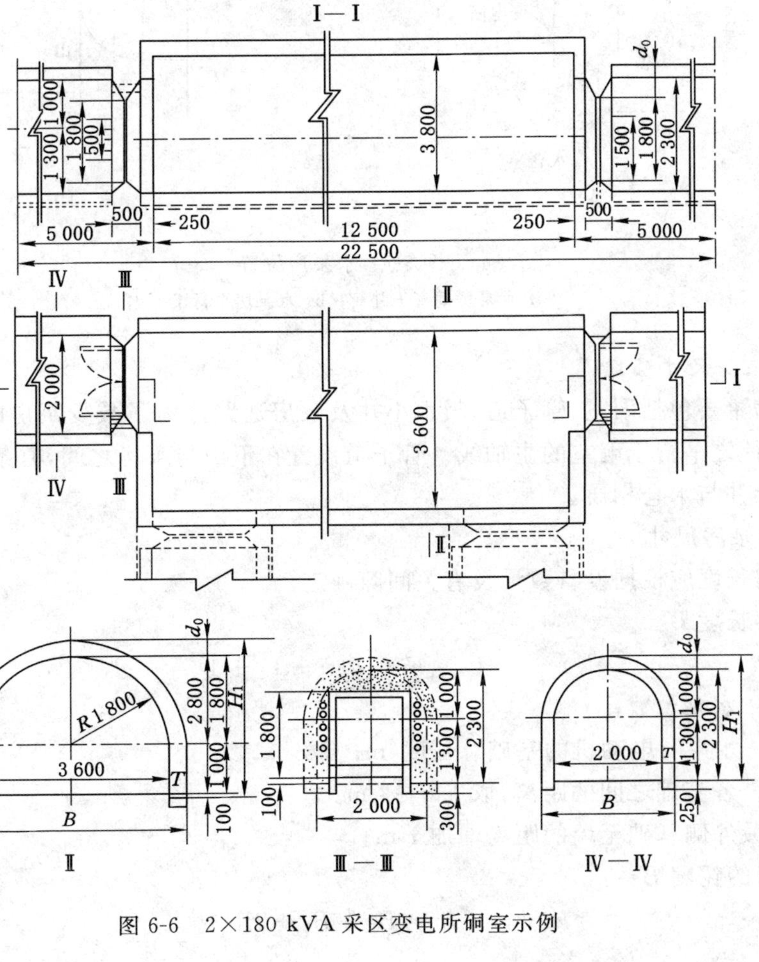

图 6-6　2×180 kVA 采区变电所硐室示例

采区变电所应采用不燃性材料支护。一般情况下，采用锚喷支护和拱形石材砌碹。服务年限短的，采用装配式混凝土支架。采用石料支护时，标号不小于MU30。采用混凝土拱时不低于C15，铺底可用C10混凝土。

变电所的地面应高出邻近巷道200～300 mm，且应有3‰的坡度。

变电硐室长度超过6 m时，必须在硐室两端各设一个出口。在通道5 m范围内用不燃性材料支护。

硐室与通道的连接处，设防火栅栏两用门。防火栅栏两用门的挡墙可用C10混凝土砌筑。设有两个通风道的采区变电所，一个用于进风，一个作为回风。通道宽度以能通过最大件设备及安装标准防火栅栏门为原则。

（三）采区水泵房设计

采区下山、一段片盘斜井，可设置简易泵房和水仓。其位置可选在下部井筒（下山）之间，采用垂直或平行于井筒（下山）布置，并尽量与变电所联合所布置，如图6-7所示。

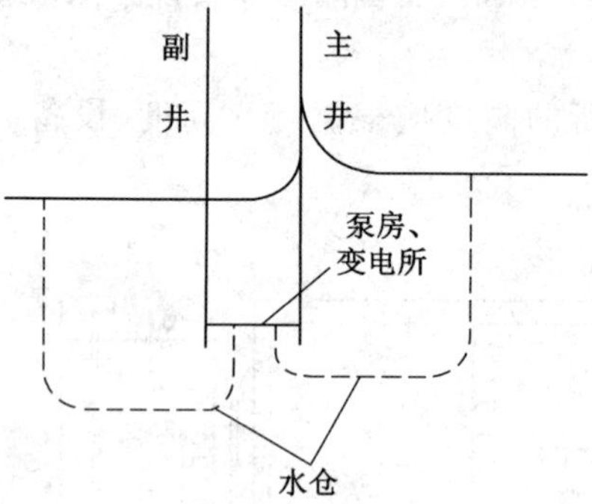

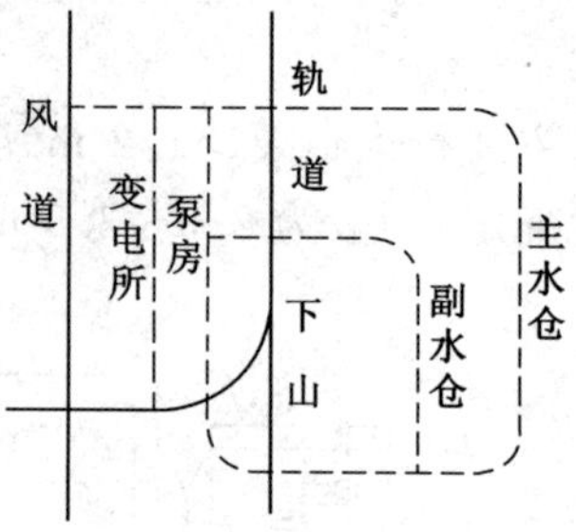

图6-7　水泵房位置

(a) 水泵房垂直于井筒；(b) 水泵房平行于下山

1. 水泵房尺寸确定

水泵房主要包括硐室、管子道、吸水小井及泵房通路。为了减少泵房的宽度，可将水泵串联安装，使之平行于硐室的主轴线。管子道设置在下山与泵房之间，有条件可采用排水钻孔。吸水小井与水仓相通。

(1) 水泵房尺寸

水泵房长度应根据设备数量及有关间隙确定。

水泵房长度 L：

$$L = nb + a(n+1) + 1 \tag{6-3}$$

式中　n——水泵台数；

b——水泵及电动机的基础总长度，m；

a——各基础之间的距离，取1.5～2 m。

注意，最外侧基础至墙的距离增加1 m。

水泵房的宽度 B：

$$B = B_1 + B_2 + B_3 \tag{6-4}$$

式中　B_1——水泵房基础宽度，m；

B_2——吸水井一侧水泵基础至墙的距离，一般为 0.8～1 m；

B_3——有轨道一侧水泵基础至墙的距离，一般为 1.5～2 m。

水泵房的高度根据水泵的外形尺寸、排水管的悬吊高度及起重梁的高度而定，净高一般为 3～4.5 m。水泵房地面标高应高出车场轨面 0.5 m，并应向吸水小井设 1%的下坡。

设备基础根据设备重量及底盘尺寸确定，其长度等于底盘地脚螺丝孔中心向外加长 200 mm，宽度为底盘地脚螺丝孔中心向外加长 300 mm。

(2) 吸水小井

吸水小井有两种形式。一种是设两个独立的吸水小井，一种是设配水巷。第一种形式水仓不需砌碹，不需设闸门，施工简单方便，小型水泵房采用较多，如图 6-8 所示。吸水小井的断面形状可采用方形或圆形，深度为 4.0～5.5 m。

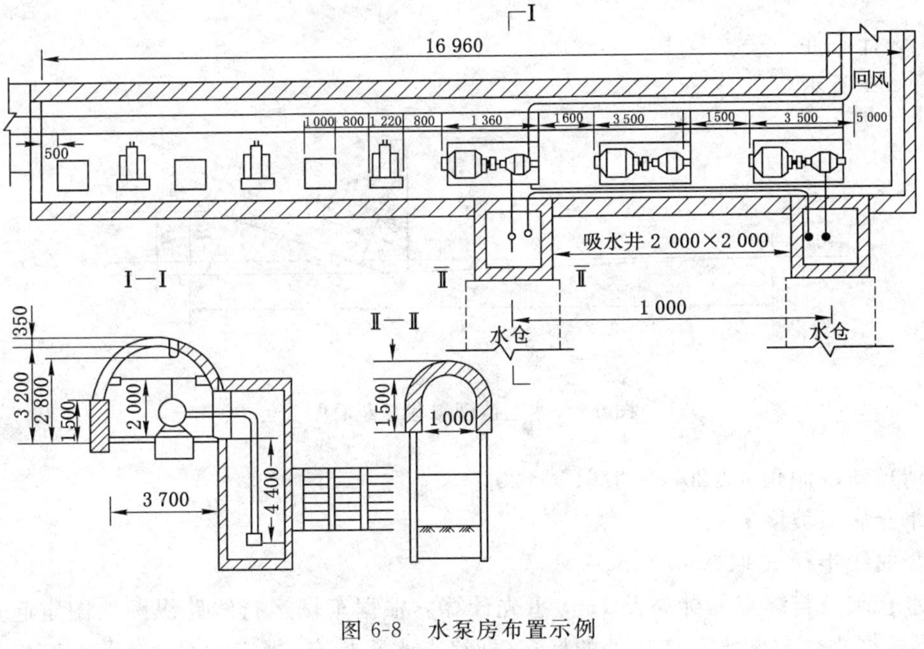

图 6-8　水泵房布置示例

2. 水仓

水仓由两个断面相同、间隔 15～20 m 的巷道组成，其中一个水仓清理时，另一个水仓正常使用。

设计水仓要做到以下几点：

(1) 水仓的有效容量应能容纳 4 h 的采区正常涌水量。

(2) 水仓向吸水井方向应有 3‰～5‰的上坡，以便泥砂沉淀、清理和清理时矿车运输。

(3) 为便于维护和清理水仓，一般采用单轨巷道的断面，并需铺设轨道。水仓净断面一般为 5～7 m^2。

水仓的总长度 L 为：

$$L = V/S \tag{6-5}$$

式中　V——水仓的有效容量，m^3；

S——水仓的净断面积，m^2。

(4) 水仓与吸水小井连接处的水仓底板标高应比泵房底板标高低 4.5～5 m，否则，水泵将因吸水高度的限制而无法抽出水仓内的全部积水。

(5) 水仓在清理斜巷的标高最低处，其顶板标高必须较水仓入口处水沟的沟底为低，否则，水仓将灌不满水。

3. 清理斜巷

清理斜巷是水仓与车场巷道之间的一段巷道，既是清理斜巷又是水仓的一部分。因此，计算水仓长度应以清理斜巷的起点为起点，以水仓与配水井的连接处为其终点。

(1) 清理斜巷的设计要求

① 倾角 $a \leqslant 20°$，以保证装满煤泥的矿车在斜巷运行时不泼洒。

② 保证水仓最高水位应低于泵房地面 1～2 m，水仓顶必须低于附近巷道最低点的水沟底。

(2) 设计条件

如图 6-9 所示。

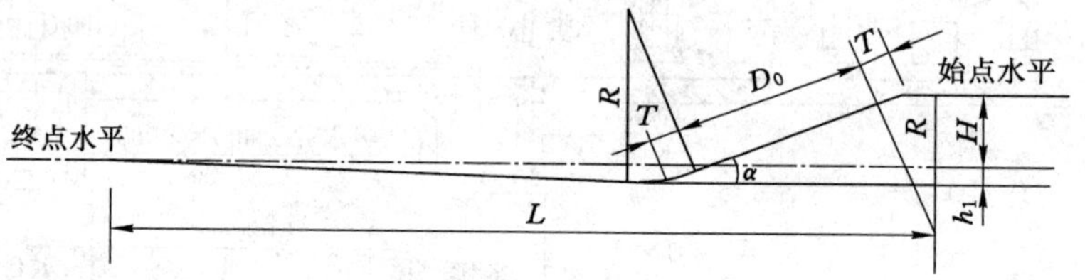

图 6-9 水仓清理斜巷总断面图

① 清理斜巷倾角 $a \leqslant 20°$，一般取 $a = 20°$。

② 水仓底板坡度 $i = 3‰ \sim 5‰$。

③ 竖曲线半径 R 取 9～12 m。

④ 水仓起点与终点的标高差 H 应事先计算。根据车场运行线路纵断面图定起点水平标高。再根据水仓与配水仓连接处的标高(即终点水平标高，规定配水仓底板标高应高于吸水小井底板标高 1.5 m 以上)即可求出起点与终点标高差 H。

清理斜巷的斜长：

$$D = D_0 + 2\frac{\pi \alpha R}{180} \tag{6-6}$$

式中 D——包括了直线段与曲线段之和的斜长，m；

D_0——直线段斜长，m。

$$D_0 = \frac{H + h_1}{\sin\alpha} - 2R\tan\frac{\alpha}{2} \tag{6-7}$$

三、采区煤仓设计实例

现以某煤矿 34 区补套煤仓为例，简要说明采区煤仓设计的过程。

(1) 绘制煤仓与邻近巷道的位置关系

某矿底板系统均布置于茅口灰岩中，地质条件良好，层位较稳定。补套 34 区煤仓与邻近巷道位置关系，见图 6-10。

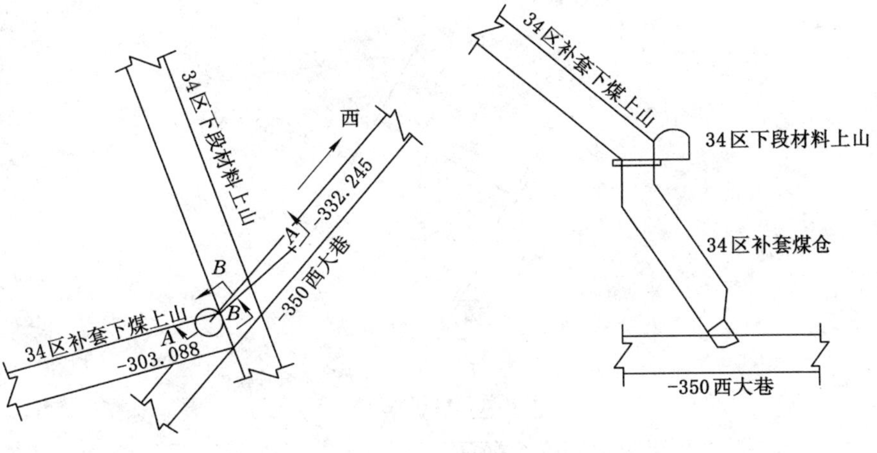

图 6-10　补套煤仓邻近巷道位置关系

(2) 选择采区煤仓

根据相邻巷道位置关系可以看出，补套煤仓宜采取倾斜煤仓布置，断面形状为拱形。

(3) 计算采区煤仓的容量

煤仓容量根据矿井实际生产规模设计为不小于 200 t；煤仓剖面见图 6-11；下煤上山采取自溜的方式；大巷采用机车尽头式运输。

(4) 确定采区煤仓的尺寸及仓口布置

煤仓下口采用铁屑混凝土支护，即：水泥∶沙子∶金属掺和物＝1∶0.3∶0.25(重量比)，灰水比 $C/W=2$，砂子粒径不大于 0.3 mm，金属掺和物粒径不大于 0.4 mm；煤仓下口斜面及仓体斜面采用铸石块铺底，两侧采用铸石块或钢板围住，铸石块规格：400 mm×300 mm×300 mm；煤仓下口溜煤嘴采用顺向装煤；煤仓上口浇铸铁箅子，铁箅子采用 15 kg/m 钢轨，轨头朝下，轨底朝上，箅子网格为 300 mm×300 mm，箅子两端插入壁体内不小于 300 mm；煤仓仓体因围岩较稳定，采取裸巷不支护。

任务实施

教师先分析讲解本任务的基本知识，学生分组讨论案例和完成教师布置实训任务，提交实训报告或总结。

思考与练习

1. 简述硐室设计的原则与要求。

2. 某矿采区生产能力为 30 万吨/a，采区带式运输巷道的底板标高为－625 m，采区装车站轨道面标高为－648 m，设计采区煤仓。要求：(1) 3～5 人为一组；(2) 绘制煤仓与相邻巷道的位置图；(3) 选择采区煤仓；(4) 计算采区煤仓的容量；(5) 确定采区煤仓的尺寸及绘制煤仓的剖面图；(6) 整理提交成果与评价。

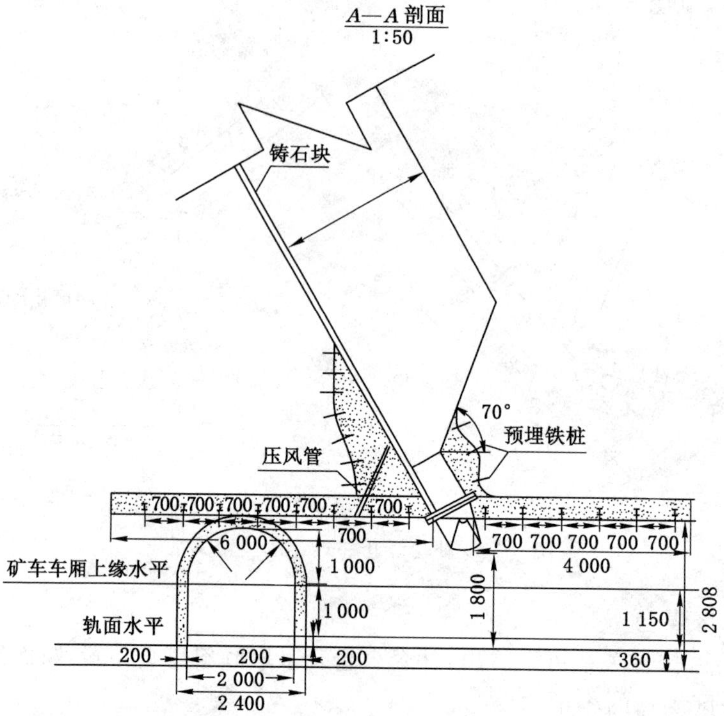

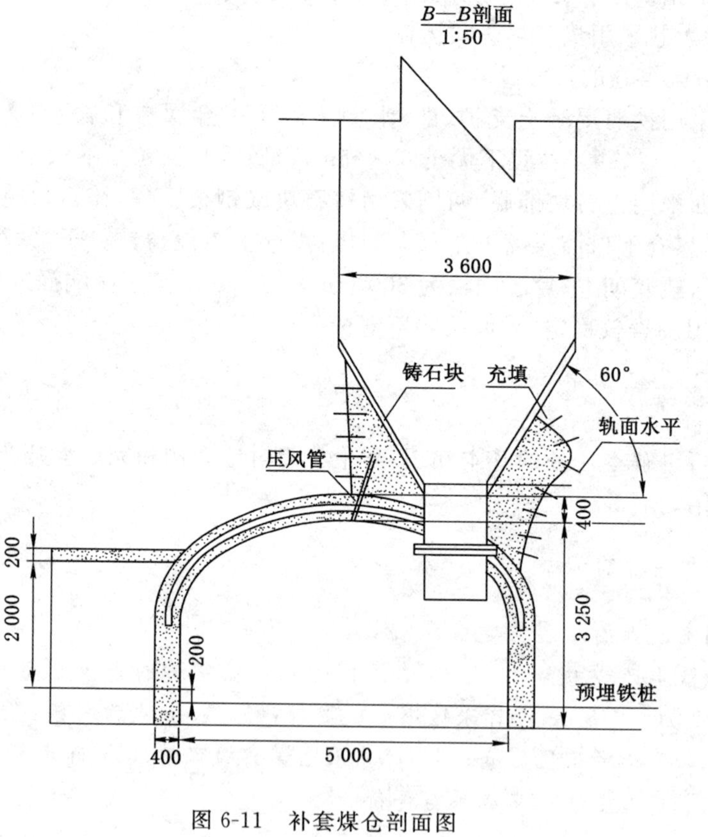

图 6-11　补套煤仓剖面图

任务二　硐 室 施 工

知识要点

硐室施工的特点与方法，马头门和箕斗装载硐室、煤仓的施工。

技能目标

能合理选择马头门或箕斗装载硐室、煤仓的施工方法；能识读施工图。

任务导入

硐室施工有哪些特点？常用施工方法有哪些？如何选择施工方法？

任务分析

(1) 掌握矿井主要硐室施工方法和技术特点。

(2) 能合理选择马头门或箕斗装载硐室、煤仓的施工方法，完成施工组织。

相关知识

一、硐室施工的特点与方法

(一) 硐室施工的特点

硐室施工与巷道施工相比，具有以下特点：

(1) 硐室的断面大，变化多，长度小，进出口通道狭窄，服务年限长，工程质量要求高，一般要求具有防水、防潮、防火等性能。

(2) 硐室周围井巷工程较多，一个硐室常与其他硐室或井巷相连。因而硐室围岩的受力情况比较复杂，难以准确进行分析，施工难度大，支护比较困难。

(3) 多数硐室安设有各种不同的机电设备，故硐室内需要浇筑设备基础，预留管缆、沟槽及安设起重梁等。

(二) 硐室施工方法

硐室施工方法的选择主要取决于硐室断面大小和围岩稳定性。围岩的稳定性不仅与硐室围岩的自然因素（围岩应力、岩体结构、岩石强度、地下水等）有关，而且与人为因素（位置、断面形状和尺寸、支护方式、施工方法等）有关。根据硐室断面大小和围岩稳定状况，我国煤矿井下硐室施工方法可分为全断面施工法、台阶施工法和导硐施工法三类。

(一) 全断面施工法

全断面施工法，是按硐室的设计掘进断面，一次将硐室掘出，与普通巷道施工方法基本相同。

全断面施工法一般适用于围岩稳定、断面高度不很高的硐室。由于全断面施工的工作空间宽敞，施工机械设备展得开，故具有一次成巷施工效率高、速度快、成本低等特点。硐室高度超过 5 m 时，在常规设备条件下，采用全断面施工不方便。如果使用凿岩台车和大型装岩机等掘进设备且围岩较稳定，硐室断面大小不受此限制。

（二）台阶施工法

这种方法用在岩层稳定或比较稳定的条件下。若硐室的高度大，不便于施工，可以根据硐室高度将整个硐室分成几层，施工时形成台阶状。按台阶工作面布置方式的不同可分为正台阶工作面法和倒台阶工作面法。前者上分层超前施工，亦称下行分层法；后者下分层超前施工，亦称上行分层法。

(1) 正台阶工作面(下行分层)施工法

根据硐室的全高，整个断面可分为2～3层，每层的高度以1.8～2.5 m为宜，最大不超过3 m。如图6-12所示，某矿水泵房施工时，采用正台阶工作面法。上分层工作面高为2.5 m，超前2 m左右；下分层工作面呈45°斜坡，以便于溜放上分层工作面的矸石，在下分层后面装岩机装岩。施工组织采用"两掘一锚喷"，随掘随喷一层厚5 mm水泥砂浆用来临时封闭围岩，待掘进20～30 m后，再按设计厚度喷射混凝土作为永久支护。

当硐室长度较小时，可采用将上分层全部掘喷完，然后再掘喷下分层的方式。

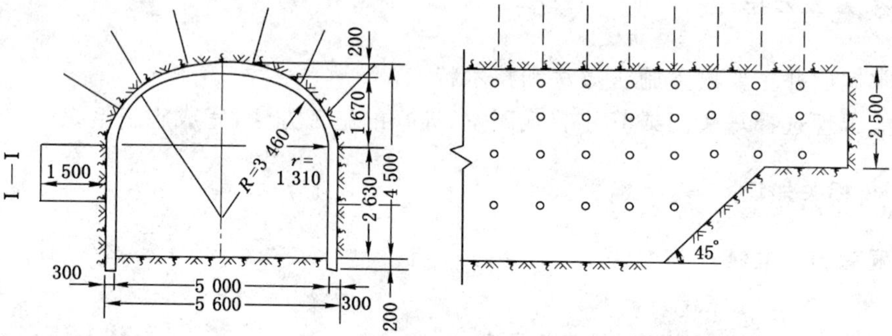

图6-12　某矿水泵房正台阶工作面施工法

若围岩条件差，硐室采用砌碹支护，也可用正台阶工作面施工法。此时，上分层掘进时用无腿金属支架支护。砌碹工作可有两种做法：一种是砌碹工作滞后于下分层掘进工作面1.5～2.5 m；另一种是先拱后墙，即上分层采用短掘短砌、先掘拱，并适当加大上分层的超前距离，使下分层掘进爆破不致损伤拱帽。下分层的掘进与砌墙也采用短段掘砌法，使墙紧跟迎头。这时整个拱部后端与墙连成整体，前端则支在岩石台阶上，所以很安全。硐室不太长时，也可将上分层拱部完全掘砌好后再刷掘下分层，同时砌墙与拱连接。

(2) 倒台阶工作面(上行分层)施工法

如图6-13所示，某矿水泵房倒台阶工作面施工法。下分层工作面超前3～5 m，边掘边锚；上分层工作面施工时，站在挑顶下来的矸石堆上打锚杆。顶板岩石稳定时，可掘锚15 m后再喷射混凝土；顶板岩石不太稳定时，可边掘边打锚杆和挂金属网，最后喷射混凝土。

采用砌碹施工的硐室，下分层高度应相当于设计墙高，超前4～6 m或更长。下分层掘进时，一般采用棚式临时支架，如图6-14所示。砌碹时先要架台棚将原来的顶梁托住。上分层挑顶工作在下分层掘砌完成后进行，挑顶后立即砌拱。

正台阶工作面施工法比较安全可靠；倒台阶工作面施工法挑顶爆破效率高，装岩方便。两者都适用于围岩较稳定，整体性较好的岩层。其中先拱后墙下行分层法的适应范围更广，在较松软的岩层中也可应用。

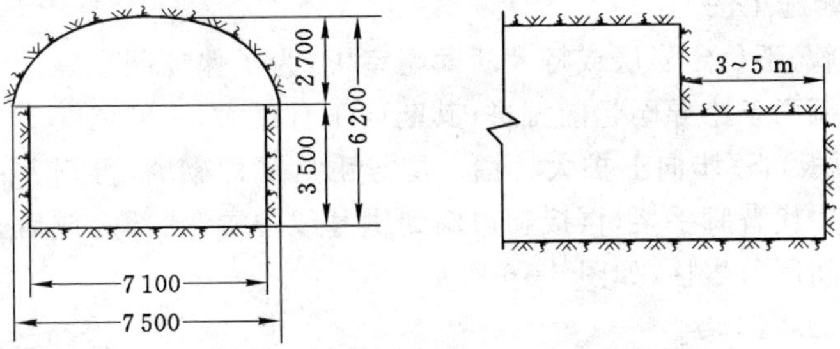

图 6-13　倒台阶工作面(上行分层)施工法

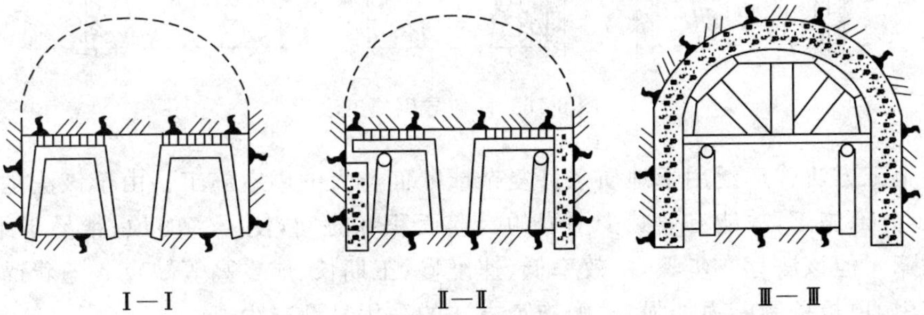

图 6-14　下分层掘进时棚式临时支架

(三) 导硐施工法

导硐施工法,是在硐室的某一部位先用小断面导硐掘进,然后再行开帮、挑顶或卧底,将导硐逐步扩大至硐室的设计断面。导硐的断面通常为 4～8 m^2。根据导硐所在位置不同,有中央下导硐施工法、两侧导硐施工法之分。

(1) 中央下导硐施工法

它是指导硐位于硐室中部靠近底板。导硐断面可按单轨巷道考虑,以满足机械装岩为宜。当导硐掘到预定位置后,再进行刷帮、挑顶并完成永久支护工作。

硐室采用锚喷支护时,宜用中央下导硐先挑顶后刷帮的施工顺序,如图 6-15(a)所示。挑顶的矸石可用装岩机运输,挑顶后随即安装拱顶锚杆和喷射拱部混凝土,然后刷帮并喷射墙部混凝土。砌碹支护的硐室,适用于中央下导硐先刷帮后挑顶施工顺序,如图 6-15(b)所示,在刷帮的同时完成砌墙工作,然后挑顶完成拱部砌碹。

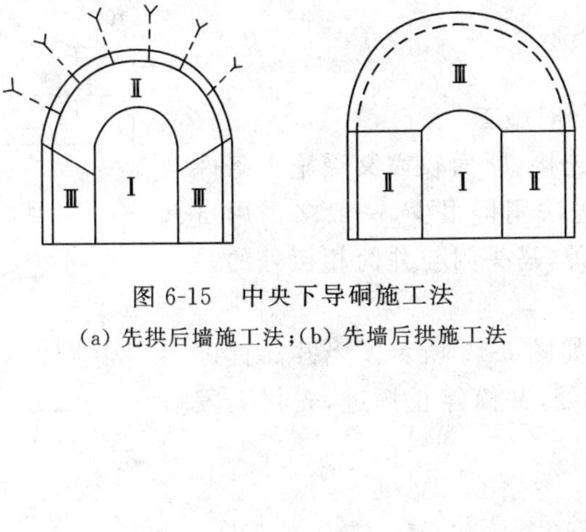

图 6-15　中央下导硐施工法

(a) 先拱后墙施工法;(b) 先墙后拱施工法

(2) 两侧导硐施工法

它是指在松软、不稳定岩层或特大断面硐室中，为了保证硐室施工安全，在两侧墙部位置沿硐室底板开掘两条小导硐超前掘进(其断面不宜过大，一般宽度 1.5～1.8 m、高度 2.0 m，以利于控制顶板)，逐步向上扩大。掘一层导硐后随即砌墙，再掘上一分层小导硐，矸石存放在下层导硐中代替脚手架，再接砌边墙到拱基线位置；墙部完成后开始挑顶砌拱，拱部完成后再拆除中间所留岩柱，如图 6-16 所示。

图 6-16 两侧导硐施工法

导硐施工方法曾广泛用于地质条件复杂或断面特大的硐室施工。由于该法是先导硐后扩大，逐步分部施工，故能有效减少围岩的暴露面积和时间，使硐室的顶、帮易于维护，施工安全有保障。但该法存在步骤多、效率低、速度慢、工期长、成本高等缺点。随着锚喷支护技术推广应用，顶板控制能力加强，导硐施工方法的采用日渐减少。

为安全和施工方便起见，在矿井开拓设计中，应尽量避免将硐室布置在不稳定岩层中。若经多方面比较后仍必须开在不稳定岩层中，那就应该采取可靠的技术措施，保证硐室施工安全和工程质量。

二、马头门和箕斗装载硐室的施工

马头门和箕斗装载硐室是直接与副、主井井筒相连的两个主要硐室，其施工方法与一般硐室相同。但是由于它们与立井井筒相连，必须考虑与井筒施工的关系和对凿井设备的利用。马头门施工一般安排在凿井阶段进行。对于箕斗装载硐室和井筒的施工顺序有两种安排可供选择：一种是与井筒同时施工，这种施工方案可以充分利用凿井设备，故其效率较高、安全性较好、工作简单，其缺点是占用井筒施工期。另一种是与井筒分别施工，在硐室位置处预留硐口并用锚喷作临时支护，待以后再施工。这种施工方案的优点是装载硐室的施工不占用井筒施工期，但届时主井凿井设备已全部拆除，需要重新安装一套临时施工设施，且又是高空作业，对安全工作要求比较高，施工也比较复杂。

(一) 马头门施工

(1) 马头门与井筒同时施工

马头门因与井筒相连接、断面较大又受施工条件限制，故全断面一次掘进法用得很少，一般多采用自上而下分层施工法。另外，马头门与井筒相接处的井壁应砌筑成一个整体。

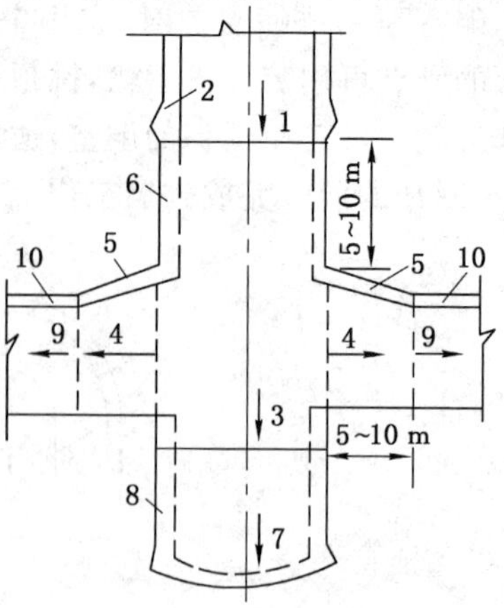

图 6-17 马头门的施工顺序
1～10——施工顺序

马头门的施工顺序如图 6-17 所示。当井筒掘进到马头门上方 5～10 m 处，井筒停止掘进，先将上段井壁砌好；井筒继续下掘，可以随井筒同时将马头门掘出，也可以将井筒掘到底或掘至马头门下方的混凝土壁圈处，由下而上砌筑井壁至马头门的底板标高处，再逐段施工马头门。当岩层松软、破碎时，两侧马头门应分别施工；在中等以上稳定岩层中，两侧马头门可以同时施工。当马头门处围岩比较坚硬稳定时，掘进可采用锚喷作临时支护。为了加快马头门施工速度可安排与井筒同时自上而下分层施工马头门。

马头门与井筒同时施工具有如下特点：可以充分利用凿井设备和设施进行打眼爆破、通风排烟、装岩提升、压气供应、排水、拌料下料等工作，使准备、辅助工作大大简化。同时，支护的整体性好，工程质量易于保证。该方法不足之处是马头门施工占用井筒施工期，致使井筒到底时间向后推迟了一段时间。

(2) 马头门与井筒顺序施工

马头门与井筒顺序施工，是指先掘砌完整个井筒再返上来施工马头门，即当井筒掘砌到马头门位置处时。预留下马头门的硐口不砌(硐口预留得稍大一点，以免将来马头门掘进爆破时崩坏井壁)，暂时将硐口用喷射混凝土作临时支护封闭起来，待井筒掘砌到设计深度后再返上来施工马头门。为了施工方便，可以在马头门底板下方位置搭设一个临时固定盘作为掘砌的工作台，也可以直接利用凿井吊盘作为活动的掘砌工作台。

这种施工方法突出的优点是，马头门施工不占用井筒施工工期，使井筒可提前到底，后期的马头门施工也可能和其他工程平行作业。

但由于是高空作业，必须采取防坠安全措施。另外，由于井壁和马头门壁不是一次连续整体浇筑的，因而马头门施工时应特别注意工程质量。当采用临时固定盘施工时，盘的安、拆费工费料，后期清除井底的存矸也需花费时间。

(二) 箕斗装载硐室施工

箕斗装载硐室断面大、结构复杂，施工中有大量预留孔和预埋件，工程质量要求高，施工技术难度大。根据箕斗装载硐室与井筒施工的先后关系，我国煤矿现有的施工方法可概括为三类：与井筒同时施工、与井筒顺序施工以及和主井井口永久建筑平行施工。

(1) 装载硐室与井筒同时施工

当井筒掘至硐室上方 5～10 m 处停止掘进并将上段井壁砌好，再继续下掘井筒至硐室位置。若围岩比较稳定，则井筒工作面与硐室工作面错开一茬炮高度(1.5～2.0 m)，同时自上而下施工。装载硐室分层下行的施工顺序如图 6-18(a)所示。若围岩稳定性差，硐室各分层可与井筒交替施工，如图 6-18(b)所示。硐室爆破落下来的矸石扒放到井筒中装提出井。随掘随采用锚喷或锚喷网进行一次支护，及时封闭裸露的硐室顶帮和井帮。在锚喷支护保护下逐层下掘，待整个硐室全部掘完后再进行二次支护，由下向上立模板、绑扎钢筋，先墙后拱连同井壁连续整体浇筑。硐室底板在墙、拱筑好后再浇筑。硐室施工完成之后再继续向下开掘井筒。

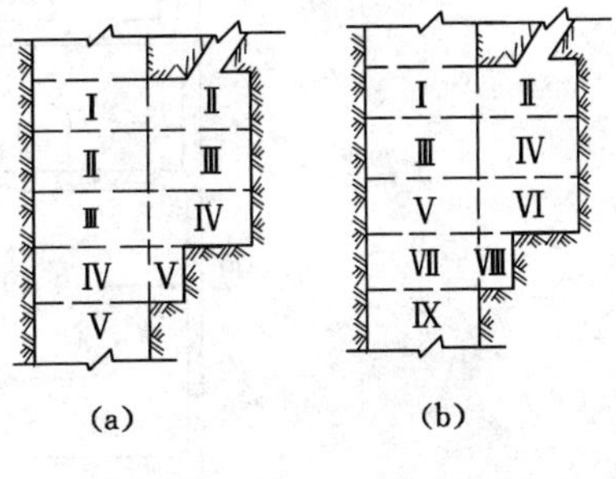

图 6-18　装载硐室与井筒同时施工示意图
(a) 同时分层施工；(b) 交替分层施工

这种施工方法具有充分利用凿井设备进行硐室施工、效率高、进度快、安全性好和硐室施工前的准备工作比较少等优点；其不足之处是硐室施工占用了井筒施工工期，拖延了井筒到底的时间。

(2) 箕斗装载硐室在井筒掘砌全部结束后进行施工

其施工顺序是：先将井筒施工到底，然后再开始施工箕斗装载硐室。当井筒掘砌到硐室位置时，除硐口范围预留外，其他井筒部分全部砌筑。预留出的硐口部位根据围岩情况暂时用喷混凝土或锚喷进行临时支护封闭，待井筒掘砌到设计深度后再返回上来利用凿井吊盘作掘砌工作台进行箕斗装载硐室施工。将硐室掘出的矸石全部放入井底，硐室完工后，最后集中将井底的存矸清除出井。

(3) 装载硐室和地面永久建筑工程平行施工

采用这种施工方法时，多在主井井筒到底后立即组织主井和副井贯通，并暂将主井井筒的提升由吊桶改装成临时罐笼，以利担负井底车场施工的提升任务。待副井井筒永久提升设备开始运转以后，随之拆除主井临时罐笼再开始进行箕斗装载硐室的施工。这时施工硐室，由于主井井筒的凿井设备大部分已经拆除，需在井底车场或辅助水平的井筒通道处重新布置施工硐室用的提绞设备等，在井筒中需重新安置保护盘、封口盘、吊盘和天轮平台。因此，施工硐室的前期准备工作量大，同时由于高空作业必须采取防坠安全措施。

这种施工方案，各辅助生产系统要重新布置和考虑，所以准备工作量比较大。但其优点是硐室施工不占用建井工期。

（三）箕斗装载硐室施工案例

某煤矿设计年产量 400 万 t，主井净直径 7 m、井深 786.5 m，井内装有两对 16 t 箕斗。箕斗装载硐室位于井底车场水平以下，双面对称布置。硐室全高 16.96 m、长 6.5 m、宽 6.45 m，分上、中、下 3 室。硐室掘进最大横断面 133 m^2，最大纵断面 135.7 m^2。如图 6-19 所示。

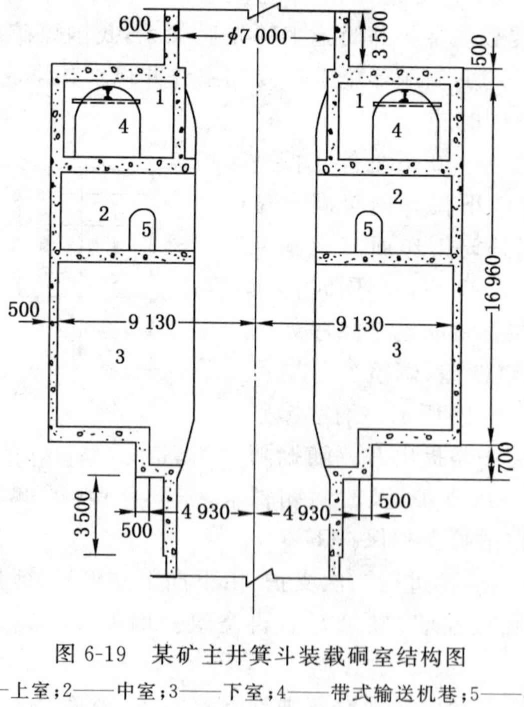

图 6-19　某矿主井箕斗装载硐室结构图

1——上室；2——中室；3——下室；4——带式输送机巷；5——壁龛

硐室采用与井筒顺序施工方法。第一阶段施工井筒到底。自井底车场水平向下掘进，采用全断面深扎爆破，一次支护采用挂网喷射混凝土，二次支护由下向上浇筑混凝土井壁，预留出箕斗装载硐室硐口。第二阶段施工硐室，先掘后砌。硐室掘进自上而下分层进行，先掘出拱顶用锚喷进行一次支护，然后逐层下掘，待整个硐室掘出后再自下向上连续浇筑硐室钢筋混凝土，并与井筒的井壁部分相接。为加快速度，硐室掘出后的矸石暂放入井筒，待以后集中出矸；砌筑时，立模、布筋和混凝土浇筑双面硐室交替进行。

三、煤仓施工

煤仓的施工方法，一般都采用先自下向上掘凿小反井，然后再自上向下刷大至设计断面的施工方法。主要有普通反井法、吊笼反井法、反井钻机法和深孔爆破法等几种。

（一）普通反井施工法

在工作面无瓦斯、岩层稳定、无涌水的情况下，采用普通反井施工煤仓是简便易行的。

现以某煤仓施工为例，介绍采用普通反井法施工采区煤仓的过程。

该采区煤仓的形式为垂直圆形，仓高约 10.3 m，内径 3.6 m，外径 4.2 m，如图 6-20 所示。煤仓穿过的岩层为黏土砂岩、粉砂岩、泥灰岩，岩层倾角 10°，层理较发育。

该煤仓的施工分三步进行：第一步，自下向上掘小反井；第二步，自上向下刷大至设计断面；第三步，自下向上进行永久支护。

(1) 掘进小反井

小反井断面为长方形，临时支护用四角木盘，木垛支护更为安全可靠但使用木材量大。

施工前由测量人员挂好十字中线，按照十字中线架好抬棚，将木盘坐在抬棚上，如图 6-21 所示，用扒钉与抬棚连接牢固。木盘间距为 1 m，四个角打有撑柱，撑柱与四角盘也用扒钉钉牢。木垛支护基本与木盘形式相同，只是没有撑柱，木盘一个接着一个向上垛，各盘梁之间用扒钉连接固定。

为防止片帮，空帮高度不得超过 1.8 m。木盘与岩帮之间均用木板与木楔背实。小反井掘进至距离带式输送机机头硐室底板 2 m 时，从上方向下掘透。

掘进时，用宽 200 mm、厚 80 mm 的木板搭在木盘上作为临时工作台，爆破前拆除，并在人行间的上面铺设倾斜挡板，使崩落的矸石集中到矸石间溜至大巷运走。人行间需设梯子，供人员上下使用。

(2) 刷大至设计断面

反井掘透后，开始自上向下用钻眼爆破法刷大成直径为 4.2 m 的圆形断面，用六角木盘作临时支架。刷大过程中，材料及工具均由上向下运送。打眼或支护时应在小反井上盖木板，以保证安全。爆破前，将盖板拆除，爆破下来的矸石由反井落下，在大巷装车运走。

(3) 砌筑永久支护

① 固定漏斗座。为了固定漏斗座和加大巷道上部的支撑能力，在大巷顶部设置 4 根 20 号工字钢梁，工字钢梁由 15 kg/m 的钢轨托住，钢轨两端插入已砌好的大巷的碹帽上，漏斗座固定在中间两根工字钢梁上，如图 6-22 所示。漏斗座要求安放水平，且十字中心线必须与大巷的轨道中心线重合，以保证漏斗座不偏不斜，不会在装车时洒漏煤炭。

② 用强度等级 C15 的混凝土浇灌煤仓下部 5 m 段的大巷碹帽。事先在大巷的东肩处敷设了一根直径为 127 mm 的传话铁管，浇灌混凝土由两边向中间进行，每浇灌 300 mm 厚需认真捣固一遍，混凝土浇灌到与漏斗座上口齐平时暂停。

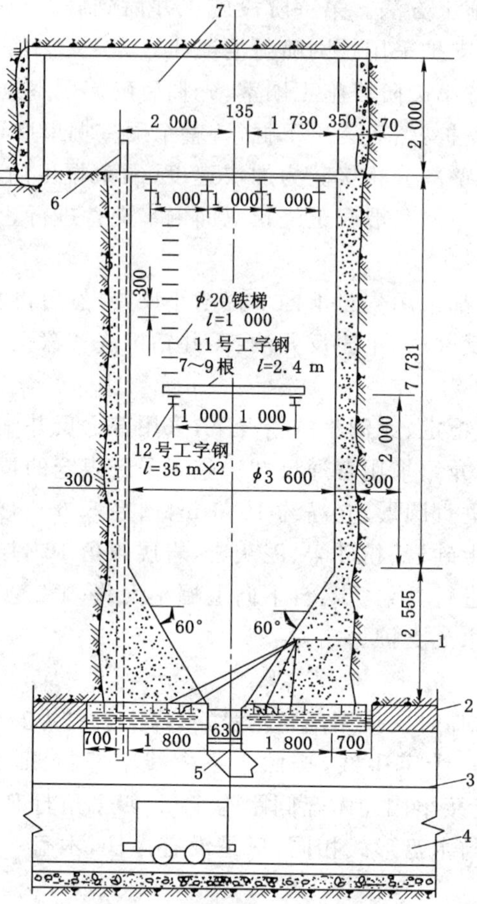

图 6-20　某煤仓施工剖面图

1——20 号工字钢 500 mm×4；2——15 kg/m 钢轨 6 000 mm×2；3——大巷拱基线；4——大巷装车场；5——煤仓闸门；6——127 mm 传话铁管；7——带式输送机机头硐室

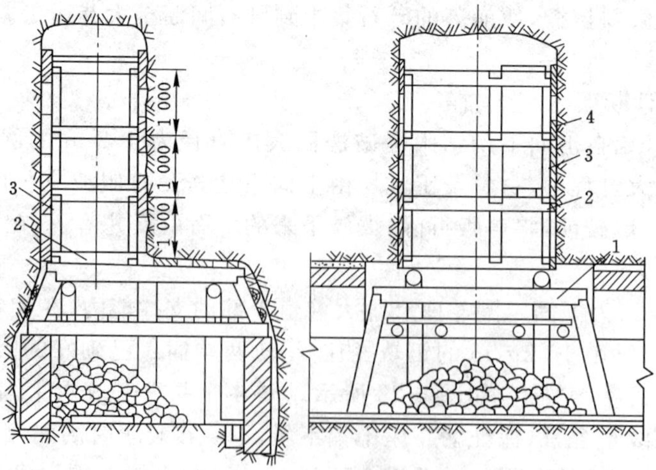

图 6-21　小反井掘进示意图

1——抬棚；2——四角木盘；3——撑柱；4——背板

③ 用强度等级 C20 的混凝土浇灌煤仓的圆锥体部分。该项工作最关键的工序是支模板，模板应在地面制成并组装成形，编号下井。支模时，对号入座，这样不但支模速度快，还能保证工程质量。

模板在固定时，先在漏斗口内做一木衬，模板的下端直接坐在木衬上，如图 6-22 所示，上端用拉杆固定。拉杆的一头钉在模板上，另一头撑在岩帮上。全部斜长分三次浇灌，模板长度 1 m。

混凝土在煤仓顶部带式输送机机头硐室内搅拌好以后，沿铁风筒送下，铁风筒的下端接有一节帆布风筒，使混凝土直接灌于模板内，一边浇灌，一边捣固。每茬均空出 100 mm 的高度，以便下一次支模和保证工程质量。

为了保证施工安全，防止物料掉下伤人，煤仓顶部要用木板盖严。

④ 用强度等级 C15 的混凝土浇灌煤仓壁。首先拆除木盘，每次只拆一架，并加固上面的 4～5 架木盘，然后支模浇灌混凝土。浇灌煤仓壁用的碹骨和模板也是事先做好的，由 4 个小碹骨组合成一个圆形碹，碹骨钉在模板的接头处，如图 6-23 所示。碹骨的厚度不小于 80 mm，碹骨的接头处做成亲口式，亲口的下面打上垂直撑柱。模板的长度应与临时支架间距相适应，按中线支好模板以后，经检查若误差较大，必须重新调整。

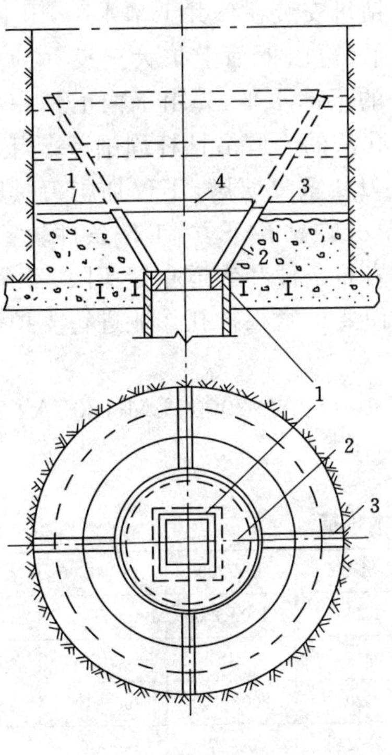

图 6-22 浇灌煤仓圆锥体支模示意图

1——衬木；2——模板；3——拉杆；4——碹骨

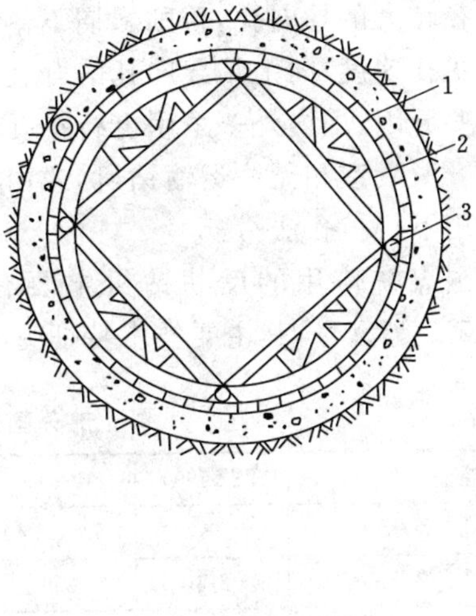

图 6-23 浇灌煤仓壁支模示意图

1——模板；2——碹骨；3——撑杆

在浇灌煤仓的过程中，应注意煤仓内设置的缓冲台、Π 形梯和顶盖梁的位置，随着向上浇灌混凝土，随时完成安装任务。

⑤ 拆模。混凝土凝固并达到一定强度后可拆模。首先将下部的漏斗口打开，把拆下的模板从漏斗口放下去。为了保证工作面安全，施工人员必须佩戴安全带。

在岩层稳定、煤仓断面不大时，也可以由下向上全断面一次掘喷成仓。有时可以不支护，但下部漏煤口斜面必须采用混凝土浇灌。

（二）反井钻机法

煤仓的施工，过去多采用普通反井法，后来逐渐被吊笼反井法取代。虽然吊笼反井法相比普通反井法具有劳动强度低、节省坑木、掘进速度快、效率高、成本低等优点，但作业环境和安全仍很差，同时该方法要求反井围岩比较稳定并具有垂直精度较高的先导提升钢丝绳孔，所以其使用范围受到一定限制。

国外 20 世纪 60 年代就开始生产和使用反井钻机进行反井施工，反井钻机钻井的工艺不断得到完善和发展。目前在工业发达国家使用反井钻机钻凿反井的比重已超过 70%，有的达到 100%。从 20 世纪 70 年代我国开始自制反井钻机，目前已有多台不同规格形式的反井钻机在煤矿使用。反井钻机是一种机械化程度高、安全高效的反井施工设备，尤其是用它钻凿煤矿的反井、井下煤仓、溜煤眼及延伸井筒和各种暗立井时可大大提高建设速度，其施工速度为普通反井法的 5～10 倍，施工成本仅为普通反井法的不到 70%。它还具有减轻工人劳动强度、作业安全、成井质量好等优点。

1. 施工方式和施工设备

利用反井钻机钻凿反井的方式有两种：一种是把钻机安装在反井上部水平，由上而下先钻进一个导向孔（直径 216～311 mm）至反井下部水平，再由下而上扩大至反井的全断面，即上行扩孔法；另一种方式是把钻机安装在待掘反井的下部水平，先由下向上钻一导向孔，然后自上而下扩大到全断面，即下行扩孔法。下行扩孔法的岩屑沿钻杆周围下落，因此要求钻凿直径较大的导向孔，否则岩屑下落时在扩孔器边刀处重复研磨，不仅加剧刀具磨损，也会影响扩孔速度；向上钻导向孔的开孔比较困难，人员又在钻孔下方，工作条件较差。正是由于这些原因，国内外多采用上行扩孔法。如果由于岩石条件和巷道布置所限，不允许在反井上部开凿硐室和无法运输钻机，或由于岩石不稳定而要求紧跟扩孔作业进行支护等，可以考虑采用下行扩孔法。

我国煤矿应用的反井钻机主要有国产的 TYZ-1000、AF-2000、LM-120、ATY-1500、ATY-2500 等型号，其主要技术特征见表 6-1。

表 6-1　　部分国产反井钻机的技术特征

主要参数		TYZ-1000	AF-2000	LM-100	LM-120	LM-200	ATY-1500	ATY-2500
扩孔直径/mm		1 000	1 500～2 400	1 000	1 200	1 400～2 000	1 200～1 500	2 000～2 500
导孔直径/mm		216	250	1 100	244	216	250	311
钻孔深度/m		120	80	100	120	200～150	200～100	250～100
钻孔倾角/(°)		60～100	0～27	0～45	0～34	0～27	0～36	0～36
钻孔转速/r·min^{-1}		0～40	0～27	0～45	0～34	0～27	0～36	0～36
扩孔转速/r·min^{-1}		0～20	0～12	0～27	0～22	0～18	0～18	0～18
钻孔推力/kN		245	3 102	150	250	350	488	1 041
扩孔拉力/kN		705	1 080	380	500	850	1 155	17 103
扩孔扭矩/kN·m	额定	24.1	62.2	—	31.8	40	42	68.6
	最大	210.10	610.4	—	110.6		66	107

续表 6-1

主要参数		TYZ-1000	AF-2000	LM-100	LM-120	LM-200	ATY-1500	ATY-2500
总功率/kW		102	102	52.5	62.5	82.5	118.5	161
主机质量/kg		4 000	81 000	6 000	8 000	10 000	51 085	10 300
外形尺寸(长×宽×高)/mm×mm×mm	工作时	21 040×1 320×2 823	3 046×1 634×3 327	2 380×1 275×2 847	21 077×1 422×3 277	3 230×1 770×3 448	2 180×1 250×3 700	2 868×1 505×4 043
	运输时	11 020×1 000×1 130	2 200×1 200×15 102	11 000×1 050×1 115	22 100×1 110×1 430	21 050×1 370×1 700	2 530×1 000×1 775	2 803×1 310×4 030

其中常用的有 TYZ 型、LM 型和 ATY 型系列反井钻机，它们主要由主机、钻具(钻杆与钻头)、动力车、油箱车、起吊装置等部分组成。钻头分超前孔钻头和扩孔钻头，主机带有轨道平板车，工作时作装卸钻杆用，钻完后主机倒放在平板车上运送出去。

2. 反井钻进

现以 LM-120 型反井钻机施工煤仓为例，介绍其施工方法。

(1) 准备工作

① 施工之前应在反井的上口位置按照设计尺寸要求用混凝土浇筑反井钻机基础。该基础必须水平而且要有足够强度。井口底板若是煤层或松软破碎岩层，应适当加大基础面积和厚度，若底板是稳定硬岩可适当减少基础面积和厚度。为了后期拆解钻机的方便，钻机基础可做成梁框式，梁长要大于钻进扩孔最终断面直径一定尺寸。

钻进场地应布置施工循环水池，用于导向孔钻进时，清洗钻孔与冷却钻头。导向孔钻进时，岩屑是利用高压循环水带出钻孔的，需安装一台高压水泵。一般的井下静压水系统不能满足要求，应做一个循环水池，水池容量一般不小于 5 m^3，距钻孔距离不小于 5 m，钻孔与水池之间水沟连接，从钻孔中返出来的冲洗水通过水沟自流入水池，岩屑在水沟和水池中沉淀，钻进过程中要不断清理水沟和水池中的岩屑。水泵直接从水池中吸水以供冷却和冲洗钻孔之用。

② 钻进时冷却器的冷却水要求流量为 7.2 m^3/h、压力为 0.8 MPa。导孔钻进时用于冷却钻头和排除岩屑的冲洗水要求流量为 30 m^3/h、压力为 0.7～1.5 MPa。

③ LM-120 型反井钻机因电气线路极为简单而未专门配置电气控制箱，只需用两台隔爆型磁力启动器和两台防爆启动按钮在施工现场将电源分别接入电机即可。该机总功率为 62.5 kW，主泵电动机为 DYB-55 型功率为 55 kW，电压为 660～1 140 V。副泵电动机为 $BJ0_2$-51-4 型功率为 7.5 kW，电压为 380 V 或 660 V，共用电压为 660 V，若井下只有 380 V 或 1 140 V 电源，则需要增设变压器。另外还有高压水泵，一般在 40 kW 以上。

④ 钻机安装与调试。钻机运到现场以后，按照图 6-24 所示的位置排列，然后找正钻机位置，拧紧卡轨器后便可按照如下步骤进行工作：往油箱内注油，连接动力电源和液压管路，启动副泵，升起翻转架将钻机竖立，使其动力水龙头接头体轴心线对正预钻钻孔中心，安装斜拉杆，卸下翻转架和钻机架的连接销，放平翻转架，安装转盘吊和机械手，调平钻机架，固定钻机架(支起上下支撑缸)，接洗井液胶管和冷却水管。钻机安装好后，要全面检查各个部件的动作是否准确，液压系统是否漏油，供水系统是否漏水等。待一切正常后方可进行钻机试运转。

(2) 反井施工

① 导孔钻进。把事先与稳定钻杆接好的导孔钻头放入井中心就位，启动马达，慢慢下放动力水龙头，连接导孔钻头，启动水泵向水龙头供水。开始以低钻压向下钻进，开孔钻速控制在 1.0～1.5 m/h 之间，开孔深度达 3 m 以后，增加推力液压缸推力进行正常钻进。根据岩石的具体情况控制钻压，一般对松软岩层和过渡地层宜采用低钻压，对坚硬岩石宜采用高钻压。在钻透前应逐渐降低钻压。

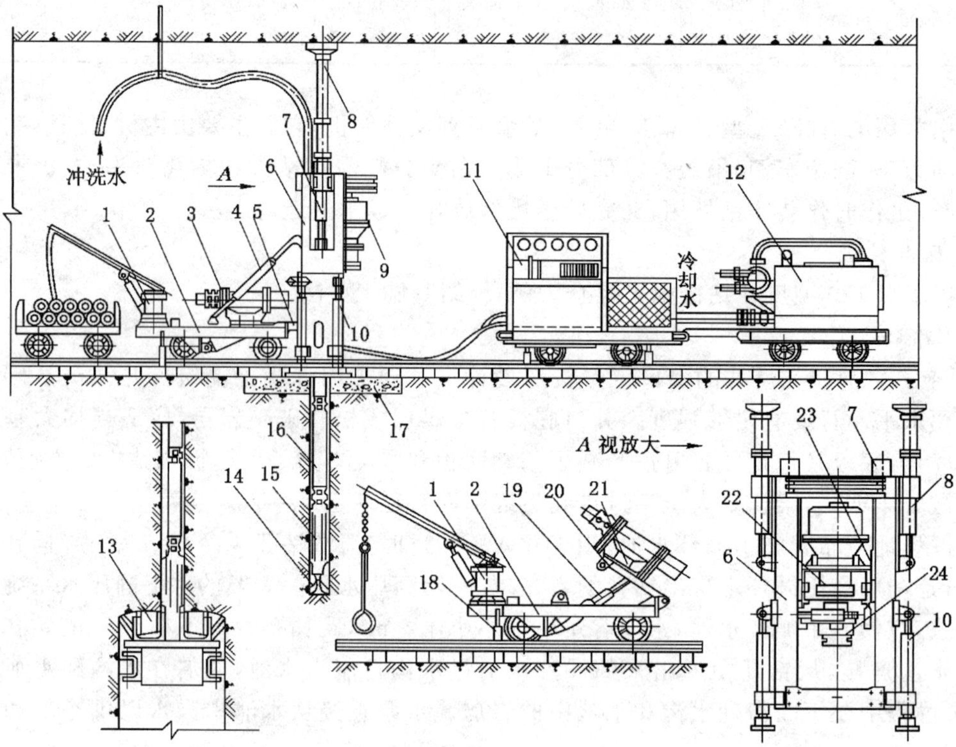

图 6-24 LM-120 型反井钻机示意图

1——转盘吊；2——钻机平台；3——钻杆；4——斜拉杆；5——长销轴；6——钻机架；7——推进液压缸；8——上支撑；10——液压马达；10——下支撑；11——泵车；12——油箱车；13——扩孔钻头；14——导孔钻头；15——稳定钻杆；16——钻杆；17——混凝土基础；18——卡轨器；19——斜撑液压缸；20——翻转架；21——机械手；22——动力水龙头；23——滑轨；24——接头体

在导孔钻进中采用正循环排碴。将压力小于 1.2 MPa 的洗井液通过中心管和钻杆内孔送至钻头底部，水和岩屑再由钻杆外面与钻孔壁之间的环形空间返回。装卸钻杆可借助于机械手、转盘吊和翻转架。

② 扩孔钻进。导孔钻透后，在下部巷道将导孔钻头卸下，再接上直径 1.2 m 的扩孔钻头，将液压马达变为并联状态，调整主泵液量，使水龙头出轴转速为预定值(一般为 17～22 r/min)。扩孔时将冷却器的冷却水放入井口，水沿导孔井壁和钻杆外壁自然下流，即可达到冷却刀具和消尘防爆的作用。扩孔开孔时应采用低钻压，待刀盘和导向辊全部进入孔内后方可转入正常钻进。在扩孔钻进时，岩石碎屑自由下落到下部平巷，停钻时装车运出。扩孔钻进情况如图 6-25 所示。

扩孔距离煤仓上口时需留 2 m 岩柱，以确保钻机及人员安全，待钻机全部拆除后可用爆破法或风镐凿开预留的岩柱。进行此项工作时，施工人员应佩戴安全绳或保险带。

目前新型反井钻机是安装在基础梁的(梁长度大于最终钻进扩孔断面直径安全尺寸)，不需要留岩柱，一次可扩透。

(3) 反井刷大

用钻机钻扩完直径 1.2 m 的反井全深后，即可按设计煤仓规格进行刷大。刷大前应做好掘砌施工设备的布置和安装等准备工作。煤仓刷大施工段设备布置如图 6-26 所示。

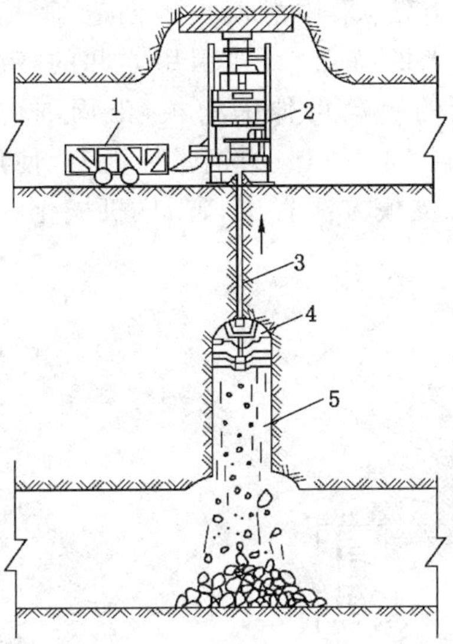

图 6-25　反井扩孔示意图

1——动力车；2——反井钻机；
3——导向孔；4——扩孔钻头；5——已扩反井

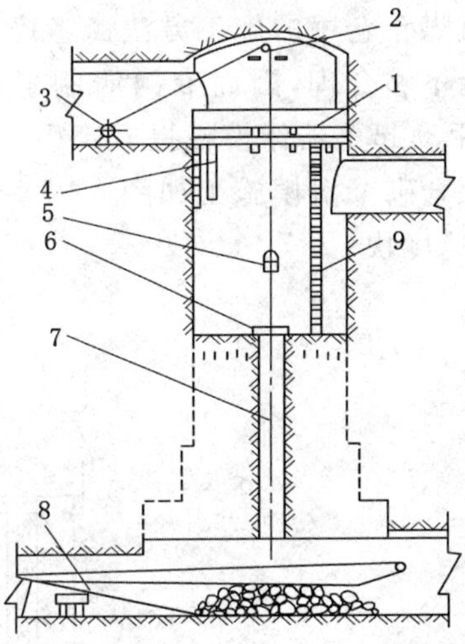

图 6-26　煤仓刷大施工设备布置示意图

1——封口盘；2——提升天轮；3——提升绞车；
4——风筒；5——吊桶；6——铁箅子孔盖；
7——ϕ1.2 m 的反井；8——耙矸机；9——钢丝绳软梯

利用煤仓上部的卸载硐室作锁口，在其上面安装封口盘，盘面上设置提升、风筒、风管、水管、下料管、喷浆管和人行梯等孔口。在硐室顶安装工字钢梁架设提升天轮，提升利用 JD-25 型绞车、1 m^3吊桶上下机具和下放材料。人员则沿钢丝绳软梯上下。采用压入式通风，在卸载硐室安设 1 台 55 kW 局部通风机，用 ϕ500 mm 胶质风筒经封口盘下到工作面上方。

煤仓反井自上向下进行刷大，工作面可配备 YT-24 型风动凿岩机，选用药卷 ϕ35 mm 的 3 号煤矿硝铵炸药和毫秒电雷管，用 MFR-150 型发爆器起爆。由于钻出的反井为刷大爆破提供了理想的自由面，因而工作面上不需再打掏槽眼。全断面炮眼爆破分两次进行，使爆破面形成台阶漏斗形，以便矸石向反井溜放。当刷大到距反井下口 2 m 时，采用加深炮眼方法一次打透。

刷大掘进爆破后，矸石大部分沿反井溜放到煤仓下部平巷，剩余矸石用人工攉入反井。下部平巷设 1 台 0.6 m^3的耙斗装岩机，将落入巷道的矸石装入 1.5 t 矿车外运。煤仓反井刷大过程中，采用锚喷网作临时支护。

3. 永久仓壁的砌筑

该煤仓的仓壁采用厚 700 mm 的圆筒形钢筋混凝土结构。煤仓下口为倒锥形给煤漏斗，上口直径 8 m，下口直径 4.22 m，内表面铺砌厚 100 mm 的钢屑混凝土耐磨层。漏斗由两根高 2 m 的钢筋混凝土梁支托。煤仓砌筑总的施工顺序是先浇灌给煤机漏斗，再自下向上砌筑仓壁。混凝土和模板全由煤仓上口的绞车调运。

煤仓砌筑时的支模方法，通常采用绳捆模板或固定模板。支模工作在木脚手架上进行，施工中由于脚手架不能拆除，模板无法周转使用，木材耗量大且组装拆卸困难，影响砌筑速度。因此，该矿在砌筑煤仓时，改变上述支模方法，采用滑模技术创造了一套应用滑模砌筑煤仓仓壁的施工方法。考虑到煤仓垂深不大的特点，直接引用立井的液压滑模在经济上不够合理，因而专门研制了一种砌筑仓壁的手动可伸缩模板，沿周围用 24 个 GS-3 型手动起重器作模板提升牵引装置，模板沿直径 13.5 mm 的钢丝绳滑升，使用灵活方便。煤仓砌壁滑模施工如图 6-27 所示。这一施工支模方法省工、省料、机械化程度高、质量好、速度快。

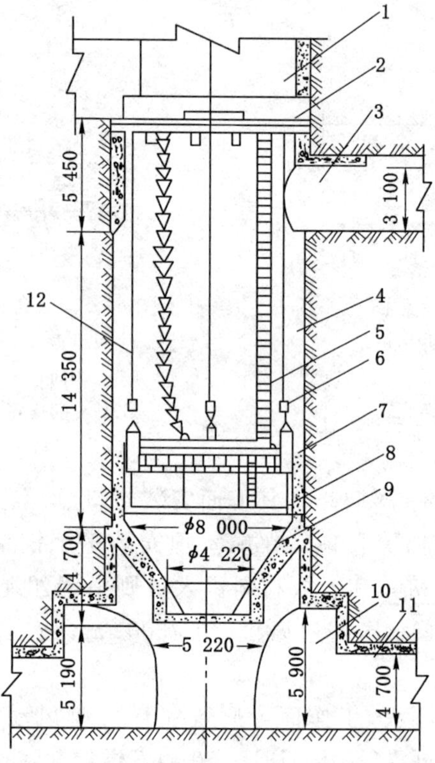

图 6-27 手动起重器牵引滑模砌壁示意图

1——带式输送机机头；2——封口盘；3——配煤硐室；4——煤仓；5——软梯；6——手动葫芦；7——滑模；8——滑模辅助盘；10——给煤漏斗；10——给煤机硐室；11——装载带式输送机硐室；12——钢丝绳

（三）深孔掏槽爆破法

虽然反井钻机施工法技术先进，但有时受设备条件所限而应用困难。传统的普通反井掘进方式多属浅眼爆破施工法，费工费时、作业面通风不良且施工安全条件差。采用中型钻机全深度一次钻孔，自下而上连续分段爆破成井，集中出渣，装药、连线、填塞、爆破等作业均在煤仓上部巷道进行，与传统施工法相比，具有作业条件好、工效高、速度快、安全、节约材料等一系列优点。

下面以某煤矿西采区煤仓（如图 6-28 所示）的施工为例，说明深孔爆破法的施工过程。该矿东西各有一个立式圆筒煤仓，高分别为 7 m 和 8 m，净直径为 3.4 m，喷射混凝土支护，厚度为 150 mm。煤仓上口与 17 层煤带式输送机上山机头硐室相接，下口与运输大巷相通。

先在带式输送机机头硐室内安设液压钻机，沿煤仓中心打一钻孔，然后绕中心孔直径为 1 m 的圆周上均匀地打四个钻孔与大巷穿透，作为掏槽眼，钻孔直径均为 810 mm。爆破所用炸药为 2 号岩石硝铵炸药，1～4 段秒延期电雷管和导爆索起爆。

将 7 m 深炮眼一次装药分两段起爆，每段各炮眼装药长度为 2.52 m，装药量为 8.3 kg，中间用 500 mm 炮泥相隔，眼底用木锥，炮泥封口 600～1 000 mm，上口封 500 mm 炮泥（见图 6-29）。

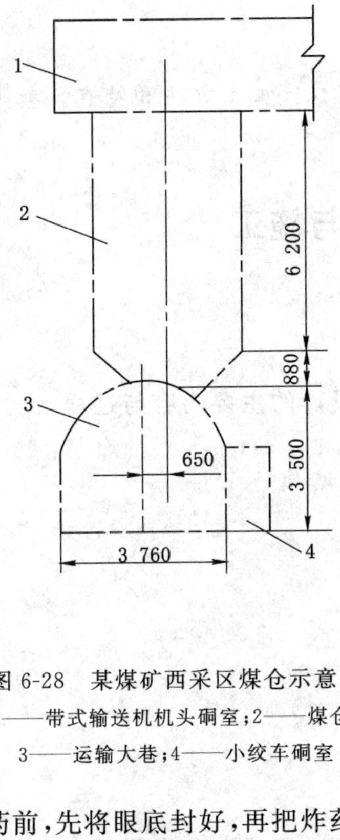

图 6-28　某煤矿西采区煤仓示意图

1——带式输送机机头硐室；2——煤仓；
3——运输大巷；4——小绞车硐室

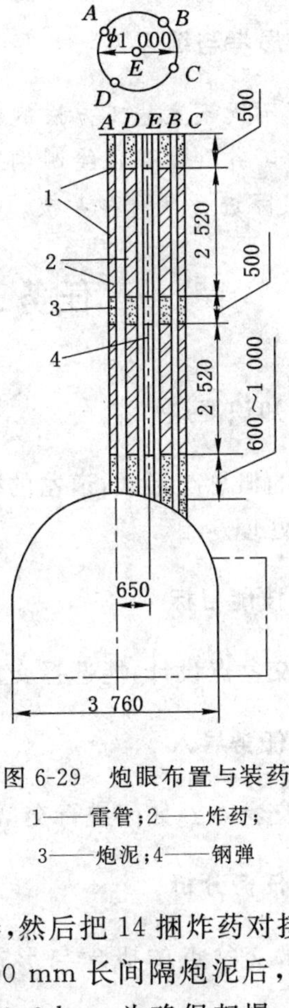

图 6-29　炮眼布置与装药

1——雷管；2——炸药；
3——炮泥；4——钢弹

装药前，先将眼底封好，再把炸药捆成小捆，每捆 4 卷，然后把 14 捆炸药对接起来，用导爆索上下贯穿并一起固定在一根铁丝上送入眼底。封 500 mm 长间隔炮泥后，再用同样方法装好上段炸药。用炮泥封好上口，合计每孔装药量为 16.6 kg。为确保起爆，在每段炸药的上部和中部各装一个同号雷管。中心孔不装药，用铁丝悬吊两个钢弹，分别放在每分段上部位置。钢弹用 ϕ810 mm、长 500 mm 的钢管制成，每个钢弹内装药 1.2 kg。一次起爆总装药量为66.4 kg。

下段炸药和下部钢弹分别装入1段和2段雷管，上段炸药和上部钢弹分别装入3段和4段雷管。下部的过量炸药爆炸后，将中心岩石充分预裂，再借助于该段上部钢弹的爆炸威力实现挤压抛碴。同理，上段装药和爆炸情况也是如此。

小反井爆透后，即可自上向下刷大至设计断面。边刷大边喷射混凝土直至下部漏斗口。安装漏斗座、中间缓冲台和顶盖梁之后煤仓即施工完毕。

此法作业安全，速度快，效率高，在高度不大的煤仓施工中使用可以获得比较满意的技术经济效益。但钻眼的垂直度要求高，爆破技术也要求严格。反井爆破前，必须在煤仓下口巷道内预留补偿空间，因反井岩石爆破后要碎胀，如果没有一定空间，爆破后岩块间会互相挤压，因挤压紧密而下不去。爆破下来的岩石由巷道中的耙斗机装入矿车运走。

任务实施

教师先分析讲解本任务的基本知识，学生分组讨论案例，提交报告或总结。

思考与练习

1. 分析不同硐室施工方法的特点。

2. 根据矿井具体条件绘制硐室施工图，并能够手指口述施工方法和特点。教师巡回指导，并结合实际进行点评和考核。

任务三　交岔点设计与施工

知识要点

交岔点的概念与形式，道岔的概念及类型，交岔点设计的主要内容与过程，交岔点施工方法与技术处理。

技能目标

能完成交岔点设计，能选择交岔点的施工方法。

任务导入

什么是交岔点？如何进行交岔点设计？如何组织施工？

任务分析

(1) 理解交岔点的概念与形式，道岔的概念及类型，掌握交岔点设计的主要内容与过程。

(2) 能选择交岔点的施工方法，处理施工中常见的技术问题。

相关知识

一、交岔点设计基础

（一）交岔点的概念与形式

交岔点是指巷道相交或分岔的地点。

按支护形式可分为用料石或混凝土支护的砌碹交岔点，用锚杆、喷射混凝土支护的锚喷支护交岔点，用棚式支架或料石墙配型钢梁支护的简易交岔点。

按支护方式，交岔点可分为简易交岔点和碹岔式交岔点。简易交岔点，是指采用棚式支架或料石墙加钢梁支护的交岔点，多用于围岩条件好、服务年限短的采区巷道或小型矿井。碹岔式交岔点是指采用料石、混凝土砌筑或锚喷支护的交岔点，多用于服务年限较长的巷道。

按结构形式分为“牛鼻子”交岔点和穿尖交岔点，如图 6-30 所示。穿尖交岔点长度短、高度低、跨度小、工程量小、施工简单、通风阻力小，但承载能力较低，故多用于围岩稳定、巷道跨度不超过 5.0 m、巷道转角大于 45°的交岔点。一般情况下多采用“牛鼻子”交岔点。

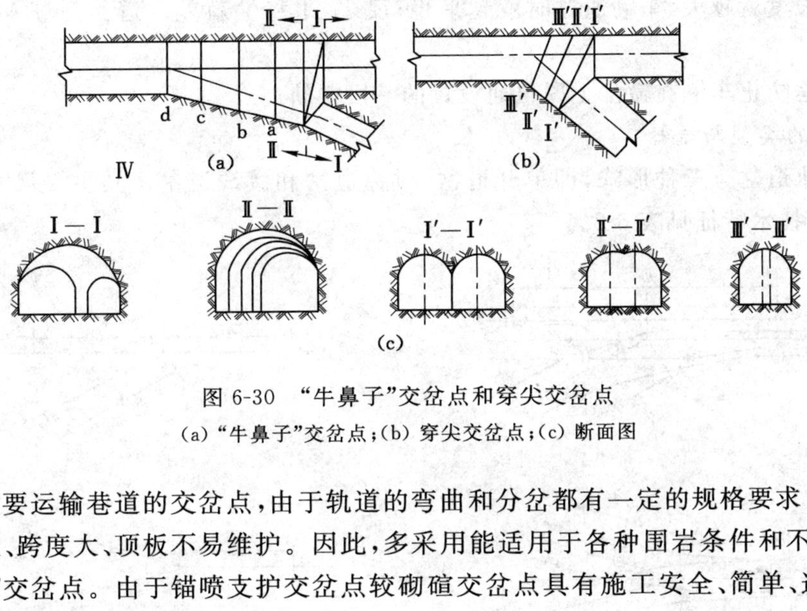

图 6-30 “牛鼻子”交岔点和穿尖交岔点

(a)“牛鼻子”交岔点；(b) 穿尖交岔点；(c) 断面图

井下主要运输巷道的交岔点，由于轨道的弯曲和分岔都有一定的规格要求，所以交岔点断面变化大、跨度大、顶板不易维护。因此，多采用能适用于各种围岩条件和不同规格尺寸的“牛鼻子”交岔点。由于锚喷支护交岔点较砌碹交岔点具有施工安全、简单、速度快、效率高等一系列优点，所以近年来应用广泛。

（二）道岔的概念及类型

在进行交岔点设计时，道岔的类型和参数是不可缺少的重要依据，所以必须先掌握道岔的类型尺寸。

1. 道岔的概念与组成

道岔是轨道运输线路连接系统中的基本元件，其作用是使车辆由一条线路过渡到另一条线路，由岔尖、基本轨、辙岔（岔心和翼轨）转辙曲线、护轮轨以及转辙器等部件构成。如图 6-31 所示。

岔尖的作用是引导车辆向主线或岔线运行，矿车通过时它承受较大的冲击力。应具有足够的强度，其摆动依靠转辙器来完成。

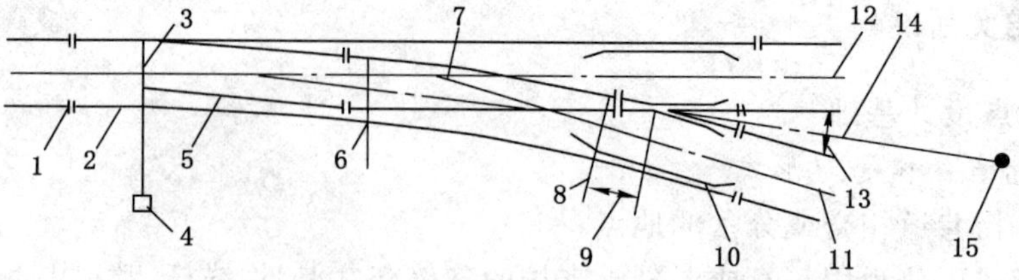

图 6-31 道岔构造示意图

1——基本轨接头；2——基本轨；3——牵引拉杆；4——转辙机构；5——岔尖；6——曲线起点；7——转辙中心；8——曲线终点；9——插入直线段长度；10——翼轨；11——侧轨轴线；12——直轨轴线；13——辙岔岔心角；14——辙岔轴线；15——警冲标

辙岔的作用是防止矿车掉道，保证车轮轮缘能顺利通过。转辙曲线是位于岔尖和辙岔之间的一段曲线，其曲率半径取决于道岔的型号、辙岔岔心角 α（简称辙岔角，是道岔的最重要参数。用 $\frac{\alpha}{2}$ 的余切值的一半表示道岔的型号 M，即 $M=\frac{1}{2}\cot\frac{\alpha}{2}$。$M$ 越大，α 越小，道岔曲率半径和长度就越大，车辆通过时就越平稳；反之，平稳性就差。道岔型号 M 有 2、3、4、5、6 五种）。

护轮轨是防止车辆在辙岔上脱轨而设置的一段内轨。

2. 道岔的类型与选择

矿用窄轨道岔有三种形式，即单开道岔、对称道岔和渡线道岔。其主要尺寸标注如图 6-32 所示，其技术特征见表 6-2。

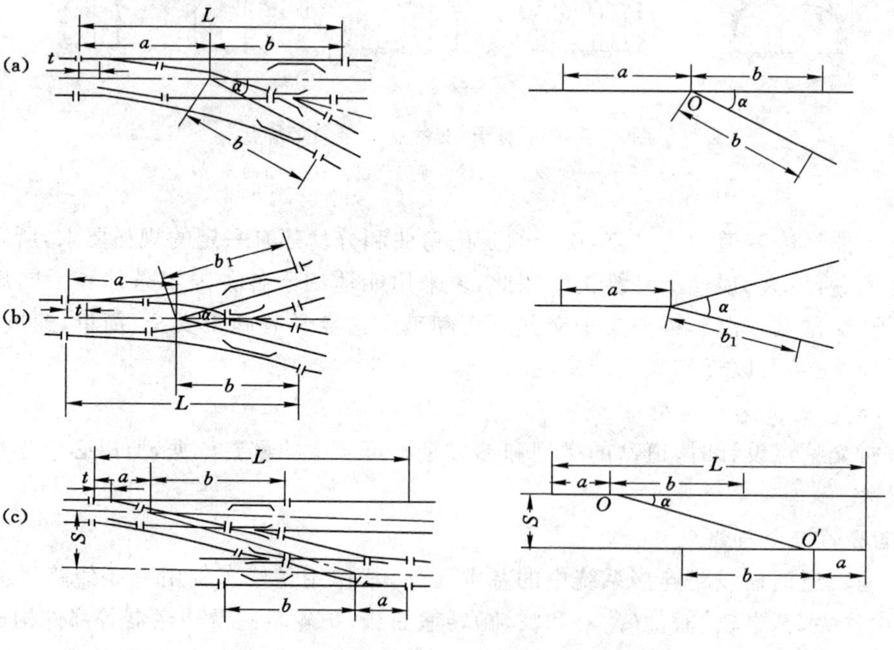

图 6-32 矿用窄轨道岔主要尺寸标注图

(a) 单开道岔；(b) 对称道岔；(c) 渡线道岔

a——转辙中心至道岔起点的距离；b——转辙中心至道岔终点的距离；L——道岔长度

表 6-2 道岔的技术特征及适用条件

道岔型号	辙岔号	曲线半径	主要参数				允许行驶车辆类型	允许行驶速度 /m·s⁻¹
			α	a/mm	b/mm	L/mm		
DK615-2-4	2	4	28°04′20″	1 649	1 851	3 500	1 t 矿车	≤1.5
DK615-4-12	4	12	14°15′00″	3 340	3 500	6 840	7 t 及以下电机车	1.5～3.5
DK615-6-25	6	25	9°31′38″	4 026	5 124	9 150	7 t 及以下电机车	1.5～3.5
DK618-4-12	4	12	14°15′00″	3 472	3 328	6 800	7～10 t 电机车	1.5～3.5
DK618-5-15	5	15	11°25′16″	3 251	4 149	7 400	7～10 t 电机车	1.5～3.5
DK624-4-12	4	12	14°15′00″	3 496	3 404	6 900	7～10 t 电机车	1.5～3.5
DK918-3-9	3	9	18°55′30″	3 694	3 706	7 400	3 t 矿车	≤1.5
DK918-4-15	4	15	14°15′00″	3 710	4 690	8 400	7～10 t 电机车	1.5～3.5
DK918-5-20	5	20	11°25′16″	4 070	5 630	9 700	7～10 t 电机车	1.5～3.5
DK924-5-20	5	20	11°25′16″	4 066	5 734	9 800	14 t 电机车	1.5～3.5
DK918-6-30	6	30	9°31′38″	4 507	6 693	11 200	14 t 电机车	1.5～3.5
DC615-2-6	2	6	28°4′20″	2 102	898	4 000	1 t 矿车	1.5～3.5
DC615-3-12	3	12	18°55′30″	2 000	2 880	4 880	7 t 及以下电机车	1.5～3.5
DC618-3-12	3	12	18°55′30″	2 077	2 723	4 800	7～10 t 电机车	1.5～3.5
DC624-3-9	3	9	18°55′30″	1 945	1 755	4 700	1 t 矿车	1.5～3.5
DC624-3-12	3	12	18°55′30″	2 064	2 736	4 800	7～10 t 电机车	1.5～3.5
DC918-3-9	3	9	18°55′30″	1 946	3 554	5 500	3 t 矿车	≤1.5
DC918-3-20	3	20	18°55′30″	2 405	3 495	5 900	7～10 t 电机车	1.5～3.5
DC924-3-20	3	20	18°55′30″	2 375	3 525	5 900	14 t 电机车	1.5～3.5
DX615-4-1213	4	12	14°15′00″	3 340	3 500	11 799	7 t 及以下电机车	1.5～3.5
DX615-5-1516	5	15	11°25′16″	3 117	4 233	14 154	7 t 及以下电机车	1.5～3.5
DX618-4-1213	4	12	14°15′00″	3 472	3 328	12 063	7～10 t 电机车	1.5～3.5
DX618-5-1513	5	15	11°25′16″	3 251	4 149	12 937	7～10 t 电机车	1.5～3.5
DX624-4-1213	4	12	14°15′00″	3 496	3 404	12 111	7～10 t 电机车	1.5～3.5
DX624-5-1516	5	15	11°25′16″	3 258	4 142	14 436	7～10 t 电机车	1.5～3.5
DX918-4-1516	4	15	14°15′00″	3 710	4 690	13 720	7～10 t 电机车	1.5～3.5
DX918-5-2016	5	20	11°25′16″	4 070	5 630	16 060	7～10 t 电机车	1.5～3.5
DX924-4-1516	4	15	14°15′00″	3 726	4 674	13 752	14 t 电机车	1.5～3.5
DX924-5-2019	5	20	11°25′16″	4 066	5 734	17 537	14 t 电机车	1.5～3.5

表内的“DK”“DC”和“DX”分别表示单开道岔、对称道岔和渡线道岔。615、618、624、1018 和 1024 中的前面数字 6 或 10 表示轨距为 600 mm 或 1 000 mm，后面数字表示轨型为 15 kg/m 或 18 kg/m 或 24 kg/m。两横线间的数字为道岔型号 M。最后一组数字，对单开和对称道岔来说，是表示以 m 为单位的道岔曲线半径；对渡线道岔而言，其前两位数字表示的是以 m 为单位的道岔曲线半径，后两位数字表示的是以 dm 为单位的轨道中心距。单开

和渡线道岔还有左右之分。

3. 道岔的选择选择原则

道岔本身制造质量的优劣或道岔型号选择是否合适，对车辆运行速度、运行安全和集中控制程度等均有很大关系。一般应按以下原则选用：

（1）与基本轨的轨距相适应。如基本轨线路的轨距是 600 mm，就应选用 600 mm 轨距的道岔。

（2）与基本轨型相适应。选用与基本轨同级或高一级的道岔型号，不允许采用低一级的道岔。

（3）与行驶车辆的类别相适应。多数标准道岔都允许机车通过，少数标准道岔由于道岔的曲率半径过小（≤10 m）、辙岔角过大（18°55′30″），只允许矿车行驶。

（4）与行车速度相适应。多数标准道岔允许车辆通过的速度为 1.5～3.5 m/s，而少数标准道岔只允许车辆通过的速度在 1.5 m/s 以下。

二、交岔点设计

交岔点设计的主要内容有平面尺寸计算、中间断面尺寸确定、支护厚度的确定、工程量及材料消耗量的计算以及施工图的绘制。

（一）平面尺寸的计算

交岔点平面尺寸取决于运输设备的规格尺寸、轨道数量、运输线路布置形式、道岔类型、行人和通风要求，以及《煤矿安全规程》规定等。因此在设计前应先确定各条巷道的断面及主巷与支巷关系，以及与设计有关的数据。交岔点的种类很多，现仅以单轨巷道单侧分岔点为例，说明平面交岔点的平面尺寸计算步骤和方法，如图 6-33 所示。

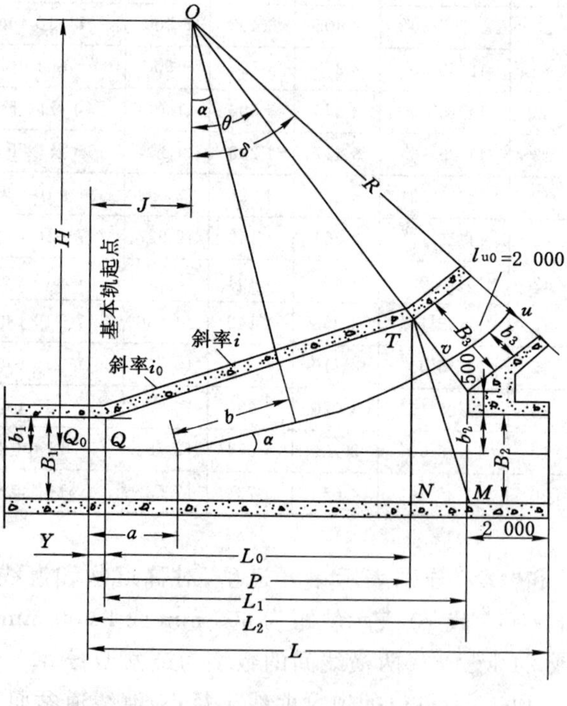

图 6-33　单轨巷道单侧分岔点平面尺寸计算图

已知所选定的道岔特征 a、b、α；轨道的曲线半径 R；支巷对主巷的转角 δ；主巷在交岔点处断面形状与净宽度 B_1 和 B_2；支巷的净宽 B_3；轨道中心线至柱墩一侧边墙的距离 b_2 和 b_3；此外，标准设计还规定“牛鼻子”柱墩的宽度为 500 mm，顺主巷方向长度取 2 000 mm，在支巷方向向外沿轨道中心线或沿边墙延深 2 000 mm。

根据上述已知条件，按以下步骤计算：

(1) 首先确定曲线半径的曲率中心 O 的位置。设 O 点距基本轨起点的水平距离为 J，距基本轨轨道中心线垂直距离为 H，则

$$J=a+b\cos\alpha-R\sin\alpha \tag{6-3}$$

$$H=R\cos\alpha+b\sin\alpha \tag{6-4}$$

(2) 支巷起点 T 至曲线半径中心 O 点的连线与 O 到主巷轨道中心线的垂线之间的夹角 θ 满足

$$\cos\theta=\frac{H-500-b_2}{R+b_3} \tag{6-5}$$

$$\theta=\arccos\frac{H-500-b_2}{R+b_3} \tag{6-6}$$

需要说明的是，公式(6-4)计算出的 θ 角系道岔辙岔角 α 与曲线转至柱墩面转角 β 之和，并非主巷与支巷的转角 δ。一般情况下，$\delta>\theta$ 的交岔点称为任意转角交岔点；若由于某些特殊需要，要求较小时，即 $\delta<\theta$ 的交岔点称为固定转角交岔点。

(3) 基本轨起点(预定为变断面起点)至变断面(斜墙)终点的水平距离为

$$P=J+(R+b_3-B_3)\sin\theta \tag{6-7}$$

(4) 计算交岔点最大断面处宽度 TM。

由 Rt△TNM 可得

$$NM=B_3\sin\theta \tag{6-8}$$

$$TN=B_3\cos\theta+500+B_2 \tag{6-9}$$

则：

$$TM=\sqrt{NM^2+TN^2} \tag{6-10}$$

(5) 基本轨起点至柱墩的距离为

$$L_2=P+NM \tag{6-11}$$

(6) 计算斜墙斜率 i 及投影长度 L_0。

从基本轨起点算起的斜墙斜率 i_0 为

$$i_0=\frac{TN-B_1}{P} \tag{6-12}$$

如果采用锚喷支护 i_0 可以直接利用，若采用砌碹或架棚支护，则应根据 i_0 选用相近的标准斜率，这样可使碹胎通用。标准斜率有 0.2、0.25、0.3 等几种。

此时，斜墙的投影长度 L_0 为

$$L_0=\frac{TN-B_1}{i} \tag{6-13}$$

于是，斜墙起点至基本轨起点的距离：

$$Y=P-L_0 \tag{6-14}$$

Q 点在 Q_0 点右边，Y 值为正；Q 点在 Q_0 左边，Y 值为负。

(7) 其他尺寸计算。

斜墙起点至柱墩长度

$$L_1 = L_2 - Y \tag{6-15}$$

交岔点工程的计算长度

$$L = L_2 + 2\ 000 \tag{6-16}$$

（二）中间断面尺寸确定

（1）交岔点各中间断面的净宽确定

交岔点中间断面净宽主要由运输设备的尺寸、道岔型号、线路连接系统的类型、行人及错车的安全间隙等因素决定。考虑到运输设备在通过弯道和道岔时边角外伸，与直线段巷道相比，交岔点道岔处的中间断面需要加宽。加宽量根据以下几条确定：

① 单轨巷道单侧分岔点，一般只将内侧加宽 100 mm，外侧原则上不再加宽，若安全间隙很小，则应加宽 100～200 mm，加宽范围为道岔转撤中心（理论中心）左边 5 m 和右边 1 m。

② 双轨巷道单侧分支点在道岔中心前 5 m 一段，双轨中心距应加宽 300 mm，并在其前后各设置 5 m 变轨距的过渡线段，故此类交岔点内外侧均加宽 300 mm。

③ 双轨巷道单侧分岔分支点，在道岔转辙中心前 5 m 一段，双轨中心线应加宽 300 mm 或 300 mm 以上，并在其左设置 5 m 过渡线段。在此范围内，巷道外侧要加宽 300 mm。

④ 单轨巷道对称分岔点两侧均应加宽 100～200 mm。

（2）交岔点中间断面净拱高和墙高的确定

交岔点中间断面净拱高的确定方法与巷道基本相同，但由于交岔点中间断面的宽度逐渐加大，所以交岔点的拱高也随之加大。为提高断面利用率、减小掘进工程量，在满足生产、安全的前提下，可将中间断面的墙高相应递减。锚喷支护的交岔点可采用调整拱形改变拱高的方法，使巷道全高的增加幅度不至于过大，如图 6-34 所示。

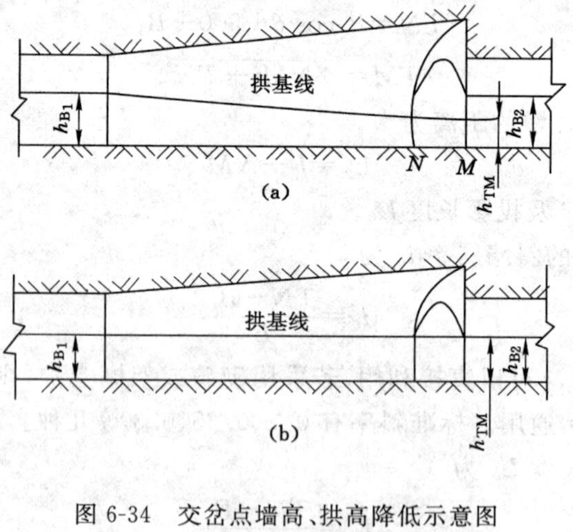

图 6-34　交岔点墙高、拱高降低示意图

(a) 降低墙高；(b) 降低拱高

降低后的墙高和调整后的拱高，在净断面最大处 TM 必须满足架线、管线铺设、行人安全等要求，故必须对墙高进行验证，以合理确定 TM 处的墙高 h_{TM}。假设变断面部分起点处墙高为 h_{B1} 则墙高降低的斜率 i' 为

$$i' = \frac{h_{B1} - h_{TM}}{L_0} \tag{6-17}$$

在实际工作中，h_{TM} 与分支巷道的墙高 h_{R2}、h_{B3} 相差过大对砌碹施工和安全都不理想，它们之间的差值在 200～500 mm 比较合适。有时为施工方便也有不降低墙高的做法。

（三）交岔点支护厚度的确定

交岔点支护厚度取决于它所处围岩的性质。为简化设计和便于施工，一般的做法如下：若交岔点处围岩与两端相邻的巷道岩性一致或接近，各支巷与中间断面相接 2 m 范围内断面的拱和墙的厚度可与支巷的拱和墙的厚度相同，而中间断面的拱和墙的厚度，一律按最大断面 TM 或 TN 所需的拱和墙的厚度决定；若交岔点所处围岩较松软、破碎，地压又较大，则一律以最大断面 TM 或 TN 所需的拱和墙的厚度来确定，柱墩的宽度一般为 500 mm，长度视岩石条件、支护方式及巷道转角取 1～3 m，通常取 2 m。对光面爆破完整地保留了原岩体的柱墩，可按支护厚度考虑，不另加长度。

（四）交岔点工程量及材料消耗量计算

交岔点工程量计算范围，一般是从基本轨起点至柱墩向支巷各延长 2 m；若斜墙起点在基本轨起点左侧，则应以斜墙起点开始计算。在施工中广泛采用近似计算方法，按图 6-35 计算如下：

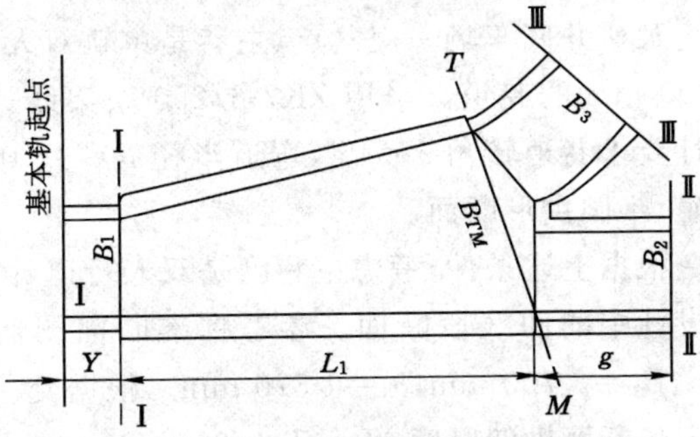

图 6-35　巷道交岔点工程量计算图

(1) 体积计算：

$$V = YS_1 + \frac{1}{2}L_1(S_1 + S_{TM}) + g(S_2 + S_3) \tag{6-18}$$

式中　S_1、S_2、S_3、S_{TM}——Ⅰ—Ⅰ、Ⅱ—Ⅱ、Ⅲ—Ⅲ、T—M 断面的净断面积，掘进断面积或基础的掘进断面积，m^2。

L_1、g、Y——各计算段长度，m。其中 L_1 为断面积变化段长度；g 为支巷延深长度，一般为 2 m；Y 为基本轨起点至变断面起点的长度。

(2) 各种材料消耗量的计算方法与体积计算法相同，只是将各断面积 S' 换为相应的该断面每米拱、壁、基础、充填材料消耗量，V_1、V_2、V_3、V_{TM}。

(3) 柱墩端壁材料消耗量计算：

$$V'' = [S_{TM}' - (S_2' + S_3')]T \tag{6-19}$$

式中　S_{TM}'，S_2'，S_3'——该断面的拱部掘进断面面积，m^2；

T——柱墩端壁厚度，m。

(4) 粉刷面积计算：

$$V_n = YS_{n1} + \frac{1}{2}L(S_{n1} + S_{nTM}) + g(S_{n2} + S_{n3}) + S_n' \tag{6-20}$$

式中　S_{n1}，S_{n2}，S_{n3}，S_{nTM}——该断面处每米巷道的粉刷面积，m^2；

S_n'——柱墩端壁的粉刷面积，m^2。

$$S_n' = S_{TM} - (S_2 + S_3)$$

(4) 锚杆数量、金属网面积的计算方法：

与粉刷面积计算相同，只是将各断面和端壁的粉刷面积 S_n，换成该断面和端壁金属网面积 S_{m1}，S_{m2}，S_{m3}，S_{mTM}，$S_m{}'$。

按上述近似计算，柱墩可不另计算掘进工程量，材料消耗量加 3 m^2，或加 4 m^2。

（五）交岔点施工图绘制及附表

(1) 按 1∶100 的比例绘出交岔点平面图。

(2) 按 1∶50 的比例绘出主巷、支巷及最大宽度 TM 处的断面图。在 TM 断面图上，大端面是实际尺寸，两个小断面和柱墩的宽度是投影尺寸。

(3) 作出交岔点断面变化特征表、工程量及主要材料消耗量表。当采用固定斜率法确定斜墙位置时，可不再列出交岔点断面变化特征表。

（六）交岔点设计示例

某矿井底车场一交岔点，主巷是单轨双人行道净宽 2 700 mm 的巷道，支巷是单轨净宽 2 400 mm 的巷道。采用 ZK7-6/250 型架线式电机车运输，道岔为 DK618-4-12 单开道岔。设计要求巷道转角 $\delta=45°$，弯道半径 $R=15\ 000$ mm。交岔点穿过 $f=3$ 的岩石，选用料石砌碹、半圆拱形断面。

根据上述条件，考虑主巷已是双人行道，因而交岔点内不再加宽；交岔点内支巷选用标准设计中的曲线段断面。参考标准断面图册，决定取 $B_1=B_2=2\ 700$ mm，$b_1=b_2=130$ mm，$B_3=2\ 700$ mm，$b_3=1\ 570$ mm。根据交岔点穿过 $f=3$ 的岩层和交岔点各断面净宽度，决定各断面拱壁厚度：$d_1=T_1=300$ mm，$d_2=T_2=300$ mm，$d_3=T_3=300$ mm，扩大断面处均为 $dTM=465$ mm。查表 6-2 知 DK618-4-12 的参数 $\alpha=14°15'$，$a=3\ 472$ mm，$b=3\ 328$ mm。考虑到交岔点可能采用 15 kg/m 钢轨道岔，可用 DK615-4-12 单开道岔，其参数 $\alpha=14°15'$，$a=3\ 340$ mm，$b=3\ 500$ mm。为使交岔点既能适用 18 kg/m 钢轨道岔，又能适用 15 kg/m 钢轨道岔，因此选取组合尺寸，即 $a=3\ 472$ mm，$b=3\ 500$ mm，$\alpha=14°15'$。

(1) 设计交岔点平面尺寸

按单轨巷道单侧分岔点公式计算：

$$J=a+b\cos\alpha-R\sin\alpha=3\ 472+3\ 500\cos 14°15'-15\ 000\sin 14°15'=3\ 172\text{ mm}$$

$$H=R\cos\alpha+b\sin\alpha=15\ 000\cos 14°15'+3\ 500\sin 14°15'=15\ 400\text{ mm}$$

$$\theta=\arccos\frac{H-500-b_2}{R+b_3}=\arccos\frac{15\ 400-500-1\ 330}{15\ 000+1\ 570}=35°02'$$

$$P=J+(R+b_3-B_3)\sin\theta=3\ 172+(15\ 000+1\ 570-2\ 700)\sin 35°02'=11\ 134\text{ mm}$$

$$NM=B_3\sin\theta=2\ 700\sin 35°02'=1\ 550\text{ mm}$$

$$TN=B_3\cos\theta+500+B_2=2\ 700\cos 35°02'+500+2\ 700=5\ 412\text{ mm}$$

$$TM=\sqrt{NM^2+TN^2}=\sqrt{(1\ 550)^2+(5\ 412)^2}=5\ 630\text{ mm}$$

$$i_0=\frac{TN-B_1}{P}=\frac{5\ 412-2\ 700}{11\ 134}=0.243\ 5$$

取

$$i=0.25$$

则

$$L_0=\frac{TN-B_1}{i}=\frac{5\ 412-2\ 700}{0.25}=10\ 848\text{ mm}$$

$$Y=P-L_0=11\ 134-10\ 848=286\text{ mm}$$

$$L_2=P+NM=11\ 134+1\ 550=12\ 684\text{ mm}$$

$$L_1=L_2-Y=12\ 684-286=12\ 398\ \text{mm}$$

设计要求支巷对主巷的转角为45°,故从道岔起的弯道转角为:

$$\alpha_1=\delta-\alpha=45°-14°15'=30°45'$$

弯道的长度:$L'=R\alpha_1\dfrac{\pi}{180°}=15\ 000\times\dfrac{3.141\ 6\times30°45'}{180°}=8\ 050\ \text{mm}$

(2) 交岔点墙高计算

图6-36中,Ⅰ—Ⅰ断面自底板起得墙高为11 000 mm;在 TN 断面处的墙高为1 400 mm,故墙降低率为

$$i'=\frac{h_{B1}-h_{TN}}{L_0}=\frac{1\ 900-1\ 400}{10\ 844}=0.046$$

即每米墙的降低值为46 mm。

TN、TM 断面处的墙高定为1 400 mm是否合理,尚需按巷道断面设计中墙高的确定方法进行验算。

① 按架线要求确定墙高 h_3

$$\begin{aligned}h_3&=h_4+h_c-\sqrt{(R-n)^2-(K+b_1')^2}\\&=2\ 200+320-\sqrt{(2\ 815-300)^2-(360+1\ 685)^2}=1\ 056\ \text{mm}\end{aligned}$$

式中　h_4——自轨面算起至电机车架线高度,取2 200 mm;

h_c——底板至轨面高度,取320 mm;

R——半圆拱半径,$R=TM/2=5\ 630/2=2\ 815$ mm;

K——电机车导电弓子宽度之半,一般取360 mm;

n——电弓子边缘至拱壁安全间隙,不小于200 mm,取300 mm;

b_1'——轨道中线至巷道中线的距离,支巷Ⅲ—Ⅲ断面处轨道中线距拱壁距离最小,且其值与 TM 断面之 b_1' 相近,故用该值进行验算。

$$b_1'\approx\frac{TM}{2}-(B_3-b_3)=\frac{5\ 630}{2}-(2\ 700-1570)=1\ 685\ \text{mm}$$

② 安装设管道要求确定墙高 h_3

$$\begin{aligned}h_3&=h_5+h_7+h_b-\sqrt{R^2-(K+m+D/2+b_2')^2}\\&=1\ 800+900+180-\sqrt{2\ 815^2-\left(360+300+\frac{200}{2}+1\ 445\right)^2}=1\ 130\ \text{mm}\end{aligned}$$

式中　h_5——管子距碴面高度,取1 800 mm;

h_7——管子悬吊件总高,取1 000 mm;

h_b——底板至碴面高度,取180 mm;

m——导电弓子距管子的安全间隙,取300 mm;

D——管子直径,取200 mm;

b_2'——TM 断面人行道一侧轨道中线与巷道中线距离。

$$b_2'=\frac{TM}{2}-(B_2-b_2)=\frac{5\ 630}{2}-(2\ 700-1\ 330)=1\ 445\ \text{mm}$$

(3) 其他计算(略)

设计结果如图6-36所示。

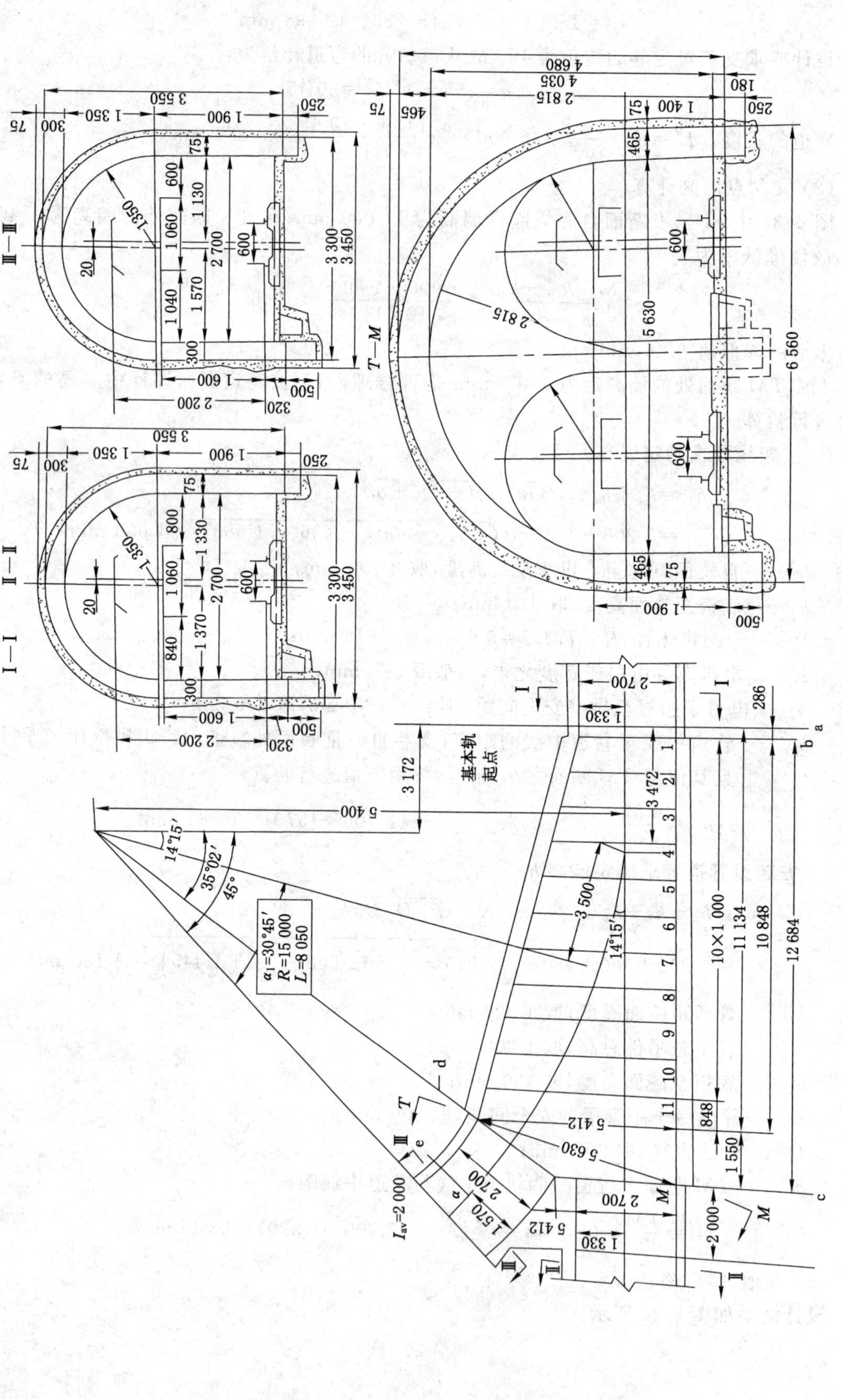

图6-36 交岔点设计示例图

三、交岔点施工

交岔点的施工，一般与硐室施工方法基本相同，应推广使用光面爆破、锚喷支护，在条件允许时，应尽量做到一次成巷。有时，在井底车场施工中为了服从总的施工组织安排、加速连锁工程施工，当岩石条件较好时允许先掘其中一条巷道，然后再在前面巷道掘进的同时进行交岔点刷大和支护，不过此时的扩大和支护工作应不影响前面巷道的施工，以保证连锁工程的连续快速施工。

（一）交岔点施工方法

施工中应根据交岔点穿过岩层的地质条件、断面大小和支护形式、开始掘进的方向和施工期间工作面的运输条件，选用不同的施工方法。交岔点施工方法主要有以下四种：

(1) 若围岩稳定，可采用一次成巷施工方法，随掘随支或掘后一次支护。其施工顺序如图 6-37 所示。按图中Ⅰ、Ⅱ、Ⅲ的顺序全断面掘进，锚杆按设计要求一次锚完并喷以适当厚度混凝土及时封闭顶板；若岩石易风化，可先喷混凝土后打锚杆，最后安设“牛鼻子”和两帮处锚杆并复喷混凝土至设计厚度。

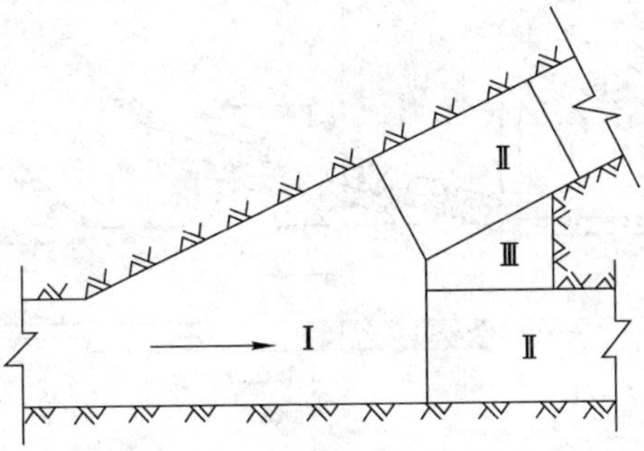

图 6-37 坚固稳定岩层中交岔点一次成巷

(2) 若围岩中等稳定，交岔点变断面部分起始段仍可采用一次成巷施工，而在断面较大处为了使顶板一次暴露面积不致过大，可用小断面向两支巷掘进并将边墙先行锚喷，余下周边喷上一层厚 30～50 mm 混凝土作临时支护，然后回过头来再分段刷帮、挑顶和支护。

(3) 若围岩稳定性较差，可采用先掘砌柱墩再刷砌扩大断面部分的方法。一种方法是：先将主巷掘通，同时将交岔点一侧边墙砌好，接着以小断面横向掘岔口并向支巷掘进 2 m，将柱墩及巷口 2 m 处的拱、墙砌好，然后再回过头来刷砌扩大断面处，做好收尾工作，如图 6-38(a)所示；另一种方法是：先由支巷掘至岔口，接着以小断面横向与主巷贯通并将主巷掘过岔口 2 m，同时将柱墩和两巷口的 2 m 拱、墙砌好，随后向主巷方向掘进过斜墙起点 2 m 后将边墙和该此段 2 m 巷道拱、墙砌好，然后反过来向柱墩方向刷砌，做好收尾工作，如图 6-38(b)所示。

(4) 若围岩稳定性差，不允许一次暴露面积过大，可采用导硐施工法，如图 6-39 所示。此法与上述方法基本相同，先以小断面导硐将交岔点各巷口、柱墩、边墙掘砌好后，从主巷向岔口方向挑顶砌拱。为了加快施工速度、缩短围岩暴露时间、保证交岔点施工的安全，中间岩柱暂时留下，待交岔点刷砌好后最后用放小炮方法将其除掉。

在交岔点实际施工中，应根据围岩的稳定程度、断面大小、掘进方向以及施工设备和技术条件等具体情况，采用多种多样的交岔点施工方法。其原则应是：既要保证施工安全又要

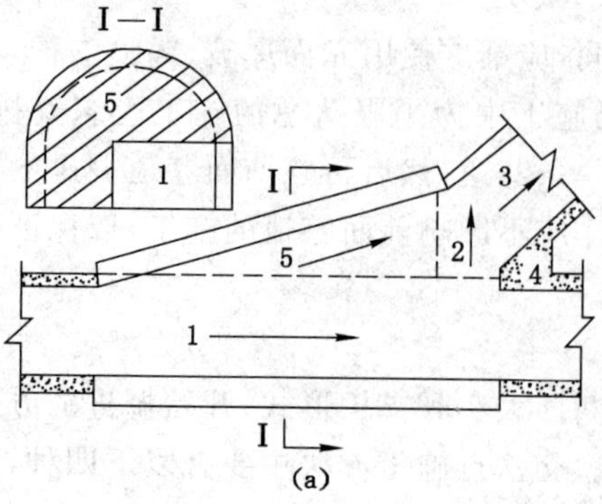

图 6-38　先掘砌柱墩再刷砌扩大断面的施工顺序

(a) 正向施工法；(b) 反向施工法

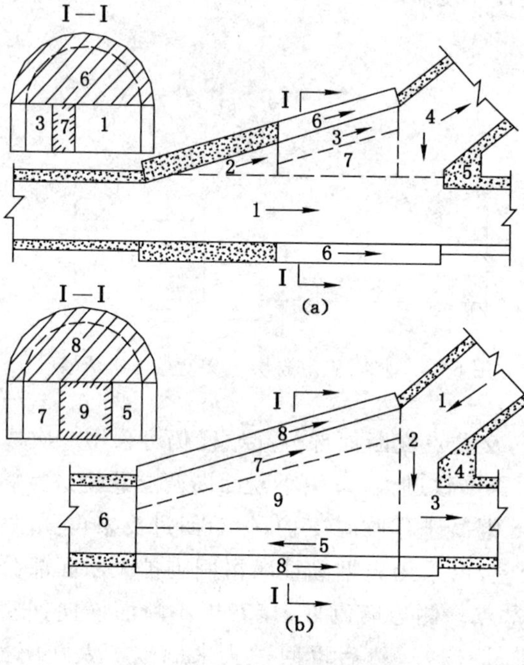

图 6-39　交岔点导硐法施工顺序

(a) 正向施工法；(b) 反向施工法

使施工快速、方便(特别是减少倒矸次数)。

（二）施工中应处理好的技术问题

(1) 做好测量工作。施工测量除了定期给出中、腰线外，还要给出变断面部分的起点，必要时还要找出主巷与支巷轨道中心线的交点。根据交岔点施工图计算出开帮长度和开帮量。图 6-40 所示是交岔点的测量方法之一，主巷轨道中心线的 P 点是刷帮起点，通过 P 点作一直线平行于扩大边墙，并与支巷轨道中心线交与 Q 点，根据交岔点施工图可定出两轨道中心线的交点 O 及 OP 或 OQ 的长度，其值亦可通过计算求得。施工测量可在现场定出 P 点，放出 PQ 线，与 PQ 相距为 S 得一条平行线即为开帮线。

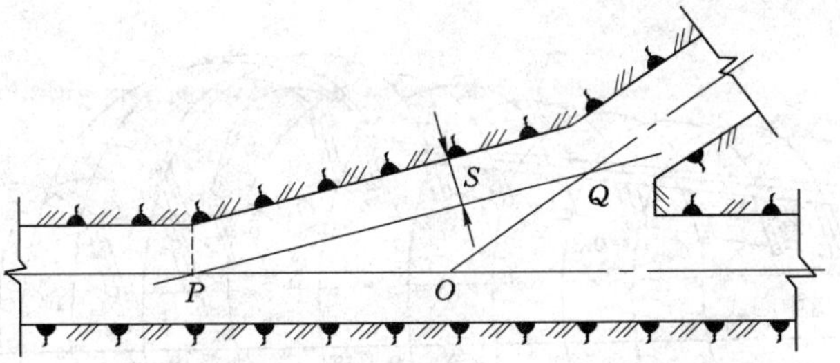

图 6-40　交岔点的测量方法

(2) 交岔点一般应从主巷向分岔口的方向进行刷大与砌碹，先将各巷口砌碹 2 m，然后自小断面向扩大断面进行刷砌，这样砌碹和壁后充填容易保证质量，最后再岔口封顶。

(3) 刷砌扩大部分时，若围岩条件差，必须采用过顶梁作临时支护。过顶方法如图 6-41 所示。挑顶后将过顶梁的一端搭在已砌好的碹拱上，另一端插入事先在迎头岩面上掏出的梁窝内，或搭在支于原支架梁顶上的小柱上，依次由中间向两边刷大，逐步穿梁，梁后用背板背实，一直到墙为止。在过顶梁的保护下，架立碹胎，拆一根梁，砌一部分拱，两边对称地拆梁与砌碹，直到封顶(合龙门)为止。

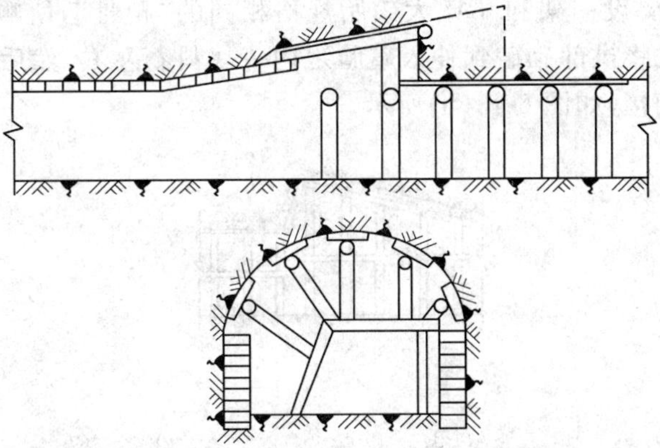

图 6-41　刷大时的过顶梁方法

(4) 交岔点断面变化部分，拱跨度增加，拱高也随之增加，而墙高却是逐渐降低的。在架设碹胎时，各架碹胎基脚点必须精确测定，并架设牢固，不使其移动，特别是最初的两架碹胎更应如此，以便作为以后各架的架设标准。通常在碹胎两肩处各用一两块长度为普通模板两倍的长模板进行导向，以标定其后几架碹胎的位置，如图 6-42 所示。扩大部分如用料石砌碹，则为了适应逐渐加宽的要求，在恰当位置上要增加楔形料石，并逐渐增加料石行数。施工中不允许利用砂浆或楔石片代替楔形料石，更不允许将行与行的关系弄乱。

(5) 柱墩是交岔点受力最大的地方，可以用料石砌筑，但最好用混凝土浇筑。若用锚喷支护交岔点，常采用在交岔点掘进到柱墩处时预留光爆层 300～400 mm，交岔点其他部分掘锚结束后，再用打浅眼放小炮(眼距 150 mm)的方法刷出柱墩，随后锚喷成形。

(6) 岔口处的碹胎是整个工程的关键，用混凝土砌碹时，先将岔口两巷道口的拱墙砌筑

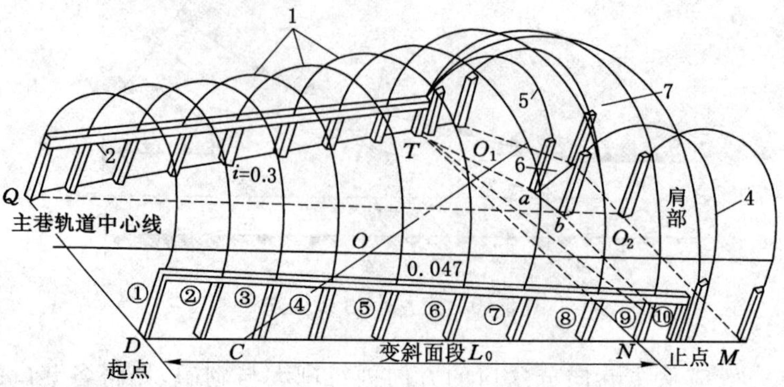

图 6-42　交岔点碹胎布置示意图

好，*TN* 处应设立一架大碹胎，若 *MN* 距离较大，*TM* 处也应架设一架大碹胎，将柱墩向上砌筑至与两巷口拱顶齐平的位置再从巷口的拱顶碹胎向大拱 *TM* 碹胎搭设模板，浇筑好混凝土后再进行三角带 *TMN* 部分的施工和封顶(图 6-43)。用这种方法施工，碹脸呈一斜面，比垂直的岔口碹胎通风阻力小，如图 6-43(a)所示。若交岔点用料石砌筑，*TM* 大碹胎更为重要，在两巷口拱顶上还要设一架和 *TM* 大碹胎规格相同的"爬骨"，使顺着 *TN* 与 *TM* 铺放的模板能顺势成形。先将拱部砌碹到伸入碹脸之内一块料石左右，然后填实碹后空隙，再自小拱砌起碹脸与大拱相接，如图 6-43(b)所示。

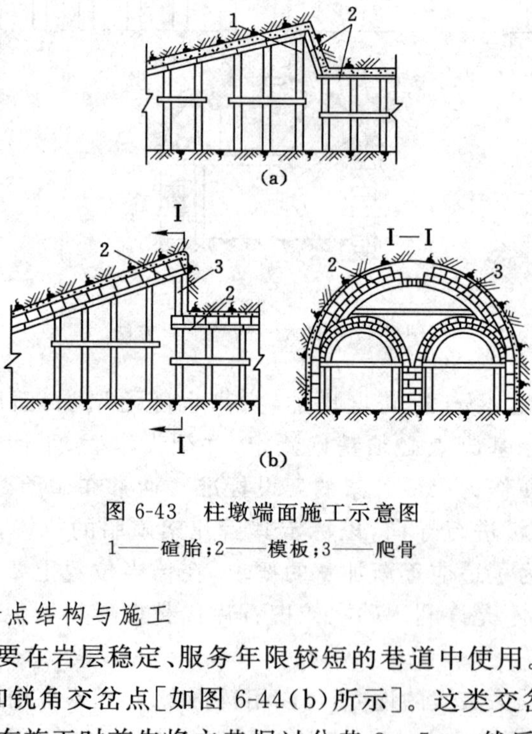

图 6-43　柱墩端面施工示意图

1——碹胎；2——模板；3——爬骨

（三）棚式支架交岔点结构与施工

棚式支架交岔点主要在岩层稳定、服务年限较短的巷道中使用。按结构分为直角交岔点[如图 6-44(a)所示]和锐角交岔点[如图 6-44(b)所示]。这类交岔点宽度变化而高度不变，施工方法比较简单，在施工时首先将主巷掘过分巷 3～5 m，然后在开口处架设抬棚，再进行分巷掘进。

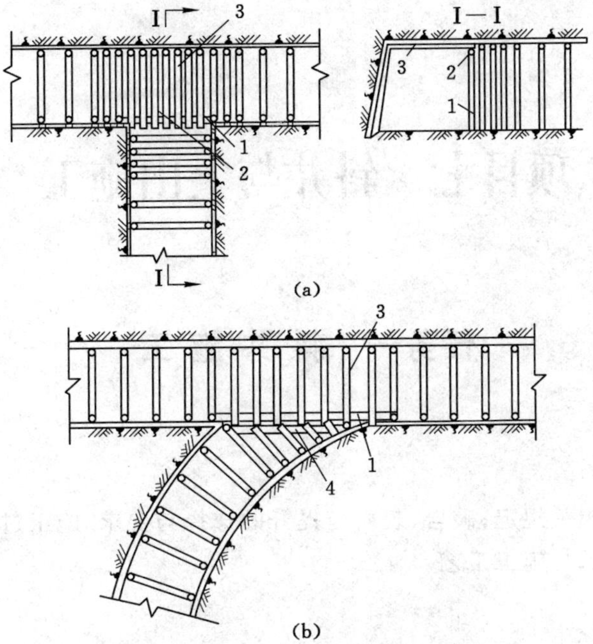

图 6-44 棚式支架交岔点结构

(a) 直角交岔点；(b) 锐角交岔点

1——抬棚；2——抬棚顶梁；3——插梁；4——辅助抬棚

任务实施

教师先分析讲解本任务的基本知识，学生分组讨论设计与施工案例，提交报告或总结。

思考与练习

1. 分析交岔点特点及应用。
2. 简述交岔点设计的主要内容。

项目七　斜井与上山施工

任务一　斜 井 施 工

知识要点

斜井(巷)施工的相关规定;破岩、装岩与提升的选择与要求;施工过程中主要安全装置;竖孔冻结法施工的要求与施工工艺。

技能目标

能进行斜井(巷)施工安全装置的选择与安装。

任务导入

斜井(巷)施工有何特点?《煤矿安全规程》有哪些规定?对破岩、装岩与提升有何特殊要求?施工过程中有何突出的安全问题及解决方法?

任务分析

(1) 理解斜井(巷)施工的相关规定和竖孔冻结法施工的要求与施工工艺;掌握掏槽方式与炮眼布置的特殊要求,能选择装岩与提升设备。

(2) 能安装主要的安全装置,提出有效改进建议。

相关知识

一、斜井(巷)施工的相关规定与特点

(一)《煤矿安全规程》对斜井(巷)施工的规定

斜井与下山施工有很多相似之处,如都是由上向下掘进,装岩运输都比平巷、上山掘进时困难,工作面积水需要排放,要特别注意预防跑车事故。《煤矿安全规程》第五十六条明确规定,在斜井(巷)施工时,应当遵守下列规定:

(1) 明槽开挖必须制定防治水和边坡防护专项措施。

(2) 由明槽进入暗硐或者由表土进入基岩采用钻爆法施工时,必须制定专项措施。

(3) 施工 15°以上斜井(巷)时,应当制定防止设备、轨道、管路等下滑的专项措施。

(4) 由下向上施工 25°以上的斜巷时,必须将溜矸(煤)道与人行道分开。人行道应当设扶手、梯子和信号装置。斜巷与上部巷道贯通时,必须有专项措施。

（二）斜井（巷）施工的特点

(1) 由上向下掘进时的装载工作比较困难，倾角小于35°时可用耙斗装岩机（在倾角小于10°左右时也可用下山铲斗装岩机）装岩。

(2) 下山有向下的坡度，巷道内各处的涌水很自然地积存到工作面，因此掘进下山时，一定要根据不同的情况，做好防排水工作，以免影响掘进工作的进行。

(3) 在使用矿车运输时，有可能因为牵引装置的滑落或断绳引起跑车事故，所以除提升绞车摘挂钩处、车场变坡点等设置断绳保险和挡车器外，在掘进工作面附近一定要有可靠的挡车器，防止跑车冲击工作面，保证工作面人员的安全。

二、钻爆法施工斜井

（一）破岩方法的选择与要求

在斜井施工中，主要采用钻眼爆破法进行破岩。依据目前常用的凿岩机和爆破器材，应该推广中深孔全断面一次光面爆破和抛碴爆破技术。钻眼用YT-28、YT-29型风动凿岩机，自上向下施工时钻中上部眼比较容易，但在钻底眼时操作很不方便，拔钎比较困难。

(1) 掏槽方式：中深孔爆破一般需要采用直眼掏槽或直眼与斜眼混合掏槽。

(2) 炮眼布置要求：在斜井施工中，为了取得较好的抛碴效果，底眼上部辅助眼（或专门打一排抛碴银）的角度比斜井倾角小5°～10°；底眼加深200～300 mm，使眼底低于巷道底板200 mm，加大底眼装药量，底眼最后起爆（抛碴爆破后，碴堆距工作面以4～5 m为宜）。

(3) 斜井的坡底：在施工中应特别注意斜井的坡底，使其符合设计要求。

(4) 其他：斜井掘进工作面往往会有积水，所以应选用抗水炸药、毫秒延期电雷管全断面一次爆破。

（二）装岩与提升

装岩与提升工作是斜井掘进过程中的主要生产环节之一，是决定掘进速度的关键因素，占掘进循环总时间的60%～70%，因此应尽量采用机械装岩。

1. 装岩设备与要求

在斜井施工中，常用的装岩机械是耙斗装载机，在使用过程中应特别注意防止耙斗装载机下滑。

(1) 当斜井倾角$\alpha<25°$时，除用耙斗机本身的卡轨器进行固定外，还应增设两个大卡轨器，如图7-1所示。大卡轨器一端固定在装载机台车后立柱上，另一端卡固定在钢轨上。

(2) 当斜井倾角$\alpha\geqslant25°$时，除增设上述的大卡轨器外，还应另设一套防滑装置。如用4副U形卡子把车轮和钢轨一起卡住，也有的在巷道底板上钻两个深1 m左右的眼，楔入两根圆钢或钢轨，用钢丝绳套将耙斗装载机拴住。总之，防滑装置应安卸简便。

(3) 耙斗装载机在斜井工作面的布置与要求：如图7-2所示，为提高耙斗装载机装岩效率，装载机距工作面的距离应控制在10～25 m之间，耙角比平巷耙斗装载机的耙角大，且随斜井倾角增大而相应增加。

① 当斜井倾角$\alpha<20°$时，耙角可选为60°～65°。

② 斜井倾角$\alpha<25°$时，耙角选为65°～70°。

③ 工作面两侧上方的炮眼可加深400～500 mm，并填上炮泥，爆破后可利用此孔来固定尾轮。

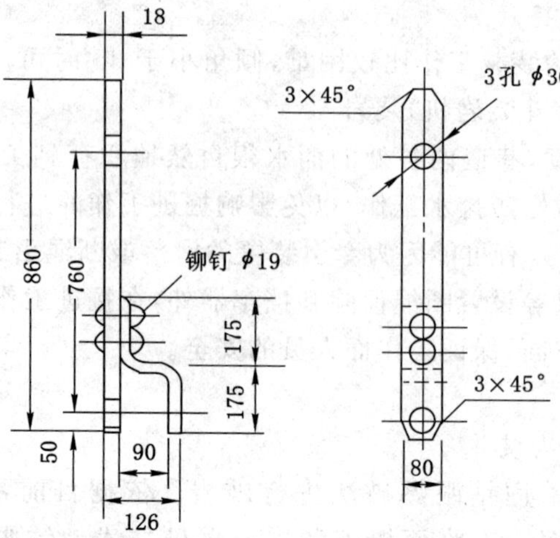

图 7-1　斜井防滑用的大卡轨器

④ 耙斗容积应根据断面大小而定。当断面＜10 m^2时，耙斗容积可选用 0.3～0.4 m^3；断面≥10 m^2时，可选用 0.7～0.8 m^3。大断面巷道，净宽在 5 m 以上时，可考虑采用两台耙斗装载机。另外，在斜井施工中使用耙斗装载机能起到阻挡跑车的作用，掘进工作面比较安全。

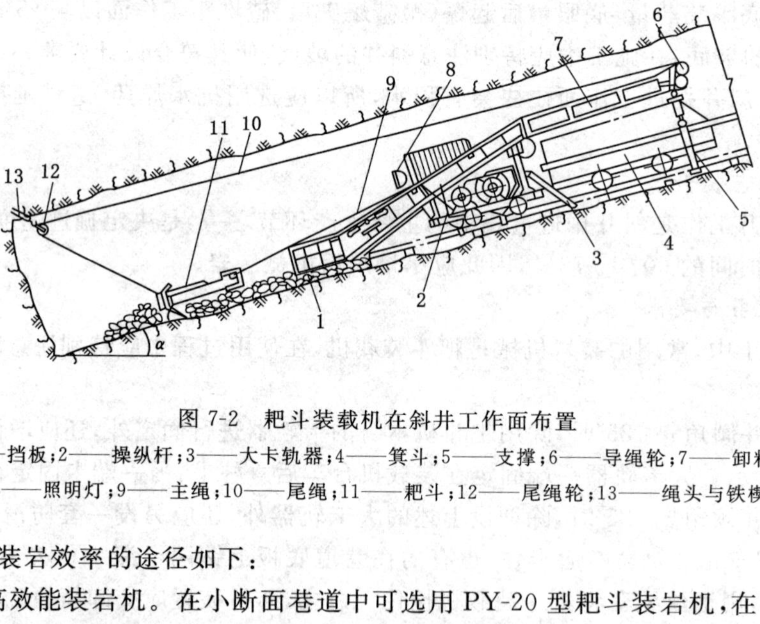

图 7-2　耙斗装载机在斜井工作面布置

1——挡板；2——操纵杆；3——大卡轨器；4——箕斗；5——支撑；6——导绳轮；7——卸料槽；8——照明灯；9——主绳；10——尾绳；11——耙斗；12——尾绳轮；13——绳头与铁楔

(4) 提高装岩效率的途径如下：

① 选用高效能装岩机。在小断面巷道中可选用 PY-20 型耙斗装岩机，在中等巷道断面中可选用 PY-35 或 ZYP-17 型耙斗装岩机，在大断面巷道中可选用 PY-90 型耙斗装岩机、ZC-2 型侧卸式铲斗装岩机。斜井或上、下山可结合断面大小，分别选用不同斗容的耙斗装岩机。

② 改善爆破效果。装岩生产率与爆破的岩石块度、抛掷距离、堆积情况密切相关，故必须不断提高爆破技术，合理制定爆破图表，做到爆破出的巷道断面轮廓符合设计要求，底板平整以利装岩，尽量采用光面爆破减少超挖量，爆破的岩石块度及抛掷距离适中，岩堆集中。

③ 提高装岩生产率。积极推广并结合实际条件合理选择各种工作面调车和转载设施，以减少装岩间歇时间，提高实际装岩生产率。

④ 加强装岩调车的组织工作。提高装岩机司机操作技术，加强装岩机维修保养工作，以保证装岩熟练、减少故障；严格执行工种岗位责任制，保证各工种密切配合，工序紧密衔接，保证稳定的电压或合理提高风动装岩机风压；保证轨道质量，加强日常维护，提高行车速度，减少掉道事故；加强调度工作，及时供应空车。

2. 提升设备与要求

斜井掘进提升主要使用的提升设备是矿车和箕斗，无论使用哪一种设备，出矸都是不连续的，所以应选择用提升能力和速度较大的提升绞车。

(1) 当斜井倾角<25°时，可使用刮板输送机、矿车和箕斗；当斜井倾角为25°～30°时，可使用矿车、箕斗；当斜井倾角≥30°时，只能使用箕斗。

(2) 根据斜井和下山掘进的经验，使用箕斗提升装载简便，提升连接装置安全可靠，特别是使用大容积箕斗，能有效地增大提升量，加快掘进速度。

我国采用的箕斗有后卸式、前卸式和无卸载轮前卸式3种形式，其中无卸载轮前卸式箕斗(图7-3)使用效果较好。其优点是：由于去掉了箕斗箱体两侧突出的卸载轮，可以避免箕斗运行中发生挂碰管缆、设备与人员等事故；加大了箕斗有效装载宽度，提高了巷道断面利用率；卸载快；结构简单，便于检修。其缺点是：过卷距小，仅0.5 m左右，要求提升绞车有可靠的行程指示器；若卸载时操作不当，卸载冲击力大，易引起绞车过负荷，并可能使卸载架变形；卸载时利用安设在矸石仓中的活动轨翻卸。采用无卸载轮前卸式箕斗，其卸载方式如图7-4所示。

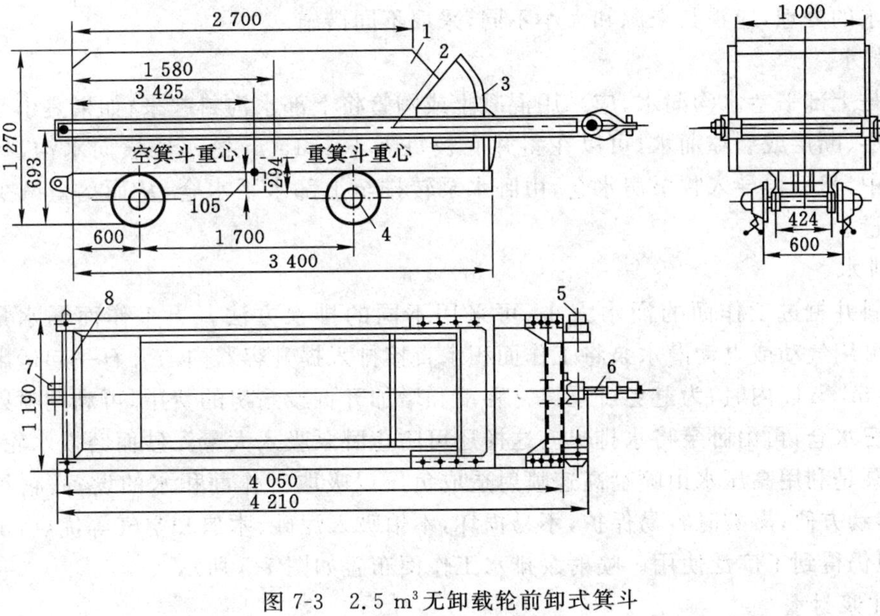

图7-3　2.5 m^3无卸载轮前卸式箕斗

1——斗箱；2——牵引框；3——后盖板；4——箕斗行走轮；
5——导向轮；6——连接装置；7——护绳环；8——转轴

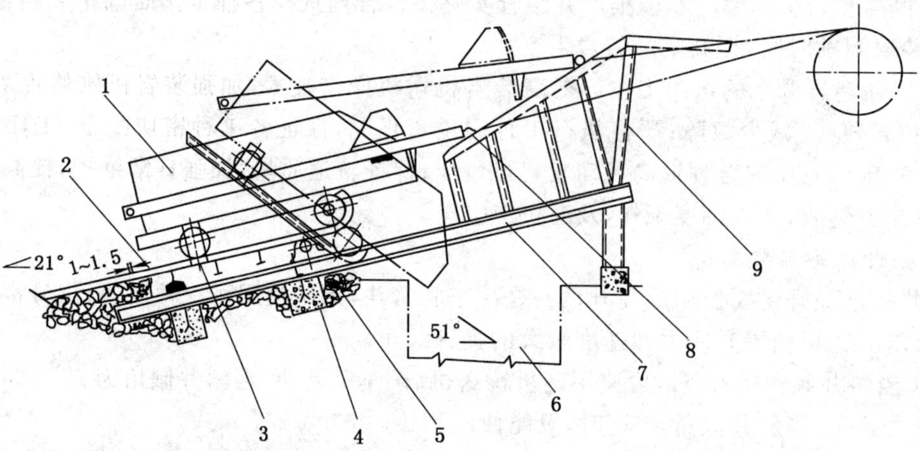

图 7-4 无卸载轮前卸式箕斗卸载示意图

1——箕斗；2——翻转架；3——槽开挡轮板；4——轴承座；
5——缓冲木；6——矸石仓；7——底座梁；8——牵引框导向轮；9——导向架

(3) 采用箕斗提升时，斜井上部需设矸石仓。这种提升方式多用于长度比较大的主要斜井，特别是将来生产时安设带式输送机的斜井，此矸石仓可作为生产时的煤仓。在我国斜井施工中，陕西铜川基建公司二处创下了月进 705.3 m 的好成绩，所用的箕斗为 4 m^3 的无卸载轮的前卸载式箕斗。

(三) 排水与防治水

斜井与下山掘进时，妥善处理涌水和工作面积水是加快掘进速度、保证工程质量的重要工作。对水的处理，应视其来源和大小不同，采取不同措施。

(1) 截水

如果是上部平巷水沟漏水，应采用混凝土或陶管将上部水沟封起来；如果是由于斜井上部的含水层、断层或裂隙涌水，可以在斜井底板每隔 10～15 m 挖一道横向水沟，将水引入纵向水沟中，然后再导入腰泵房水仓，由卧水泵转排至上部水平水仓，从而尽量减少流入工作面的水量。

(2) 排水

根据斜井掘进工作面的涌水大小，可采用不同的排水方法。当工作面涌水量小于 6 m^3/h 时，可用气动或电动潜水泵将工作面积水直接排入提升容器内与矸石一起运出。当涌水量在 30 m^3/h 以内时，为避免卧泵经常移动和增加开掘腰泵房的费用，可利用喷射泵将水排至腰泵房水仓，再由卧泵将水排出。这样还可防止卧泵吸入大量泥砂而磨损水轮叶片。

喷射泵是利用高压水由喷嘴高速喷射造成负压以吸取工作面积水的设备，它具有占地面积小，移动方便，爆破时容易保护，不易损坏，不怕吸入泥砂、木屑和空气等优点，虽然效率比较低，但仍得到了广泛使用。喷射泵排水工作面布置如图 7-5 所示。

(3) 注浆封水

当工作面涌水量很大时，采取消极强排的方法不能解决问题，就应该采用在含水层中进行注浆的方法进行封水，实现打干井，这对加快掘进速度非常有效。

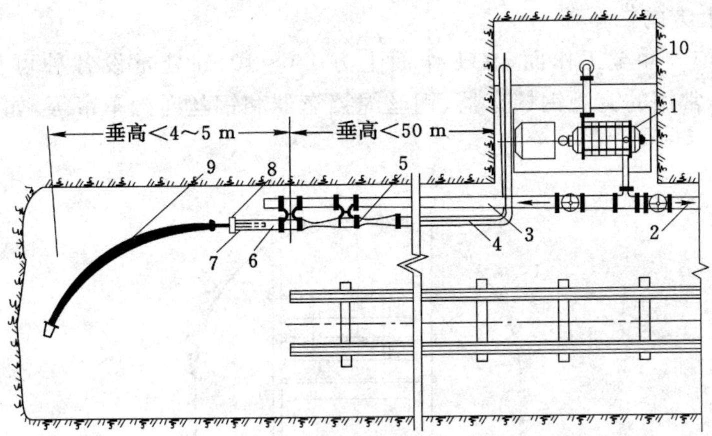

图 7-5 喷射泵-卧泵排水示意图

1——离心式水泵；2——排水管；3——压力水管；4——喷射泵排水管；5——双喷嘴喷射泵；6——ϕ50 mm 伸缩管；7——填料；8——伸缩管法兰盘；9——吸水软管；10——水仓

（四）安全装置

斜井、下山施工中，最突出的安全问题是由于提升设备失修、操作不当或提升时遇障碍发生过负荷等原因，可能发生提升容器跑车而造成人身伤亡事故，为此必须提高警惕，严格按《煤矿安全规程》操作；要经常对钢丝绳及连接装置进行检查，以防患于未然；巷道规格、铺轨质量，都应符合设计要求，并同时要设置预防跑车的安全装置和挡车器。

(1) 在斜巷上部设置逆阻车器

如图 7-6 所示，逆阻车器是将两根等长的弯轨 1 焊在一根横轴 2 上，再用轴承 3 将横轴固定在轨道下部专设的道心槽内。弯轨尾部带有配重，平时保持水平，而头部则抬起高出轨面，正好阻挡矿车的轮轴而防止跑车。需下放矿车时，踏住踏板 4，使弯轨头部低于轨面，矿车通过后，松开踏板，弯轨借配重自动复位。提升矿车时，轮轴碰撞弯轨头部，使之倒下而顺利通过，然后弯轨借配重又自动复位。

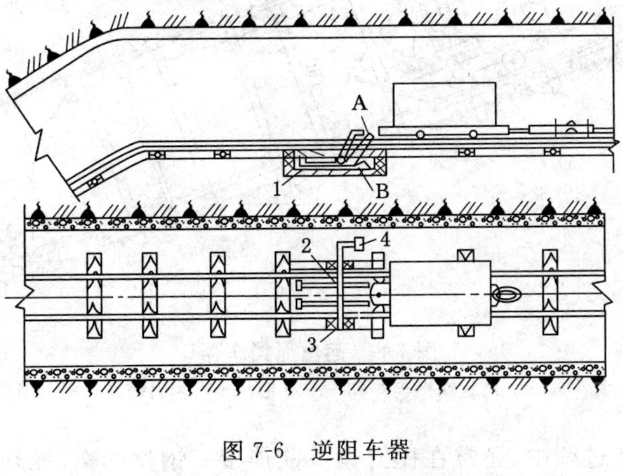

图 7-6 逆阻车器

1——弯轨；2——横轴；3——轴承；4——踏板；

A——阻车位置；B——通车位置

(2) 工作面上方的挡车器

为防止万一跑车冲至工作面，在工作面上方 20～40 m 处常设各种可移动式挡车器。挡车器类型很多，常用的有型钢挡车器、钢丝绳挡车器和钢丝绳挡车帘等，如图 7-7 至图 7-9 所示。

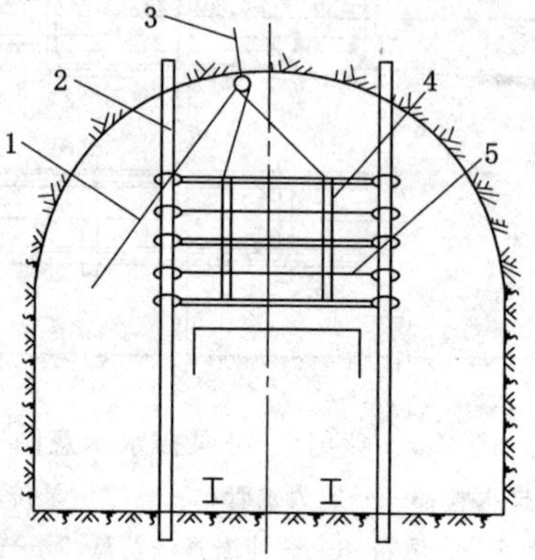

图 7-7 钢丝绳挡车帘

1——悬吊绳；2——立柱；3——吊环；4——钢丝绳网；5——圆钢

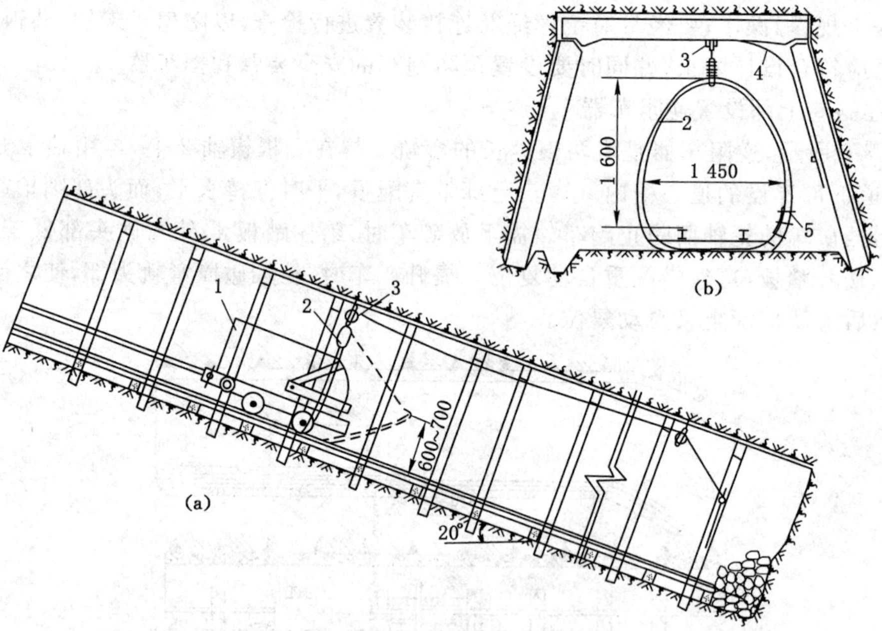

图 7-8 钢丝绳挡车器

1——箕斗；2——钢丝绳挡车器；3——滑轮；4——牵引钢绳；5——绳卡子

此外，在斜井施工过程中，还常在提升钩头前连接一钢丝绳圈，提升时用此圈套住矿车。这样当插销脱出或连接装置失灵时，矿车即被钢丝绳圈兜住，不致发生跑车事故，如图 7-10 所示。

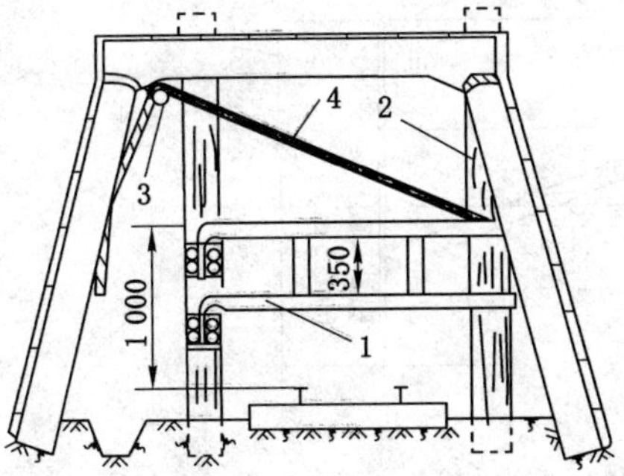

图 7-9　型钢挡车器

1——型钢挡车框；2——加固立柱；3——滑轮；4——牵引绳

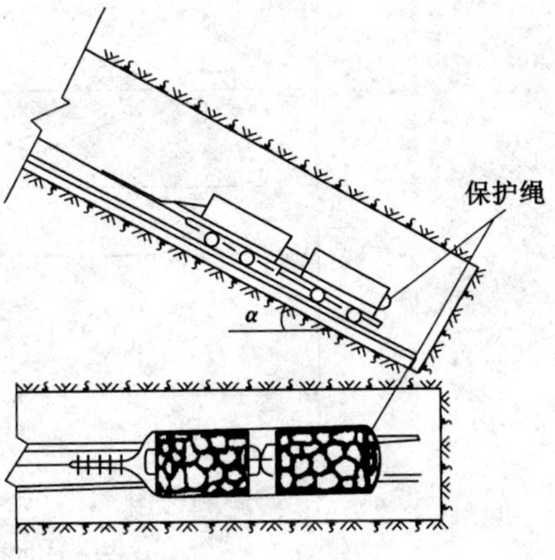

图 7-10　兜车安全绳示意图

(3) 斜巷中部设固定式挡车器

如图 7-11 所示，是在斜巷中部设悬吊式自动挡车器(固定式挡车器)。当提升容器正常运行时，碰撞摆动杆 1 后，摆动幅度不大，触不到框架上横杆 2；一旦发生跑车事故，脱钩的提升容器碰撞摆动杆后，可将通过牵引绳和挡车钢轨 6 相连的横杆 2 打开，8 号铁丝失去拉力，挡车钢轨一端迅速落下，起到防止跑车的作用。

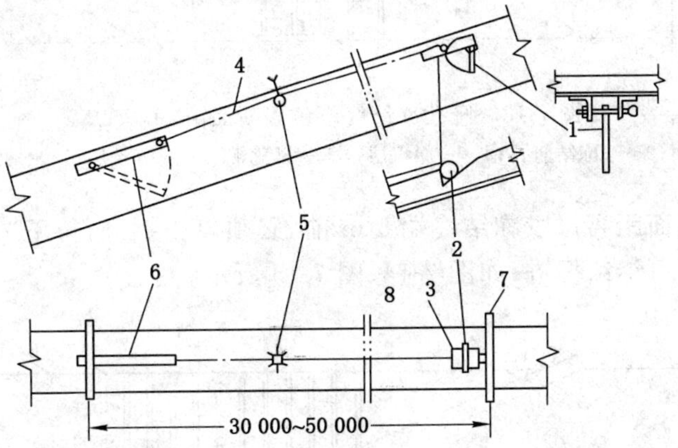

图 7-11　悬吊式自动挡车器

1——摆动杆；2——横杆；3——固定小框架；4——8 号钢丝；5——导向滑轮；6——挡车钢轨；7——横梁

三、竖孔冻结法开凿斜井井筒

(一) 冻结终端位置

冻结终端位置应保证斜井井筒顶板进入相对稳定的隔水地层垂距 5 m 以上，见图 7-12。

为保证斜井井筒底板冻土厚度及强度，每一个冻结竖孔深度应穿过斜井井筒底板 5 m 以上，见图 7-13。

(二) 施工工艺

在采用竖孔冻结法开凿斜井井筒时，通常采用分段打钻、分段冻结施工工艺。沿斜井井

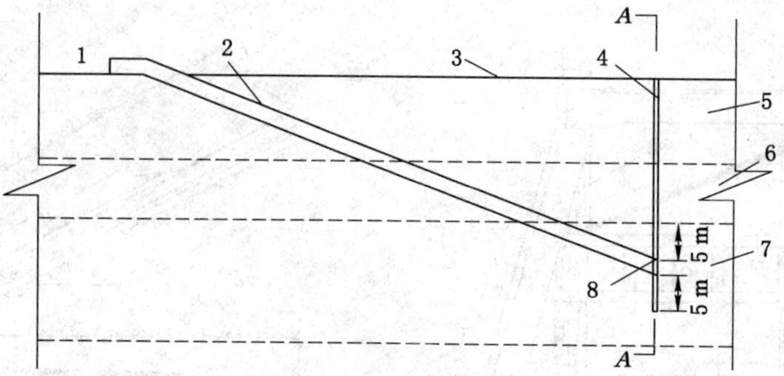

图 7-12 竖孔冻结终端位置示意图

1——井口；2——斜井井筒；3——地面；4——冻结终端竖孔；
5——冲积层；6——风化带；7——隔水层；8——井筒荒断面顶部

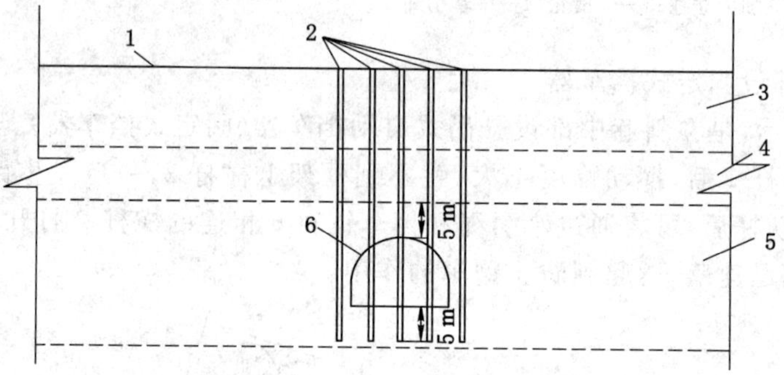

图 7-13 竖孔冻结终端位置断面图(A—A)

1——地面；2——冻结竖孔；3——冲积层；4——风化带；5——隔水层；6——井筒荒断面

筒方向，当掘进工作面距离每段冻结终端 5 m 前，必须停止掘进，待下一分段完成冻结后且具备掘进条件时，方可继续掘进，如图 7-14、图 7-15 所示。

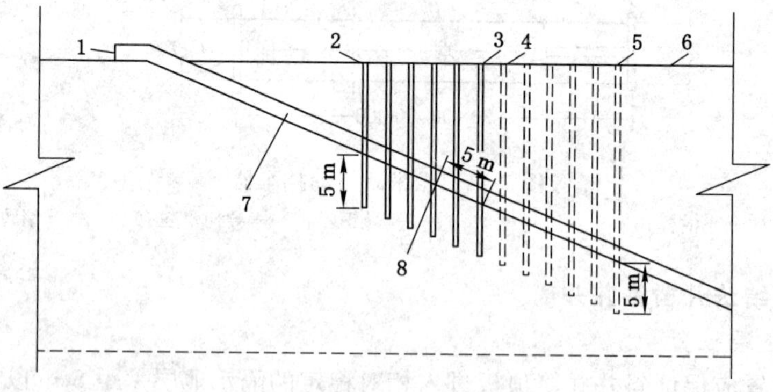

图 7-14 分段竖孔冻结示意图

1——井口；2——上分段起始端冻结竖孔；3——上分段终端冻结竖孔；4——下分段起始端冻结竖孔；
5——下分段终端冻结竖孔；6——地面；7——斜井井筒；8——停掘工作面位置

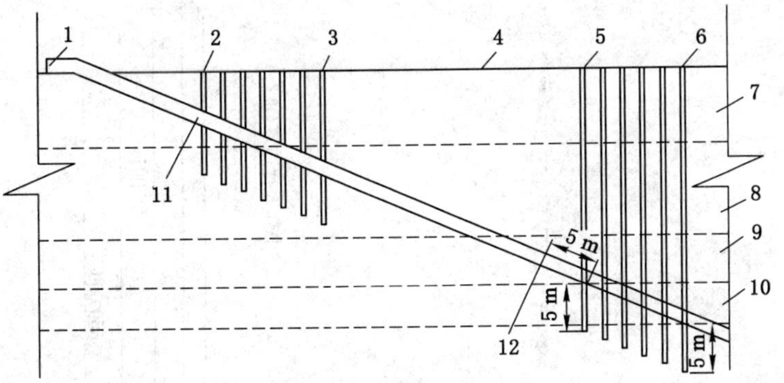

图 7-15　基岩含水层竖孔冻结示意图

1——井口；2——冲积层及风化带起始端冻结竖孔；3——冲积层及风化带终端冻结竖孔；4——地面；5——基岩含水层起始端冻结竖孔；6——基岩含水层终端冻结竖孔；7——冲积层及风化带；8——隔水层；9——基岩；10——基岩含水层；11——斜井井筒；12——停掘工作面位置

（三）支护要求

在每一分段冻结范围内，应当根据冻结壁情况，明确初次支护、永久支护距掘进工作面的最大距离，以及掘进到永久支护完成的间隔时间，确保施工安全。

在掘进过程中，将会揭露部分冻结管，且需在初次支护前完成冻结管的切割拆除工作，因此应当提前制定处理冻结管和解冻后防治水的专项措施。

当每一分段永久支护全部完成后，方可停止该段井筒冻结，防止提前停止冻结造成事故。

四、暗斜井施工案例

（一）工程概况

＋150 人行暗斜井位于羊叉滩背斜西翼，岩层产状为倾向北偏西 15°，倾角 7°～13°，层位处在茅口灰岩中，为灰色、深灰色中厚层状、巨厚层状石灰岩。岩石硬度系数 f=15。

＋150 人行暗斜井设计长度为 566 m，坡度 22°；支护方式为喷浆支护，掘进断面为 11.3 m^2。人行暗斜井的工程概况如图 7-16 至图 7-20 所示。

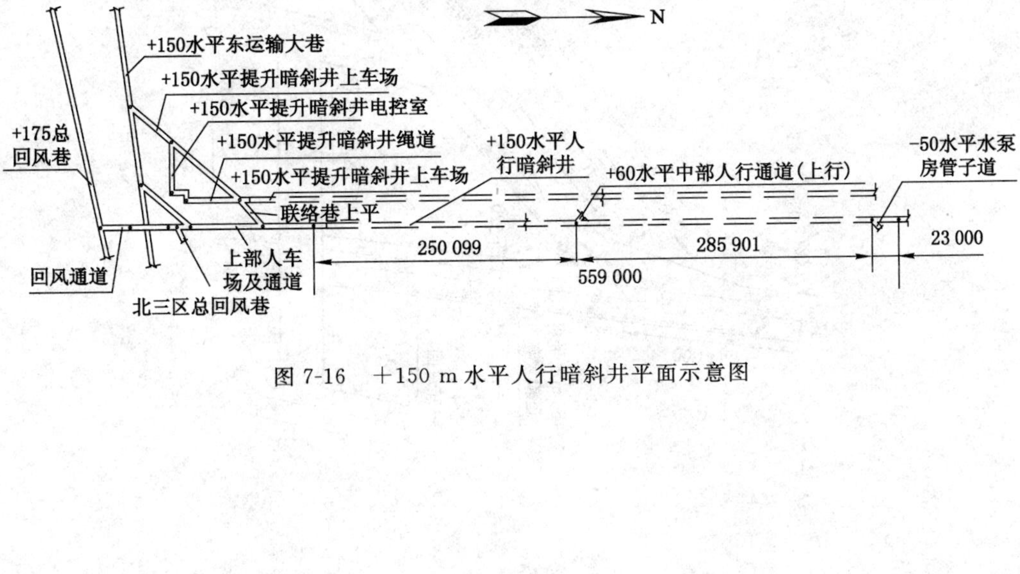

图 7-16　＋150 m 水平人行暗斜井平面示意图

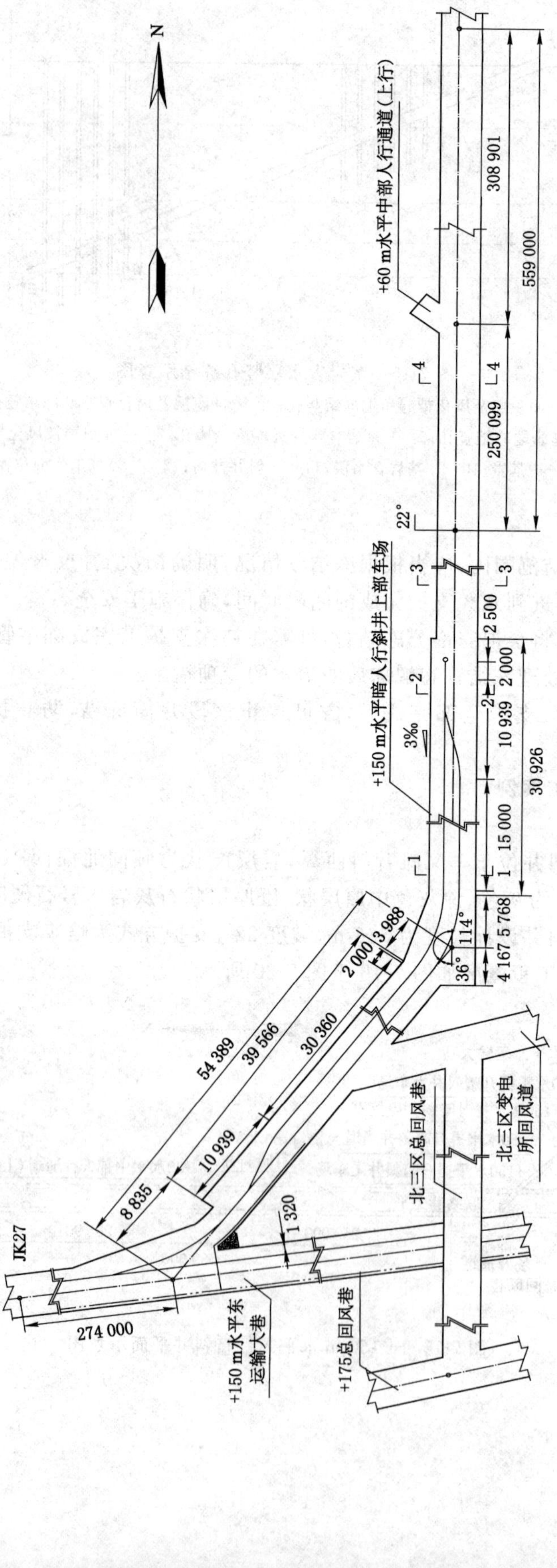

图 7-17　+150 m 水平人行暗斜井巷道施工设计尺寸示意图

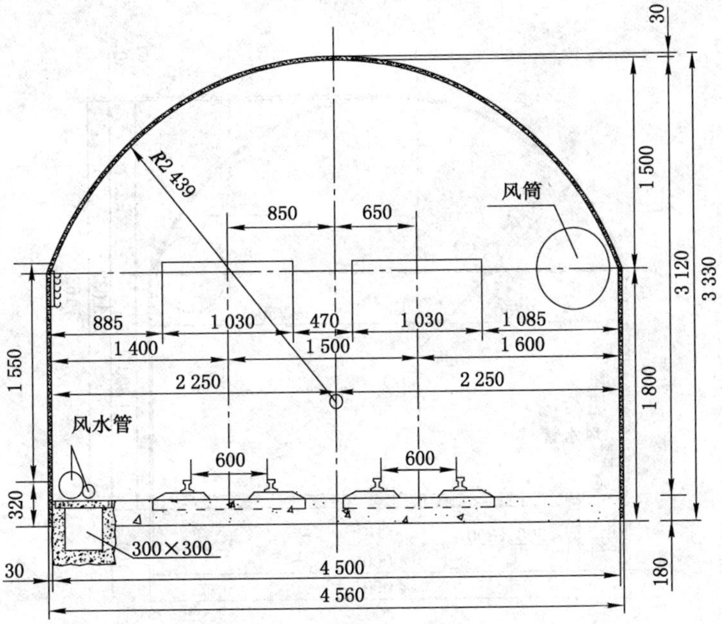

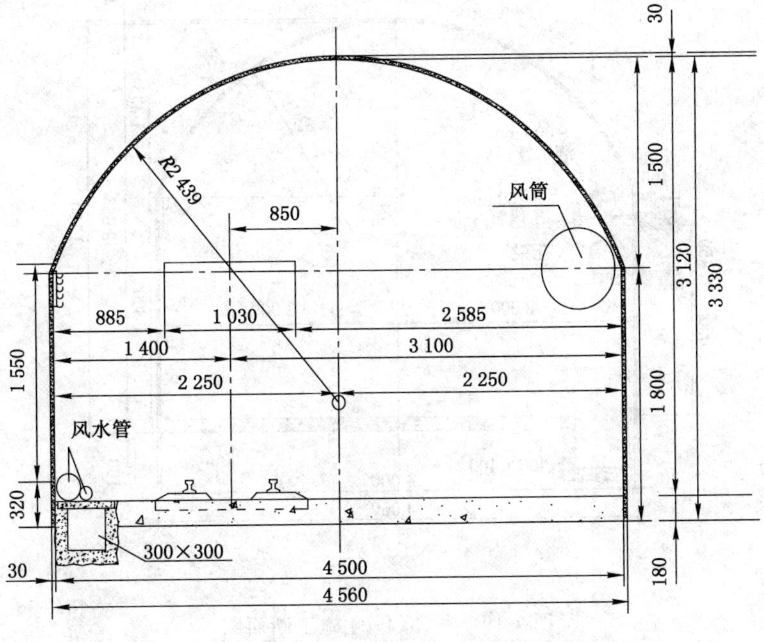

图 7-18　1—1、2—2 施工断面图

断面 1—1 尺寸：$S_{掘}=13.2\ m^2$，$S_{净}=12.2\ m^2$；

断面 2—2 尺寸：$S_{掘}=13.2\ m^2$，$S_{净}=12.2\ m^2$

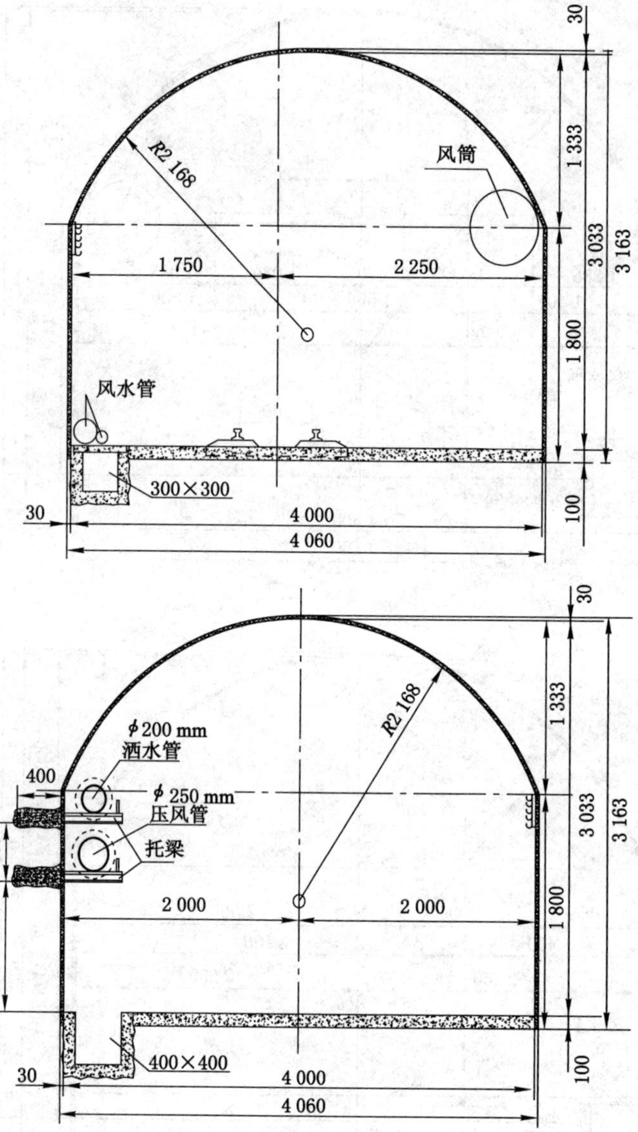

图 7-19　3—3、4—4 施工断面图

断面 3—3 尺寸：$S_{掘}=11.3\ m^2$，$S_{净}=10.7\ m^2$；

断面 4—4 尺寸：$S_{掘}=11.3\ m^2$，$S_{净}=10.7\ m^2$

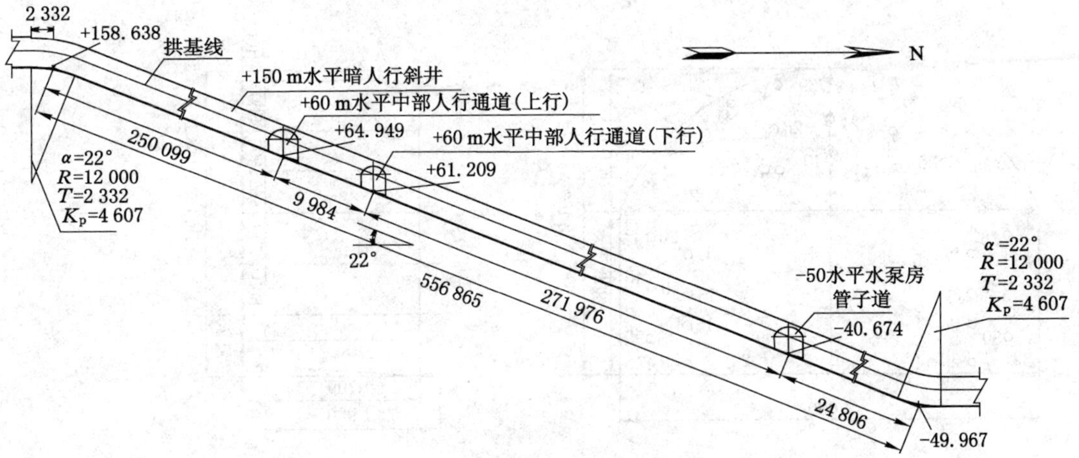

图 7-20　+150 m 水平人行暗斜井剖面示意图

（二）施工方法

采用普通钻眼爆破法施工。炮眼布置图如图 7-21、图 7-22 所示。爆破站岗位置示意图如图 7-23 所示。

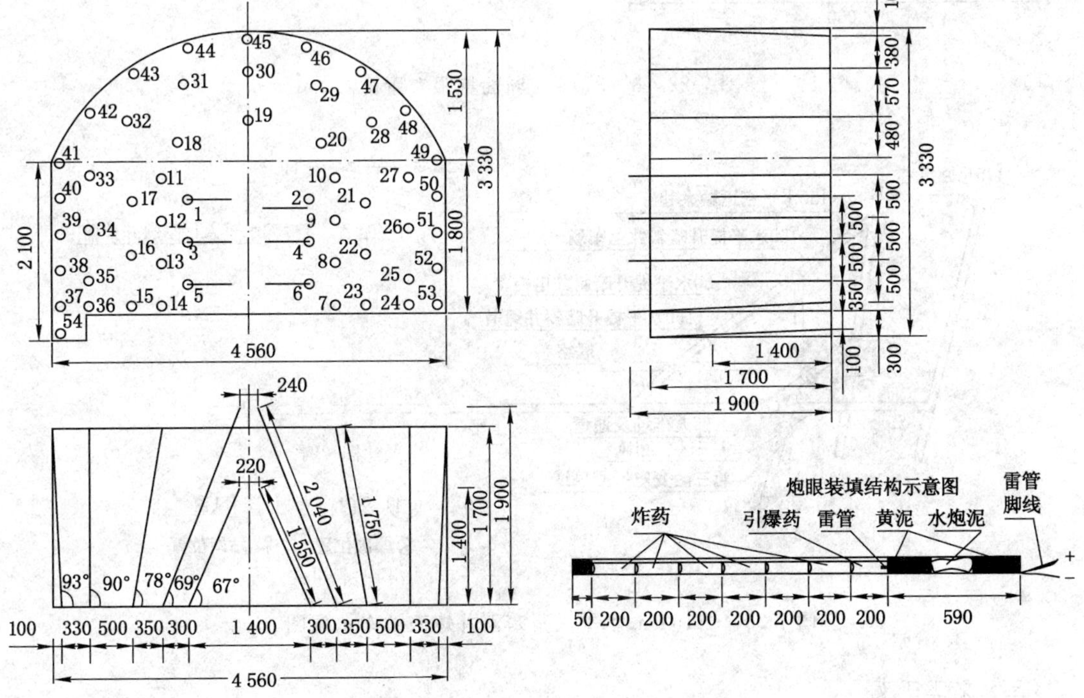

图 7-21　1—1、2—2 断面炮眼布置图

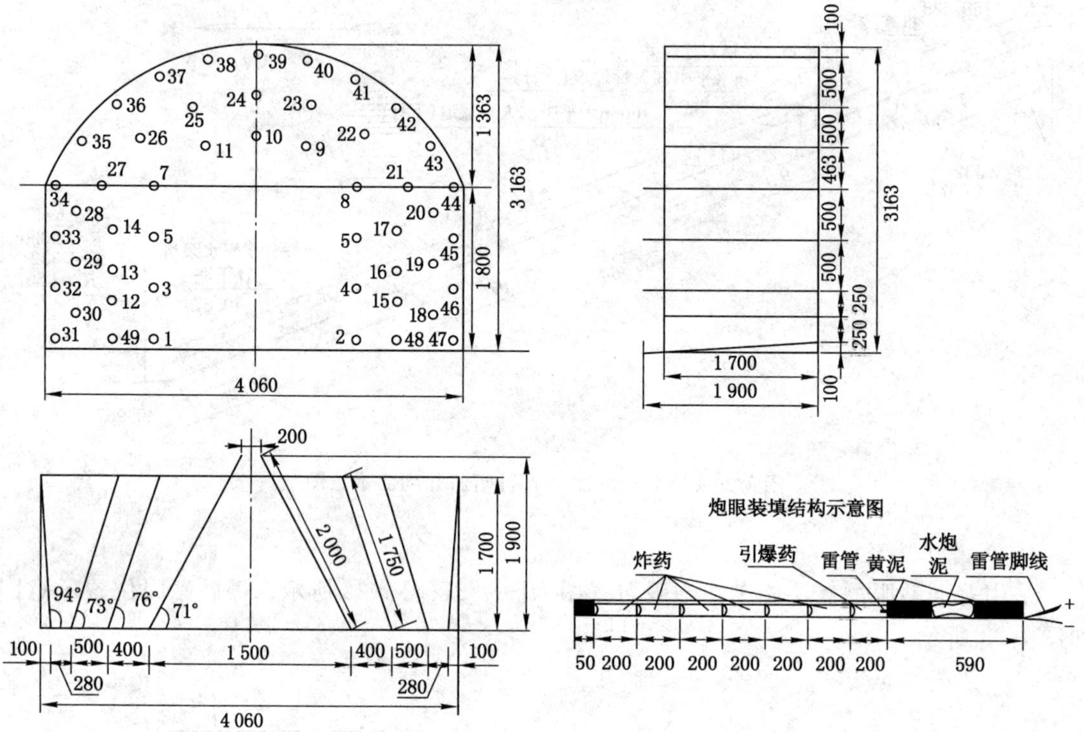

图 7-22　3—3、4—4 断面炮眼布置图

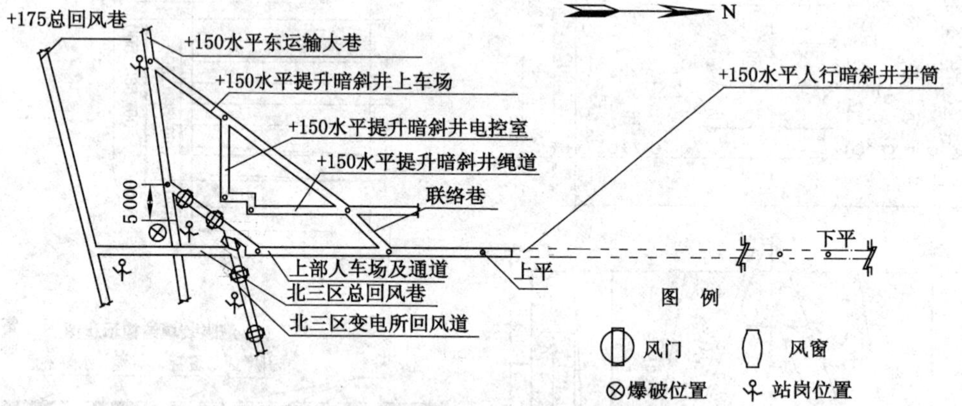

图 7-23　+150 m 水平人行暗斜井爆破站岗示意图

（三）施工工艺

检查安全→转运碛头(掘进工作面顶端)矸石→验收上个班质量→施工探眼→施工炮眼装运矸→装药连线→爆破→排爆破烟及检查安全→装运矸。按规定钉道、移耙岩机、延接风水管。

（四）掘进施工设备（表 7-1）

表 7-1 某暗斜井施工设备配备表

序号	名称	规格及型号	单位	数量	备注
1	局部通风机	ZBKJ-No56/2×15	台	2	
2	调度绞车	JD-25	台	1	
3	凿岩机	YT29	台	6	3 台备用
4	耙岩机	P60B	台	1	
5	喷浆机	转 V 型	台	1	
6	磁力启动器	QC83-80A	台	4	一台动力，两台局部通风机，一台主辅切换器
7	磁力启动器	QC83-80N	台	1	调度绞车用

（五）施工定向

地测部门应按规定及时准确标注出转点、起坡点、落平点的控制距离，及时延放中腰线，施工单位严格按“三点延线法”将中腰线延至碛头进行施工。

（六）炮眼施工

(1) 使用 YT-29 型风动凿岩机配合 ϕ22 mm 六棱中空碳素钢钎、ϕ42 mm“一”字形钻头湿式打眼。

(2) 爆破使用 2# 岩石炸药；1～5 段用毫秒电雷管爆破，MFB-100 型晶体管爆破器启爆，大串联全断面一次爆破成巷。

（七）出矸、运输

选用 P-60B 型耙岩机装矸，并在耙岩机卸料槽与主机之间增装一节过渡槽，这样一次可以装两个矿车，加快了耙装矸石的速度。耙岩机后方斜巷全部使用 JD-25、JD-55 型调度绞车牵引 1 t U 型矿车运输。

（八）通风与探排水

通风系统如图 7-24 所示。

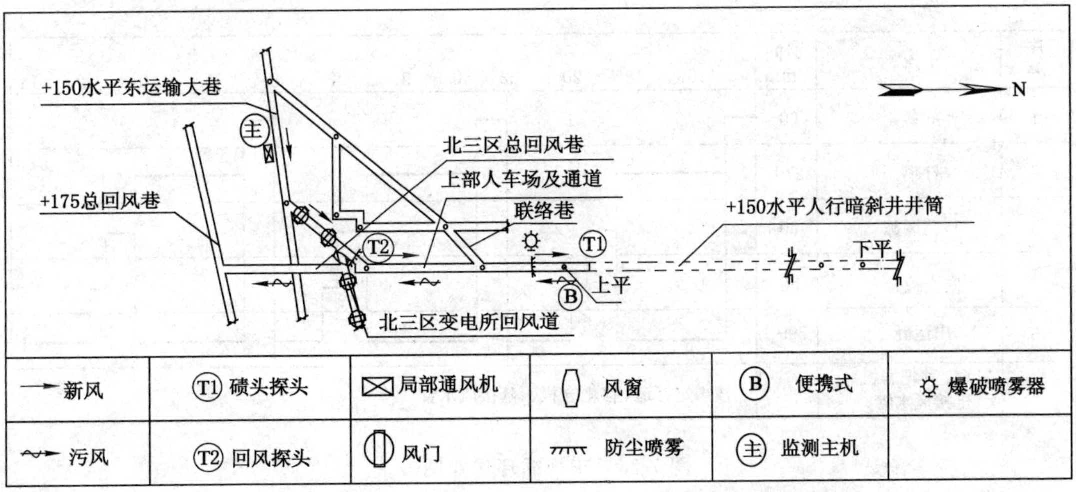

图 7-24 +150 m 水平人行暗斜井通风系统示意图

探水钻孔布置如图 7-25 所示。

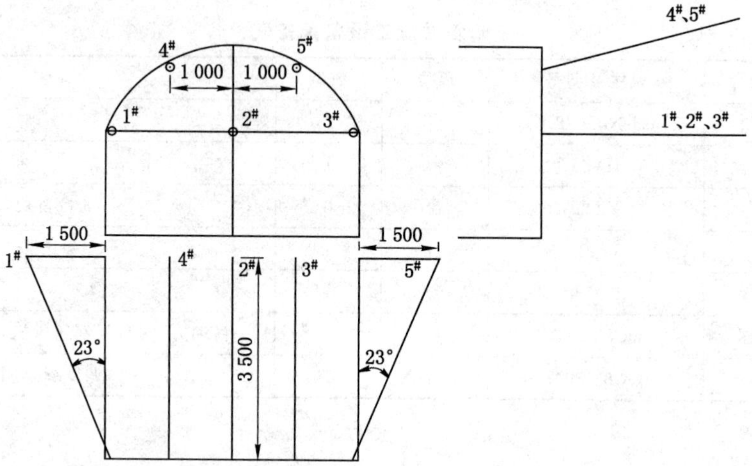

图 7-25 +150 m 水平人行暗斜井探眼布置示意图

排水采取在碛头挖坑积水，用水泵排至矿车内运出。

（九）作业方式和循环方式

(1) 作业方式：采用“三八”作业制。

(2) 循环方式：班平均循环进度 1.45 m，日循环进度 4.35 m。

劳动力配备见表 7-2，正规循环作业图表见图 7-26。

表 7-2 劳动力配备表

项目 / 工种	早班		中、夜班		项目 / 工种	早班		中、夜班	
	定员	出勤	定员	出勤		定员	出勤	定员	出勤
碛头掘进	5	4	15	12	爆破（收尺）	1	1	3	3
装矸运输	6	5	18	15	合计	12	10	36	30

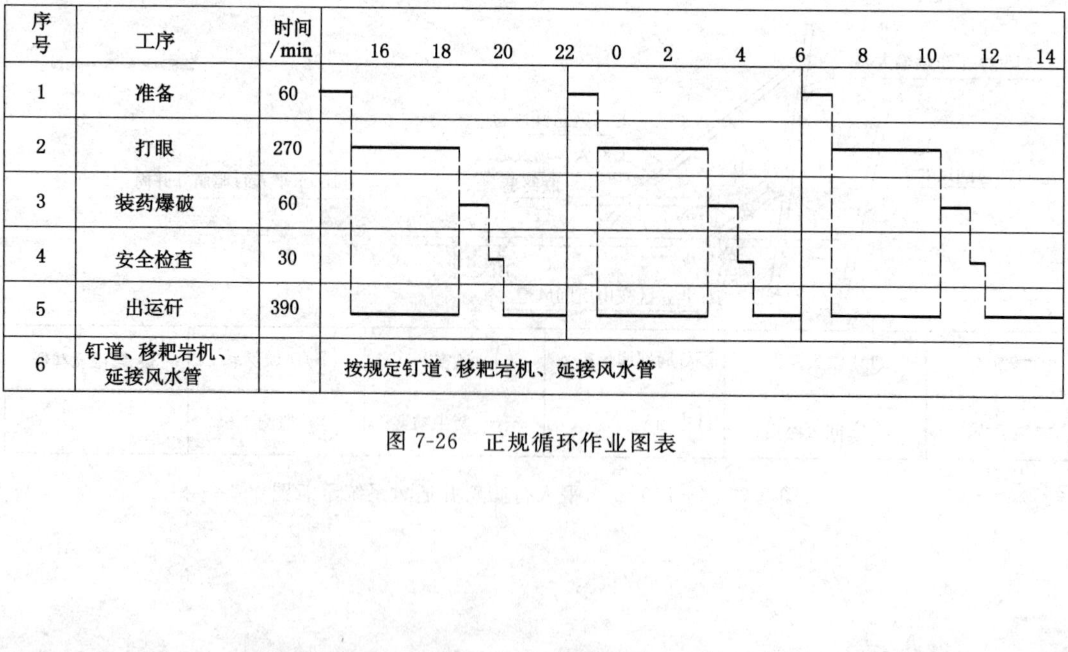

图 7-26 正规循环作业图表

（十）巷道支护

（1）采用喷射混凝土进行永久支护，砂浆标号为M10，喷射厚度为30 mm。水泥选用32.5号普通硅酸盐水泥，砂浆配合比为水泥：石粉（细）＝1：4.8（重量比），灰水比为2.22。

（2）喷浆采用潮喷。喷浆作业必须安全操作。喷射到岩面的砂浆匀质、密实、饱满。喷浆时，必须按照规定的配合比，添加混合料及速凝剂。掌握好合适的水灰比，且喷射方向与受喷面尽量保持垂直，喷头与受喷面的距离保持在0.8～1 m之间。如喷浆管堵塞进行处理时，喷嘴不得对准人操作。处理故障时必须关掉风水，切断电源。

（十一）避灾

各种灾害发生时，避灾路线如图7-27所示。

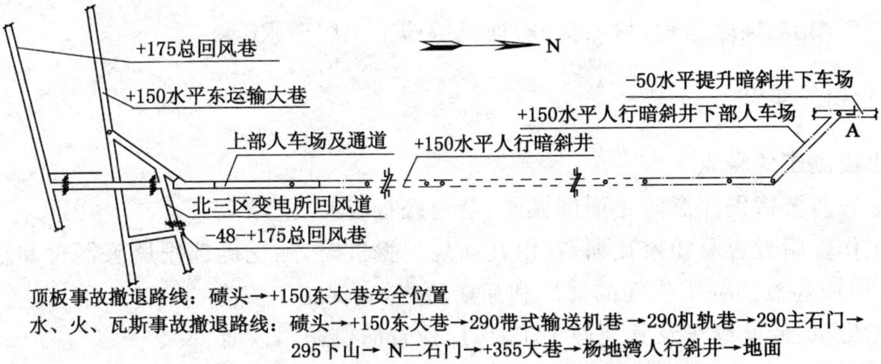

图7-27　＋150 m水平人行暗斜井避灾路线示意图

任务实施

教师先讲解本任务的基本知识，组织学生分组完成技能实训，提交实训成果与总结评价。

思考与练习

1. 简述《煤矿安全规程》对斜井（巷）施工的相关规定。
2. 简述斜井（巷）施工对炮眼布置要求。
3. 耙斗装载机如何防滑？
4. 分析耙斗容积与巷道断面的关系。
5. 简述斜井（巷）施工中，排水与防治水的措施内容。

任务二　上山施工

知识要点

上山及施工的特点，钻眼爆破、装岩运输、材料提升、通风等工作要求。

技能目标

能阅读分析上山施工作业规程。

任务导入

上山施工有何特点？钻眼爆破、装岩运输、材料提升、通风等工作与下山施工有何异同？

任务分析

(1) 上山的概念，施工的主要特点。

(2) 钻眼爆破、装岩运输、材料提升、通风等施工工序要求。

相关知识

一、上山施工的特点

(1) 爆破时要特别注意防止崩倒棚子，巷道底板容易“上漂”。

(2) 工作面附近容易积聚瓦斯，在沿瓦斯煤层掘进时，除正确选用爆破器材和采用隔爆电气设备外，应注意加强工作面的通风和瓦斯检查，确保施工安全。

(3) 耙岩机、调度绞车及其他施工工具，应设置防倒防滑装置。

(4) 装岩和排矸比较容易，向工作面运送材料相对比较困难。

(5) 架棚支护时，要有一定的迎山角；采用锚杆时，顶板的锚杆要做到垂直于顶板岩层面；当采用砌碹支护时，施工程序应由下沿倾斜向上进行。

二、上山掘进施工

上山是在运输大巷向上，沿煤岩层开凿，为1个采区服务的倾斜巷道。按用途和装备分为输送机上山、轨道上山、通风上山和人行上山等。上山掘进一般都是由运输水平从下向上掘进，但在有瓦斯的煤层中，如无专门措施，只能由上一水平向下掘进。

(一) 钻眼爆破工作要求

在上山掘进施工中，要特别注意两个问题：一是要严格按照上山底板设计的倾角施工，防止底板“上漂”；二是要避免爆破时抛掷出来的岩石崩倒棚式支架。

炮眼布置的要求如下：

(1) 一般采用底部掏槽(距底板1 m左右)，掏槽眼的数目视岩石性质而定。

(2) 若沿煤或软岩层掘进，可采用三角掏槽，如图7-28所示，其中下边两个炮眼的角度及深度一定要掌握好。

(3) 当岩石较硬时，底眼要适当下插，一般插入底板200 mm左右，并要多装药，以免“拉底”而使巷道上漂。上方的一个掏槽眼，应沿巷道轴线方向稍向下倾斜一些。

(二) 通风要求

(1) 加强工作面通风和瓦斯检查。由于上山掘进是由下向上施工的，而瓦斯比空气轻，在工作面附近易于积聚，所以通风工作尤为重要，应注意加强工作面通风和瓦斯检查。

(2) 采用双巷同时掘进。在地质条件不复杂的情况下，轨道上山和输送机上山或行人上山一般可同时掘进，每隔20～30 m距离用联络巷贯通，以利于通风，同时也可以利用联

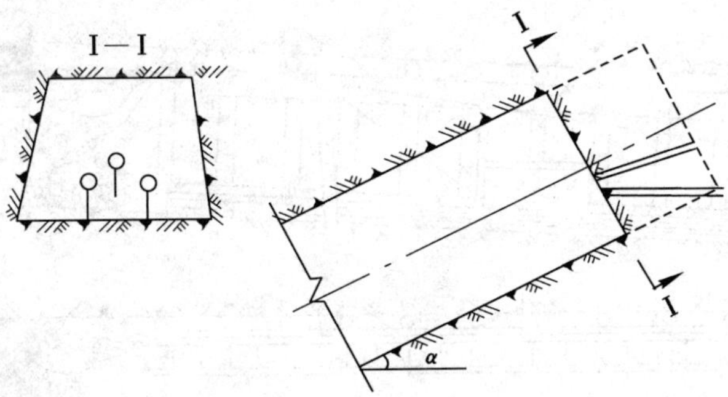

图 7-28　上山掘进掏槽方法

络巷作为躲避铜。

(3) 布置躲避硐。如果是单巷掘进，当瓦斯量不大时，可采用双通风机、双风筒压入式通风，但必须每隔 75～100 m 另掘一躲避硐。

(4) 不准随意停风。无论工作期间还是交接班时，即使是在因故临时停工时，都不准停风。如果因检修停电等原因停风时，全体人员必须撤出工作面，待恢复通风并检查瓦斯后，才准进入工作面。

(5) 可利用钻孔解决掘进通风问题。在高瓦斯、突出矿井中，如果上部风巷已掘好，则可利用钻孔解决通风问题，否则宜采用由上向下施工法。

(三) 装岩与运输要求

在进行上山掘进施工过程中，爆破下来的煤矸可以依靠自重下滑，所以装岩和排矸比较容易。

(1) 人工装岩与刮板输送机或溜槽运矸的要求

当采用人工装岩时，配合人工装岩的运输设备，可选择刮板输送机或溜槽。刮板输送机可用在倾角小于 25°的上山掘进，铁溜槽可用于 25°～35°的上山掘进，搪瓷溜槽可用于 15°～28°的上山掘进。溜槽的使用和安装都很方便，生产能力大，但粉尘量也大，一般尚需配水冲刷。为了防止矸、煤飞起伤人，应在溜槽一侧设置挡板，并在上山下口设置临时储矸仓，以便装车。

(2) 采用机械装岩的要求

当上山倾角＜10°时，可以使用 ZMZ-17 型装煤机，配合刮板输送机运输。

当上山倾角≤35°时，多采用耙斗装载机。在使用耙斗装载机时，其下滑问题比较突出，这时除在装载机下部装设卡轨器以外，还应在装载机后立柱上装设两个可以转动的斜撑。为使其防滑效果更好，可在斜撑的下部放 2～3 根枕木阻挡。耙斗装载机距上山掘进工作面应不小于 8 m，随着掘进工作面不断向上推进，耙装载机每隔 20～30 m 移动一次。移动耙斗装载机可用提升绞车，如果上山倾角大，可用提升绞车和耙斗装载机的绞车联合作业，同时向上牵引。

(四) 材料提升

在上山掘进中，向工作面运送材料相对来说比较困难。

如果是单巷掘进，既要铺设链式刮板输送机，又要铺设轨道，如图 7-29 所示。

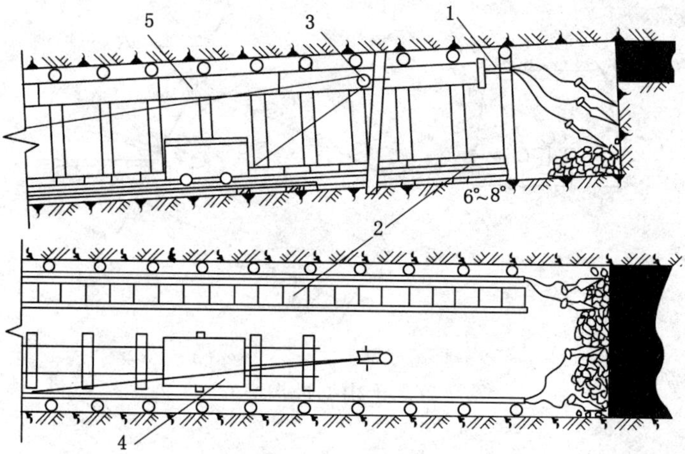

图 7-29　单巷掘进上山的提升运输方式

1——压气管；2——刮板输送机；3——滑轮；4——矿车；5——风筒

若是双巷掘进，则甲巷道铺设刮板输送机，乙巷道铺设轨道，用矿车向工作面运送材料。这时，甲巷道所需材料可经联络巷搬运，乙巷道的煤(矸)可由矿车直接运出，也可用在联络巷铺设的刮板输送机转运到甲巷的刮板输送机上，集中外运。

提升或下放时，可用设在上山与平巷接口处一侧的专用提升绞车，如图 7-30 所示。用钢丝绳牵引至工作面绕过一固定滑轮(也称回头轮)后用挂钩挂在矿车上。

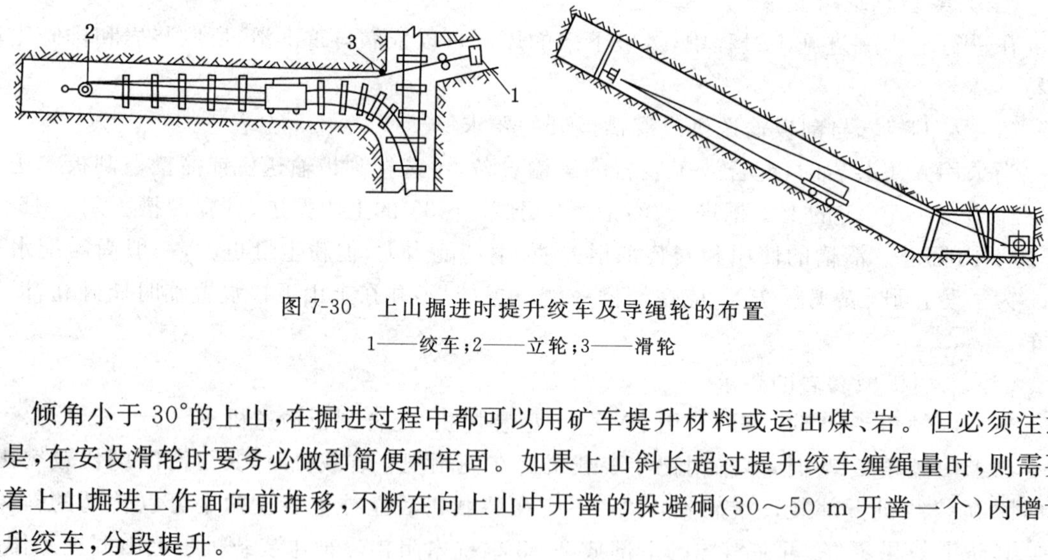

图 7-30　上山掘进时提升绞车及导绳轮的布置

1——绞车；2——立轮；3——滑轮

倾角小于 30°的上山，在掘进过程中都可以用矿车提升材料或运出煤、岩。但必须注意的是，在安设滑轮时要务必做到简便和牢固。如果上山斜长超过提升绞车缠绳量时，则需要随着上山掘进工作面向前推移，不断在向上山中开凿的躲避硐(30～50 m 开凿一个)内增设提升绞车，分段提升。

(五) 支护要求

(1) 架棚支护的要求

在上山施工过程中，由于顶板岩石受重力作用，有沿倾斜向下滑动的趋势，因此在架支架时，支架腿要向上方倾斜与顶板、底板垂线之间呈一夹角，这个夹角称为迎山角，其角度大小取决于上山的倾角 α 及围岩的稳定性。

① 当上山倾角 α＜45°时，一般每倾斜 6°～8°，应具有 1°的迎山角。为了防止爆破时崩

倒支架，对支架还应加固，一般是在支架之间设拉杆及撑木。

② 当上山倾角 $\alpha \geqslant 45°$ 时，为了防止底板岩石下滑，尚需设底梁，这时支架就变成一个封闭的框式结构了。

(2) 锚喷支护的要求

若在上山掘进中采用锚喷支护，其施工工艺与平巷、下山基本相同，锚杆应尽量垂直于上山顶板与侧帮。喷射混凝土永久支护可滞后掘进工作面一段距离(20～40 m)，与掘进工作平行进行。

(3) 砌筑支护要求

采用砌筑材料支护时，砌碹工作应由下沿倾斜方向向上进行。

三、上山施工案例

(一) 工程概况

北三区集中人行上山下部在茅口灰岩中掘进，设计断面为圆弧拱，喷射混凝土支护。设计掘进断面 9 m^2，净断面 8.3 m^2。坡度 21°，斜长 200 m。

(二) 施工方法

采用钻眼爆破法施工。

(三) 施工工艺流程

检查安全→转碛头矸石→验收上个班质量→施工探眼→施工炮眼装运矸→装药连线→爆破→排爆破烟及检查安全→装运矸。按规定钉道、移耙岩机、延接风水管。

(四) 掘进施工设备(表 7-3)

表 7-3　　某人行上山施工设备配备表

序号	名称	规格及型号	单位	数量	备注
1	局部通风机	ZBKJ-No56/2×15	台	2	
2	调度绞车	JD-25	台	1	
3	凿岩机	YT29	台	6	3 台备用
4	耙岩机	ZYP17	台	1	
5	喷浆机	转 V 型	台	1	

(五) 施工定向

地测部门应按规定及时准确标注出转点、起坡点、落平点的控制距离，及时延放中腰线，施工单位应严格按“三点延线法”将中腰线延至碛头进行施工。

(六) 炮眼施工

(1) 使用 YT-29 型风动凿岩机配合 ϕ22 mm 六棱中空碳素钢钎、ϕ42 mm“一”字形钻头湿式打眼。

(2) 爆破使用 2# 岩石炸药；1～5 段用毫秒电雷管爆破，MFB-100 型晶体管爆破器起爆，大串联全断面一次爆破成巷。

(七) 出矸、运输

使用 ZYP-17 型耙岩机装矸，人工清理浮矸。JD-11.4 型调度绞车牵引 1 t U 型矿车运输。

（八）作业方式和循环方式

（1）作业方式：采用“三八”作业制。

（2）循环方式：班平均循环进度 1.44 m，日循环进度 4.32 m。

劳动力配备见表 7-4，正规作业图表见图 7-31。

表 7-4 劳动力配备表

工种	早班		中、夜班		工种	早班		中、夜班	
	定员	出勤	定员	出勤		定员	出勤	定员	出勤
碛头掘进	5	4	15	12	收尺员	1	1	3	3
装矸运输	6	5	18	15	合计	12	10	36	30

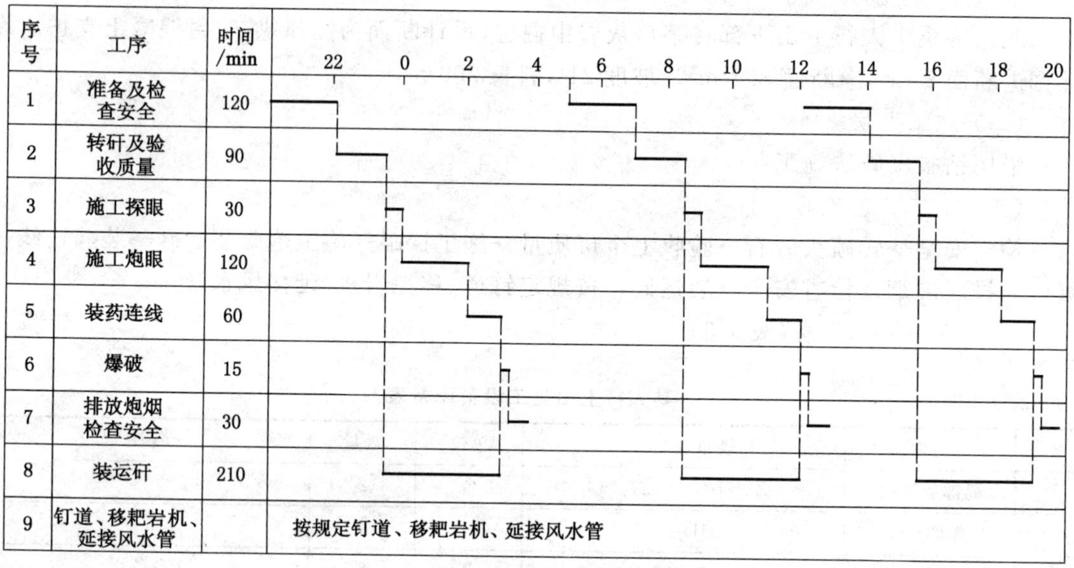

图 7-31　正规循环作业图表

（九）巷道支护

喷射砂浆强度等级为 M10，喷浆厚度为 100 mm。选用 32.5 号普通硅酸盐水泥，砂浆配合比为水泥：石粉（细）＝1：4.8（重量比），加速凝剂为水泥重量的 2.5%，灰水比为 2.22。喷浆永久支护必须紧跟耙岩机，每次移耙岩机施工两帮锚网后立即进行喷浆。

任务实施

教师先讲解本任务的基本知识和培训技能，组织学生分组讨论、查阅相关资料和完成实训技能，总结与提炼任务精华，提交任课老师后评价总结。

思考与练习

1. 简述上山及施工的特点。
2. 简述上山施工中，对钻眼爆破工作的要求。

3. 简述上山施工中，对装岩运输工作的要求。

4. 简述上山施工中，对支护工作的要求。

任务三　安全技术措施

知识要点

斜井(巷)施工中防止底板“上漂”、下山施工水患治理、防止跑车事故、设备防倒防滑等措施内容。

技能目标

能制定1～2个防止跑车事故、设备防倒防滑或其他安全技术措施。

任务导入

依据斜井(巷)施工中的特点，如何制定防止跑车事故、设备防倒防滑等安全技术措施？上山及施工的特点是什么？钻眼爆破、装岩运输、材料提升、通风等工作要求？

任务分析

(1) 斜井(巷)施工中，应该制定哪些安全技术措施？

(2) 如何分析措施内容的完整性、实践性和先进性。

相关知识

一、防止底板“上漂”的措施

(1) 控制好炮眼的深度。底眼在终孔位置应插入底板50～100 mm；当岩石较硬时，可插入底板200 mm左右。

(2) 掌握好炮眼的角度。为保证炮眼的角度，下山施工在施工底眼前，必须将碛头3～5 m矸石扒净。

(3) 其他：装药前必须将积水排净，并用高威力的水胶炸药等。

二、避免爆破时抛掷出来的岩石崩倒棚式支架的措施

(1) 掘进工作面应尽量垂直于巷道轴线，炮眼轴线应尽量与巷道轴线平行。

(2) 采用底部掏槽。

(3) 背实支架与帮顶。

(4) 支架间可用金属固棚器进行连锁。

(5) 用锚杆把支架腿和梁子锁于巷道帮顶。

(6) 其他实践证明有效的措施。

三、下山施工水患治理

在掘进下山时，工作面积水不仅会带来繁重的辅助工作，而且会恶化工作面的作业条件，直接影响工程质量和安全。所以应注意以下几点：

(1) 堵住从与下山联络巷道向下山的渗水、流水。

(2) 消除下山巷道管路漏水。

(3) 巷道顶底板、工作面的涌水采用截、排的方法。对顶板淋水、底板渗水,可根据水的位置、大小,采用搭设防水棚、临时水沟或永久水沟等将水排出。

(4) 当工作面涌水小于 5 m^3/h 时,可用潜水泵直接将水排入矿车或箕斗内,随矸石一齐排出。

(5) 当工作面涌水超过 5 m^3/h 时,可在工作面以上安装水泵,铺设管路排水。如下山长度较长,工作面水泵不能直接下山时,可在下山中间掘进腰泵房进行接力排水。工作面的水泵随工作面前进而移动,在工作面进行爆破时,一定要将水泵提放到安全地点,并做好掩护。

四、防止跑车事故

斜井或斜巷施工时,矿车或箕斗的提升运行很频繁,特别是工作面处在运行设备的下方时,因此,必须采取必要的安全措施,防止因提升钢丝绳断绳、提升机失控等原因而造成跑车事故。

(一) 防止跑车的安全管理措施

(1) 领导和技术部门要重视,必须遵照上级和主管部门的要求,设置斜井防跑车装置,实现“一坡三挡”。

(2) 建立岗位责任制,把“一坡三挡”的各项技术和安全指标落实到区(队)、班(组)、个人;建立培训制度,持证上岗。

(3) 斜井串车提升必须按“一坡三挡”的要求设置防跑车装置,并对其配有专人维护保养,保证其动作准确、可靠。

(4) 防跑车装置摘挂钩操作人员必须经过培训,考核合格方可上岗。

(5) 斜井串车提升时,严禁蹬钩。

(6) 斜井串车提升时要做到“行车不行人,行人不行车”。斜井使用人车运送人员时,按《煤矿安全规程》规定执行。

(7) 矿车连接装置(连接链)必须使用煤矿指定生产厂的产品,不准使用自制产品。凡是连接链没有出厂年月和编号,没有产品合格证及探伤记录的,不准使用。

(8) 连接装置在使用中如遇到过大冲击力或矿车被卡等情况,必须对其进行预测和探伤检查,发现严重损坏必须更换。

(9) 禁止违章操作、违章作业。

(二)“一坡三挡”防跑车措施

斜井、下山掘进的安全问题,最突出的就是防止跑车。

(1) 下山上部运输水平防止跑车的逆阻车器

因井口把钩工疏忽,忘记挂钩或挂钩不合格,可能会发生跑车事故。为此,斜巷巷道口应设逆止阻车器或安全挡车板等挡车装置。此种阻车器设于巷道口,矿车只能单方向上提,只有用脚踩下踏板后才可向下行驶。在矿车底盘下安设一个活动闸,当矿车挂钩时,销子插入孔内,而把活动闸短端压下,使长端翘起;矿车摘钩后,活动闸由于重心作用自动垂直向下。在斜巷口平台两轨中心的地下,埋入钢板作为挡板,当矿车没有挂钩时,活动闸被挡板顶住,矿车即不能通过。

(2) 工作面上方的挡车器

在工作面上方 20～40 m 处常设各种可移动式挡车器，常用的有钢丝绳挡车器、型钢挡车器和钢丝绳挡车帘等。

(3) 中部设固定式挡车器

悬吊式自动挡车器是在斜巷中部设的固定式挡车器，起防止跑车的作用。

综上所述：斜井、下山施工中必须在上部、中部、工作面上方设置预防跑车的安全装置。经验证明，斜井施工中，在巷道的一侧每隔一定距离(25 m 左右)做一躲避硐(长×宽×高＝0.7 m×1.0 m×1.8 m)，对避免发生事故很有作用。

五、设备防倒防滑措施

在倾斜巷道施工中，主要设备有耙岩机、调度绞车及其他施工工具，应设置防倒防滑装置。

(一) 上山施工耙岩机防滑

除在装载机下部装设卡轨器以外，还应在装载机后立柱上装设两个可以转动的斜撑。为使其防滑效果更好，可在斜撑的下部放 2～3 根枕木阻挡，并在巷道的两帮或底板上，用无腿棚圈或与最后形成锐角拉力方向的锚钎与钢丝绳从主机后方兜紧，防止耙岩机在运行中卡轨装置松动导致耙岩机移动。如图 7-32 所示。

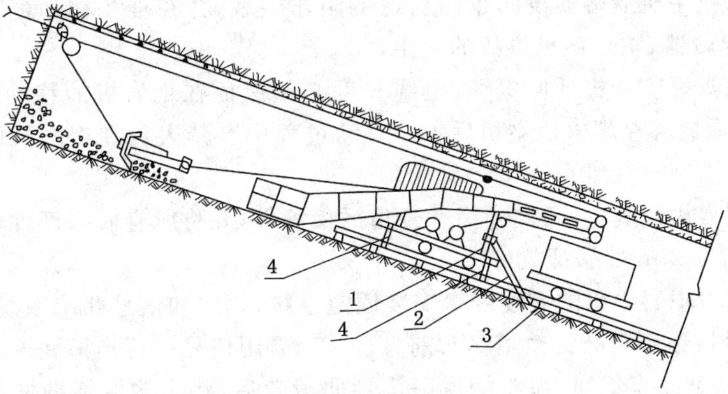

图 7-32　上山掘进时耙斗机防滑装置

1——耙斗装载机的后立柱；2——钢轨斜撑；3——枕木；4——卡轨器

(二) 调度绞车防倒防滑

调度绞车必须打混凝土基础安装固定，混凝土基础标号不低于 200。JD-11.4 型调度绞车，其混凝土基础深度不低于 700 mm；JD-25 型调度绞车，其混凝土基础深度不低于 800 mm；混凝土基础必须打在巷道硬底板上，严禁打在浮煤浮矸上。JD-11.4 型调度绞车，地脚螺栓选用 M20×580～600 mm，地脚螺栓埋入混凝土基础的长度不小于 450 mm，露出混凝土基础的长度为 130 mm，地脚螺栓必须配齐并紧固平垫、弹簧垫、螺母、锁紧螺母，锁紧螺母外露出螺扣 2～5 扣。JD-25 型调度绞车，地脚螺栓选用 M24×730～750 mm，地脚螺栓埋入混凝土基础的长度不小于 550 mm，露出混凝土基础的长度不小于 180 mm，地脚螺栓必须配齐并紧固平垫、弹簧垫、螺母、锁紧螺母，锁紧螺母外露出螺扣 2～5 扣。

（三）施工工具防滑

设置加工工具平台，将工具平台固定在倾斜巷道中，再将工具放置于工具平台上。

六、耙岩机移动安全措施

（一）上山掘进搬迁移动耙岩机

(1) 搬迁移动耙岩机时，必须采用滑车导向，滑车的工作能力必须与耙岩机的重量相匹配：搬迁移动 P15 型耙岩机时滑车的额定工作能力不得小于 3 t，搬迁移动 P30 型耙岩机时滑车的额定工作能力不得小于 5 t，搬迁移动 P60 型耙岩机时滑车的额定工作能力不得小于 7 t。

(2) 采用滑车导向时，在迁移途中的任何位置，耙岩机碰头牵引钢丝绳与轨道中心线的夹角即出绳角不大于 12°，导向滑车距牵引耙岩机的碰头或大钩连接点的距离不得小于 10 m。

(3) 导向滑车固定必须牢固，其固定力不得小于耙岩机自身重量的 1.2 倍。

(4) 上掘巷道搬迁移动耙岩机时，采用一个滑车倒向出绳角不能满足要求时，必须采用两个以上的滑车导向。

(5) 在耙岩机卸料槽段下方耙岩机主机后方用合适的绳扣、卡环连接好一个空矿车，防止移动耙岩机时卸料槽下坠。

(6) 在耙岩机主机后端安设两个防后退的阻车装置，并在准备移动耙岩机的后轮处左右各安设一副卡轨器，防止跑车事故的发生。

(7) 清理并盘好耙岩机延伸电缆，电缆长度必须保证在耙岩机的移动搬迁距离的 1.2 倍以上，并将电缆捆绑在耙岩机主机后方。移动过程中严禁人员在耙岩机两侧或后方牵引电缆。

(8) 拆除耙岩机簸箕口、两侧小门和三角插板等件，并将所有撤除部件转移到耙岩机准备安设的位置前方 2 m 处靠帮放好。

(9) 检查牵引耙岩机用的调度绞车安装固定系统、钢绳和信号联络系统的完好情况，并将该绞车的信号按钮牵至新钉轨道尽头前方 3～5 m，用信号进行指挥调度绞车。

(10) 放出调度绞车钢绳，绳头绕过碛头导向滑轮后，将大钩用标准插销连挂在耙岩机底座的鸭嘴上；然后将调度绞车钢绳拉紧受力后，拆除原固定耙岩机的卡轨器。

(11) 调度绞车司机必须慢速牵引耙岩机移动；指挥人员必须随时观察耙岩机的移动情况，有异常立即发出停车信号；待耙岩机停下稳固后方可安排人前去查看并进行处理。在碛头的所有人员不得正对导向滑轮或钢绳，若导向滑轮固定在巷道中部，人员必须靠帮躲避。

(12) 耙岩机移动搬迁到新安设位置后，指挥人员立即打停车信号，调度绞车立即停车，拉紧绞车制动手把刹紧绞车卷筒，此时段绞车司机严禁离岗。

(13) 恢复耙岩机卡轨器和所撤部件，待耙岩机固定稳固后，方可发信号通知绞车司机松绳，摘掉绞车大钩。

（二）向下掘进巷道搬迁移动耙岩

(1) 对向下掘进巷道的耙岩机迁移，必须在靠碛头方向轨道末端 1 m 左右各安设一副卡轨器，以防耙岩机跑到轨道尽头。

(2) 采用调度绞车钢绳大钩配合标准插销连挂在耙岩机底座后端的鸭嘴上，慢慢拉紧钢绳，使之受力后方可拆除耙岩机的卡轨器，慢速下放耙岩机至迁移位置。

任务实施

教师先讲解本任务的基本知识，组织学生分组讨论，查阅相关资料，总结与提炼措施精华，提交任课老师后评价总结。

思考与练习

1. 简述斜巷(井)施工中防止底板“上漂”安全技术措施。
2. 简述下山施工水患治理的措施。
3. 简述下山施工过程中防止跑车事故的技术措施。
4. 简述下山施工过程中设备防倒防滑的措施。

项目八 立井施工

任务一 立井表土施工

知识要点

施工准备，立井表土普通施工法，立井表土特殊施工法。

技能目标

能根据表土性质与含水量的大小选择立井表土施工方法。

任务导入

在立井施工中，覆盖于基岩之上的第四纪冲击层和风化带统称为表土层。根据表土层的稳定性将表土层分为稳定表土层和不稳定表土层，稳定表土层采用普通施工法，不稳定表土层采用特殊施工法或普通与特殊根据结合的施工方法。具体有哪些施工方法呢？

任务分析

(1) 掌握井圈背板施工法、吊挂井壁施工法、板桩法的特点、工艺过程与应用条件。

(2) 掌握冻结法、钻井法、沉井法、注浆法的特点、工艺过程与要求及应用条件。

相关知识

一、立井施工基础

（一）立井井筒结构

立井井筒结构从上而下可分为井颈、井身和井底三部分，如图 8-1 所示。

井颈是靠近地表的一段井筒。一般处于表土层或风化岩层内，岩性松软，受力较大，所以井颈部分常需要加强支护。井颈的长度与地表表土有关，一般深 15～20 m。

井身是井颈以下至箕斗装载水平或罐笼进出车水平的井筒，是井筒的主要组成部分。

井底是井底车场水平以下部分的井筒。井底的深度是由提升过卷高度、井底装备要求的高度和井底水窝的深度决定的，箕斗井井底深度一般为 35～75 m，罐笼井井底深度为 10 m 左右，风井井底深度一般为 4～5 m。

立井井筒断面形状有矩形、椭圆形、圆形。因圆形断面的井筒具有承受地压性能好、通风阻力小、服务年限长、维护费用低、施工容易等优点，所以目前广泛采用圆形断面的井筒，但其井筒断面利用率低。

（二）施工相关规定

《煤矿井巷工程施工规范》规定，井巷工程开工前应按下列规定做好准备工作：

(1) 建设单位组织审查矿井地质资料和检查孔资料，并绘制井巷工程地质平剖面预测图。

(2) 建设单位组织完成设计交底，并进行图纸会审。

(3) 编制施工组织设计、施工作业规程、施工技术措施。

(4) 完成施工设施及设备的安装。

(5) 立井、斜井和平硐开工前，尚应完成下列工作：① 测量基点移交，工程定向，场地测量，基桩埋设，场地平整及障碍物拆迁。在多家单位施工的情况下，应统一协调、核实测量成果。② 施工期间的交通运输、给排水、输变电、通信、防雷电、防火、防洪涝等工程及必要的生产、生活辅助设施。③ 立井锁口、斜井和平硐的明槽及井口掘砌。

(6) 有能够确保连续施工的物资储备和供应渠道，合理做好资源的配置。

(7) 办理开工手续。

(8) 采用特建方法施工的井巷工程，在施工组织设计中应明确准备工作的特殊规定和要求。

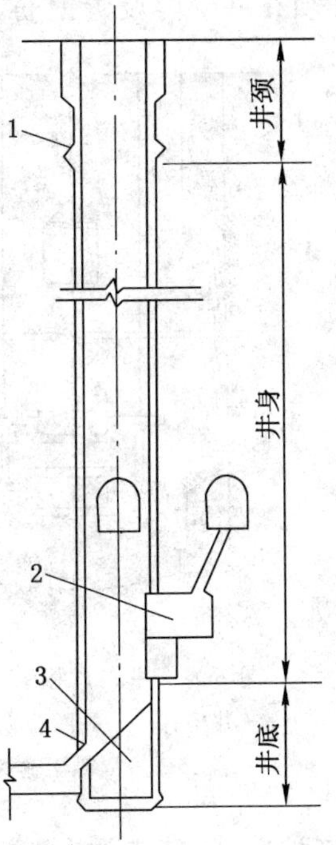

图 8-1 箕斗井纵断面图

1——壁座；2——箕斗装载硐室；3——井底；4——井筒接受仓

(9) 在冬季、雨季等特殊天气条件下施工，应编制专门的安全技术措施。

二、立井表土施工方法

根据表土的性质及其所采用的施工措施，井筒表土施工方法可分为普通凿井法与特殊凿井法两大类。普通凿井法主要用于表土层稳定或含水较少的地层中，采用钻眼爆破或其他常规手段凿井；特殊凿井法主要用于表土层不稳定或含水量较大的地层中，采用非钻爆法的特殊技术与工艺凿井。

（一）普通凿井法

普通凿井法主要可采用井圈背板普通施工法、吊挂井壁施工法和板桩法。

(1) 井圈背板普通施工法

井圈背板普通施工法是采用人工或抓岩机（土硬时可放小炮）出土，下掘一小段后（空帮距不超过 1.2 m）即用井圈、背板进行临时支护，掘进一定长度后（一般不超过 30 m）再由下向上拆除井圈、背板，然后砌筑永久井壁，如图 8-2 所示。如此周而复始，直至基岩。这种方法工艺简单、安全，适用于较稳定的表土层。

(2) 吊挂井壁施工法

吊挂井壁施工法采用小段高，一般段高 0.5～1.5 m，随掘随砌混凝土井壁。按土层条件，采用台阶式或分段分块，并配以超前小井降低水位的挖掘方法。吊挂井壁施工中，因段高小，不必进行临时支护。但由于段高小，每段井壁与土层的接触面积小，土对井壁的围抱力小，为了防止井壁在混凝土尚未达到设计强度前失去自身承载承能力，引起井壁拉裂或脱落，必须在井壁内设置钢筋，并与上段井壁吊挂。如图 8-3 所示。

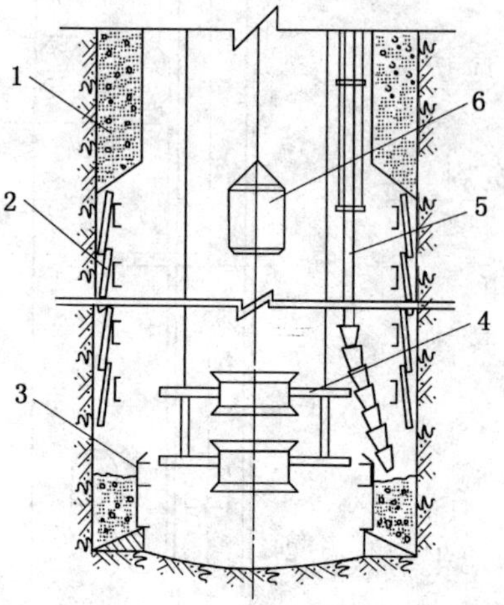

图 8-2 井圈背板普通施工法

1——井壁；2——井圈背板；3——模板；
4——吊盘；5——混凝土输送管；6——吊桶

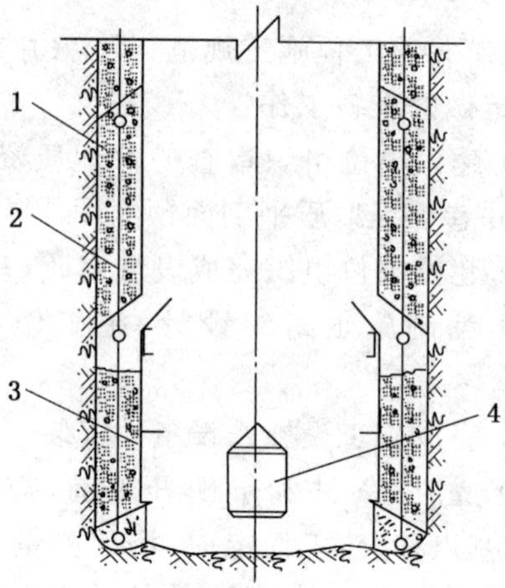

图 8-3 吊挂井壁施工法

1——井壁；2——吊挂钢筋；
3——模板；4——吊桶

这种施工方法适用于渗透系数大于 5 m/d，流动性小，水压不大于 0.2 MPa 的砂层和透水性强的卵石层，以及岩石风化带。吊挂井壁法使用的设备简单，施工安全。但施工的工序转换频繁，井壁接茬多，封水性差。故常在通过整个表土层后，自下而上复砌第二层井壁。为此，需按井筒设计规格，适当扩大掘进断面。

(3) 板桩法

对于厚度不大的不稳定表土层，在开挖之前，可先用人工或打桩机在工作面或地面沿井筒荒径依次打入一圈板桩，形成一个四周密封的圆筒，用以支承井壁，并在它的保护下进行掘进。图 8-4 所示为地面直板桩施工法示意图。板桩材料可采用木材和金属材料两种。木板桩多采用坚韧的松木或柞木制成，彼此采用尖形接榫。金属板桩常用 12 号槽钢相互正反扣合相接。根据板桩入土的难易程度可逐次单块打入，也可多块并成一组，分组打入。木板桩一般比金属板桩取材容易，制作简单，但刚度小，入土困难，板桩间连接紧密性差，故用于厚度为 3～6 m 的不稳定土层。而金属板桩可根据打桩设备的能力条件，适用于厚度 8

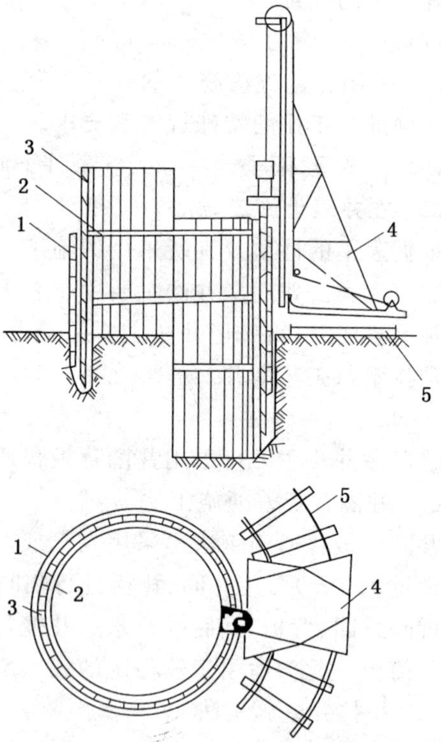

图 8-4 地面直板桩工法

1——外导圈；2——内导圈；
3——板桩；4——打桩机；5——轨道

～10 m的不稳定土层，若与其他方法相结合，其应用深度可更大。

井筒表上普通施工法中应特别注意水的处理，如果工作面有积水，可采用降低水位法增加施工土层的稳定性。施工中为了防止片帮应开挖一超前小井降低水位并汇集涌水，然后排到地面。如果井筒工作面涌水较大，影响正常施工，可在井筒周围打降低水位钻孔进行抽水，以保证井筒顺利施工。

（二）特殊凿井法

在不稳定表土层中施工立井井筒，必须采取特殊的施工方法，才能顺利通过，如冻结法、钻井法、沉井法、注浆法和帷幕法等。目前以采用冻结法和钻井法为主。

1. 冻结法

冻结法凿井就是在井筒掘进之前，在井筒周围钻冻结孔，用人工制冷的方法将井筒周围的不稳定表土层和风化岩层冻结成一个封闭的冻结圈，如图8-5所示，以防止水或流砂涌入井筒并抵抗地压，然后在冻结圈的保护下掘砌井筒。待掘砌到预计的深度后，停止冻结，进行拔管和充填工作。

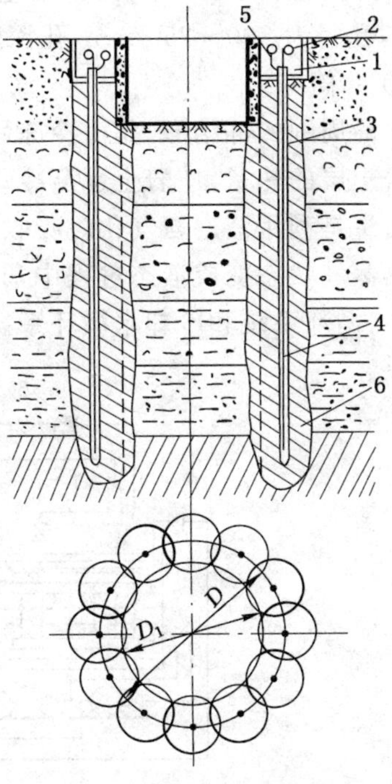

图8-5　冻结法凿井示意图

1——冷冻沟槽；2——配液管；3——冻结管；4——供液管；5——回液管；6——冻结圈

（1）冻结法开凿立井井筒的规定

《煤矿安全规程》第四十五条规定，采用冻结法开凿立井井筒时，应当遵守下列规定：

① 冻结深度应当穿过风化带延深至稳定的基岩10 m以上。基岩段涌水较大时，应当加深冻结深度。

② 第一个冻结孔应当全孔取芯，以验证井筒检查孔资料的可靠性。

③ 钻进冻结孔时，必须测定钻孔的方向和偏斜度，测斜的最大间隔不得超过30 m，并绘制冻结孔实际偏斜平面位置图。偏斜度超过规定时，必须及时纠正。因钻孔偏斜影响冻结效果时，必须补孔。

④ 水文观测孔应当打在井筒内，不得偏离井筒的净断面，其深度不得超过冻结段深度。

⑤ 冻结管应当采用无缝钢管，并采用焊接或者螺纹连接。冻结管下入钻孔后应当进行试压，发现异常时，必须及时处理。

⑥ 开始冻结后，必须经常观察水文观测孔的水位变化。只有在水文观测孔冒水7 d且水量正常，或者提前冒水的水文观测孔水压曲线出现明显拐点且稳定上升7 d，确定冻结壁已交圈后，才可以进行试挖。在冻结和开凿过程中，要定期检查盐水温度和流量、井帮温度和位移，以及井帮和工作面盐水渗漏等情况。检查应当有详细记录，发现异常，必须及时处理。

⑦ 开凿冻结段采用爆破作业时，必须使用抗冻炸药，并制定专项措施。爆破技术参数应当在作业规程中明确。

⑧ 掘进施工过程中，必须有防止冻结壁变形和片帮、断管等的安全措施。

⑨ 冻结深度小于 300 m 时，在永久井壁施工全部完成后方可停止冻结；冻结深度大于 300 m 时，停止冻结的时间由建设、冻结、掘砌和监理单位根据冻结温度场观测资料共同研究确定。

⑩ 冻结施工结束后，必须及时用水泥砂浆或者混凝土将冻结孔全孔充满填实。

(2) 冻结法凿井的主要工艺过程

冻结法凿井的主要工艺过程有冻结孔的钻进、井筒冻结和井筒掘砌等。

① 冻结孔的钻进

为了形成封闭的冻结圈，先要在井筒周围钻一定数量的冻结孔，以便在孔内安设带底锥的冻结管和底部开口的供液管。冻结孔一般等距离地布置在与井筒同心的圆周上，其圈径取决于井筒直径、冻结深度、冻结壁厚度和钻孔的允许偏斜率。冻结孔间距一般为 1.2～1.3 m，孔径为 200～250 mm，孔深应比冻结深度大 5～10 m。

② 井筒冻结

井筒周围的冻结圈，是由冷冻站制出的低温盐水在沿冻结管流动过程中，不断吸收孔壁周围岩土层的热量，使岩土逐渐冷却冻结而成的。盐水起传递冷量的作用，称为冷媒剂。盐水的冷量是利用液态氨气化时吸收盐水的热量而制取的，所以氨叫作制冷剂。被压缩的氨由过热蒸气状态变成液态过程中，其热量又被冷却水带走。可见，整个制冷设备由氨循环系统、盐水循环系统和冷却水循环系统三部分组成，如图 8-6 所示。

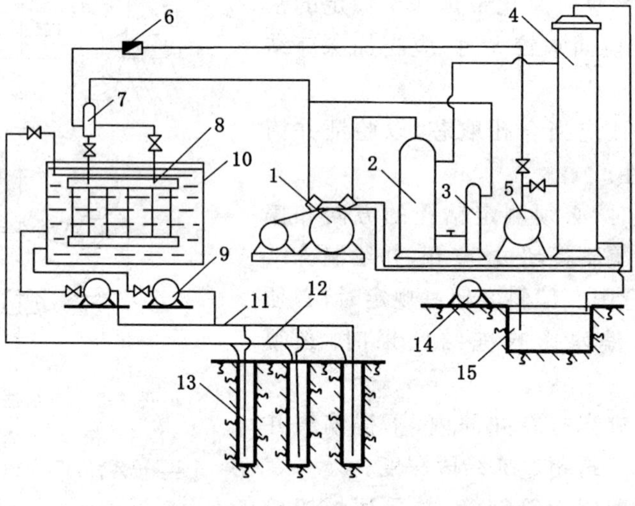

图 8-6 制冷系统示意图

1——氨压缩机；2,7——氨油分离器；3——集油管；4——冷凝器；5——储氨器；6——调节阀；8——蒸发器；9——盐水泵；10——盐水箱；11——配液管；12——集液管；13——冻结孔；14——冷却水泵；15——水池

a. 氨循环系统：气态氨在压缩机中被压缩到 0.8～1.2 MPa，温度升高到 80～120 ℃，处于过热蒸气状态。高温高压的氨气经管路进入氨油分离器，除去从压缩机中分离出来的油脂后进入冷凝器，在 16～20 ℃冷却水的淋洗下被冷却到 20～25 ℃而变成液态氨（多余液态氨流入储氨器储存，不足时由储氨器补充）。液态氨经过调节阀使压力降到 0.155 MPa 左右，温度相应降低到蒸发温度－25～－35 ℃。液态氨进入蒸发器中后便全面蒸发，大量

吸收周围盐水的热量，使盐水降温。蒸发后的氨进入氨液分离器进行分离，使未蒸发的液态氨再流入蒸发器继续蒸发，而气态氨则回到压缩机中重新被压缩。

b. 盐水循环系统：在设有蒸发器的盐水箱中，被制冷剂氨冷却到－20～－25 ℃以下的低温盐水，用盐水泵输送到配液管和各冻结管内。盐水在冻结孔内沿供液管流至孔底，然后沿冻结管徐徐上升，吸收周围岩土层的热量后经集液管返回盐水箱。这种盐水流动循环方式叫作正循环方式，其冻结壁厚度上下比较均匀，故常被采用。还有一种反循环方式，盐水由原回液管进入冻结管缓缓下流，然后从原供液管返回集液管。反循环方式可加快含水层上部冻结壁的形成。

c. 冷却水循环系统：用泵将储水池或地下水源井的冷却水压入冷凝器，吸收过热氨气热量后从冷凝器排出，水温升高 5～10 ℃。若水源不足，排出的水经自然冷却后可循环使用。

(3) 冻结方案

冻结方案有一次冻全深、局部冻结、差异冻结和分期冻结等几种。一次冻全深方案的适应性强，应用比较广泛。局部冻结就是只在涌水部位冻结，其冻结器结构复杂，但是冻结费用低。差异冻结，又叫长短管冻结，冻结管有长、短两种间隔布置，在冻结的上段冻结管排列较密，可加快冻结速度，使井筒早日开挖，并可避免下段井筒冻实，而影响施工进度、浪费冷量。分期冻结，就是当冻结深度很大时，为了避免使用过多的制冷设备，可将全深分为数段(通常分为上下两段)，从上而下依次冻结。

当井筒所穿过的表土层很厚时，需要冻结壁的厚度较大，这样才能有足够的强度抵抗住外围的水土压力。遇到这种情况需要采用多圈布置冻结管进行冻结才能满足施工的要求，目前常采用双圈和三圈冻结方法。

冻结方案的选择，主要取决于井筒穿过的岩土层的地质及水文地质条件、需要冻结的深度、制冷设备的能力和施工技术水平等。

(4) 冻结段井筒的掘砌

采用冻结法施工，井筒的开挖时间要选择适当，即当冻结壁已形成而又尚未冻至井筒范围以内时最为理想。此时，既便于掘进又不会造成涌水冒砂事故。但是很难保证处于理想状态，往往整个井筒被冻实。对于这种冻土挖掘，可采用风镐或钻眼爆破法施工。

冻结井壁一般都采用钢筋混凝土或混凝土双层井壁。内、外层井壁的厚度通常需要根据井壁所承受的压力大小来确定，外层井壁厚度一般为 400～1 000 mm，随掘随进行浇筑。内层井壁厚度一般为 600～800 mm，它在通过冻结段后自下向上一次施工到井口。井筒冻结段双层井壁的优点是内壁无接茬，井壁抗渗性好；内壁在消极冻结期施工，混凝土养护条件较好，有利于保证井壁质量。

2. 钻井法

钻井法凿井是指利用钻井机将井筒全断面一次钻成，或将井筒分次扩孔钻成。我国目前采用的多为转盘式钻井机，其型号有 ZZS-1、ND-1、S2-9/700、AS-9/500、BZ-1 和 L40/800 等。图 8-7 所示为我国生产的 AS-9/500 型转盘式钻井机的工作全貌。

(1) 钻井法开凿立井井筒规定

《煤矿安全规程》第五十条规定，采用钻井法开凿立井井筒时，必须遵守下列规定：

① 钻井设计与施工的最终位置必须穿过冲积层，并进入不透水的稳定基岩中 5 m 以上。

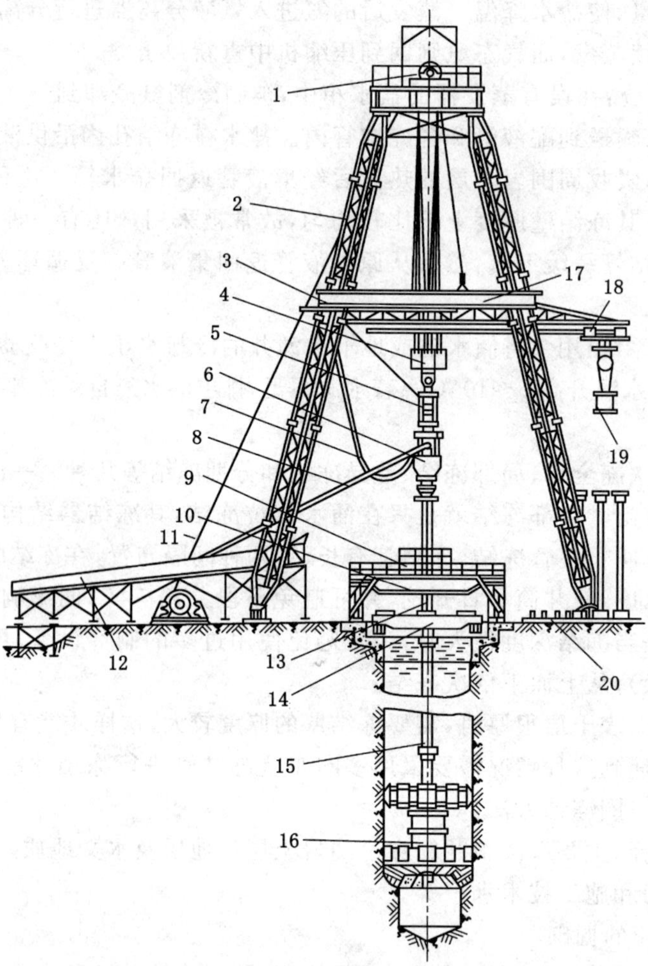

图 8-7 AS-9/500 型钻井机及其工作全貌

1——天轮；2——钻塔；3——吊挂车；4——游车；5——大钩；6——水龙头；7——进风管；8——排浆管；9——转盘；10——钻台；11——提升钢丝绳；12——排浆槽；13——主动钻杆；14——封口平车；15——钻杆；16——钻头；17——二层平台；18——钻杆行车；19——钻杆小吊车；20——钻杆仓

② 钻井临时锁口深度应当大于 4 m，且进入稳定地层中 3 m 以上，遇特殊情况应当采取专门措施。

③ 钻井期间，必须封盖井口，并采取可靠的防坠措施；钻井泥浆浆面必须高于地下静止水位 0.5 m，且不得低于临时锁口下端 1 m；井口必须安装泥浆浆面高度报警装置。

④ 泥浆沟槽、泥浆沉淀池、临时蓄浆池均应当设置防护设施。泥浆的排放和固化应当满足环保要求。

⑤ 钻井时必须及时测定井筒的偏斜度。偏斜度超过规定时，必须及时纠正。井筒偏斜度及测点的间距必须在施工组织设计中明确。钻井完毕后，必须绘制井筒的纵横剖面图，井筒中心线和截面必须符合设计。

⑥ 井壁下沉时井壁上沿应当高出泥浆浆面 1.5 m 以上。井壁对接找正时，内吊盘工作人员不得超过 4 人。

⑦ 下沉井壁、壁后充填及充填质量检查、开凿沉井井壁的底部和开掘马头门时，必须制定专项措施。

(2) 钻井法凿井的主要工艺过程

钻井法凿井的主要工艺过程有井筒的钻进、泥浆洗井护壁、下沉预制井壁和壁后注浆固井等。

① 井筒的钻进

井筒钻进是个关键的工序。钻进方式多采用分次扩孔钻进，即首先用超前钻头一次钻到基岩，在基岩部分占的比例不大时，也可用超前钻头一次钻到井底。而后分次扩孔至基岩或井底。超前钻头和扩孔钻头的直径一般是已固定的，但有的钻机(如 BZ-Ⅰ型钻机)可在一定范围内调整钻头的钻进尺寸，这样就可以选择扩孔的直径和次数。选择的原则是在转盘和提吊系统能力允许的情况下，尽量减少扩孔次数，以缩短辅助时间。

钻井机的动力设备多数设置在地面。钻进时由钻台上的转盘带动六方钻杆旋转，进而使钻头旋转，钻头上装有破岩的刀具。为了保证井筒的垂直度，都采用减压钻进，即将钻头本身在泥浆中重量的 30%～60%压向工作面，刀具在钻头旋转时破碎岩石。

② 泥浆洗井护壁

钻头破碎下来的岩屑必须及时用循环泥浆从工作面清除，使钻头的刀具始终直接作用在未被破碎的岩石面上，提高钻进效率。泥浆由泥浆池经过进浆地槽流入井内，进行洗井护壁。压气通过中空钻杆中的压气管进入混合器，压气与泥浆混合后在钻杆内外造成压力差，使清洗过工作面的泥浆带动破碎下来的岩屑被吸入钻杆，经钻杆与压气管之间环状空间排往地面。泥浆量的大小，应保证泥浆在钻杆内的流速大于 0.3 m/s，使被破碎下来的岩屑全部排到地面。泥浆沿井筒自上向下流动，洗井后沿钻杆上升到地面。这种洗井方式叫作反循环洗井。

泥浆的另一个重要作用就是护壁。护壁作用，一方面是借助泥浆的液柱压力平衡地压，另一方面是在井帮上形成泥皮，堵塞裂隙，防止片帮。为了利用泥浆有效地洗井护壁，要求泥浆有较好的稳定性，不易沉淀；泥浆的失水量要比较小，能够形成薄而坚韧的泥皮；泥浆的黏度在满足排渣要求的条件下，要具有较好的流动性和便于净化。

③ 沉井和壁后充填

采用钻井法施工的井筒，其井壁多采用管柱形预制钢筋混凝土井壁。井壁在地面制作。

待井筒钻完，提出钻头，用起重大钩将带底的预制井壁悬浮在井内泥浆中，利用其自重和注入井壁内的水重缓慢下沉。同时，在井口不断接长预制管柱井壁。接长井壁时，要注意测量，以保证井筒的垂直度。在预制井壁下沉的同时，要及时排除泥浆，以免泥浆外溢和沉淀。为了防止片帮，泥浆面不得低于锁口以下 1 m。

当井壁下沉到距设计深度 1～2 m 时，应停止下沉，测量井壁的垂直度并进行调整，然后再下沉到底，并及时进行壁后充填。最后把井壁里的水排净，通过预埋的注浆管进行壁后注浆，以提高壁后充填质量和防止破底时发生涌水冒砂事故。

3. 沉井法

沉井法是属于超前支护类的一种特殊施工方法，其实质是在井筒设计位置上，预制好底部附有刃脚的一段井筒，在其掩护下，随着井内的掘进出土，井筒靠其自重克服其外壁与土层间的摩擦阻力和刃脚下部的正面阻力而不断下沉，随着井筒下沉，在地面相应接长井壁。

如此周而复始，直至沉到设计标高。

沉井法是由古老的掘井作业发展完善而来的施工技术。随着现代化施工机械和施工工艺的不断革新，沉井技术也日新月异。沉井法施工工艺简单，所需设备少，易于操作，井壁质量好，成本低，操作安全，广泛应用于许多地下工程领域，如大型桥墩基础和地下厂房、仓库、车站等。目前在矿山立井井筒施工中普遍以采用淹水沉井施工技术为主。

(1) 淹水沉井

淹水沉井是利用井壁下端的钢刃角插入土层，靠井壁自重、水下破土与压气排渣克服正面阻力而下沉。边下沉边在井口接长井壁，直到全部过冲积层，下沉到设计位置。

淹水沉井施工如图 8-8 所示，首先施工套井，然后在套井内构筑带刃脚的钢筋混凝土沉井井壁。套井的深度是由第一层含水层深度决定的，一般取 8～15 m。套井与沉井的间隙，一般取 0.5 m 左右。

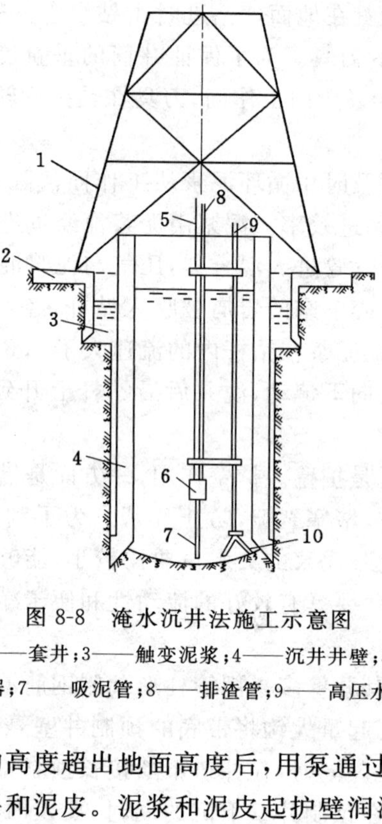

图 8-8　淹水沉井法施工示意图

1——井架；2——套井；3——触变泥浆；4——沉井井壁；5——压风管；6——压风排液器；7——吸泥管；8——排渣管；9——高压水管；10——水枪

当钢筋混凝土沉井井壁的高度超出地面高度后，用泵通过预埋的泥浆管将泥浆池中的泥浆压入沉井壁后成泥浆隔层和泥皮。泥浆和泥皮起护壁润滑的作用，同时减小沉井下沉的摩擦阻力。沉井内充满水以达到平衡地下水水压力的目的，防止涌砂冒泥事故的发生。淹水沉井的掘进工作不需用人工挖土，而是采用机械破土。通常可用钻机和高压水枪破土，压气排渣。在井深不大的砾石层和卵石层中，也可采用长绳悬吊大抓斗直接抓取提到地面的破土排渣法。

(2) 普通沉井

当不稳定表土层厚度不超过 30 m 时，随着沉井下沉，在地面不断接长沉井井壁。在沉井下沉过程中要特别注意防偏和纠偏问题，以保证沉井的偏斜值在允许的范围内。

若淹水沉井或普通沉井下沉到设计位置，井筒的偏斜值又在允许范围内，应及时进行注浆固井工作，防止继续下沉和漏水。注浆前，一般需要在工作面浇筑混凝土止水垫封底，防止冒砂跑浆。如果刃脚已插入风化基岩内，也可以不封底而直接注浆。注浆工作一般是利用预埋的泥浆管和注浆管向壁后注入水泥或水泥—水玻璃浆液。套井与沉井之间的间隙，要求用毛石混凝土充填。

在不稳定表土层中施工立井井筒还可以采用注浆法、帷幕法以及其他特殊施技术。井筒表土施工方法的选择最基本的依据是土层的性质及其水文地质条件。普通法表土施工的速度往往关系着施工的成败，因此必须做好充分准备，力求快速通过。特殊法表土施工的工期长、成本高，但适应性强。一般应根据实际条件，灵活正确地选择施工方法，安全可靠、快速经济地通过表土层。

任务实施

教师先分析讲解本任务的基本知识，然后到实训室参观井筒模型，让学生分组讨论各施工方法的特点，提交讨论成果或总结。

思考与练习

1. 简述立井表土施工的相关规定。
2. 画图说明立井表土施工方法的分类。
3. 分析吊挂井壁施工法或井圈背板施工法、板桩法施工中的一个的特点、工艺过程与应用条件。
4. 分析冻结法、钻井法、沉井法施工中的一个的特点、工艺过程与应用条件。

任务二 立井基岩施工

知识要点

立井施工设备与布置；基岩钻眼爆破、装岩提升、支护施工等工艺过程；立井井筒安装工作。

技能目标

能根据需要选择施工设备，组织施工。

任务导入

立井施工安全、可靠快速、经济地通过表土层后，即可进入基岩段的施工。立井基岩施工是指表土层或风化岩层以下的井筒施工，按破岩方式不同分为爆破法和机械破岩法，目前主要以钻眼爆破为主。

任务分析

立井基岩施工主要包括立井施工设备及布置、立井施工工艺和立井井筒安装三大部分。

相关知识

一、立井施工设备与布置

(一) 主要施工设备

立井施工一般采用的凿井设备，主要有凿井井架、卸矸台、封口盘、吊盘、凿井绞车和提升机、吊桶、吊泵、抓岩机等，如图 8-9 所示。

(1) 凿井井架

凿井井架是专为立井井筒施工而设计制造的装配式金属桁式井架，由天轮房、天轮平台、主体架、卸矸台、扶梯和基础等部分组成。天轮平台是凿井井架的重要组成部分，由四根边梁和一根中梁组成，天轮平台需要承受全部悬吊设备荷载和提升荷载。天轮平台上设有天轮梁和天轮。

如果永久井架(塔)已施工完毕，可利用永久井架(塔)代替凿井井架进行井筒施工，这有利于缩短井筒施工准备时间，具有良好的技术经济效益。

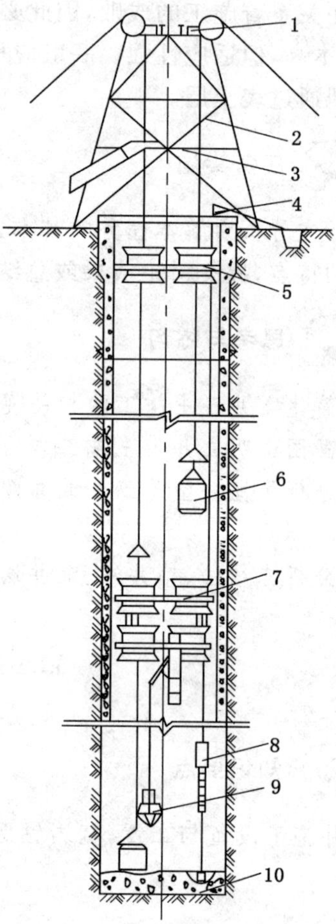

图 8-9 立井井筒施工示意图

1——天轮平台；2——凿井井架；3——卸矸台；4——封口盘；5——固定盘；6——吊桶；7——吊盘；8——吊泵；9——抓岩机；10——掘进工作面

(2) 卸矸台

卸矸台是以来翻卸矸石的工作平台，通常布置在凿井井架主体架的下部第一层水平连杆上。卸矸台上设有溜槽和翻矸设施。排矸时，矸石吊桶提到卸矸台后，利用翻矸设施将矸石倒入溜槽，再利用矿车或汽车进行排矸。卸矸台要有一定的高度，保持溜槽具有 35°～40°倾角，使矸石能借自重下滑到排矸车辆内。卸矸台的高度，还必须满足伞钻在井架下移运的要求。

(3) 封口盘与固定盘

封口盘也叫井盖，它是升降人员和材料设备以及拆装各种管路的工作平台，同时又是保护井上下作业人员安全的结构物。要求封口盘上的各种孔口必须加盖封严。固定盘是为了进一步保护井下人员安全而设置的，它位于封口盘下 4～8 m 处。固定盘上通常安设有井筒测量装置，有时也作为接长风筒、压风管、供水管和排水管的工作台。

(4) 吊盘与稳绳盘

吊盘是井筒进行砌壁的工作盘，它用 1～2 根钢丝绳悬挂在地面的凿井绞车上。在掘砌单行作业和混合作业中，又可用于拉紧稳绳、保护工作面作业人员安全和安设抓岩机等掘进施工设备。为了避免翻盘，一般都采用双层吊盘，两层盘之间的距离应能满足永久井壁施工要求，通常为 4～6 m。当用吊盘安装罐道梁时，吊盘层间距应与罐道梁层间距相适应。吊盘与井壁之间应有不大于 100 mm 的间隙,以便于吊盘升降,同时又不因间隙过大而向下坠物。为了保证吊盘上和掘进工作面作业人员安全,盘面上各孔口和间隙必须封严。

采用掘砌平行作业时,井筒内除设有砌壁吊盘外还设有稳绳盘。稳绳盘用来拉紧稳绳、安设抓岩机等设备和保护掘进工作面作业人员的安全。

(5) 提升机与凿井绞车

提升机专门用于井筒施工的提升工作。凿井绞车主要用于悬吊凿井设备,主要有 JZ 和 JZM 两种系列,包括单卷筒和双卷筒及安全梯专用凿井绞车。凿井绞车一般根据其悬吊设备的重量和要求进行选择。提升机和凿井绞车在地面的布置应尽量不占用永久建筑物位置,同时应使凿井井架受力均衡,钢丝绳的弦长、绳偏角和出绳仰角均应符合规定,凿井绞车钢丝绳之间、与附近通过的车辆之间均应有足够的安全距离。

(二) 施工设备布置

施工立井井筒时,井筒内布置的设备有吊桶、吊泵、抓岩机、安全梯,以及各种管路和电缆等。这些施工设备布置得是否合理,对井筒施工、提升改装和井筒装备工作有很大影响。如图 8-10 所示。

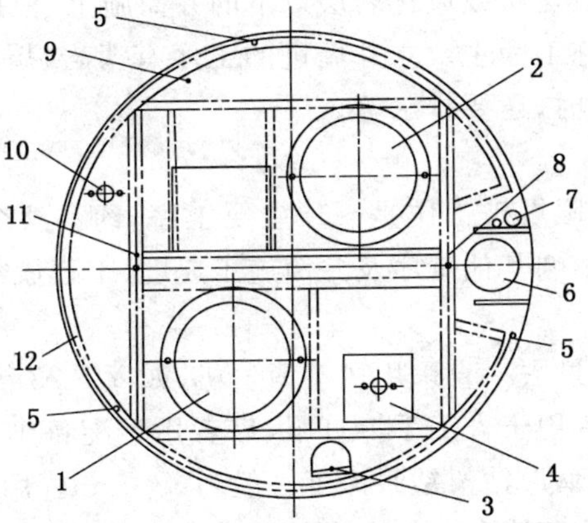

图 8-10 井筒施工设备的布置

1——主提吊桶;2——副提吊桶;3——安全梯;4——吊泵、排水管、动力电缆;5——模板悬吊绳;6——风筒;7——压风、供水管;8——通信电缆;9——爆破电缆;10——混凝土砼;11——信号电缆;12——吊盘梁格

1. 吊桶的布置

在立井施工中提升矸石、升降人员和材料工具都需要使用吊桶。吊桶在井筒横断面上位置,应满足以下要求:

(1) 采用凿井提升机施工井筒时,应考虑地面地形条件是否有安设提升机的可能性。凿井提升机房的位置应不影响永久建筑物施工,并应力争使井架受力比较均衡。

(2) 吊桶应尽量布置在永久提升间内,并使提升中心线与罐笼出车方向或箕斗井临时罐笼出车方向一致,以利于转入平巷施工时的提升设备改装和进行井筒永久装备工作。

(3) 吊桶应尽量靠近地面卸矸方向一侧布置,使溜矸槽少占井筒有效面积,避免溜矸槽装车高度不足。

(4) 吊桶与井壁及其他设备的间隙,必须满足《煤矿安全规程》和《矿山井巷工程施工及验收规范》的有关规定。

2. 抓岩机布置

抓岩机布置的位置，应使抓岩工作不出现死角，有利于提高抓岩生产率。中心回转式抓岩机和长绳悬吊抓岩机应尽量靠近井筒中心布置，同时又不应影响井筒中心的测量工作。

3. 吊泵布置

吊泵的位置应靠近井帮，使之不影响抓岩工作。为了使吊泵出入井口和接长排水管方便，吊泵必须躲开溜矸槽位置。

4. 其他布置

在吊桶、抓岩机和吊泵主要设备的位置确定后，便可确定吊盘、封口盘和主梁位置及梁格结构。其他设备和管线如安全梯、风筒和压风管等，应结合井架型号、地面凿井绞车布置条件和允许的出绳方向，在满足安全间隙的前提下予以适当布置。

根据井筒内施工设备布置，便可以进行天轮平台和地面提绞设备布置。当天轮平台或地面提绞设备布置遇到困难时，应重新调整井筒内施工设备布置，直至井内、天轮平台和地面布置均合适时为止。

二、立井施工工艺

立井基岩施工是指在表土层或风化岩层以下的井筒施工，根据井筒所穿过岩层性质，目前主要以采用钻眼爆破法施工为主。立井掘进的工序有凿岩、爆破、通风、安全检查，装岩、清底、支护、测量，涌水较大时，还要排水等。

（一）钻眼爆破工作

在立井基岩掘进中，钻眼爆破工作是一项主要工序，约占整个掘进循环时间的 20%～30%。钻眼爆破效果直接影响其他工序及井筒施工速度、工程成本，必须予以足够重视。

1. 钻眼设备

立井掘进的钻眼工作，过去一直采用风动凿岩机，如 YT-23 等轻型凿岩机以及 YGZ-70 型导轨式重型凿岩机。前者用于人工手持打眼，后者用于配备伞形钻架打眼。目前液压凿岩机得到了推广应用，液压伞形钻架钻眼深度一般为 3～5 m。用伞形钻架打眼具有机械化程度高、劳动强度低、钻眼速度快和工作安全等优点。伞形钻架型号较多，国产部分伞形钻架的主要技术特征见表 8-1。

表 8-1 国产部分伞形钻架的技术特征

名称	FJD-4	FJD-6	FJD-6A	FJD-9	FJD-9A	YSJ2-6.12
适用井筒直径/m	4.0～5.5	5.0～6.0	5.5～8.0	5.0～8.0	5.5～8.0	6.0～10.0
支撑臂数量/个	3	3	3	3	3	3
支撑范围(直径)/m	4.0～6.0	5.0～6.8	5.1～9.6	5.0～9.6	5.5～9.6	6.0～11.0
动臂数量/个	4	6	6	9	9	6
钻眼范围/m	1.2～6.5	1.34～6.8	1.34～6.8	1.54～8.6	1.54～8.6	1.65～12.0
推进行程/m	4.2	3.0	4.2	4.0	4.2	5.1
凿岩机型号	YG2-70	YG2-70	YG2-70	YG2-70	YG2-70	
使用风压/MPa	0.5～0.6	0.5～0.6	0.5～0.6	0.5～0.7	0.5～0.7	
使用水压/MPa	0.4～0.5	0.4～0.5	0.4～0.5	0.3～0.5	0.3～0.5	
总耗风量/$m^3 \cdot min^{-1}$	40	50	50	90	100	
收拢后尺寸/m×m	1.2×4.0	1.5×4.5	1.65×7.2	1.6×5.0	1.75×7.63	2.25×8.5
总质量/kg	4 000	5 300	7 500	8 500	10 500	12 000

FJD系列伞形钻架的结构如图8-11所示。打眼前用提升钩头将它从地面送到掘进工作面，然后利用支撑臂、调高器和底座固定在工作面上。打眼时用动臂将滑轨连同凿岩机送到钻眼位置，用活顶尖定位。打眼工作实行分区作业，全部炮眼打眼结束后收拢伞形钻，再利用提升钩头提到地面并转挂到井架翻矸平台下指定位置存放。

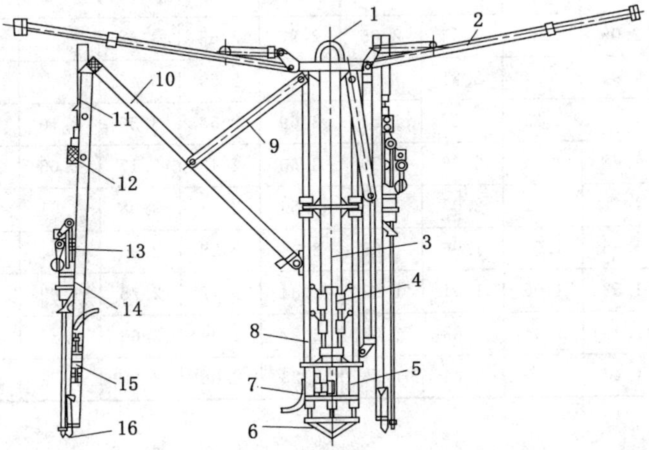

图8-11 FJD系列伞形钻架的结构

1——吊环；2——支撑臂；3——中央立柱；4——液压阀；5——调高器；6——底座；7——风马达及液压缸；8——滑道；9——动臂液压缸；10——动臂；11——升降液压缸；12——推进风马达；13——凿岩机；14——滑轨；15——操作阀组；16——活顶尖

2. 爆破工作

爆破工作包括爆破器材的选择、确定爆破参数和编制爆破图表。

(1) 爆破器材的选择

在立井施工中，工作面常有积水，要求采用抗水炸药。常用的抗水炸药有抗水岩石硝铵炸药、水胶炸药和硝化甘油炸药，三者以水胶炸药使用比较广泛。起爆器材通常采用国产8 ms延期电雷管、毫秒延期电雷管和导爆索。在有瓦斯或煤尘爆炸危险的井筒内进行爆破，或者是井筒穿过煤层进行爆破时，必须采用煤矿安全炸药和延期时间不超过130 ms的毫秒延期电雷管。爆破电源多采用交流电源，其电压不得超过380 V。

(2) 爆破参数的确定

炮眼深度是根据岩石性质、凿岩爆破器材的性能，以及合理的循环工作组织确定的。合理的炮眼深度，应能保证取得良好的爆破效果和提高立井掘进速度。目前，立井掘进的炮眼深度，当采用人工手持钻机打眼时，以1.5～2.0 m为宜；当采用伞钻打眼时，为充分发挥机械设备的性能，以3.0～5.0 m为宜。另外炮眼深度也可根据月进度计划计算出来，但计算出来的炮眼深度只能作为参考，还需结合合理的炮眼深度加以确定。

炮眼数目和炸药消耗量与岩石性质、井筒断面大小和炸药性能等因素有关。合理的炮眼数目和炸药消耗量，应该是在保证最优爆破效果下爆破器材消耗量最少。确定炸药消耗量的方法，可以采用工程类比法或参考《煤炭建设井巷工程基础定额》选取，见表8-2。表中所用炸药为水胶炸药。

表 8-2　　立井掘进炸药和雷管水泵量定额(每立方米消耗量)

井筒净直径 /m	浅孔爆破								中深孔温存			
	$f<3$		$f<6$		$f<10$		$f>10$		$f<6$		$f<10$	
	炸药 /kg	雷管 /个	炸药 /kg	雷管 /个	炸药 /kg	雷管 /个	炸药 /kg	雷管 /个	炸药 /kg	雷管 /个	炸药 /kg	雷管 /个
4.0	0.81	2.06	1.32	2.33	2.05	2.97	2.68	3.62				
4.5	0.77	1.91	1.24	2.21	1.90	2.77	2.59	3.45				
5.0	0.73	1.87	1.21	2.17	1.84	2.69	2.53	3.36	2.10	1.09	2.83	1.24
5.5	0.70	1.68	1.14	2.06	1.79	2.60	2.43	3.17	2.05	1.07	2.74	1.20
6.0	0.67	1.62	1.12	2.05	1.75	2.53	2.37	3.08	2.01	1.01	2.64	1.14
6.5	0.65	1.55	1.08	1.96	1.68	2.44	2.28	2.93	1.94	0.97	2.55	1.10
7.0	0.64	1.53	1.06	1.91	1.62	2.34	2.17	2.78	1.89	0.93	2.53	1.09
7.5	0.63	1.49	1.04	1.88	1.57	2.27	2.09	2.66	1.85	0.90	2.47	1.06
8.0	0.61	1.43	1.00	1.84	1.56	2.23	2.06	2.60	1.78	0.86	2.40	1.02

炮眼数目应结合炮眼布置最后确定。在圆形断面井筒中，炮眼多布置成同心圆形，如图 8-12 所示。掏槽方式有直眼掏槽和锥形掏槽。炮眼比较深时，为了打眼方便和防止崩坏井内设备多采用直眼掏槽。炮眼布置的圈间距一般为 0.7～1.0 m，掏槽眼圈径为 1.2～2.2 m，周边眼距井帮设计位置约为 0.1 mm。崩落眼的眼间距一般为 0.8～1.0 m，掏槽眼间距

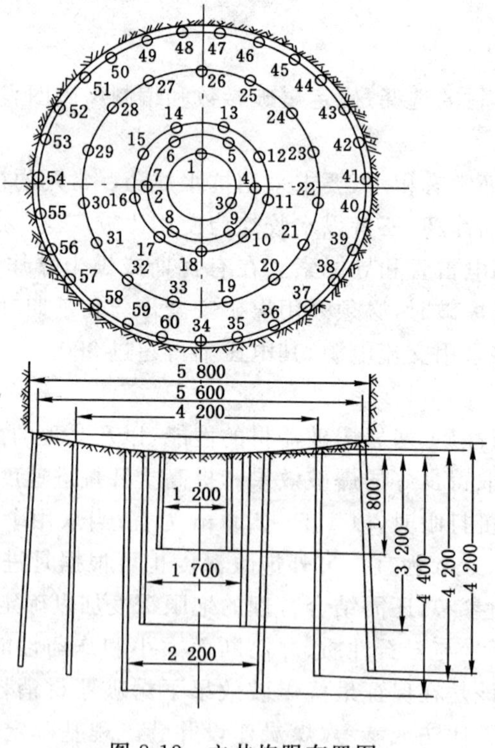

图 8-12　立井炮眼布置图

1～18——掏槽眼；19～33——辅助眼；34～60——周边眼

一般为0.6～0.8 m，周边眼间距一般为0.4～0.6 m。

装药方式一般都采用柱状连续装药。为了达到光面爆破的目的，周边眼可以采用不耦合装药或间隔装药。连线方式一般都采用并联。若是一次起爆的雷管数目较多，并联不能满足准爆电流要求时，可以采用串并联方式。在立井施工爆破时，所有人员必须升井离开井口棚，打开井盖门，由专职爆破员爆破。爆破后，必须将炮烟排出并经过检查认为安全时，才允许作业人员下井。

（二）装岩提升工作

在立井施工中，装岩提升工作是最费工时的工作，一般占整个掘进工作循环时间的50%～60%，是决定立井施工速度的关键工作。

1. 装岩工作

目前立井施工已普遍采用抓岩机装岩，实现了装岩机械化。我国生产的抓岩机有NZQZ-0.11型抓岩机、长绳悬吊抓岩机（HS型）、中心回转式抓岩机（HZ型）、环行轨道式抓岩机（HH型）和靠壁式抓岩机（HK型）等，部分机型技术特征如表8-3所示。立井施工目前主要以采用中心回转式抓岩机为主。中心回转式抓岩机的结构如图8-13所示，它固定在吊盘的下层盘或稳绳盘上。抓斗利用变幅机构作径向运动，利用回转机构作圆周运动，利用提升机构通过悬吊钢丝绳使抓斗作上下运动。司机坐在司机室内控制抓斗抓岩，要求司机室距工作面不超过15 m。

表8-3　　部分抓岩机的主要技术特征

抓岩机类型		抓斗容积/m^3	抓斗直径/mm		技术生产率/$m^3 \cdot h^{-1}$	适用井筒直径/m	外形尺寸（长×宽×高）/mm×mm×mm	质量/kg
			闭合	张开				
人力操作	HS-6	0.6	1 770	2 230	50	5～8	3 240×2 907×1 740	10 290
中心回转	HZ-4	0.4	1 296	1 965	30	4～6	900×800×6 350	7 577
	HZ-6	0.5	1 600	2 130	50	4～6	500×800×7 100	8 077
环形轨道	HH-6	0.6	1 600	2 130	50	5～8	/	8 580
	2HH-6	2×0.6	1 600	2 130	80～100	6.5～8	/	13 636
靠壁式	HK-4	0.4	1 296	1 965	30	4～5.5	1 190×930×5 840	5 450
	HK-6	0.6	1 600	2 130	50	5～6.5	1 300×1 100×6 325	7 340

HZ型中心回转抓岩机以前一般适用于井径4～6 m，井深400～600 m的井筒，并与2～3 m^3吊桶配套使用较为适宜。目前，随着井筒直径的增大，工作面需要2～3台中心回转抓岩机，另外配置1台小型电动挖掘机，与5 m^3吊桶配套使用。HH型环形轨道抓岩机一般适用于大型井筒，当井径5～6.5 m时，可选用单斗HH-6型；井径大于7 m时，可选用双斗2HH-6型。其适用井筒深度一般大于500 m，并可与FJD-9型伞钻和3～4 m^3大吊桶配套。但目前环形轨道抓岩机应用较少。

提高装岩生产率是缩短装岩提升工序时间的重要途径。为此，在立井掘进施工中应注意以下几点：① 注意抓岩机的维修保养，使之经常处于良好的工作状态。② 加大炮眼深度，提高爆破效果，以加快抓岩速度和减少清底时间。③ 提高操作技术，使抓斗抓取矸石和向吊桶投放动作准确。④ 吊桶直径应与抓斗张开直径相适应，并力争提升矸石能力满足抓

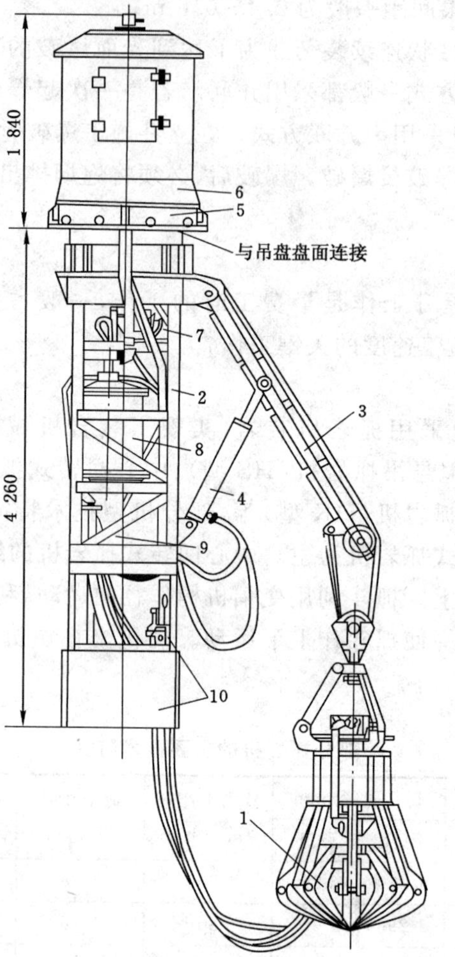

图 8-13 中心回转抓岩机

1——抓斗；2——机架；3——臂杆；4——变幅液压缸；5——回转结构；6——提升绞车；7——回转动力机；8——变幅气缸；9——增压液压缸；10——操作阀和司机室

岩能力的要求。

2. 提升工作

立井井筒施工时提升工作的主要任务是及时排除井筒工作面的矸石、下放器材和设备以及提放作业人员。提升系统一般由提升容器、钩头连接装置、提升钢丝绳、天轮、提升机以及提升所必需的导向稳绳和滑架组成。根据井筒断面的大小，可以设 1～2 套单钩提升或一套单钩和一套双钩提升。

(1) 提升容器及其附属装置

井筒提升工作中，提升容器主要是吊桶，一般有两种。一种是矸石吊桶，主要用于提矸、升降人员和提放物料，当井内涌水量小于 8 m^3/h 时，还可用于排水。另一种是底卸式材料吊桶，主要用于砌壁时下放混凝土材料。吊桶附属装置包括钩头及其连接装置、缓冲器、滑架等，一般根据吊桶特征进行选择。

(2) 提升钢丝绳

立井井筒施工中提升钢丝绳一般采用多层股不旋转圆形钢丝绳。根据《煤矿安全规程》的规定:用于专为升降人员或提升物料和人员的钢丝绳,其钢丝的韧性应不低于特号标准;而用于升降物料或平衡的钢丝绳则应不低于1号韧性标准。钢丝绳直径一般根据提升的终端荷载、钢丝绳的最大悬长、钢丝绳钢丝的强度和安全系数进行计算确定。对于钢丝绳的安全系数,专门用于提升人员时不低于9,用于提升人员和物料时也不低于9,专门用于提升物料时不低于7.5。

(3) 提升机

立井井筒施工提升机主要采用单绳缠绕式卷筒提升机,该提升机由卷筒、主轴及轴承、减速器及电动机、制动装置、深度指示器、配电及控制系统和润滑系统等部分组成。立井井筒施工提升机的选择应满足凿井、车场巷道施工和井筒安装的不同要求。对于主要服务于车场巷道施工的井筒,提升机的选择还应配置双卷筒,以便于改装成临时罐笼。我国矿山立井井筒施工中,部分凿井专用提升机的主要技术性能见表8-4。

表8-4 凿井专用提升机技术性能表

提升机型号	2JKZ-3.6/13.4	2JKZ-3.0/15.5	JKZ-2.8/15.5
滚筒数量×直径×宽度/个×mm×mm	2×3 600×1 850	2×3 000×1 800	1×2 800×2 200
钢丝绳最大静张力/kN	200	170	150
钢丝绳最大静张力差/kN	180	140	
钢丝绳最大直径/cm	46	40	40
最大提升高度/m	1 000	1 000	1 230
钢丝绳的速度/$m \cdot s^{-1}$	7.00	4.68,5.88	3.54,5.45
电动机最大功率/kW	2×800	800,1 000	1 000
两卷筒中心距/mm	1 986	1 986	
卷筒中心高/mm	1 000	1 000	1 000

(4) 提升辅助设施

井筒提升辅助设施包括提升天轮、导向稳绳、稳绳天轮、稳绳悬吊凿井绞车等。井筒提升系统必须保证提升能力大于井下抓岩机的工作能力,以充分发挥抓岩机的工作性能,为加快井筒的掘进速度打好基础。

(三) 排矸工作

立井井筒在掘进时,井下矸石通过吊桶提升到地面井架上翻矸台后,通过翻矸装置将矸石卸出,矸石通过溜矸槽或矸石仓卸入汽车或矿车,然后运往排矸场地。

(1) 翻矸方式

地面翻矸方式有人工翻矸和自动翻矸两种。其中自动翻矸装置包括座钩式、翻笼式和链球式。目前最常用的为座钩式自动翻矸方式,其装置如图8-14所示。这种翻矸方式具有操作时间短、构造简单、加工安装方便、工作安全可靠等优点。

(2) 排矸方法

井筒施工的地面排矸方法一般采用汽车排矸和矿车排矸。汽车排矸机动灵活,排矸能力大,速度快,在井筒施工初期多采用这种方式,矸石可运往工业广场进行平整场地。矿车

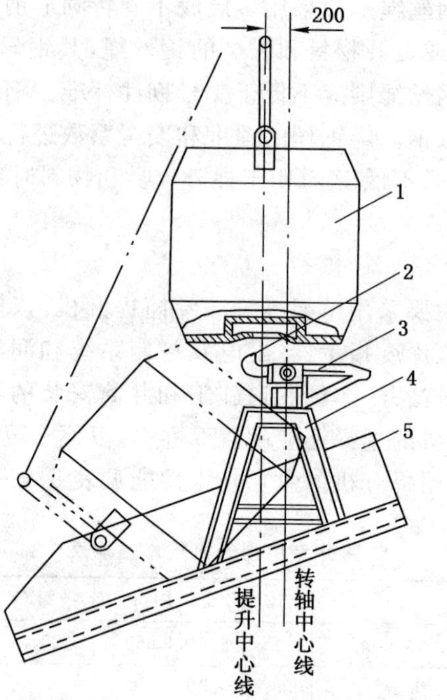

图 8-14 座钩式自动翻矸装置

1——吊桶；2——座钩；3——托架；4——支架；5——卸矸门

排矸简单、方便，主要用于井筒施工的后期，矸石可直接利用自卸式矿车运往临时矸石山。

（四）井筒支护工作

井筒向下掘进一定深度后，应及时进行井筒支护工作，以支承地压、固定井筒装备、封堵涌水以及防止岩石风化破坏等。根据岩石的条件和井筒掘砌的方法，可掘进 1～2 个循环即进行永久支护工作，也可以往下掘进一定深度后再进行永久支护工作，这时为保证掘进工作安全，必须及时进行临时支护。

（1）临时支护

井筒施工中，若采用短段作业，因围岩暴露高度不大，暴露时间不长，在进行永久支护之前不会片帮，这时可不采用临时支护。一般情况下，为了确保工作安全都需要进行临时支护。长期以来，井筒掘进的临时支护都采用井圈背板。这种临时支护在通过不稳定岩层或表土层时，是行之有效的。但是，材料消耗量大，拆装费工费时。在井筒基岩段施工时，采用锚喷支护作为临时支护具有很大的优越性，它克服了井圈背板临时支护的缺点，现已被广泛采用。

（2）永久支护

立井井筒永久支护是井筒施工中的一个重要工序。根据所用材料不同，立井井筒永久支护有料石井壁、混凝土井壁、钢筋混凝土井壁和锚喷支护井壁。砌筑料石井壁劳动强度大，不易实现机械化施工，而且井壁的整体性和封水性都很差。目前除小型矿井井筒涌水量不大，而又有就地取材的条件时采用料石井壁外，多数采用整体式混凝土井壁。浇筑井壁的混凝土，其配合比和强度必须进行实验检查。在地面混凝土搅拌站搅拌好的混凝土，经输料管或吊桶输送到井下注入模板内。

浇筑混凝土井壁的模板有多种。采用长段掘砌单行作业和平行作业时,多采用液压滑升模板或装配式金属模板。采用掘砌混合作业时,都采用金属整体移动式模板。由于掘砌混合作业方式在施工立井时被广泛应用,金属整体移动式模板的研制也得到了相当发展。

金属整体移动式模板有门轴式、门扉式和伸缩式三种。伸缩式金属整体移动式模板具有受力合理、结构刚度大、立模速度快、脱模方便、易于实现机械化等系列优点,目前已在立井井筒施工中得到广泛应用。伸缩式模板根据伸缩缝的数量又分为单缝式、双缝式和三缝式模板。目前使用最为普遍的 YJM 型金属伸缩式模板。它由模板主体、刃脚、缩口模板和液压脱模液装置等组成,其结构整体性好、几何变形小、径向收缩量均匀,采用同步增力单缝式脱模机构,使脱模、立模工作轻而易举。这种金属整体移动式模板用钢丝绳悬吊,立模时将它放到预定位置,用伸缩装置将它撑开到设计尺寸。浇筑混凝土时将混凝土直接通过浇筑口注入,并进行振捣。当混凝土基本凝固时,先进行预脱模,在强度达到 0.05～0.25 MPa 时,进行脱模。金属整体移动式模板的高度,一般根据井筒围岩的稳定性和施工段高来确定,在稳定岩层中可达到 3.0～4.5 m。

在我国,部分矿井井筒也可采用锚喷支护作为井筒永久支护,特别是无提升设备的井筒中,采用锚喷支护作为永久支护,可使施工大为简化,施工机械化程度也大为提高,并且减少了井筒掘进工程量。实践表明,凡是在中硬以上稳定的岩层中,涌水量小于 5 m^3/h 时,都可以考虑采用锚喷支护作为井筒永久支护。锚喷支护的施工中,喷射混凝土材料一般在地面搅拌好,然后输送到井口或吊盘上的喷射机中,在喷射平台上进行喷射。喷射机设在井口时,采用管路输送到井下喷射地点。输送中应注意防止输送管路的堵塞问题。

(五) 立井施工辅助工作

1. 通风工作

井筒施工中,工作面必须不断地通入新鲜空气,以清洗和冲淡岩石中和爆破时产生的有害气体,保证工作人员的身体健康。立井掘进的通风是由设置在地面的通风机和井内的风筒完成的。当采用压入式通风时,即通过风筒向工作面压入新鲜空气,污风经井筒排出,井筒内污浊空气排出缓慢,一般适用于井深小于 400 m 的井筒。而采用抽出式通风时,即通过风筒将工作面污浊空气向外抽,这时井筒内为新鲜空气,施工人员可尽快返回工作面。当井筒较深时,采用抽出式为主,辅以压入式通风,可增大通风系统的风压,提高通风效果。该方式是目前深井施工常用的通风方式。

立井施工通风工作中,风机主要采用 BKJ 系列轴流式局部通风机,也有的采用离心式通风机。根据实际情况,一般采用两台不同能力的风机并联,其中能力大的用于爆破后抽出式通风用,另一台作为平时通风用。风筒的直径一般为 0.5～1.0 m,可采用胶皮风筒、铁风筒和玻璃钢风筒,压入式通风采用胶皮风筒,抽出式通风采用铁风筒或玻璃钢风筒。风筒一般采用钢丝绳悬吊或者固定在井壁上,随着井筒的下掘而不断下放或延伸。

2. 井筒涌水的处理

井筒施工中,井内一般都有较大涌水,它不仅影响施工速度、工程质量、劳动效率,严重时还会给人们带来灾害性的危害。因此必须采取有效措施,妥善处理井筒涌水。采用的处理方法有注浆堵水、导水与截水、钻孔泄水和井筒排水等。

(1) 注浆堵水

注浆堵水就是用注浆泵经注浆孔将浆液注入含水岩层内，使之充满岩层的裂隙并凝结硬化，堵住地下水流向井筒的通路，达到减少井筒涌水量和防止渗水的目的。注浆堵水有两种方法：一种是为了打干井而在井筒掘进前向围岩含水层注浆堵水，这种注浆方法叫作预注浆；另一种是为了封住井壁渗水而在井筒掘砌完后向含水层段的井壁注浆，这种注浆方法叫作壁后注浆。

① 地面预注浆

地面预注浆的钻注浆孔和注浆工作都是在建井准备期在地面进行的。含水层距地表较浅时，采用地面预注浆较为合适。钻孔布置在大于井筒掘进直径 1～3 m 的圆周上，有时也可以布置在井筒掘进直径范围以内。

注浆时，若含水层比较薄，可将含水岩层一次注完全深。若含水层比较厚，则应分段注浆。分段注浆时，每个注浆段的段高应视裂隙发育程度而定，裂隙愈发育段高应愈小，一般在 15～30 m 之间。厚含水岩层分段注浆，注浆效果好，但注浆孔复钻工程量大。另一种是注浆孔一次钻到含水层以下 3～4 m，而后自下向上借助止浆塞分段注浆。这种注浆方式的注浆孔不需要复钻，但注浆效果不如前者。特别是在垂直裂隙发育的含水岩层内，自下向上分段注浆更不宜采用。

② 工作面预注浆

当含水岩层埋藏较深时，采用井筒工作面预注浆是比较合适的。井筒掘进到距含水岩层一定距离时便停止掘进，构筑混凝土止水垫，随后钻孔注浆。当含水层上方岩层比较坚固致密时，可以留岩帽代替混凝土止水垫，然后在岩帽上钻孔注浆。止水垫或岩帽的作用是防止冒水跑浆。工作面预注浆如图 8-15 所示，注浆孔间距大小取决于浆液在含水岩层内的扩散半径，一般为 1.0～2.0 m。当含水岩层裂隙连通性较好，而浆液扩散半径较大时，可减少注浆孔数目。

③ 壁后注浆

井筒掘砌完后，往往由于井壁质量欠佳而造成井壁渗水。这对井内装备、井筒支护寿命和工作人员的健康都十分不利，而且还增加了矿井排水费用，所以必须进行壁后注浆加固封水。

壁后注浆，一般自上而下分段进行。注浆段高，视含水层赋存条件和具体出水点位置而定，一般段高为 15～25 m。

井筒围岩裂隙较大、出水较多的地段，应在砌壁时预埋注浆管。在没有预埋注浆管而在砌壁后发现井壁裂缝漏水的区段，可用凿岩机打眼埋设注浆管。注浆孔的深度应透过井壁进入含水岩层 100～200 mm。在表土层内，为了避免透水涌砂，钻孔不能穿透井壁，只能进行井壁内注浆填塞井壁裂隙，来达到加固井壁和封水的目的。

④ 注浆浆液

注浆材料选择得是否合适，是决定注浆封水效果的关键。对注浆材料的要求是：材料来源广，价格低廉，封水性好，注浆工艺简单，人员作业安全，浆液凝胶时间短而且可以控制。目前应用的注浆材料主要有水泥浆液、水泥-水玻璃浆液和 MG-646 浆液等。

水泥浆液是由水泥和水以 0.5：1～2：1 的灰水比调制而成的浆液，它是一种广泛应用的基本浆液材料。水泥浆液具有材料来源广、结石强度高、注浆工艺简单和工作安全无毒等优点。但是水泥颗粒较粗，水泥浆液有易离析、稳定性差和凝固时间较长等缺点。水泥浆液通常用在裂隙宽度大于 0.15 mm 的含水岩层中注浆堵水。

水泥-水玻璃浆液是由水混浆液和水玻璃的水溶液在注浆孔口或孔内混合而成的。这种浆液结石率高、堵水效果好、凝胶时间由几秒到几十分钟可以控制,并且可注性较水泥浆液好。但是利用水泥-水玻璃浆液注浆是双液注浆,注浆工艺比较复杂。这种浆液适用于堵塞基岩中具有一定流速的地下水流。

MG-646 浆液属于化学浆液,它是由丙烯酰胺为主剂与其他药剂配制成的水溶液。这种浆液注入含水岩层后,发生聚合反应形成具有弹性、不溶于水的聚合物。MG-646 浆液的凝胶时间可以控制,其可注性、封水性和耐久性均好。用它加固砂层时,其强度可达到 0.7～0.8 MPa。但是,MG-646 浆液价格较贵,材料来源不如前两者。

(2) 井筒排水

根据井筒涌水量大小不同,工作面积水的排出方法可分为吊桶排水、吊泵和卧泵排水。吊桶排水是用风动潜水泵将水排入吊桶或排入装满矸石吊桶的空隙内,用提升设备提到地面排出。吊桶排水能力,与吊桶容积和每小时提升次数有关。井筒工作面涌水量不超过 8 m^3/h 时,采用吊桶排水较为合适。

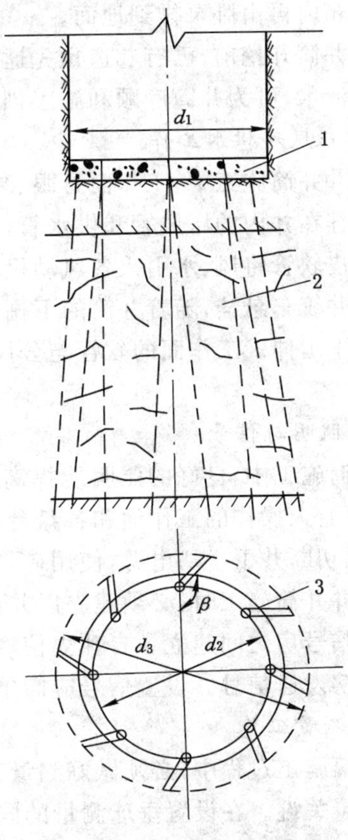

图 8-15 工作面预注浆示意图

1——止水垫;2——含水岩层;3——注浆钻孔;
d_1——掘进直径;d_2——注浆孔布置直径;
d_3——孔底直径;β——螺旋角(120°～180°)

吊泵排水是利用悬吊在井筒内的吊泵将工作面积水直接排到地面或排到中间泵房内,卧泵排水是利用布置在吊盘上的卧泵将工作面积水直接排到地面。吊泵或卧泵排水井筒工作面涌水量以不超过 40 m^3/h 为宜,否则,井筒内就需要设多台吊泵或卧泵同时工作,占据井筒较大空间,对井筒施工十分不利。目前我国井筒施工所选用吊泵有 NBD 型吊泵和高扬程 80DGL 型吊泵,其最大扬可高达 750 m;卧泵有 D 系列和 DC 系列,扬程可达到近 1 000 m。

吊泵排水时,还可以与风动潜水泵进行配套排水,也就是用潜水泵将水从工作面排到吊盘上水箱内,然后用吊泵再将水箱内的水排到地面。此时,吊泵处在吊盘之上方,不影响中心回转式抓岩机抓岩。卧泵排水时,必须与风动潜水泵进行配套排水,要求在吊盘上设置水箱,进行接力排水。

当井筒深度超过水泵扬程时,就需要设中间泵房进行多段排水,用吊泵或卧泵将工作面积水排到中间泵房,再用中间泵房的卧泵排到地面。

为了减少工作面的积水、改善施工条件和保证井壁质量,应将工作面上方的井帮淋水截住导入中间泵房或水箱内。截住井帮淋水的方法可在含水层下面设置截水槽,将淋水截住导入水箱内再由卧泵排到地面。

若井筒开挖前,已有巷道预先通往井筒底部,而且井底水平已构成排水系统,这时可采用钻孔泄水,可为井筒底顺利施工创造条件。这种情况多用于改扩建矿井。

3. 压风和供水工作

立井井筒施工中,工作面打眼、装岩和喷射混凝土作业所需要的压风和供水等动力通过并列吊挂在井内的压风管和供水管,由地面送至吊盘上方,然后经三通、高压软管、分风(水)器和胶皮软管将风、水引入各风动机具。井内压风管和供水管可采用钢丝绳双绳悬吊,地面设置凿井绞车悬挂,随着井筒的下掘不断下放;也可直接固定在井壁上,随着井筒的下掘而不断向下延伸。工作面的软管与分风(水)器均采用钢丝绳悬吊在吊盘上,爆破时提至安全高度。

4. 照明与信号

井筒施工中,良好的照明能提高施工质量和效率,减少事故的发生。因此在井口和井内,凡是有人操作的工作面和各盘台,均应设置足够的防爆、防水灯具。但在进行装药连线时,必须切断井下一切电源,使用矿灯照明。

立井井筒施工时,必须建立以井口为中心的全井信号系统。在掘进工作面、吊盘、泵房与井口信号房之间建立各自独立信号联系。同时,井口信号房又可向卸矸台、提升机房及凿井绞车房发送信号。设置信号应简单、可靠,目前使用最普遍的是声、光兼备的电气信号。

5. 测量工作

井筒施工过程中,必须做好测量工作,以确保井筒达到设计要求和规格。井筒中心线是井筒测量关键。在设置垂球测量的同时,平时一般采用激光指向仪投点。激光指向仪安设在井口封口盘下 4~8 m 处固定盘上方 1 m 处的激光指向仪架上,平时应经常校正。当井筒深度很深时,可采用千米激光指向仪或将仪器移设到井筒深部适当位置,以确保测量精度。

6. 安全梯

当井筒停电或发生突然冒水等意外事故时,工人可借助井内所设置的安全梯迅速撤离工作面。安全梯用角钢制作,由若干节拼装而成。安全梯的高度应使井底全部人员在紧急状态下都能登上梯子,然后提至地面。安全梯必须采用专用凿井绞车悬吊。

三、立井井筒安装工作

立井井筒的安装工作内容包括罐梁、罐道、管路、电缆、梯子间和井底金属支承结构等的安设。井筒安装工作,除采用掘砌安一次成井,外都在井筒掘砌工作完成后进行。当矿井有主副两个井筒时,在两个井筒贯通后要交替进行井筒安装工作。对于用刚性罐道装备的井筒,其安装工作根据罐梁和罐道等安装时间的关系,又分为分次安装和一次安装方式。

(一)分次安装

分次安装井筒装备的方式,如图 8-16 所示。先在吊盘上从井口自上而下安装全部罐梁、梯子间和电缆卡子等,然后再自下向上在吊架上安装罐道,最后从井底向上安装管路。

一般采用双层吊盘安装罐道梁,在下层盘上挖梁窝或打树脂锚杆眼,在上层盘上安装罐道梁等装备。安装罐道的吊架各层间设有梯子供人员上下。吊架每层平台上设有折页,工作时放开,提放时合起。分次安装井筒装备工作、组织管理工作比较简单。但是,安装设施需要进行二次改装,从而使井筒安装工作工期较长。

（二）一次安装

一次安装井筒装备的方式，如图 8-17 所示。该方式是从井底向上利用多层吊盘一次将罐梁、罐道、梯子间、管路电缆等全部安装完。即在吊盘上层盘上挖梁窝或打锚杆孔，在下层盘上安装罐梁和管路等，在吊架上安装罐道。这种方式具有工时利用率高、施工速度快和有利于提高工程质量等优点。但是，施工组织管理工作复杂，需要的施工设备较多。

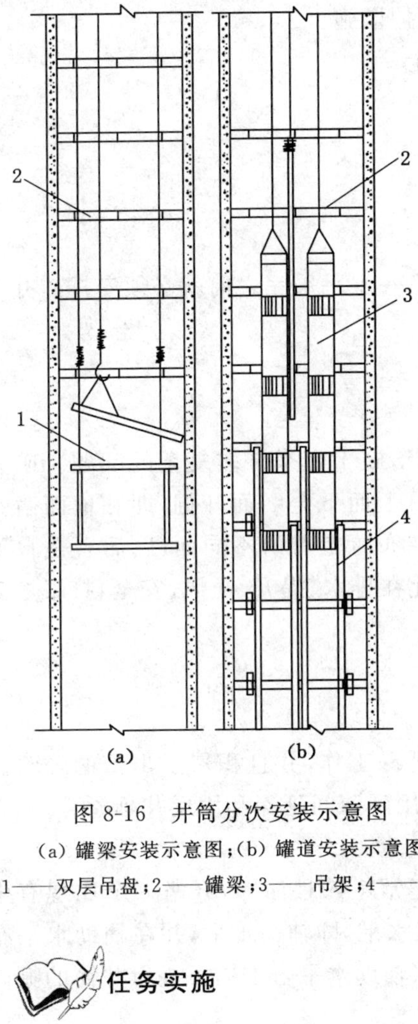

图 8-16 井筒分次安装示意图

(a) 罐梁安装示意图；(b) 罐道安装示意图

1——双层吊盘；2——罐梁；3——吊架；4——罐道

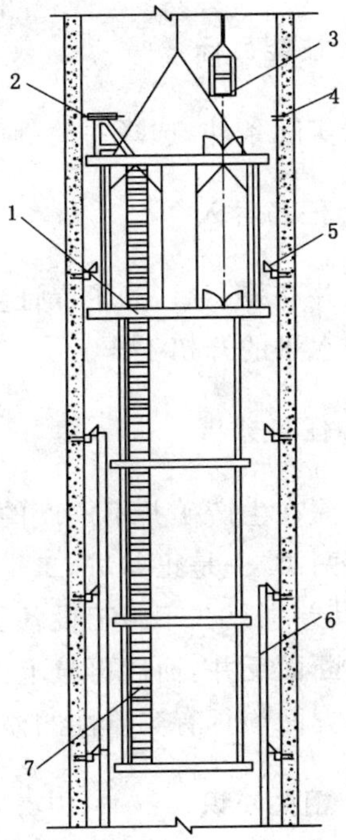

图 8-17 井筒一次安装示意图

1——多层吊盘；2——钻锚杆眼；3——吊笼；4——安装锚杆；5——安装托架(和罐梁)；6——罐道；7——梯子

任务实施

教师先分析讲解本任务的基本知识，学生分组讨论立井施工的凿井设备与布置要求，提交讨论成果或总结。

思考与练习

1. 简述立井施工的主要设备及功能。
2. 简述吊桶布置的要求。
3. 分析伞形钻架的技术特点。
4. 基岩钻眼爆破中，炮眼布置的主要参数有哪些？
5. 立井井筒安装工作的主要内容与方式是怎样的？

任务三　立井延深施工

知识要点

辅助水平延深；延深间延深、反井延深；延深的保护措施。

技能目标

能依据实际条件，选择井筒延深方案。

任务导入

一个矿井在投产后，为了保证生产正常接续，在第一水平采完之前就必须安排矿井井筒延深和生产水平的开拓工作。

任务分析

矿井延深在生产矿井不停产的条件下进行，因此给施工带来许多复杂的问题。矿井延深的方法有两类，一是正井法，二是反井法。前者是自上而下全断面开掘，即和地面凿井基本上一样，其差别只在于施工设备受井下空间限制，在布置上有所不同而已；后者是自下向上先开掘小断面反井，而后再自上而下刷砌成井，因此在排水、提升、通风、安全、打眼爆破和永久支护等方面均具有实质性的差别。

相关知识

我国自 20 世界 60 年代以来进行了大量的矿井延深工作，并且积累了丰富的经验。通常采用的立井井筒延深方案有利用辅助水平延深、利用延深间延深和用反井延深。

一、利用辅助水平延深井筒

立井井筒延深工程为了不干扰现有生产水平的正常生产秩序，新开凿一个比现有生产水平标高低 30～50 m、能供延深施工设备布置的施工水平，即辅助水平，并在辅助水平布置延深用的巷道、硐室和安设延深施工设备，然后从延深辅助水平自上向下进行井筒的掘砌施工，如图 8-18 所示。

利用辅助水平延深井筒的施工首先自生产水平向下掘进辅助暗斜井，而后施工延深辅助水平巷道和硐室。当完成所有延深辅助工程并安装好延深施工设备后，开始自上向下按井筒设计断面进行延深施工。当井筒施工至井筒设计深度后，就进行马头门施工和井筒装备工作。最后拆除保护岩柱或人工保护盘。利用辅助水平延深立井井筒方法的特点是：对矿井的正常生产提升影响小，但是延深辅助工程量大，延深准备工期长，投资大和占用设备比较多。

二、利用延深间延深井筒

利用延深间延深井筒的方法是利用上水平井筒预留的延深间或梯子间，来布置延深施工主要设备，并穿过保护岩柱（或盘），在岩柱的保护下，进行新水平的井筒延深。由于上水

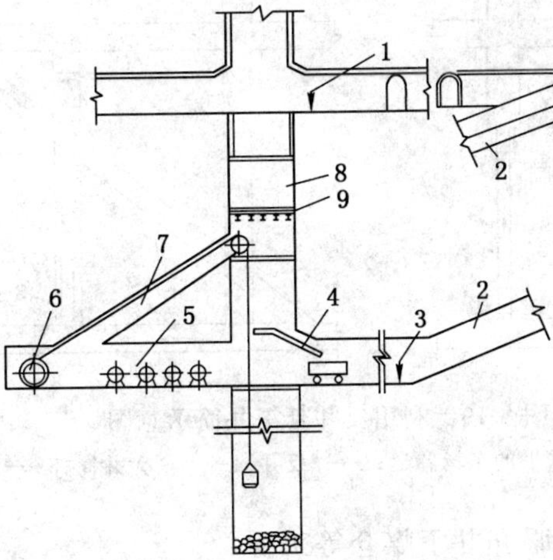

图 8-18　利用辅助水平延深井筒

1——生产水平；2——辅助暗斜井；3——延深辅助水平；4——卸矸台；
5——凿井绞车硐室；6——提升机硐室；7——绳道；8——保护岩柱；9——护顶盘

平井筒仍在正常生产提升，留给延深用的井筒断面比较狭小，很难布置全部施工设施，故将部分管线及设备悬吊布置在生产水平或生产水平之下。为此，需在生产水平之下开凿少量的硐室，有时，还要另开暗斜井(或下山)与生产水平贯通。由于提升机、部分凿井绞车以及卸矸台可布置在地面，比起辅助水平延深法，大大减少了井下辅助工程量。

利用延深间延深法的井筒掘砌施工方法与普通井筒基岩段施工基本相同，主要是井筒施工的提绞布置有所不同。

利用延深间延深立井井筒的掘砌工作，其工作内容和方法与利用辅助水平延深井筒相同，当井筒和马头门掘砌完毕和井筒安装工作结束后，便开始施工保护岩柱段井筒。该段井筒的施工方法是沿延深间自上向下刷大至设计断面，然后再进行永久支护和永久装备工作。施工保护岩柱期间，必须停止生产提升工作。

利用延深间延深井筒的方案，具有延深辅助工程量小和延深准备工期短等优点。其缺点是提升吊桶容积小，提升一次时间较长，影响井筒延深施工速度。特别是延深提升高度超过 500 m 时，其提升能力很难满足延深施工的要求。

三、利用反井延深井筒

利用反井延深井筒时，在井筒延深施工之前必须有一个井筒或下山已经到达延深新水平，并且已有巷道通往延深井的井底。利用反井延深井筒，就是由延深新水平自下向上沿延深井筒先开凿一个断面比较小的反井，再自上向下按照井筒设计断面分段刷大和砌壁，如图 8-19 所示。

利用反井延深井筒，反井的施工方法有普通反井施工法、反井钻机施工法和吊罐反井施工法等。

(一) 普通反井施工法

普通反井施工法是比较传统的方法，目前使用很少，它是由下向上在井筒中用普通钻眼爆破的方法开凿一小断面反井，贯通以后，再由上向下刷砌井筒。该方法不但可用于延深井

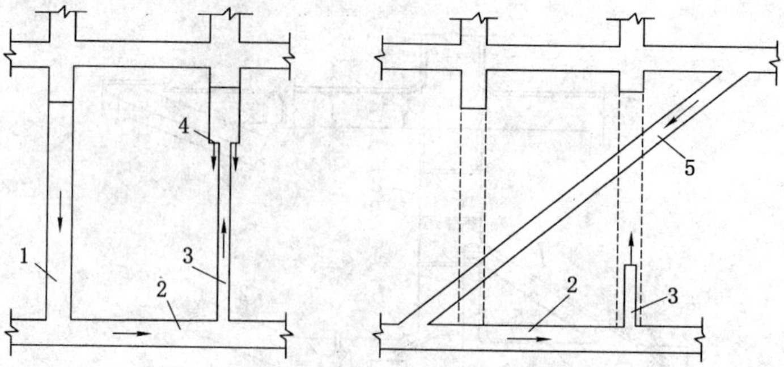

图 8-19　利用反井延深井筒示意图

1——已延深好的井筒；2——新水平的车场巷道；3——反井；4——刷大井筒；5——通往新水平的下山巷道

筒，还可用于掘进暗立井、溜煤眼和井下煤仓等工程。

普通反井施工如图 8-20 所示，在反井临时木支架框上架设好盖板，并以此为凿岩工作台向上打眼。开始应采用浅眼小炮，待掘进 1～2 m 后进入正常施工，一般炮眼深 1～1.5

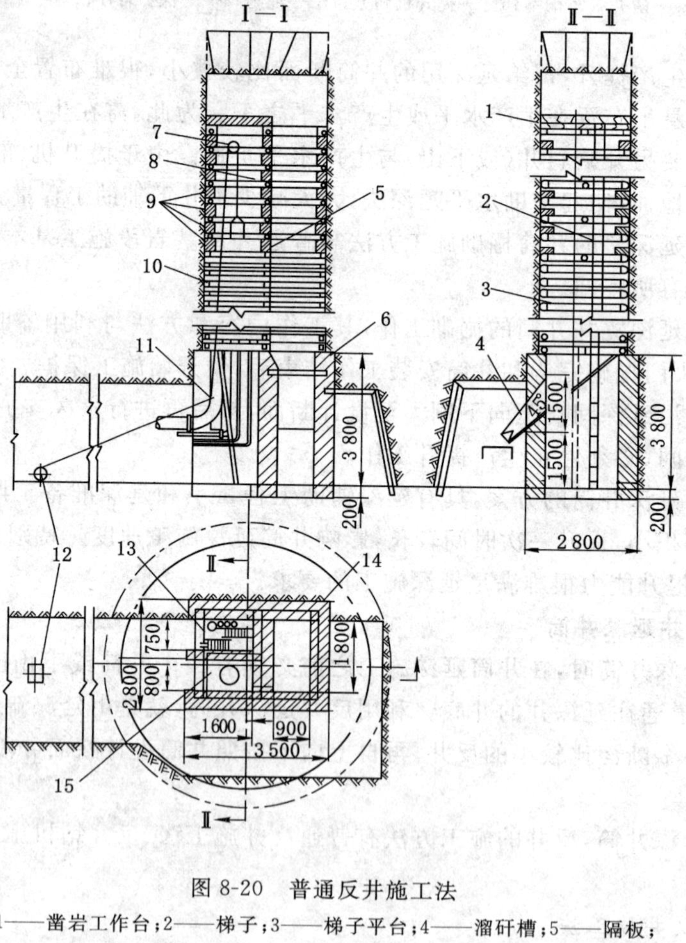

图 8-20　普通反井施工法

1——凿岩工作台；2——梯子；3——梯子平台；4——溜矸槽；5——隔板；
6——反井基础；7——定滑轮；8——脚手台；9——木垫墩；10——密集木框；
11——滚杠；12——绞车；13——梯子间；14——矸石间；15——提升间

m,眼数为 2.5～3.5 个/m^2,掏槽眼常为直眼或半楔形,并对正矸石间布置。爆破前,将提升间和梯子间的上口盖严,矸石间上口脚手板要拆除,矸石间内矸石面高度以保证下一循环矸石落入后不堵矸石间与梯子间的通道为准。爆破后,再放出一部分矸石。经过 0.5～1 h 通风(常用压入式),人员进入盖板下面,查看无炮烟后,可经矸石间进入工作面进行安全检查,再转入临时支护。

掘进工作面的空帮距不大于 2 m。根据岩层条件,每米架设 1～3 架木框。框架用 ϕ200 mm 圆木或 150 mm×180 mm 的方木搭接而成,并用扒钉固定。对软岩,要用背板背紧。如遇破碎岩层,工作面顶部应架木棚。

施工时常遇见矸石间被堵或矸石砸坏木框等事故。此时应轻击矸石间背板,确定被堵位置,采用振动等方式解决。为防止事故发生,放小炮掘进,严禁将木料等杂物扔进矸石间。

在反井自下向上施工结束后,即可进行井筒的刷大与砌壁支护。井筒的刷大与砌壁支护自上向下进行,其方法与井筒基岩段施工法基本相同。

(二) 反井钻机施工法

利用反井钻机进行立井井筒延深的方法是,先从上向下钻导向与延深水平相通,然后换扩孔钻头,再自下向上扩扎,一直扩孔到反井钻机下方 3 m 处停止,剩余段岩柱待拆除反井钻机后再施工;亦可一直扩孔到井字型框架的底部。具体施工方法参见本书前面相关内容。扩孔时的矸石借自重下落到延深水平,由耙装机装入矿车,运至车场。反井钻机一般扩孔直径为 1～1.5 m 就能满足排矸、泄水、通风的施工要求。

提升间安装提绞设备,然后从上而下用钻爆法刷大井筒。砌筑井壁可采用长段高一次筑壁或短段高分段筑壁等方法,最后进行井筒安装和与生产水平的连接而完成井筒的延深。

(三) 吊罐反井施工法

吊罐反井施工法的主要过程如图 8-21 所示。在延深辅助水平和延深新水平都到达井筒位置后,在延深辅助水平沿井筒中心向延深新水平钻一绳孔,将设在延深辅助水平的提升机的钢丝绳通过绳孔下放至延深新水平并与吊罐相连接。利用提升机上下提放吊罐,作业人员在吊罐上施工反井。待反井与延深辅助水平贯通后,再自上向下分段刷大井筒和进行永久支护。施工到底,再进行井筒安装和收尾工作。

吊罐反井施工法与普通反井施工法相比较具有工效高、速度快、劳动强度低、施工安全而又经济等优点。采用吊罐施工反井一般不必架设临时支护,适于在比较稳定的岩层中采用。

四、延深井筒的保护设施

立井井筒延深通常要求在不停止生产水平提升的前提下进行施工,为了保证延深井筒施工工作面人员的安全,在生产水平下方必须设有安全保护设施,将生产水平与延深段井筒工作面隔开。这种保护设施通常采用保护岩柱和人工保护盘。

当岩石比较坚固致密时,可在生产水平井底水窝的下面留一段岩柱作为安全保护设施。根据井筒延深方法不同,它可能占据井筒整个断面或只占据井筒的部分断面。保护岩柱的厚度,视岩层的坚固性和井筒断面大小而定,一般为 6～8 m。为了防止保护岩柱下端的岩石冒落危及井筒延深工作安全,在岩柱下面必须架设护顶盘。护顶盘由钢梁和木板构成。钢梁贴近保护岩柱下面,两端固定在井壁内,钢梁与保护岩柱之间用木板背严。采用保护岩柱的优点是简单可靠,可节省构筑人工保护盘的钢材和木材。缺点是破除保护岩柱的技术

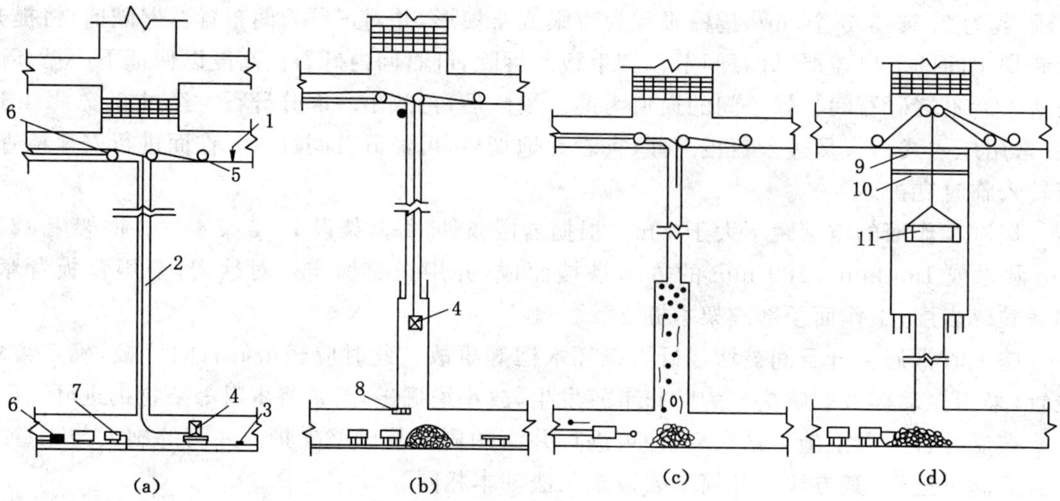

图 8-21 吊罐反井施工示意图

(a) 反井施工准备；(b) 反井钻眼与装岩；(c) 反井爆破通风；(d) 井筒自上而下刷大

1——延深辅助水平；2——中心钻孔；3——延深水平；4——吊罐；5——提升机；

6——通风机；7——抓岩机；8——保护盖板；9——封口盘；10——固定盘；11——吊盘

较复杂。

采用人工保护盘需用材料较多，但不受岩石条件限制，拆除容易。人工保护盘必须具有足够的强度和缓冲能力，同时也应起到隔水和封闭作用。在满足上述要求的条件下，保护盘的结构应尽量简单以便于构筑和拆除。人工保护盘按结构形式可分为水平保护盘和楔形保护盘两大类。水平保护盘的优点是结构简单，安装和拆除方便，占用空间较小，因而适用范围较广，其缺点是抗坠落物的冲击能力较小。楔形保护盘的优点是坠落物的主要冲击能量不是作用在底盘水平梁上，而是传给了井帮，因此承受冲击能力大。但是楔形保护盘较高，其使用往往受到井底空间的限制，且其结构也较复杂。

五、立井井筒延深方案的选择

立井井筒延深工程是矿井新水平开拓的关键工程，它施工条件差、工程量大、工期长、涉及面广、与生产关系密切，因此，在井筒延深施工前，要充分调查研究，掌握全面资料，进行仔细的方案比较，最后确定合理的延深方式。

(一) 选择延深方案的影响因素

1. 矿山地质条件

矿山地质条件包括井筒所穿过岩层的力学性质、涌水量，以及瓦斯情况。自上向下延深方式几乎适用于任何岩层条件。对于自下向上利用反井延深法，由于掘进工作面在上方，必须采取确保安全的相关措施，方可考虑通过稳定性较差的岩层。另外自下向上延深法，在淋水的情况下，向上打眼比较困难，应对上部地层涌水进行疏干。工作面有瓦斯时，采用吊罐反井延深方法，瓦斯易于从钻孔中上排，而普通反井或爬罐反井法，工作面会产生瓦斯积聚，难于冲淡，因此不得采用。

2. 井筒施工技术条件

(1) 井筒延深深度

井筒延深深度是选择延深方式的重要影响因素，它包括延深提升高度和延深施工深度两个含义。由于提升机和卸矸装置可分别设于地面、生产水平和延深辅助水平的不同标高，提升高度常相差很大，要求提升机的提升能力也不一样。对于利用延深间延深方法，往往受到提升总高度及提升设备所限，或因井内只能布置小吊桶，而使得施工速度大幅度下降。而利用辅助水平延深方式，不论提升高度还是延深施工深度均不受影响。

自下向上反井施工时，用普通反井延深法，由于施工效率低，随延深深度增加，工人劳动强度加大，通风困难，所以反井高度一般不宜超过 80～100 m。而利用吊罐反井延深，只要钻机钻孔偏斜率在允许范围以内，反井高度可加大，一般可达到 150～200 m。当井筒附近有通往新水平的立井或中央下山时，还可采用多段反井施工，以适应更大延深深度的井筒延深。

(2) 延深辅助工程量

不论哪种延深方法，在井下均要有一些安设施工设备和提升运输的巷道与硐室。除了充分利用生产矿井已有的富余空间外，不同的延深方法，新开凿的辅助工程量相差较大。工程量的大小，不但影响着整个延深工程的总工期，而且直接关系到工程的经济效果。其中利用辅助水平延深方法辅助工程量最大。利用延深间延深法，卸矸台设于地面或井下辅助工程量差别很大，卸矸台设于地面，辅助工程量较少。自下向上反井延深方案，辅助工程量一般与利用延深间地面卸矸的施工的工程量差不多，其中吊罐反井和反井钻机比普通反井方便、速度快，而辅助工程量差别不大。

(二) 井筒延深方案的选择

由于井筒延深方法较多，选择影响因素也较多。选取时，应根据生产条件、地质因素和施工设备等具体情况综合考虑，在保证技术上合理可行的基础上，进行多方案比较，选出最优方案。根据施工经验，有下列几条选择要点：

(1) 当具有通往延深新水平井筒位置的条件时，应优先考虑自下向上的延深方法。在诸种反井施工方法中，普通反井是最简陋的一种方法，它劳动强度大、速度慢、安全性差，但它辅助工程量小、施工容易掌握，适用于围岩破碎、延深深度在 50 m 以内的井筒中。目前已逐步被其他方法所代替，只在中小型矿井仍有采用。

(2) 吊罐反井施工比普通反井法速度快、效率高、成本低。它适用于较坚固的岩层中，由于要钻孔，若产生偏斜会使吊罐运行困难，适用于反井高度不大于 100 m 的立井井筒。

(3) 随着深孔反井钻机的推广使用，利用反井延深立井井筒，可减轻工人的体力劳动，且速度快，广泛适用于中硬岩石、深度大于 60 m 的井筒延深施工。

(4) 当井筒断面及井口位置具备布置延深施工设备条件，且延深提升高度在提升机提升能力范围之内时，应优先采用延深间延深方法。

(5) 如不具备上述条件，或为保证矿井生产不受或少受影响，才采用辅助水平延深法。

任务实施

教师先分析讲解本任务的基本知识，学生分组讨论总结。

思考与练习

1. 简述辅助水平延深、延深间延深、反井延深的施工过程。
2. 如何合理选择井筒延深方案？

项目九　特殊条件下的施工

任务一　软岩巷道施工

知识要点

软岩概念及分类；软岩的物理力学性质；支护原则与原理；关键部位，最佳支护时间；耦合支护、预留刚隙柔层支护、围岩注浆加固支护等支护方法。

技能目标

能进行软岩巷道支护设计，能组织施工，完成安全生产质量检测。

任务导入

(1) 软岩巷道施工主要包括认识软岩，软岩巷道的支护设计与方法，软岩巷道施工等3个部分。

(2) 软岩巷道施工特点、重点、难点是什么？

任务分析

(1) 认识软岩：软岩概念、物理力学性质及分类。

(2) 软岩巷道支护设计与方法，支护的原则，支护的原理，支护方法。

(3) 软岩巷道施工，如何选择支护方式和完成质量检测？

相关知识

一、认识软岩

(一) 关于软岩

1. 软岩定义

国际岩石力学学会将软岩定义为单轴抗压强度(σ_c)在0.5～25 MPa之间的一类岩石，属于地质软岩。

软岩通常指围岩强度低、孔隙度大、胶结程度差、受构造面切割和风化影响显著或含大量膨胀性黏土的松、软、散、弱岩层。

1994年，《工程岩体分级标准》(GB 50218—94)首次颁布，提出了岩体的强度由岩石间应力程度和岩体完整程度两个因素来确定，并用定性划分与定量指标两种方法加以具体化，见表 9-1。

表 9-1　　岩石强度与坚硬程度的对应关系表

R_c/MPa	>60	60～30	30～15	15～5	<5
坚硬程度	坚硬岩	较坚硬岩	较软岩	软岩	极软岩

上述软岩定义在工程实践过程当中或多或少存在着局限性，会出现一些矛盾。如单轴抗压强度小于 25 MPa 的岩石不会产生软岩的特征，采用比较经济的一般支护技术即可以；相反，大于 25 MPa 的岩石，其工程部位所处的深度足够深，地应力水平足够高，也产生软岩的大变形、大地压和难支护的现象。因此，地质软岩的定义不能满足工程实践，故提出了工程软岩的概念。

为便于工程应用，何满潮教授于 1993 年提出工程软岩的定义。工程软岩是指在工程力作用下能产生显著塑性变形的岩石。工程软岩强调从软岩的强度和工程力荷载的对立统一关系中分析、把握软岩的相对性实质，即工程软岩要满足的条件是：

$$\begin{cases}\sigma > [\sigma] \\ U > [U]\end{cases} \tag{9-1}$$

式中　σ——工程荷载，MPa；

$[\sigma]$——工程岩体强度，MPa；

U——巷道变形，mm；

$[U]$——巷道允许变形，mm

工程岩体是软岩工程研究的主要对象，是巷道开挖扰动影响范围内的岩体。其研究内容包含岩块、结构面及其空间组合特征。工程荷载中的工程力是指作用在工程岩体上的力的总和，它可以是重力、构造残余应力、水的作用力和工程扰动力以及膨胀应力等。显著塑性变形是指以塑性变形为主体的变形量超过了工程设计的允许变形值，并影响了工程的正常使用。显著塑性变形包含显著的弹塑性变形、黏弹塑性变形、连续性变形和非连续性变形等。多年来的工程实践检验，证明了该定义对软岩界定的科学性、可靠性及实用性。

2. 软岩的成分

软岩的不同矿物，其性质各不相同，对软岩的力学性质的影响也不同。

(1) 原生矿物：主要来自岩石风化产物，岩石经过物理风化、迁移作用、沉积作用、成岩作用而形成软岩。软岩中原生矿物主要有硅酸盐类矿物、氧化物类矿物，此外尚有硫化物类矿物及磷酸盐类矿物。硅酸盐类矿物中常见的有长石类、云母类、辉石类及角闪石类等矿物。氧化物类矿物中常见的有石英、赤铁矿、磁铁矿，它们相当稳定，不易风化，其中石英是软岩中分布较广的一种矿物。软岩中硫化物类矿物通常只有铁的硫化物，它们极易风化。磷酸盐类矿物主要是磷灰石。

(2) 次生矿物：原生矿物在一定的气候条件下，经化学风化作用，进一步分解，形成一种新的矿物，颗粒变得更细，甚至变成胶体颗粒，这种矿物称次生矿物。次生矿物有两种类型。

一种是原生矿物中的一部分可溶的物质被溶滤到别的地方沉淀下来，形成"可溶的次生矿物"。可溶性次生矿物的形成主要是由于各种矿物中含有化学性质活泼的 K、Na、Ca、Mg 及 Cl、S 等元素，这些元素呈阳离子及酸根离子，溶于水后，在迁移过程中，因蒸发浓缩作用形成可溶的卤化物、硫酸盐及碳酸盐。这些盐类一般都结晶沉淀并充填于软岩的孔隙内，形成不稳定的胶结物；未沉淀析出的部分，则呈离子状态存在于软岩的孔隙溶液中，这种溶液与黏粒相互作用，影响着软岩的工程地质性质。

另一种是原生矿物中可溶的部分被过滤走后，残存的部分性质已改变，形成了新的"不可溶的次生矿物"。不可溶性的次生矿物有次生二氧化硅、氧化物、黏土矿物。黏土矿物由原生矿物长石及云母等硅酸盐类矿物经化学风化而成，主要有高岭石、水云母(伊利石)、蒙脱石等。黏土矿物是软岩的重要组成部分。

3. 软岩中的膨胀性矿物及其特征

膨胀性软岩的成分与泥质有关，而泥质的主要成分是黏土矿物。黏土矿物由原生矿物长石及云母等铝硅酸盐矿物经化学风化而成。黏土矿物主要分为3大类，即高岭石(Kalinite)、蒙脱石(Montmorilonite)和伊利石(Illite)。黏土矿物的存在很大程度上决定了软岩的性质。按生成时代和黏土矿物特征可将软岩分为以下3种类型：

(1) 古生代软岩。主要包括上石炭二叠系软岩。其主要的黏土矿物为高岭石、伊利石和伊/蒙混合矿物，基本不含蒙脱石或蒙脱石不能独立存在(只能以混层矿物存在)，且混层矿物混层比较低(20%～25%)。

古生代软岩由于结构致密，因而单轴抗压强度多为20～40 MPa，抗拉强度为1～2 MPa，长期强度多为瞬时强度的50%～80%，弹性模量较大，泊松比较小。

(2) 中生代软片。主要包括侏罗系、白垩系及部分二叠系软岩。其主要黏土矿物为伊/蒙混层，其次为高岭石、伊利石，蒙脱石含量较少(一般低于10%)，混层比多为50%～70%。

中生代软岩的单独抗压强度多为15～30 MPa，抗拉强度为0.4～1 MPa，长期强度多为瞬时强度的40%～70%，弹性模量较低，泊松比较大。

(3) 新生代软岩。主要包括第三系软岩。主要黏土矿物为蒙脱石、伊/蒙混层和高岭石。

新生代软岩单轴抗压强度多为10 MPa，抗拉强度多为0.1～0.5 MPa，长期强度多为瞬时强度的10%～40%，弹性模量很小，泊松比较大。

一般来说，从蒙脱石型软岩、伊利石型软岩到高岭石型软岩，其含水量呈递减的趋势。古生代软岩的含水量一般小于8%，中生代软岩为5%～15%，新生代软岩为10%～20%。

(二) 软岩的性质

1. 软岩的基本力学属性

软岩有两个基本力学属性：软化临界荷载和软化临界深度。

(1) 软化临界荷载

软岩的蠕变实验表明，当所施加的荷载小于某一荷载水平时，岩石处于稳定变形状态，蠕变曲线趋于某一变形值，随时间延伸而不再变化；当所施加的荷载大于某一荷载水平时，岩石呈现明显的塑性变形加速现象，即产生不稳定变形。这一荷载称为软岩的软化临界荷载，亦即能使岩石产生明显变形的最小荷载。当岩石种类一定时，其软化临界荷载是客观存在的。当岩石所受荷载水平低于软化临界荷载时，该岩石以属于硬岩范畴；当岩石所受的荷载水平高于该岩石的软化临界荷载时，则该岩石表现出软岩的大变形特性，此时的岩石被视为软岩。

(2) 软化临界深度

与软化临界荷载相对应，存在着软化临界深度。对特定矿区，软化临界深度也是一个客观量。当巷道位置大于某设计开采深度时，围岩产生明显的塑性大变形、大地压和难支护现象，但当巷道位置较浅时，即小于某一深度时，大变形、大地压现象明显消失。这一临界深度称为岩石的软化临界深度。

根据软化临界深度（H_{cs}），将矿井分为一般矿井、准软岩矿井和软岩矿井 3 类。各种矿井的力学工作状态是不同的，因而其设计对策也有所不同，如表 9-2 所示。

表 9-2　软岩矿井的界定及设计对策表

软岩分类	分类指标	工程力学状态	支护设计
一般矿井	$H<0.8H_{cs}$	弹性	常规设计
准软岩矿井	$0.8H_{cs}\leqslant H\leqslant 1.2H_{cs}$	局部塑性	(1) 常规设计和返修 1～2 次； (2) 常规设计和局部塑性区加固处理
软岩矿井	$1.2H_{cs}<H$	塑性、流变性	实施软岩支护设计

注：H_{cs}为软岩软化临界深度（m），H 为巷道所处的埋深（m）。

一般矿井的巷道围岩是弹性工作状态，采用常规设计即可。

对进入软岩工作状态的矿井，并不表现为所有岩层都进入软岩状态，而是局部某些岩层首先进入软岩状态，其余岩层尚属于硬岩状态，故优选岩层十分重要。

对进入了软岩状态的矿井，要区分准软岩和软岩两种状态。准软岩状态包括巷道围岩局部（如曲率变化最大处）进入塑性状态；软岩状态则是指整个巷道围岩全部进入塑性或流变状态。

对于准软岩矿井，其工作状态是弹塑性（局部塑性）工作状态，其设计可采取以下对策：

① 仍采用常规设计，但要经过 1～2 次返修才可达到稳定。

② 在常规设计的基础上，对局部塑性区（两底角或底部处理）予以加固，即可一次成巷，不用返修。

对于软岩矿井，采用常规设计是不行的，返修多次也不会稳定，越返修，其稳定状态越不好，必须严格按照软岩工程力学的理论和支护对策进行设计。

(3) 软岩两个基本属性之间的关系

软化临界荷载和软化临界深度可以相互推求。在无构造残余应力矿区，其公式为：

$$\sigma_{cs}=\frac{\sum_{i=1}^{N}\gamma_i h_i}{50H}\cdot H_{cs} \tag{9-2}$$

$$H_{cs}=\frac{50H}{\sum_{i=1}^{N}\gamma_i h_i}\cdot \sigma_{cs} \tag{9-3}$$

在构造应力或其他附加应力均存在的矿区，其公式为：

$$\sigma_{cs}=\frac{1}{50H}\left[\sum_{i=1}^{N}\gamma_i h_i\right]H_{cs}+\sum_{j=1}^{3}\Delta\sigma_{cs}^{j} \tag{9-4}$$

$$H_{cs}=\frac{50H}{\sum_{i=1}^{N}\gamma_i h_i}\cdot\left[\sigma_{cs}-\sum_{j=1}^{3}\Delta\sigma_{cs}^{j}\right] \tag{9-5}$$

式中 H_{cs}——软化临界深度,m;

σ_{cs}——软化临界荷载,MPa;

σ_{cs}^{j}——残余构造应力,MPa;

$j=1$——构造残余应力;

$j=2$——膨胀应力;

$j=3$——动载荷附加应力;

γ_i——上覆岩层第 i 岩层容重,t/m^3;

H——上覆岩层总厚度,m;

h_i——上覆岩层第 i 岩层厚度,m;

N——上覆岩层层数。

(4) 软化临界荷载与软化临界深度的确定方法

确定的方法有蠕变实验法、经验公式法和现场观察法三种。

① 蠕变实验法

在实验中,可通过岩石蠕变力学实验测定出各岩石的长期强软化临界荷载。

② 经验公式法

计算公式为:

$$\sigma_{cs} = KR_c \tag{9-6}$$

式中 R_c——岩石单轴抗压强度,MPa;

K——经验系数,膨胀性软岩 $K=0.3\sim0.5$,高应力软岩 $K=0.5\sim0.7$,理化软岩 $K=0.4\sim0.8$。

③ 现场观察法

在现场调查中,围岩开始产生显著变形的埋深即为岩石的软化临界深度。

2. 软岩的工程力学特征

一般说来,软岩具有可塑性、膨胀性、崩解性、分散性、流变性、易扰动性和离子交换性。

(1) 可塑性

可塑性是指软岩在工程力的作用下产生变形,去掉工程力之后这种变形不能恢复的性质。低应力软岩、高应力软岩和节理化软岩的可塑性机理不同,低应力软岩的可塑性是由软岩中泥质成分的亲水性所引起的,节理化软岩是由所含的结构面扩展、扩容引起的,高应力软岩是由泥质成分的亲水性和结构面扩容共同引起的。

(2) 膨胀性

软岩在力的作用下或在水的作用下体积增大的现象,称为软岩的膨胀性。根据产生膨胀的机理,膨胀性可分为内部膨胀性、外部膨胀性和应力扩容膨胀性 3 种。

内部膨胀是指水分子进入晶胞层间而发生的膨胀,也称为层间膨胀。

外部膨胀性是极化的水分子进入颗粒与颗粒之间而产生的膨胀性。因为黏土矿物都是层状硅酸盐,所以其表面积主要是底表面积,也就是说,水主要存在于小薄片与小薄片之间,并使其膨胀,这种膨胀性称外部膨胀性。外部膨胀是粒间膨胀,是相对于层间膨胀而言的。

扩容膨胀性,是软岩受力后其中的微裂隙扩展、贯通而产生的体积膨胀现象,亦称应力扩容膨胀性。

如果说内部膨胀是指层间膨胀,外部膨胀是指粒间膨胀的话,扩容膨胀则是集合体间隙或更大的微裂隙的受力扩容。前两者的间隙是原生的,后者主要是次生的;前两者的膨胀机理是一种与水作用的物理化学机制,而后者属于力学机制,即应力扩容机制。实际工程中,软岩的膨胀是综合机制。但对低应力软岩来讲,以内部膨胀和外部膨胀机制为主;对于节理比软岩来讲,则以扩容机制为主;对高应力软岩来讲,可能多种机制同时存在且均起重要作用。

(3) 崩解性

低应力软岩和高应力软岩、节理化软岩的崩解机理是不同的。低应力软岩的崩解性是软岩中的黏土矿物集合体在与水作用时膨胀应力不均匀分布造成崩裂现象;高应力软岩和节理化软岩的崩解性则主要表现为在巷道工程力的作用下,由于裂隙发育的不均匀造成局部张应力集中而引起向空间崩裂、片帮现象。当然,高应力软岩也存在着遇水崩解的现象,但不是控制性因素。

(4) 流变性

软岩是一种流变材料,软岩的流变性主要表现在软岩的蠕变性、松弛性和流动极限的衰减性质。

(5) 易扰动性

软岩的易扰动性系指由于软岩软弱、裂隙发育、吸水膨胀等特性,而导致软岩抗外界环境扰动的能力极差,对卸荷松动、施工震动、邻近巷道施工扰动极为敏感,而且具有吸湿膨胀软化、暴露风化的特点。

(三) 软岩分类

1. 按其结构类型分类

按其结构类型可分以下两类软岩:

一类为软弱结构岩层。主要有黏土胶结的粉砂岩、泥岩及泥质页岩等。这类岩体不仅成岩程度较差,岩体强度低,且往往含有较多的黏土矿物,其水理性与稳定性都很差。

另一类为散体结构。其岩层构造变化剧烈,一般为断层破碎带、强风化带或层间错动带。它的结构面特别发育,呈“泥夹块”或“块夹泥”状态,岩层强度低,稳定性差。

2. 按其胶结性分类

软岩按其胶结性又可分为胶结(水稳性)软岩和非胶结或弱胶结(非水稳性)软岩,后者又可分为膨胀性和碎裂性软岩。

工程实践表明:相同岩层处于不同深度或不同应力场的条件下,巷道围岩性态和矿压显现有显著差别。此外,岩块强度相同而裂隙发育程度不同的岩体,其稳定性和性态也有本质的差异。因此,国内外多数研究者都把岩层所处的深度、岩石强度、岩体的裂隙性和岩石的亲水性看作决定岩体工程性质的基本因素。

3. 根据软岩特性的差异及塑性变形的机理分类

根据软岩特性的差异及塑性变形的机理分类软岩可分为四大类,即膨胀性软岩(也称低强度软岩,Swelling Soft Rock,简称 S 型),高应力软岩(High Stressed Soft Rock,简称 H 型),节理化软岩(Jointed Soft Rock,简称 J 型)和复合型软岩(高应力-膨胀性复合型软岩,简称 HS 型软岩;高应力-节理化复合型软岩,简称 HJ 型软岩;高应力-节理化-膨胀性复合型软岩,简称 HJS 型软岩等)。软岩的分类详见表 9-3。

表 9-3 软岩分类表

软岩名称	泥质含量	σ_c/MPa	塑性变形特点
膨胀性软岩（低强度软岩）	>25%	<25	在工程力作用下，沿片架状硅酸盐黏土矿物产生滑移，遇水显著膨胀等
高应力软岩	<25%	>25	遇水发生少许膨胀，在高应力状态下，沿片架状硅酸盐黏土矿物产生滑移
节理化软岩	少含	低～中等	沿节理等结构面产生滑移、扩容等塑性变形
复合型软岩	含	低～高	具有上述某种组合的复合型机理

注：σ_c 为岩石单轴抗压强度，单位为 MPa。

4. 软岩软化程度分类

衡量软岩软化的程度是判别支护难易程度的关键。根据研究成果，利用软化指数可以科学合理地进行软岩软化程度分类。

① 软化指数的概念

软化指数定义为软岩的软化临界荷载与工程岩体中的最大应力的比值，即：

$$f_s = \frac{\sigma_{cs}}{\sigma_{max}} \tag{9-7}$$

式中 f_s——软化指数；

σ_{cs}——软化临界荷载，MPa；

σ_{max}——工程岩体中的最大应力，MPa。

② 软岩的软化程度分类

软化程度分类参见表 9-4。

表 9-4 软化程度分类

软岩类型		f_s	工程力学状态	巷道支护建议
非软岩		≥1	弹性	顶帮局部锚喷
软岩	准软岩	1～0.8	局部塑性	顶帮和两角锚喷
	一般软岩	0.8～0.5	全断面塑性	全断面锚网喷
	超软岩	0.5～0.3	扩容、膨胀为主的塑性	全断面锚网喷＋关键点锚索
	极软岩	<0.3	扩容、膨胀和高应力挤出为主的塑性	全断面锚网喷＋关键点加强锚索

5. 按变形力学机制分类

根据理论分析和大量的工程实践，将软岩的变形力学机制归纳为 3 大类，即物化膨胀型、应力扩容型和结构变形型。各类中又依据引起变形的严重程度分为 A、B、C、D 四个等级，共 13 个亚类，如图 9-1 所示。显然，Ⅰ类机制与软岩本身分子结构的化学特性有关，Ⅱ类机制与力源有关，Ⅲ类机制则是与硐室结构和岩体结构面的组合特性有关。这 3 类机制基本概括了软岩膨胀变形的主要动因。

二、软岩巷道支护设计的原则与原理

（一）软岩巷道支护原则

软岩工程支护原则包括“对症下药”原则、过程原则、塑性圈原则、优化原则。

- 软岩变形力学机制
  - Ⅰ型（物化膨胀型）
    - I_{A} 型：分子吸水膨胀机制
    - I_{AB} 型：分子吸水膨胀＋胶体膨胀
    - I_{B} 型：胶体膨胀机制
    - I_{C} 型：微裂隙膨胀机制
  - Ⅱ型（应力扩容型）
    - II_{A} 型：构造应力机制
    - II_{B} 型：重力机制
    - II_{C} 型：水力机制
    - II_{D} 型：工程偏应力机制
  - Ⅲ型（结构变形型）
    - III_{A} 型（断层型）
      - III_{AA}：断层走向型［硐向(轴向)与断层走向夹角 0°~30°］
      - III_{AB}：断层斜交型（硐向与断层走向夹角 30°~60°）
      - III_{AC}：断层倾向型（硐向与断层走向夹角 60°~90°）
    - III_{B} 型（软弱夹层型）
      - III_{BA}：弱层走向型（硐向与软弱夹层夹角 0°~30°）
      - III_{BB}：弱层斜交型（硐向与软弱夹层夹角 30°~60°）
      - III_{BC}：弱层倾向型（硐向与软弱夹层夹角 60°~90°）
    - III_{C} 型（层理型）
      - III_{CA}：层理走向型（硐向与层理走向夹角 0°~30°）
      - III_{CB}：层理斜交型（硐向与层理走向夹角 30°~60°）
      - III_{CC}：层理倾向型（硐向与层理走向夹角 30°~90°）
    - III_{D} 型（优势节理型）
      - III_{DA}：节理走向型（硐向与节理走向夹角 0°~30°）
      - III_{DB}：节理斜交型（硐向与节理走向夹角 30°~60°）
      - III_{DC}：节理倾向型（硐向与节理走向夹角 60°~90°）
    - III_{E} 型（随机节理型）

图 9-1　软岩巷道变形力学机制分类

1．“对症下药”原则

不同的变形力学机制，软岩工程的变形和破坏状况不同，对应的支护对策也不同。只有正确地确定软岩的变形力学机制，找出造成软岩工程变形破坏的“病因”，才能通过“对症下药”的支护措施，达到软岩工程支护的目的。

2．过程原则

软岩巷道支护是一个过程，不可能一蹴而就。究其原因，软岩工程的变形与破坏是具有复合型变形力学机制的“综合症”和“并发症”，要对软岩工程稳定性实行有效控制，必须有一个从“复合型”向“单一型”的转化过程。这一过程的完成是依靠一系列“对症下药”的支护措施来实现的。

3．塑性圈原则

软岩工程支护必须允许出现塑性圈。硬岩工程支护是力求控制塑性区的产生，最大限度地发挥围岩的自承能力；软岩工程支护是力求有控制地产生一个合理厚度的塑性圈，最大限度地释放围岩变形能。

对软岩工程稳定性控制来讲，塑性圈的出现具有 3 个力学效应：① 大幅度地降低变形能。② 减少了切向应力集中程度。③ 改善了围岩的承载状态。应力集中区向深部偏移，而内部围岩处于三向应力状态，承载能力较强。

塑性圈不能任意自由地出现,必须从两个方面加以控制:① 控制变形速率。变形速率越慢,围岩在保持原有强度的前提下,释放的变形能越大。② 控制差异性变形。煤系地层中软弱夹层的发育具有普遍性,软弱夹层等结构面具有差异性变形的力学特点,必须加以控制,这样才能出现均匀的塑性圈,使支架承受均匀荷载。对软岩巷道支护就是要寻求一个最佳塑性圈厚度,即寻求不失去塑性承载能力的塑性圈临界厚度。

4. 优化原则

一个优化的软岩巷道支护要同时满足 3 个条件:① 能充分地释放围岩变形能;② 能充分地保护围岩的力学强度;③ 使支护造价小且工程稳定性好。

（二）软岩巷道支护原理

软岩巷道支护原理和硬岩巷道支护原理截然不同,进入塑性状态的硬岩将丧失承载能力,而软岩巷道巨大的塑性能(如膨胀变形能等)必须以某种形式释放出来。假设巷道开挖后围岩向临空区运动的各种力(包括重力、水作用力、膨胀力、构造应力和工程偏应力等)的合力为 P_t(见图 9-2),则软岩巷道支护原理可以表示为:

$$P_t = P_d + P_r + P_s \tag{9-8}$$

式中 P_t——挖掉巷道岩体后使围岩向临空区运动的合力,包括重力、水作用力、膨胀力、构造应力和工程偏应力等。

P_d——以变形的形式转化的工程力,可以包括:① 弹塑性转化(与时间无关);② 黏弹塑性转化(与时间有关);③ 膨胀力的转化(与时间有关)。对于软岩来讲,主要是塑性能以变形的方式释放。

P_r——围岩自撑力,即围岩本身具有一定强度,可承担部分成全部荷载。

P_s——工程支护力。

上式和图 9-2 表示如下意义:

(1) 如果岩体强度很高,$P_r > P - P_d$,则巷道可以自稳。对于软岩,P_r 较小,一般 $P_r < P - P_d$,故巷道要稳定,必须进行工程支护,即加上 P_s。为使工程稳定,通常 $(P_s + P_r)$ 值要大于 $(P - P_d)$ 值。

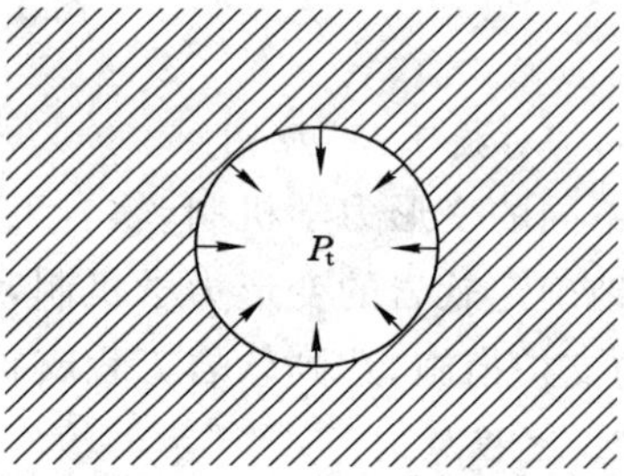

图 9-2 合力 P_r 示意图

(2) 一个优化的巷道设计和支护设计应该同时满足 3 个条件:① $P_d \to \text{Max}$;② $P_r \to \text{Max}$;③ $P_s \to \text{Min}$。但实际上,要使 $P_d \to \text{Max}$,P_r 就不能达到最大;要使 $P_r \to \text{Max}$,P_d 就不能达到最大。要同时满足 $P_d \to \text{Max}$,$P_r \to \text{Max}$,关键是选取变形能释放的时间和支护时间。

（三）软岩巷道支护设计

我国生产矿井逐步进入深部开采状态,基建矿井大多数已进入深部开拓状态,如果说建立在经验和经典线性力学基础上的现行设计规范尚能适合于浅部小荷载下的巷道支护设计,那么,进入深部大荷载大变形软岩状态的深部软岩巷道支护设计必须用软岩非线性力学为理论基础的软岩巷道支护设计方法。

1. 设计特点与过程

非线性大变形力学与线性小变形力学的区别是,其研究的大变形岩土体介质已进入到塑性、黏塑性和流变性的阶段,在整个力学过程中,已经不服从叠加原理,而且力学平衡关系与各种荷载特性、加载过程密切相关，如图 9-3～图 9-6 所示，因此，其设计不能简单地用参数设计来进行。

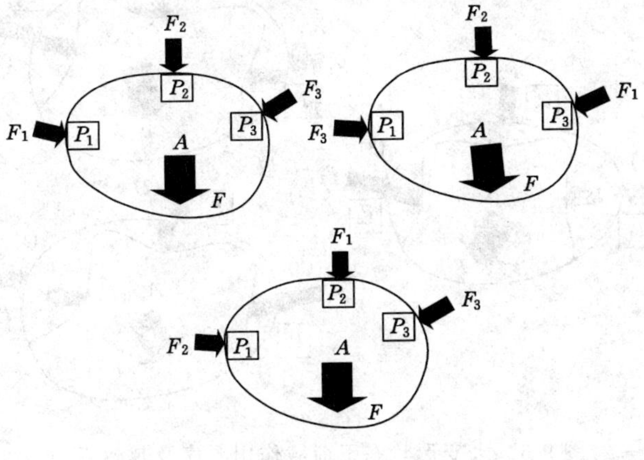

图 9-3　小变形状态下作用力服从叠加原理

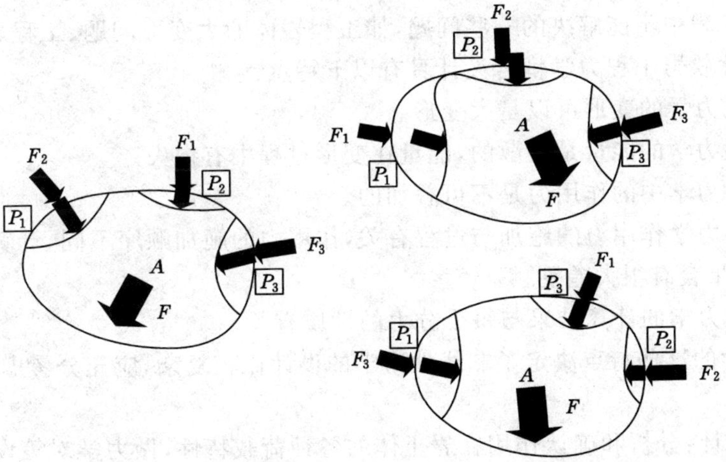

图 9-4　大变形状态下作用力不服从叠加原理

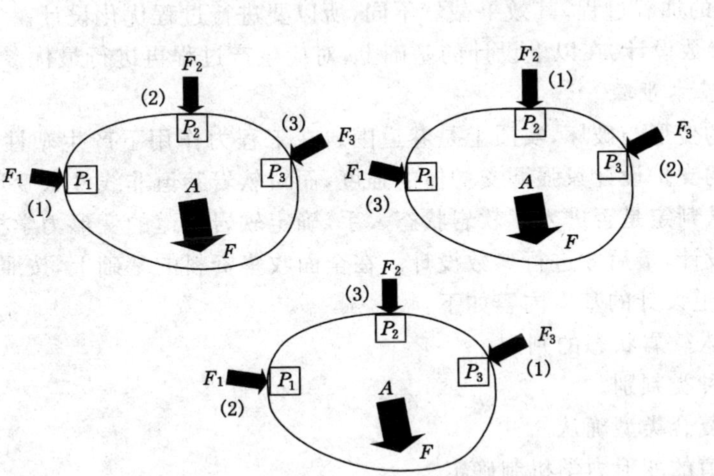

图 9-5　小变形状态下荷载作用顺序及其效果

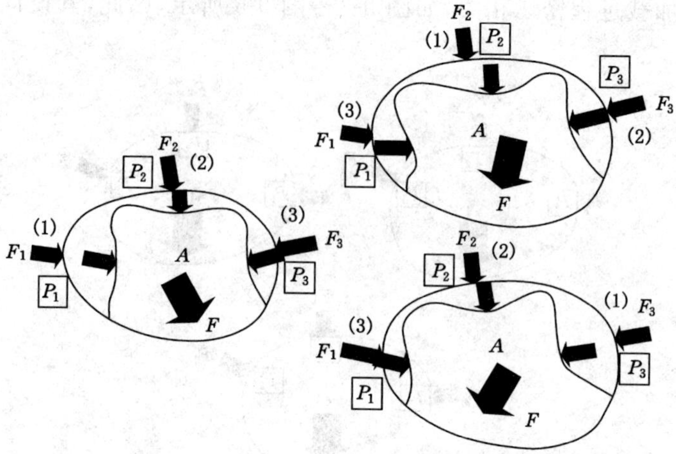

图 9-6　大变形状态下荷载作用顺序及其效果

非线性软岩工程力学耦合设计是以工程岩体力学理论为基础而提出来的，它能解决岩体力学在实际工程中不能解决的一些问题，如工程岩体的大变形问题、工程岩体的强度确定问题等。非线性软岩工程力学耦合设计具有以下特点：

（1）非线性力学的变形可以是大变形。

（2）非线性力学的能量是耗散的，能量在变形过程中有损失。

（3）非线性力学中的作用力是不可叠加的。

（4）非线性力学作用力的施加与过程有关，作用力的施加顺序不同，计算的边界条件有所改变，计算结果会有很大差别。

（5）非线性力学的计算结果与每个分力的性质有关。

非线性力学的这些特点决定了非线性力学的设计比较复杂，应充分考虑各种因素，采用如下设计过程：

（1）对策设计：分析和确认作用在岩土体的各种荷载特性，做力学对策设计。

（2）过程优化设计：进行各种力学对策的施加方式、施加过程研究。实践证明，相同的力学对策，不同的加载过程，其效果截然不同，所以要进行过程优化设计。

（3）最优参数设计：在以上设计的基础上，对应生产过程再进行最优参数设计。

2. 设计的基本步骤

软岩巷道的变形与破坏，实质上是巷道围岩在工程力作用下产生塑性大变形的一种力学过程。传统的支护设计只强调支护体的强度，而对软岩巷道非线性大变形机理研究不够。本设计方法将从判定是否进入了软岩状态入手，确定软岩巷道的变形力学机制，进行对策设计和过程优化设计，最后才进行参数设计。在全面收集资料的基础上，按照软岩巷道支护理论，进入软岩巷道设计的基本内容如下：

① 是否进入软岩状态的判别。

② 软岩的种类判别。

③ 软岩的复合类型确认。

④ 软岩巷道的变形力学机制确定。

⑤ 软岩巷道变形力学机制的复合型判断。

⑥ 初次耦合支护设计。

⑦ 关键部位的判别及类型。

⑧ 关键部位空间位置确定。

⑨ 关键部位耦合支护设计。

软岩巷道工程非线性力学耦合支护设计的步骤如图 9-7 所示。

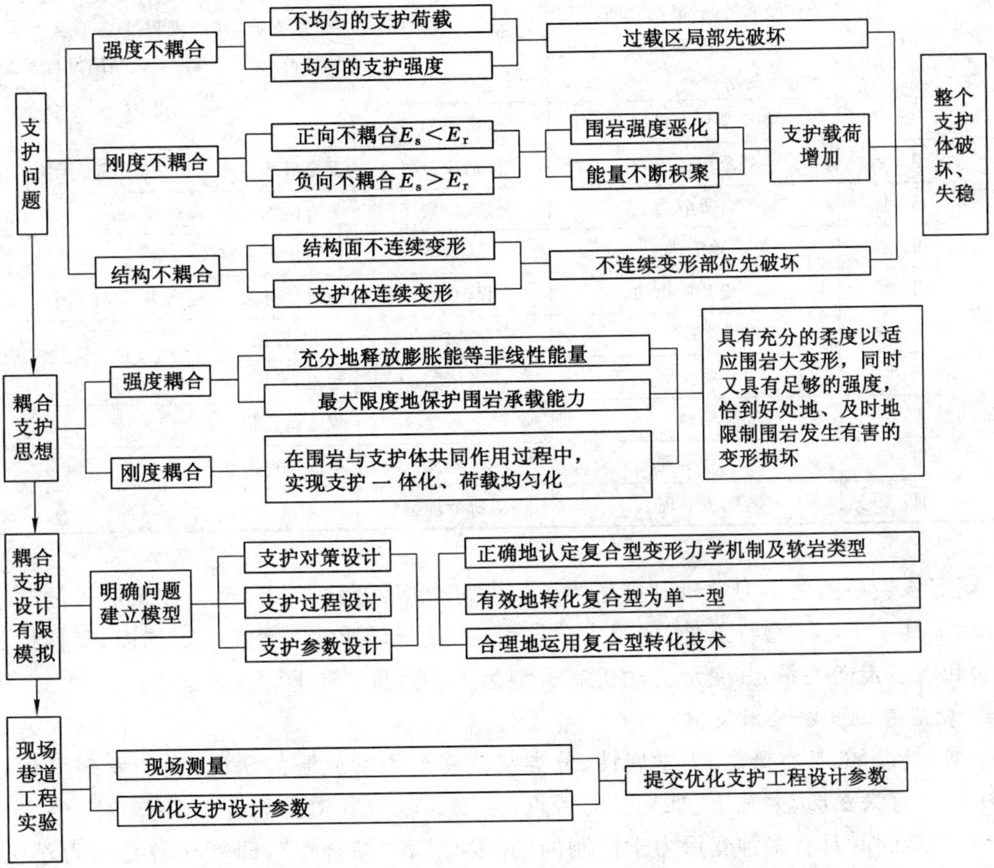

图 9-7 软岩力学耦合支护基本步骤

3. 变形力学机制的确定

每种变形力学机制都有其独特的特征型矿物、力学作用和结构特点，相应软岩巷道的破坏特征也有所不同，如表 9-5 所示。通过野外工程地质研究和室内物化力学实验分析以及理论分析，可以正确地确定软岩巷道的变形力学机制类型。Ⅰ型变形力学机制主要依据其特征矿物和微隙发育情况进行确定；Ⅱ型变形力学机制主要是根据受力特点及在工程力作用下巷道的特征来确定；Ⅲ型变形力学机制主要是受结构面影响的非对称变形力学机制，要求首先鉴别结构面的力学性质及其构造体系归属，然后再依据其产状与巷道走向的相互交切关系来确定。

软岩巷道的变形力学机制通常是 3 种以上变形力学机制的复合类型。例如，广西那龙二号井的软岩，经过现场调查、实验和力学研究，确定 A_3 煤层及其上下 10 m 范围内的顶底板岩层含有蒙脱石和伊/蒙混层矿物；巷道变形严重程度与深度有关，而破坏方向性不明显。

表 9-5　　软岩巷道变形机制及破坏特点

类型	亚型	控制性因素	特征型	软岩巷道破坏特点
Ⅰ	Ⅰ$_{A}$型	分子机制，晶胞之间可吸收无定量水分子，吸水能力强	蒙脱石	围岩暴露后，容易风化、软化、裂隙化，因而怕风、怕水、怕震动；Ⅰ型巷道底鼓、挤帮、难支护，其严重程度从Ⅰ$_{A}$、Ⅰ$_{AB}$、Ⅰ$_{B}$依次减弱；Ⅰ$_{C}$型则看微裂隙发育程度
	Ⅰ$_{AB}$型	Ⅰ$_{A}$和Ⅰ$_{B}$决定于混层比	伊/蒙混层型	
	Ⅰ$_{B}$型	胶体吸水机制，晶胞之间不允许进入水分子，黏粒表面形成水的吸附层	高岭石型	
	Ⅰ$_{C}$型	微裂隙-毛细吸水机制	裂隙型	
Ⅱ	Ⅱ$_{A}$型	残余构造应力	构造应力型	变形破坏与方向有关，与深度无关
	Ⅱ$_{B}$型	自重应力	重力型	与方向无关，与深度有关
	Ⅱ$_{C}$型	地下水	水力型	仅与地下水有关
	Ⅱ$_{D}$型	工程开挖扰动	工程偏应力型	与设计有关，巷道密集，岩柱偏小
Ⅲ	Ⅲ$_{A}$型	断层、断裂带	断层型	塌方、冒顶
	Ⅲ$_{B}$型	软弱夹层	弱层型	超挖、平顶
	Ⅲ$_{C}$型	层理	层理型	规则锯齿状
	Ⅲ$_{D}$型	优势节理	节理型	不规则锯齿状
	Ⅲ$_{E}$型	随机节理	随机节理型	掉块

因此，确定该岩层的变形力学机制类型为Ⅰ$_{A}$Ⅱ$_{B}$复合型，简称Ⅰ$_{A}$Ⅱ$_{B}$型。在顶底板的杂色页岩中，除了具备Ⅰ$_{A}$Ⅱ$_{B}$型特点外，弱层十分发育，并且弱层处常发育光滑剪切面，又依据其弱层产状和硐室走向关系，其变形力学机制类型为Ⅰ$_{A}$Ⅱ$_{B}$Ⅲ$_{BA}$和Ⅰ$_{A}$Ⅱ$_{B}$Ⅲ$_{BC}$型。

4. 软岩巷道支护技术关键

根据对软岩的基本概念、力学属性、分类及其变形力学机制的研究，我们发现了软岩巷道之所以具有大变形、大地压、难支护的特点，是因为软岩巷道围岩并非只有单一的变形力学机制，而是同时具有多种变形力学机制的“并发症”和“综合症”，即复合型变形力学机制，复合型变形力学机制是软岩变形和破坏的根本原因。因此，要有效地进行软岩巷道支护，单一的支护方法是难以实现的，必须采取“对症下药”的符合复合型变形力学机制特点的联合支护方法。因此，要对软岩巷道实施成功支护，必须运用 3 个技术关键：

(1) 正确地确定软岩变形力学机制的复合类型。

(2) 有效地将复合型变形力学机制转化为单一型。

(3) 合理地运用复合型变形力学机制的转化技术。

(四) 软岩巷道支护方法

1. 关键部位和耦合支护

(1) 耦合支护的基本特征

根据软岩巷道围岩的变形破坏机理，软岩巷道实现耦合支护的基本特征在于巷道围岩与支护体在强度、刚度及结构上的耦合，如图 9-8 所示。

① 强度耦合：由于软岩巷道围岩本身所具有巨大的变形能，只采取高强度的支护形式可能阻止其围岩的变形，但不能达到成功进行软岩巷道支护的目的。因此，对于软岩巷道来

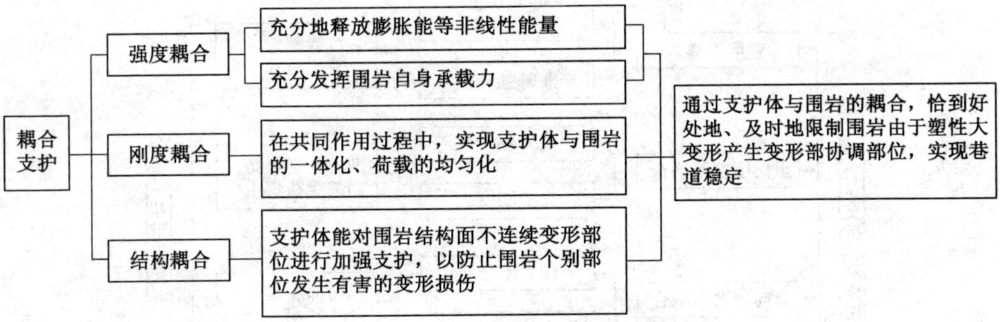

图 9-8　耦合支护的基本特征

讲，应在不破坏围岩本身承载强度的基础上，充分释放其围岩变形能，实现强度耦合，再实施支护。

② 刚度耦合：由于软岩巷道的破坏主要是变形不协调而引起的，因此，支护体的刚度应与围岩的刚度耦合。一方面支护体要具有充分的柔度，允许巷道围岩具有足够变形空间，避免巷道围岩由于变形而引起能量积聚；另一方面支护体又要具有足够的刚度，将巷道围岩控制在其允许变形范围之内，避免因过度变形而破坏围岩本身的承载强度。这样才能在围岩与支护体共同作用过程中，实现支护一体化、荷载均匀化。

③ 结构耦合：对于围岩结构面产生的不连续变形，通过支护体对该部位进行加强耦合支护，限制其不连续变形，防止因个别部位破坏引起整个支护体失稳，达到成功支护的目的。

(2) 关键部位产生的机理

现场工程实践表明，对于软岩巷道，其破坏是一个渐进的力学过程，是从某一个或几个部位开始变形、损伤，进而导致整个支护系统失稳的。具体表现特征是：沿巷道断面各个方向的位移速度各不相同，总是从剧烈变形的部位发生裂纹、鳞状剥落，变形破坏区域逐渐扩大，最终导致整个支护系统失稳。这些首先破坏的部位，称为关键部位。

产生关键部位的根本原因是支护体力学特性与围岩力学特性出现不耦合，并且首先从某一部位开始变形、损伤，进而导致整个支护系统的失稳。按其变形力学机制不同，关键部位根据不耦合支护的情况有如下 4 种类型，如图 9-9 所示。

① 强度不耦合：支护体和围岩的强度不耦合，非均匀荷载作用在等强的支护体上，形成局部过载，产生局部破坏，最终导致支护体失稳。

② 正向刚度不耦合：支护体和围岩的刚度正向不耦合，支护体刚度小于围岩刚度，围岩产生的过量变形得不到限制，使围岩剧烈变形损伤、强度降低，从而将其本身所承担的荷载传递到支护体上，形成局部过载而产生破坏。

③ 负向刚度不耦合：支护体和围岩的刚度负向不耦合，支护体刚度大于围岩刚度，出现的膨胀性等能量不能充分转化为变形能而释放，造成局部能量聚集，使支扩体局部过载首先生产破坏。

④ 结构不耦合：支护体和围岩结构变形不耦合，支护体产生均匀的变形，围岩中的结构面(如软弱夹层、层理面、断层面、节理面)产生差异性滑移变形，使支护体局部发生破坏。

(3) 关键部位的特征及识别

① 关键部位的变形特征

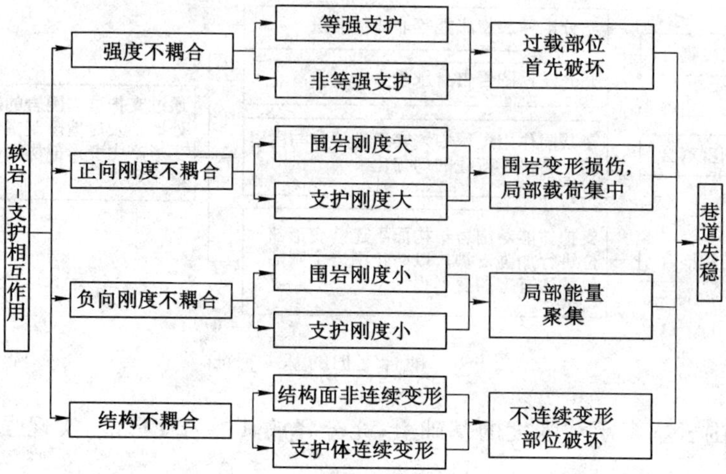

图 9-9 关键部位的产生机理

对各种类型的巷道位移测试曲线分析表明，关键部位的变形特征均是不稳定的变形曲线，大体上可分为 4 种类型，如图 9-10 所示。

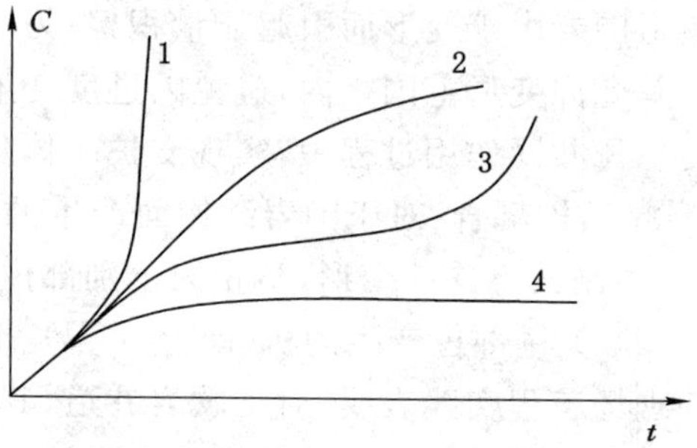

图 9-10 巷道关键部位的变形特征

1——关键部位未支护围岩变形特征；

2，3——关键部位围岩支护不耦合的变形特征

4——围岩支护耦合的稳定变形特征

第 1 种类型曲线的特征是减速-加速变形型，反映该关键那位的围岩强度远低于荷载，经历了一段减速变形后，在荷载作用下变形急速增加而破坏。

第 2 种类型曲线的特征是缓慢减速变形型，反映该关键部位围岩和支护体的联合强度仍然低于荷载。

第 3 种类型曲线的特征是减速-恒速-加速变形型，说明该关键部位的围岩和支护体共同作用强度仍略低于荷载。

第 4 种类型曲线的特征是减速稳定型，反映支护体和围岩相互作用是耦合的。

第 1 至第 3 种曲线类型都是关键部位的变形曲线特征类型。

② 关键部位的裂纹特征

用工程裂纹反分析理论确定需要耦合支护的关键部位。工程裂纹反分析理论可表述为：地下巷道工程是封闭性工程，在工程荷载作用下在出现明显的变形之前，巷道工程时常在一些局部出现细小的工程裂纹。根据裂纹的力学性质（拉、压、剪、扭、弯）、复合力学性质（压扭性、张扭性等）和裂纹体系的配套关系，可以推得产生裂纹部位的工程荷载性质及整个巷道工程的工程荷载组合特征。据此，不仅可以进行耦合支护对策设计，而且可确定出合理的耦合支护的顺序。

在巷道的关键部位，工程裂纹的出现时常伴随着高应力腐蚀现象，即在支护体关键部位产生鳞片状、片状支护体剥落。高应力腐蚀分为 4 个阶段：鳞状剥落阶段、片状剥落阶段、块状崩落（塑性铰出现）阶段和结构失稳（崩塌垮落）阶段。出现高应力腐蚀现象的部位就是需要二次耦合支护的关键部位。因此，高应力腐蚀现象可以作为识别关键部位的标志。

③ 关键部位的识别

a. 变形准则：巷道周边各点变形及其速率同时满足：① $U_i \geqslant 0.6[U]$；② $\partial U_i/\partial t \geqslant 0$，则表示出现了关键部位。

b. 强度破坏准则：出现了高应力腐蚀现象，则表示产生了关键部位。

c. 空间位置准则：根据关键部位特征及其空间位置关系，可分为同位型关键部位和异位型关键部位。同位型关键部位是指破坏特征出现的位置就是关键部位的空间位置，是一致的；异位型关键部位是指破坏特征出现的位置和关键部位的空间位置是不一致的，破坏特征出现只能证明已产生了关键部位，但关键部位的空间位置，必须做具体的力学分析才能得出。根据研究，张性、张扭性裂纹出现的位置是同位型关键部位；压性、压扭性裂纹等高应力腐蚀现象的出现位置可能是异位型的，也可能是同位型的。

2. 锚网索耦合支护

(1) 锚网索支护系统耦合

锚网索耦合支护就是针对软岩巷道围岩由于塑性大变形而产生的变形不协调部位，通过锚网-围岩以及锚索-关键部位支护的耦合而使其变形协调，从而限制围岩产生有害的变形损伤，实现支护一体化、荷载均匀化，达到巷道稳定的目的。

锚网索耦合支护材料主要包括锚杆、网、锚索。它们在整个体系中所起的作用是不同的。在锚网索耦合支护中，锚杆通过与围岩相互作用，起着主导承载作用，同时能够防止围岩松动破坏，并有一定的伸缩性，可随巷道围岩同时变形，而不失去支护能力。网主要有铁丝网、钢筋网及塑料网，它的主要作用是防止锚杆间的松软岩石垮落，提高支护的整体性。锚索作为一种加强支护方式，由于锚固深度大，可将下部不稳定岩层锚固在上部稳定岩层中。同时，可施加预应力，主动支护围岩，能够充分利用巷道深部围岩的强度。

支护材料选择的原则具体如下：① 锚杆杆体弹性模量与围岩弹性模量互相耦合（一般相差两个数量级）。② 锚杆托盘强度小于锚杆材料强度，其尺寸大小根据围岩结构及支护强度确定。一般对于碎裂、散体结构围岩，锚杆托盘尺寸应大于块裂结构、整体结构围岩锚杆托盘。③ 网的选择根据围岩结构及支护强度确定，对于碎裂、散体结构围岩，一般选择金属网；对于块裂结构围岩，一般可选择经纬网、菱形网或塑料网。④ 锚梁及钢带的选择主要根据支护强度确定，对于支护强度较小的巷道可选择钢筋梯，对于支护强度大、围岩岩体结构差的巷道一般选择钢带。

(2) 耦合参数设计

软岩巷道耦合支护参数就是巷道在支护体与围岩耦合支护条件下，由软岩巷道耦合支护荷载所确定的支护参数。软岩巷道耦合支护参数包括初次耦合支护参数和二次耦合支护参数。根据巷道所处工程条件不同，支护参数确定分为静压软岩巷道和动压软岩巷道两大类。

静压软岩巷道是指在未受采动影响的岩体内掘进的软岩巷道。这类巷道包括远离采区的各类大巷、新开采区的平巷，以及已采工作面相邻工作面的非沿空掘进的平巷。

动压巷道是指在已受采动影响的岩体内掘进的软岩巷道。这类巷道包括临近采区的巷道以及沿空掘进的平巷。

① 巷道初次耦合支护参数

在计算巷道支护参数时,应首先考虑巷道围岩与支护材料的耦合,在支护体与围岩耦合情况下,再进行巷道支护参数的确定。

a. 锚杆长度

锚杆长度按下式确定:

$$L_b = L_{b1} + L_{b2} + L_{b3} \tag{9-9}$$

式中 L_b——锚杆长度,m;

L_{b1}——锚杆外露长度,一般取 0.1～0.15 m;

L_{b2}——锚杆有效长度,m;

L_{b3}——锚杆锚固长度,一般取 0.3～0.4 m。

其中,锚杆的有效长度(L_{b2})的确定方法如下:

$$\text{对于静压巷道:}\begin{cases}\text{圆形及正方形巷道顶、帮:}l_{b2} = L_p - a/2 \\ \text{矩形巷道}\begin{cases}\text{顶:}l_{b2} = L_p - b/2 \\ \text{帮:}l_{b2} = L_p - a/2\end{cases} \\ \text{直墙半圆拱巷道}\begin{cases}\text{顶:}l_{b2} = L_p - \dfrac{(a/2)^2 + (c+d)^2}{c+d} \\ \text{帮:}l_{b2} = L_p - a/2\end{cases}\end{cases} \tag{9-10}$$

$$\text{对于动压巷道:}\quad L_{b2} = 0.5a\left(\frac{k_1 p_{sr}}{\sigma_t}\right)^{1/2} \tag{9-11}$$

式中 a——巷道宽度(圆形巷道为直径),m;

b——矩形巷道高度,m;

c——直墙圆拱形巷道墙高,m;

d——直墙圆拱形巷道拱高,m;

k_1——抗拉安全系数,一般取 3～5;

σ_t——各岩层平均抗拉强度,kPa;

p_{sr}——动压软岩巷道顶板支护荷载,kPa;

L_p——塑性软化区范围,m。

对于静压软岩巷道,塑性软化区范围可下式确定:

$$L_p = a\left[\frac{(2p_0 - \sigma_c)\sin\varphi_0 + 2C\sqrt{K_p}}{(K_p - 1)p_i + 2C\sqrt{K_p}}\right]^{\frac{1}{K_p - 1}} \tag{9-12}$$

其中:

$$K_p = \frac{1 + \sin\varphi_0}{1 - \sin\varphi_0}$$

式中 σ_c——岩石强度,MPa;

C——岩石内聚力,MPa;

φ_0——岩石峰值内摩擦角,(°);

p_0——巷道围岩应力,kPa;

p_i——使围岩不出现软性软化的最小支护力,kPa。

$$p_i = p_0 - \sigma_{cs} \tag{9-13}$$

式中 σ_{cs}——巷道围岩的软化临界荷载,kPa。

对于动压软岩巷道,塑性软化区范围即煤壁到基本顶在煤体内断裂线范围,即:

$$L_p = \frac{3\gamma H C_E m}{4E y_0} \tag{9-14}$$

式中　L_p——煤壁到基本顶在煤体内断裂线距离，m；

H——巷道埋深，m；

C_E——上区段工作面基本顶岩梁的平均断裂跨度，即基本顶来压步距的平均值，m；

m——上区段工作面煤层厚度，m；

E——煤体弹性模量，kPa；

y_0——煤壁边缘的压缩量（基本顶触矸稳定后），m。

根据采场矿压理论研究的结果，在这里给出基本顶在煤壁内断裂线距煤壁的距离（L_p）的经验值，从而可以减少计算上的麻烦。具体如下：当采深＜200 m 时，L_p＝0～2 m；当采深在 200～400 m 之间时，L_p＝2～5 m；当采深＞400 m 时，L_p＝5～8 m。

b. 锚杆间排距

锚杆按等距排列，即锚杆间距＝排距。根据每根锚杆所承担的荷载，可由下式确定锚杆的间排距：

$$S_b = \left(\frac{[\sigma_b]}{p}\right)^{1/2} \tag{9-15}$$

式中　S_b——等距排列时的锚杆间排距，m；

$[\sigma_b]$——单根锚杆的极限破断力，kN；

p——巷道各部位支护荷载，kPa。

② 巷道二次耦合支护参数

无论是静压软岩巷道还是动压软岩巷道，其二次耦合支护均是在关键部位出现时的最佳支护时间对关键部位进行锚索加强支护。锚索支护的主要作用，一是在关键部位实施加强支护，实现支护体结构上的耦合；二是通过施加预应力，增加锚固岩层的整体性；三是在锚杆支护失稳状态下，锚索能够悬吊冒落拱中的岩石的质量，增加支护的安全性。

锚索二次耦合支护的原则主要有以下 5 条：

a. 锚索长度原则。锚索长度取决于巷道顶板岩性、岩体结构和巷道工程尺寸。坚硬顶板岩层高度小于 3 倍巷道宽度时，锚索长度取决于坚硬岩层位置，锚索锚固段要设计在坚硬岩层内 1～1.5 m；当坚硬岩层高度大于 3 倍巷道宽度时，其长度按 3 倍巷道宽度设计。同时，要充分注意锚固段的结构设计和施工质量，重点考虑深部围岩强度和巷道浅部支护体之间的相互耦合作用。

b. 锚索强度原则。锚索承载强度取决于锚索根数和锚索间排距，其设计总荷载按巷道顶板塑性软化区范围的岩石质量乘以安全系数来计算。

c. 耦合作用原则。锚索和锚杆支护达不到耦合作用状态，将会出现恶性事故。因此，重视各种时空条件下的预应力施加值的变化至关重要。一般地说，在迎头工作面实施锚索支护，预应力值应适当小一些，为锚杆设计值的 0.8～1.0 倍；在掘进巷道后实施锚索支护时，预应力水平应为锚杆设计荷载值的 1.0～1.3 倍。

d. 关键部位原则。理论研究表明，锚索设计在顶板的力学关键部位效果最好。因此，锚索要尽量设计在顶板的关键部位上。

e. 反馈原则。现场地质条件复杂多变，要加强锚索支护的检测，及时反馈分析、修正和完善设计，及时弥补了理论和实践存在的缺陷。

③ 锚索支护参数

根据锚索支护设计原则，锚索支护应在关键部位出现时的最佳支护时间对关键部位进行加强支护，此时的锚索支护参数由以下公式确定。

a. 锚索长度可按下式确定：

$$L_a = l_{a1} + l_{a2} + l_{a3} \tag{9-16}$$

式中 L_a——锚索长度，m；

l_{a1}——锚索外露长度，一般取 0.3 m；

l_{a2}——锚索有效长度，m；

l_{a3}——锚索锚固长度，一般取 1.0～2.0 m。

对于静压软岩巷，道锚索有效长度确定方法为：在锚杆失效的情况下，其潜在的冒落高度为 1.5 倍的巷道宽度；同时，为保证巷道的稳定性，锚索应保证锚固到稳定岩层内，因此锚索的有效长度取：

$$l_{a2} = \max\left\{1.5a, \sum_{i=1}^{n} h_i\right\} \tag{9-17}$$

当 $l_{a2}/a > 3$ 时，锚索有效长度取：$l_{a2} = 3a$。

此时，不需要加长锚索寻找坚硬顶板岩层，只要充分注意锚固段的结构设计和施工质量，重点考虑深部围岩强度和巷道浅部支护体之间的相互耦合作用即可。

b. 锚索间排距根据锚杆失效时锚索所承担的岩层质量确定，每排布置一根锚索，则其排距为：

$$S_a = \frac{3[\sigma_a]}{4a^2\gamma k} \tag{9-18}$$

式中 a——巷道宽度，m；

γ——上覆岩层平均容重，kN/m^3；

$[\sigma_a]$——单根锚索的极限破断力，kN；

k——安全系数。

c. 耦合参数确定：为使锚索支护和锚杆支护达到相互耦合的作用效果，注意各时空条件下预应力参数的变化至关重要。一般地说，在迎头工作面施做锚索支护，预应力值应适当小一些，是锚杆设计值的 0.8～1.0 倍；在掘进机后实施锚索支护时，预应力水平应是锚杆设计荷载值的 1.0～1.3 倍。

3. 预留刚隙柔层支护

(1) 预留刚隙柔层支护原理

预留刚隙柔层支护，从力学概念上讲是在支护体内设置刚性层和柔性层，在刚性层和柔性层之间预留一定量的间隙，使其能够大幅度地吸收高应力软岩的大变形。这样就形成了所谓的刚隙柔层，它具有充分的柔度和间隙适应高应力软岩的大变形，同时又在一定的时刻(间隙压密、刚隙柔层相接时)具有充分的刚度限制围岩的有害变形，从而使之成为高应力转化最多、围岩强度保护最好的一种支护技术。

在柔性喷层和钢架之间预留一定量的空隙，在刚隙柔层的控制下，围岩有限制地充分变形，释放变形能量，从而形成比较均匀的外部塑性工作状态区和内部弹性工作状态区，以达到把高应力能量转化为变形、高应力转移到围岩内部的目的，待柔性喷层与钢架接触时，再喷混凝土实施永久支护，如图 9-11 所示。

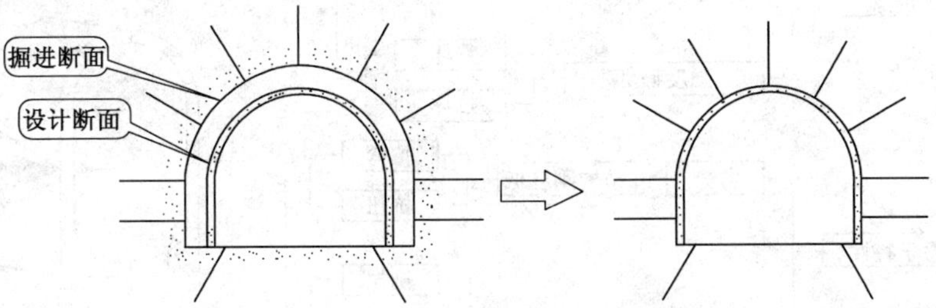

图 9-11　预留刚隙柔层支护技术的工作原理

(2) 预留刚隙柔层支护参数确定

① 预留间隙尺寸确定

为保证在充分释放高应力变形能的同时又不损害围岩自身的支撑能力，预留间隙尺寸为：

$$C_p = k_p a \tag{9-19}$$

式中　C_p——预留柔层厚度，mm；

k_p——柔层预留系数，一般取 0.05～01；

a——巷道设计断面宽度，mm。

② 巷道毛断面尺寸确定

根据预留间隙尺寸，可以确定巷道掘进毛断面尺寸。巷道掘进毛断面宽度为：

$$a_c = a + 2C_p \tag{9-20}$$

式中　a_c——巷道掘进断面宽度，mm；

C_p——预留柔层厚度，mm；

a——巷道设计断面宽度，mm。

巷道掘进毛断面高度为：

$$b_c = b + 2C_p \tag{9-21}$$

式中　b_c——巷道掘进断面高度，mm；

C_p——预留柔层厚度，mm；

b——巷道设计毛断面高度，mm。

(3) 预留刚隙柔层支护

针对应力高度集中的硐室交叉部位，开发了立体桁架支护技术。立体桁架支护技术设计思路如图 9-12 所示。该项技术之所以取得成功，关键在于：

① 新型立体桁架具有把钢架的抗弯、抗扭的部位通过结构设计转化为抗拉、抗压或抗剪的性能(图 9-12，图 9-13)。

② 在支护设计中，必须将桁架和混凝土的刚度设计成耦合匹配(图 9-14)。

③ 软岩巷道工程设计和常规设计的重要区别是：在注意强度设计的同时，十分重视刚度设计。

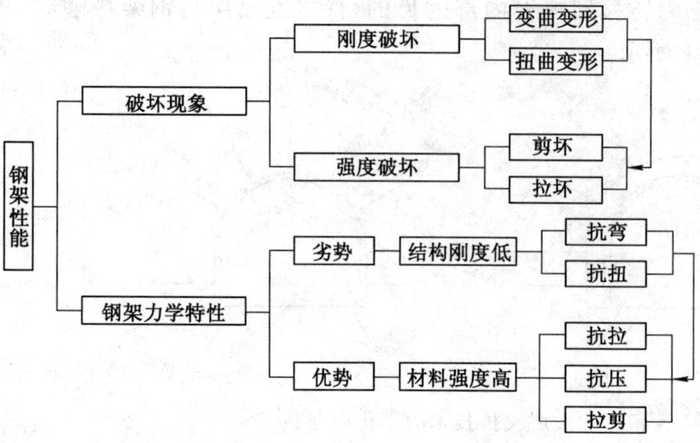

图 9-12　立体桁架设计思路

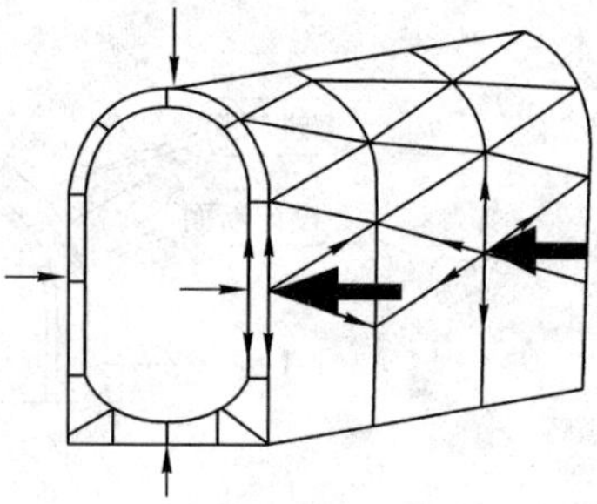

图 9-13　立体桁架杆件受力示意图

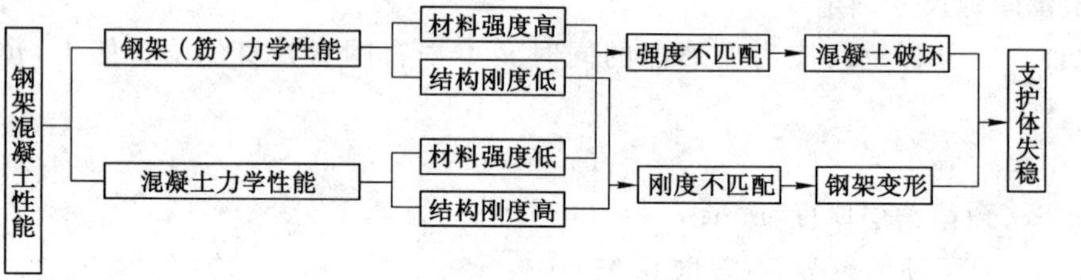

图 9-14　钢架与混凝土相互作用机理图

(4) 最佳支护时间

岩石力学理论和工程实际表明，巷道开挖以后，巷道围岩的变形会逐渐加大。以变形速度区分，可划分 3 个阶段，即减速变形阶段、近似线性的恒速变形阶段和加速变形阶段。当进入加速变形阶段时，岩体本身结构改变，产生新裂纹，强度大大降低。显然，加速变形阶段可以使 $P_d \to \mathrm{Max}$，但却大大降低了 P_r，这不满足优化原则。解决这个问题的关键是最佳支护时间概念的建立和最佳支护时段的确定。

最佳支护时间是指可以使 (P_r+P_d) 达到最大的支护时间，其意义如图 9-15 所示。图 9-15 表明：最佳支护时间就是 (P_r+P_d)-t 曲线峰值点所对应的时间 T_s。实践证明，该点与 P_d-t 曲线和 P_r-t 曲线的交点所对应的时间基本相同。此时，支护使 P_d 在优化意义上充分达到最大，同时又保护围岩强度，使其强度损失在优化意义上达到充分小，亦即其本身自承力 P_r 达到充分大。

最佳支护时间点的确定，在工程实践中是难以办到的，所以提出了最佳支护时段概念。最佳支护时段的概念如图 9-16 所示。图中所示的时段 $[T_{s1}, T_{s2}]$ 为最佳支护时段。在工程实施时，只要是在图 9-16 所示的 T_s 时间的附近时段 $[T_{s1}, T_{s2}]$ 进行永久支护，基本上可以使 P_d 和 P_r 同时达到优化意义上的最大。此时，$(P_r+P_d) \to \mathrm{Max}$，$P_s \to \mathrm{Min}$ 也就自动满足了。

① 最佳支护时间(T_s)的物理意义

巷道开挖以后，原有的天然应力状态被破坏，围岩中应力重新分布，切向应力增大的同

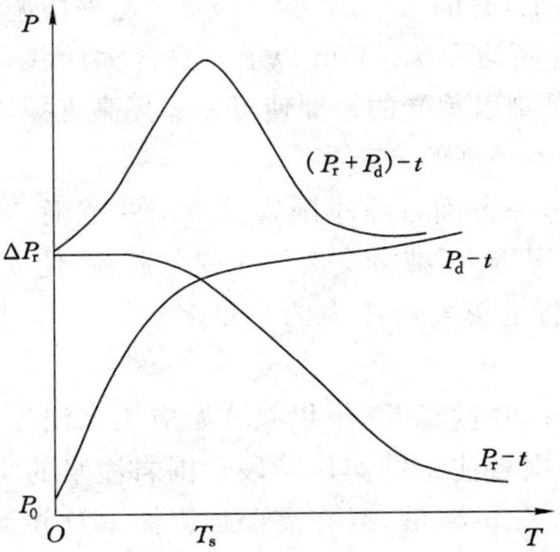

图 9-15　最佳支护时间 T_s 的含义

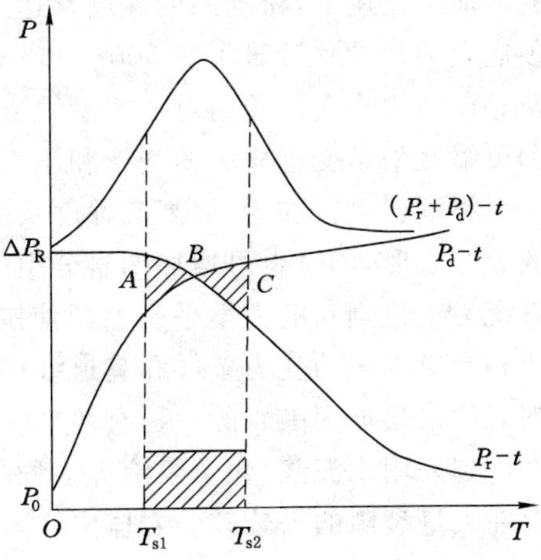

图 9-16　最佳支护时段的含义

时，径向应力减小，并在洞壁处达到极限。这种变化促使围岩向巷道临空区变形，围岩本身的裂隙发生扩容和扩展，力学性质随之不断恶化。

② 关键部位耦合支护的时间

变形力学状态进入图 9-16 中 A 区时，支护体多产生鳞状剥落；变形力学状态进入 B 区时，伴随着片状剥落；进入 C 区后，将产生块状崩落和结构失稳。因此，判别最佳支护时间(段)就是鳞、片状剥落的高应力腐蚀现象出现的时间。

根据现场调查研究，张性、张扭性裂缝，宽度达到 1～3 mm，即已进入 A 区和 B 区，即进入耦合支护的时间；巷道表面各点变形量达到设计余量的 60%，即进入耦合支护的时间。

另外，现场具体施工中，可以根据位移-时间(U-t)曲线进行判定，具体方法如图 9-17 所示。通过对巷道表面位移的监测，可以判定巷道表面位移变化速率由快到趋于平缓的拐点 T_0 附近作为二次支护的最佳支护时间。

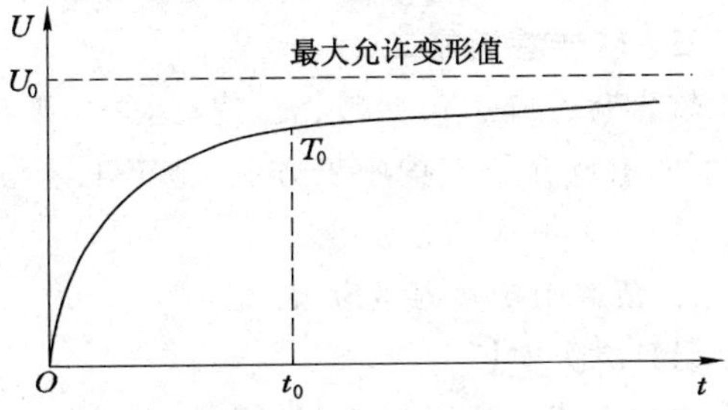

图 9-17　最佳支护时间的确定

4. 围岩注浆加固支护

围岩注浆的主要作用是加固围岩及防治水患，有时二者兼而有之。围岩注浆后，可提高围岩的自身强度及承受外载荷和抵抗变形的能力，从而提高巷道稳定性。

煤系地层一般均存在地质结构上的弱面，如断层、节理、裂隙、层理等，因此岩体本身是受各种弱面切割的非连续体。巷道掘进后这种非连续体赖以平衡的边界条件被破坏，同时在掘巷造成的集中应力作用下使围岩中原有的弱面进一步扩大，新的弱面大量产生，结果在围岩中不可避免地形成一个松动破碎圈。松动圈内岩体的非线性体积膨胀变形，将对巷道支护结构产生巨大的变形压力并使巷道产生较大的收敛变形。围岩松动圈范围越大，巷道的收敛变形就愈严重，巷道支护也愈困难。利用声波原理进行的实测发现，一些松软围岩在较高的地应力作用下，松动圈的深度常达 1.5 m 以上，有的甚至高达 5～6 m。这种情况下，巷道顶底及两帮的移近量可达 500～600 mm，有的高达 1 000 mm 以上。这样大的巷道收缩量及相应的围岩变形压力对一般巷道支护结构是难以承受的。即使可以靠提高支护体的强度和可缩性来承受这样大的变形和压力，也是很不经济的。

如果将围岩进行加固，提高其强度及变形模量，一方面可缩小围岩松动圈的范围，减小巷道的收缩变形，同时也可增加围岩分担的上覆岩层压力，减少支架所承受的载荷，使支架-围岩系统易于达到新的力学平衡。即使围岩只能将上覆岩层压力的总量多承担 1%，也可显著改善巷道支护的受力条件和巷道维护状况。

围岩注浆是加固围岩的一种有效方法。我国自 20 世纪 50 年代起开始应用水泥注浆，现已发展到采用水泥浆、化学浆液等多种材料进行围岩注浆的实用阶段。围岩注浆的实质是向存在大量裂隙的松软破碎岩体中注入能胶结硬化的浆液，或在需要加固而本身并无大量裂隙存在的岩体中人为地先形成大量裂隙，然后向岩体中注入能够渗入裂隙并在裂隙中胶凝硬化的某种浆液，将巷道周边的破碎岩体重新胶结成高强度的注浆壳，从而大幅度提高围岩及巷道稳定性。

围岩注浆的主要作用如下：

(1) 加大弱面上的摩擦力，相当于提高围岩体的黏聚力和内摩擦角，增大岩块间相对位移的阻力，从而提高围岩的整体稳定性。

(2) 浆液在裂隙中充填、固结后封闭裂隙，阻止水浸入岩体对围岩造成弱化作用，也阻止了围岩的进一步风化。

(3) 对破碎松散岩体，由于浆液在裂隙中的胶结作用，破碎岩块重新胶结成整体，形成一个可以承受外载的注浆壳，使之与巷道支架共同承载，充分发挥围岩的自稳能力。

三、软岩巷道施工

软岩巷道施工包括破、装、支、运等主要工序，依据软岩巷道变形大、地压大、支护难的特点，下面重点介绍支护施工方法、施工工艺与质量管理。

(一) 支护施工方法

1. 预留刚隙柔层支护施工

(1) 初次支护

初支方式：采用锚喷支护形式，并在内部架设根据设计毛断面尺寸设计的钢架。

初次支护时间：巷道掘进毛断面形成后，紧跟迎头实施初次支护。

初次支护参数：可根据一般软岩巷道支护荷载确定锚杆间排距的公式计算得出的支护密度确定，再增大到该支护密度的 1.5～2 倍。

(2) 永久支护

永久支护形式：采用锚网喷支护，根据通风、设备安装的要求也可以采用钢架与现浇混凝土支护。

永久支护的时间：初次支护柔性喷层与钢架接触时刻。

永久支护参数：可根据一般软岩巷道支护荷载，结合所采用的永久支护形式计算得出。

(3) 支护施工

预留刚隙柔层支护通过以下步骤实施：

① 开掘预备空间。预备空间的断面大于巷道的设计断面，从而在预备空间与巷道的设

计断面之间形成预留变形空隙。

② 采用锚网喷支护形式对预备空间实施初次支护，内部架设永久支护钢架。

③ 测量巷道围岩的变形量。

④ 当巷道围岩变形时的初次支护喷层与钢架接触时，实施全断面现浇混凝土支护，形成封闭性永久支护。

(4) 主要技术特点

根据理论研究及现场实际应用效果，预留刚隙柔层支护技术具有以下技术特点：

① 适用于高应力软岩和高应力强膨胀复合型软岩巷道支护。

② 巷道断面由大变小，一次成巷。

③ 用工程材料形成柔性层。

④ 利用刚隙柔层限制巷道围岩的差异性变形。

⑤ 具有充分的变形空间适应高应力软岩的大变形。

⑥ 具有足够强度和刚度限制围岩产生有害变形。

⑦ 充分发挥设计承载围岩的自撑强度。

2. 超前锚杆支护施工

在节理发育、破碎岩体的巷道施工中，超前锚杆支护是一种新型支护结构。其目的是对开挖面前方的围岩进行预先加固补强，以防止围岩在开挖后坍塌。国内外已有不少应用超前锚杆预支护结构顺利通过松散、破碎带或土砂质地层的成功例证。超前锚杆预支护分单根锚杆支护和锚杆群支护。

(1) 超前单根锚杆支护

研究表明，在超前锚杆布设初期，锚杆杆体主要是产生压应力集中，这主要是由于巷道围岩对锚杆的挤压作用而产生的；锚杆尾部存在部分拉应力集中，这是由于围岩向外的扩容而造成的。随着巷道向前掘进，以掘进迎头为界，锚杆在局部产生压应力集中，在端部产生拉应力集中，这主要是由于内部围岩向掘进空间扩容面造成内部锚杆杆体产生拉应力，而尾部锚杆与巷道其他支护体共同作用，产生承载能力，从而阻止巷道围岩下沉而产生压应力集中。随着巷道继续推进，整个锚杆杆体产生压应力集中，此时表明整个杆体均已对巷道围岩产生支承能力。超前锚杆不仅对其前方岩体起到加固作用，而且随着巷道继续推进甚至越过杆体时，锚杆仍然起到加固围岩的作用。

超前锚杆在与围岩的共同作用中，除了杆体的拉伸和压缩作用外还有抗弯的作用。因此，在超前锚杆设计时，不仅要考虑锚杆的强度，更要考虑锚杆的刚度。单根超前锚杆的作用范围是有限的，它与锚杆的长度、直径以及布设角度均有一定的关系。选择何种长度、直径的超前锚杆，采用多大的布设角度，要根据巷道围岩的具体强度以及碎裂程度来确定。一般来讲，对于强度比较低、碎裂程度较大的岩体，应选择长度较长、直径较大的超前锚杆，同时布设角度也应相对较小。这样才能充分与巷道围岩内部完整岩体相互作用，形成较强的支承能力。

(2) 超前锚杆群支护

在现场实际应用中，一般是整个锚杆群的整体作用来防止碎裂块体冒落。第一根超前锚杆布设初期的应力分布特征与单根锚杆作用时相同。随巷道推进，第二根锚杆布设后，第一根锚杆的应力集中范围有所转移，高度力集中区主要在锚杆的尾端，但第二根锚杆的应力集中程度较第一根锚杆布设初期要低得多，此时主要是第一根锚杆起作用。但第一根锚杆的应力集中程度并未有较大变化，同时，第三根锚杆的应力分布特征与第二根锚杆布设初期基本相同。随巷道继续推进，其他锚杆的应力分布特征基本与前一根类似，但每根锚杆的作用范围均有所增加。在推进方向上，由于各锚杆之间的相互作用，各锚杆之间的作用范围相互叠加，在推进方向上形成支承拱，并随巷道向前推进而随之推进，从而使超前锚杆群形成一个整体，增强了整个超前锚杆群对巷道围岩的支承能力，如图 9-18 所示。

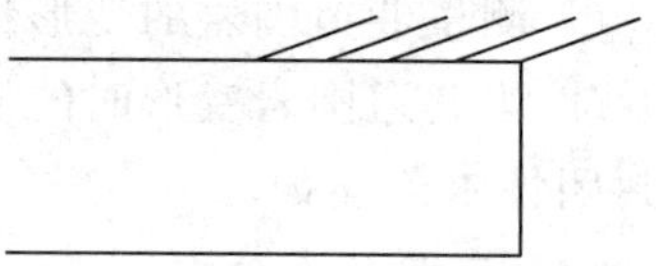

图 9-18 超前锚杆群支护示意图

3. 锚网索耦合支护施工

一般软岩巷道锚网索耦合支护的具体施工过程为：锚网初次耦合支护、锚索二次耦合支护、反馈设计。

(1) 锚网初次耦合支护

巷道开挖后，首先实施初次耦合支护，即根据巷道围岩条件，选择与其相耦合的支护材料（锚杆、网、钢筋梯、钢带等），对围岩施加锚网耦合支护。初次耦合支护应在充分释放巷道围岩变形能的同时，通过锚网与围岩在刚度、强度上实现耦合，从而最大限度发挥巷道围岩的自撑能力。初次耦合支护巷道围岩变形能的释放通过使用复合托盘（铁托盘内加木托盘）来实现，木托盘厚度一般可取 30～60 mm。

(2) 锚索二次耦合支护

实施初次耦合支护后，通过巷道围岩的变形特征以及巷道顶底板、两帮移近量以及锚杆托盘应力的监测，确定支护的最佳时间（段）及关键部位，对巷道围岩关键部位施加高预应力的锚索，实施二次耦合支护。二次耦合支护利用深部围岩强度，使支护体与围岩在结构上达到耦合，从而使整个支护体与围岩达到最佳的耦合支护力学状态。

① 关键部位的确定

锚索关键部位耦合支护的关键是确定关键部位。关键部位即产生鳞、片状剥落的高应力腐蚀部位；也可以根据数值模拟结果中的应力场分布特征进行判断，即产生应力集中的部位（图 9-19）。

② 二次耦合支护时间的确定

在实施初次耦合支护后，过早或过晚实施锚索二次支护，都不能达到支护系统在结构上的耦合。若过早实施锚索二次支护，锚网初次耦合支护的强度得不到充分发挥，将会造成在锚索施加部位的应力集中；若过晚实施锚索二次支护，则容易造成关键部位围岩的破坏以及锚网支护的失效，使整个支护体失稳。因此，必须确定锚索最佳二次耦合支护的时间。

③ 最佳二次支护强度

锚索二次耦合支护强度是指实施二次支护时，锚索施加预应力的大小。若锚索二次支护强度小于实施支护时锚网支护强度，则达不到其加强支护的目的；若锚索二次支护强度大于实施支护时锚网支护强度，则容易造成锚索部位的应力集中，造成整个支护系统强度上的不耦合。因此，锚索二次耦合支护强度应为锚杆所承担的最大支护荷载。根据锚索耦合支护作用原理，在进行初始设计时，可根据锚索二次支护滞后迎头的距离确定锚索预应力，即紧跟迎头施加锚索，则施加预应力为 10 t；若滞后迎头 20 m 施加锚索，则预应力为 13 t。

(3) 反馈设计

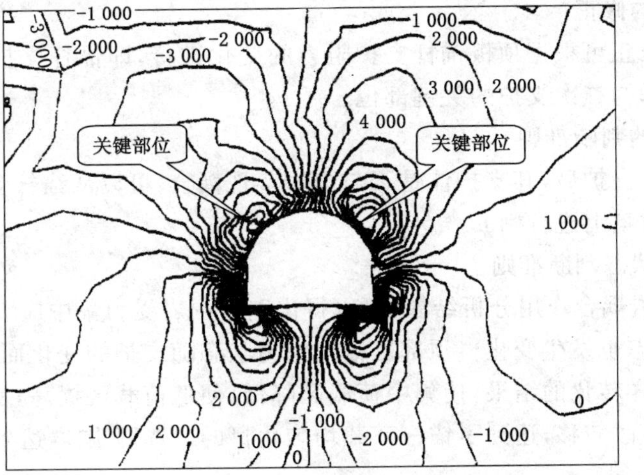

图 9-19　利用应力场分布特征确定关键部位

反馈设计的目的是确定支护参数初始设计的合理性，并及时提出修改设计，以保证巷道的稳定。巷道支护参数的反馈设计根据巷道施工过程中所获得的各种监测数据分析进行。

① 巷道稳定性判断

巷道稳定判断准则为：① 巷道变形停止，稳定不动；② 围岩变形速度递减，预计在工程服务年限内，总变形量不超过容许变形值；③ 内部支护与外部支护体（永久支护体）之间受力平衡，且其值不超过外部支护体的强度。

巷道稳定性的评价，必须满足上述三个准则中的第①条和第③条或第②条和第③条，即变形稳定准则和强度稳定准则，此时才可确认巷道是稳定的。

② 支护参数的修改

支护参数的修改主要是根据各种监测曲线的变化趋势预测进行。

a. 支护参数的修改

锚杆（索）长度的合理性判断，依据巷道深部位移监测线的变化趋势进行。根据巷道深部位移监测曲线可以确定巷道围岩各部分不同深度的位移、岩层弱化和破坏的范围（离层情况、塑性区、破碎区的分布等）。如果监测结果得出的塑性区范围大于锚杆设计长度，则要增加锚杆长度。若深部产生离层范围大于锚索长度，则需加大锚索长度。

锚杆长度的合理性判断也可依据巷道表面位移监测结果进行。若巷道表面位移值的变化趋势预计会超过巷道允许变形值，则需加大锚杆长度；若锚杆（索）支护阻力变化趋势预计会超过锚杆（索）设计锚固力，则需加大锚杆（索）支护密度。

支护参数的合理性判断也可根据顶板离层的监测结果进行。若巷道顶板深部（锚杆锚固范围外）离层值的变化趋势预计会超过允许离层值或变化速率远大于浅部离层值，则需加大锚杆长度，或加大锚索支护密度。若巷道顶板浅部离层值变化趋势预计大于允许离层值，则需加大锚杆支护密度。

b. 最佳二次支护时间的修改

现场具体施工中，可以根据位移-时间（U-t）曲线进行判定，具体方法如图 9-17 所示，确定二次支护的最佳支护时间。

c. 关键部位的修正

关键部位的修正可根据顶板锚杆支护阻力的变化进行，即锚杆支护阻力变化速率最大的锚杆所在部位即为二次支护的关键部位。

③ 耦合支护的判断准则

软岩巷道实施支护后，其支护体是否与围岩实现耦合，可以从锚杆受力状态变化规律以及关键部位产生数量上进行判断。

a. 锚杆受力状态判断准则

根据锚网-围岩耦合作用分析结果，可以得出随着围岩受力集中应力区向低应力区进行转化，锚杆受力状态也发生变化。顶部区锚杆应力状态随支护的变化而下降，帮部锚杆应力状态同时提高，这样转化的结果，使集中荷载区降低，使低荷载区提高，实现了从集中荷载到低荷载区的自动扩散转移，达到了锚杆荷载均匀化目的。锚网-围岩达到耦合过程的现场监测结果详见图 9-20。

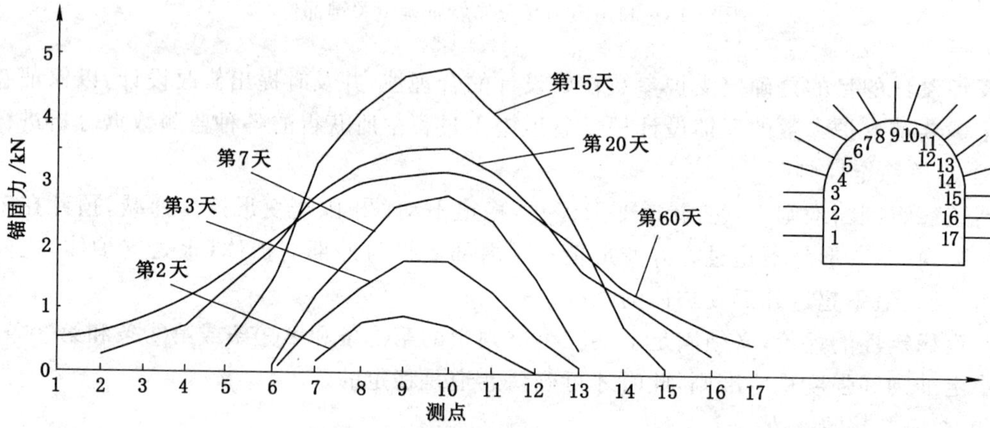

图 9-20 现场某一断面锚固力分布曲线(距端头 30 m)

b. 关键部位判断准则

关键部位的产生是支护体与围岩不耦合支护的一个重要特征，因此，可以根据巷道实施支护后，其产生鳞片状剥落、片状支护体剥落等高应力腐蚀现象部位的多少来判断是否达到耦合支护状态。软岩巷道实现耦合支护的特征是实施支护后，关键部位不再产生或极少产生关键部位。

(4) 主要技术特点

理论研究与实践证明，一般软岩巷道锚网索耦合支护理论的技术特点如下：

① 最大限度地利用围岩的自撑能力。

② 最大限度地发挥刚性锚杆的支护能力。

③ 充分转化了围岩中膨胀性塑性能。

④ 适时支护，主动促稳，而不是被动等稳。

⑤ 利用深部围岩强度，达到对浅部围岩的控制。

⑥ 围岩和支护体实现了优化组合，从而使支护系统达到耦合的最佳支护状态。

表 9-6 为一般软岩巷道锚网索耦合支护与新奥法的技术特点比较。通过比较可以看

出:软岩巷道耦合支护在支护体与围岩的作用关系、二次支护方式等方面不同于新奥法的二次支护,尤其是二次组合支护首先在关键部位进行,而不是全断面二次支护。由此可见,一般软岩巷道锚网索耦合支护技术对于软岩巷道支护比新奥法更为合理、有效。

表 9-6　　一般软岩巷道锚网索耦合支护与新奥法的技术特点比较

比较内容	新　奥　法	软岩巷道耦合支护
一次支护后	被动等稳	在支护体与围岩耦合的基础上,主动促稳
二次支护后	全断面支护	关键部位支护
二次支护时间判定	需大量量测工作	量测,信息反馈,现场特征判断
利用围岩范围	浅部围岩	浅部围岩及深部围岩
设计方法	参数设计	① 对策设计;② 过程优化设计;③ 参数设计

4. 联合支护施工

在松软破碎的岩层中,仅使用某种单一的支护方法往往不能达到预期的效果。因此采用喷射混凝土或锚喷-可缩金属支架、喷射混凝土-砌块或混凝土弧板-回填注浆等联合支护方法,取得了很好的支护效果。虽然联合支护的工艺复杂、成本高、成巷速度较慢,但使用这类支护的巷道能长期保持稳定,减少维修和保证正常生产。因此它特别适用于围岩条件差的重要地段,如马头门、井底车场的重要硐室、主要运输和通风大巷等。

(1) 锚喷+U 形钢联合支护

这种支护方式的工艺及施工顺序为:

① 采用光面爆破掘进,使围岩周边规整,减少超挖。

② 掘后立即喷射一层厚度为 30～50 mm 的混凝土,封闭围岩。

③ 及早打锚杆,锚杆长度为 1.6～1.9 m,用树脂锚杆或钢筋砂浆锚杆,长短锚杆相结合。

④ 安装 U 形钢可缩支架、钢筋网背板及隔离层。

⑤ 进行架后充填。

⑥ 架设 U 形钢底梁,用混凝土浇筑底板,砌筑水沟,铺设轨道。

作为二次支护的 U 形钢支架滞后掘进的时间与一次支护后的稳定程度及 U 形钢支架允许的缩量等有关,一般以 10 d 为宜。

(2) 锚喷+砌碹联合支护

龙口北皂矿和其他软岩矿井的主要硐室,采用先锚喷后砌碹的联合支护形式,以适应软岩巷道围岩初期来压快、变形剧烈的特点。采用二次支护比一次支护更有利于巷道的稳定。第一次锚喷支护时,先封闭围岩,让锚喷层与围岩一起变形,经过初期和后期释放能量和变形之后,喷层可能出现裂纹,然后补喷一次,在围岩变形速度趋向基本稳定后,再进行砌碹。在碹体和锚喷之间进行充填,充填材料具有一定的可缩性,还能进一步释放围岩能量,使碹体处于有利的受力状态。

(3) 锚喷+弧板联合支护

混凝土弧板(或钢筋混凝土弧形板)支护是一种全封闭的整体衬砌支护,它能较好地约束围岩变形,对相应的变形压力有较高的承载能力。这方面在国外已有很多成功的经验,国内淮南孔集煤矿、平顶山四矿、沈阳大桥煤矿和辽源梅河煤矿也进行了实验。混凝土弧板支护不仅能均匀承载，承载能力大，而且能把大量的支架加工工作放到地面进行，这样可保证支架的加工质量和强度要求，而在井下只是简单的安装工作，如配合机械手则可大大加快安装速度，从而为快速掘进创造条件。

根据软岩巷道围岩变形特征，采用二次支护：一次支护为锚网喷，二次支护为钢筋混凝土弧板。大桥矿使用的弧板宽 400 mm，厚 200 mm，每圈为 5 块，底板两块较短，每块长 1.59 m，质量 294 kg；3 块较大，每块弧长 2.25 m，质量 435 kg。孔集煤矿的弧板支架由 4 块大弧板和 1 块小弧板组成，形成封闭的圆形巷道支护。弧板断面宽 320 mm，厚 230 mm。弧板接头处垫一块厚 20～30 mm 木板作可缩层。整圈弧板支架的极限承载能力比国内现用各类支架要高几倍到十几倍。为缓冲围岩压力和使来压均匀，多在混凝土板块与围岩之间充填袋装灰砂，或者用泵充填素混凝土。充填工作可在支护安装后，利用板块上预留的充填孔分段进行。

淮南矿区潘二矿在－530 m 石门过断层破碎带时，使用了“锚喷＋U 形钢棚＋钢筋混凝土碹＋壁后注浆”的联合支护也取得了成功，如图 9-21 所示。

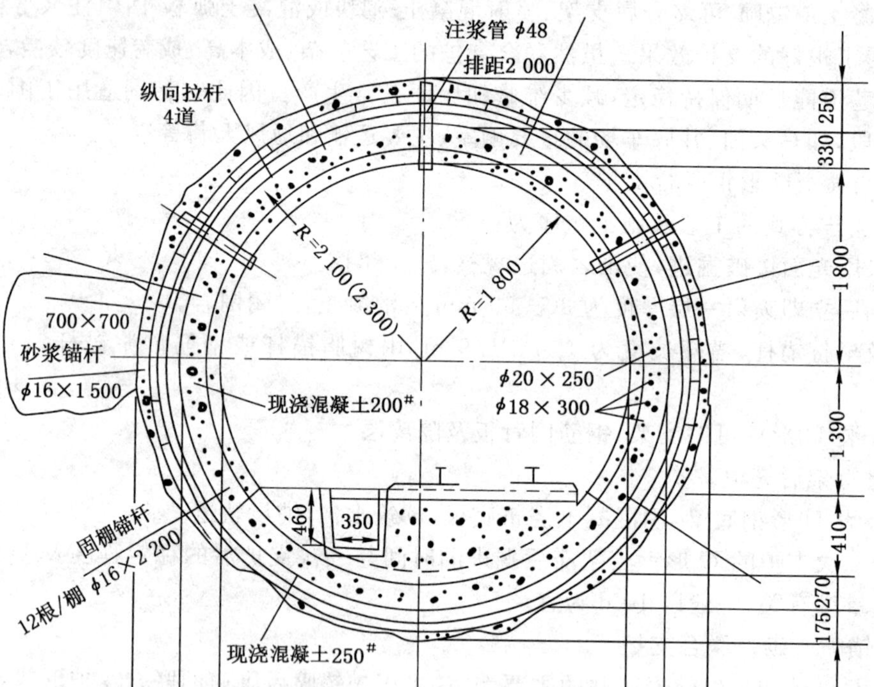

图 9-21 淮南潘二矿－530 m 水平运输石门
“锚喷＋U 形钢棚＋钢筋混凝土碹＋壁后注浆”的联合支护

5．新奥法施工

新奥法是 1964 年由奥地利 L. V. Labcewicz(腊布希威兹)教授根据多年隧道施工经验总结的，称为新奥地利隧道施工法，简称新奥法(NATM)。新奥法是隧道施工科学方法的总结，主要针对软岩隧道，重点在支护方面。新奥法不是单纯的支架结构改革或支护方法的改进，而是一套综合的隧道施工方法，更确切地说是一套适用在断面为 50～150 m^2 的隧道及大断面地下工程中设计、掘进、衬砌、测试相结合的完整新概念。

(1) 理论要点

新奥法认为普通支架不能密贴围岩，自身刚度大而对软岩变形缺乏让压性，材料消耗量多而支护效果差，而采用喷射混凝土作为第一次支护，最能密贴围岩，充分利用围岩自身强度。

新奥法是按岩石力学围岩支架共同作用基本原理制定的，允许围岩由一定量的变形，以利于发挥围岩的固有强度，同时巷道的支护结构也应具有预定的可缩量，以缓和巷道压力。其主要意图是利用围岩自身的承载能力，尽可能地控制围岩变形，防止围岩松动，以达到施工隧道的最大安全度和最好经济效果。

(2) 施工工艺

新奥法以喷射混凝土、锚杆支护为主要支护手段，因锚杆＋喷射混凝土支护能够形成柔性薄层与围岩紧密黏结的可缩性支护结构，允许围岩有一定的协调变形，而不使支护结构承受过大的压力。顺序可以概括为：开挖→一次支护→监测→二次支护。

① 开挖

开挖作业的内容依次包括钻孔、装药、爆破、通风、出渣等。开挖作业与一次支护作业同时交叉进行。为保护围岩的自身支撑能力，第一次支护工作应尽快进行。为了充分利用围岩的自身支撑能力，开挖应采用光面爆破(控制爆破)或机械开挖，并尽量采用全断面开挖，地质条件较差时可以采用分块多次开挖。一次开挖长度应根据岩质条件和开挖方式确定。岩质条件好时，长度可大一些，岩质条件差时长度小一些；在同等岩质条件下，分块多次开挖长度可大一些，全断面开挖长度就要小一些。一般在中硬岩中长度约为 2～2.5 m，在膨胀性地层中为 0.8～1.0 m。

② 第一次支护作业

第一次支护作业包括：一次喷射混凝土、打锚杆、连网、立钢拱架、复喷混凝土。在巷道开挖后，应尽快地喷一层薄层混凝土(3～5 mm)。为争取时间，在较松散的围岩掘进中，第一次支护作业是在开挖的渣堆上进行的，待未被渣堆覆盖的开挖面上一次喷射混凝土完成后再出渣。按一定系统布置锚杆，加固深度围岩，在围岩内形成承载拱，由喷层、锚杆及岩面承载拱构成外拱，起临时支护作用，同时又是永久支护的一部分。复喷后应达到设计厚度(一般为 10～15 mm)，并要求将锚杆、金属网、钢拱架等覆裹在喷射混凝土内。

完成第一次支护的时间非常重要，一般情况应在开挖后围岩自稳时间的二分之一时间内完成。目前的施工经验是松散围岩应在爆破后 3 h 内完成，主要由施工条件决定。

在地质条件非常差的破碎带或膨胀性地层中开挖巷道，为了延长围岩的自稳时间，给一次支护争取时间，安全地作业，需要在开挖工作面的前方围岩进行超前支护(预支护)，然后再开挖。

在安装锚杆的同时，在围岩和支护中埋设仪器或测点，进行围岩位移和应力的现场测量，依据测量得到的信息来了解围岩的动态，以及支护抗力与围岩的相适应程度。

③ 工程监测

由于岩体生成条件与地质作用的复杂性、施工条件的复杂性，以及对工程设计参数的精确要求，需要通过许多量测手段，在施工过程中对围岩动态和支护结构工作状态和支护结构工作状态进行监测，并用监测结果修改初步设计，指导施工。量测的结果可以作为施工现场分析参数和修改设计的依据，以便能够预见事故和险情，及时采取措施，防患于未然，提高施工的安全程度。

④ 二次支护

一次支护后，在围岩变形趋于稳定时，进行第二次支护和封底，即永久性的支护(或是补喷射混凝土，或是浇筑混凝土内拱)，起到提高安全度和整个支护承载能力增强的作用，而此支护时机可以由监测结果得到。如果底板不稳，底鼓变形严重，必然引起侧墙及顶部支护不稳，所以应尽快封底，形成封闭式的支护，以寻求围岩的稳定。

(3) 应用前景

新奥法的支护思想是：围岩不仅是承载物体，而且是承载结构；围岩承载圈和支护体组成巷道的统一体，是一个力学体系；巷道的开挖和支护都是为保持、改善与提高围岩的自身支撑能力服务的。

新奥法的基本思想和方法不仅适用于隧道工程，而且适用于断面相对较小的煤矿软岩巷道工程。国外利用新奥法施工隧道，初始支护多采用锚喷支护，二次支护用补喷挂网。当围岩压力很大时，亦有用钢骨架钢筋混凝土整体浇灌作为永久支护的，而我国在某些软岩巷道和硐室，不论是初始支护还是二次支护，多数是采用锚喷或锚喷网，只有少数煤矿采用锚喷网钢骨架联合支护。

新奥法也存在不少缺点，不过经过工程技术人员和科技工作者的共同努力，一定可以把新奥法不断完善，在我国的现代化矿井建设进程中发挥更加重要的作用。

(二) 施工工艺与质量管理

1. 破岩方式选择

在软岩层中掘进巷道，破岩方法以不破坏或少破坏巷道围岩为原则。

若采用钻眼爆破破岩，应采用光面爆破技术，以保持围岩的自承能力。采用掘进机破岩，巷道破坏作用很小，基本没有受到掘进的扰动，效果较好。

2. 支护质量检查

软岩巷道施工质量和支护质量关系着巷道是否能正常地为矿井安全生产服务。巷道施工质量包括巷道的高度、宽度、坡度、超挖、欠挖，以及中腰线的偏差等是否符合《煤矿生产安全质量标准化标准》的要求，所采用的支护形式及支护材料的要符合《煤矿安全规程》和相关作业规程的要求。

3. 监控量测技术

现场监测可以为支护参数的优化和工程质量的管理提供基础数据，合理确定二次支护的时机。因此，监测工作是软岩巷道支护的基本组成部分。现场量测实施工作分为 3 个阶段。

第一阶段观测目的是为围岩分类和初次支护设计获取必要的数据，量测内容包括围岩松动圈、岩石强度参数(岩石的极限强度、残余强度、内摩擦角和内聚力)、岩石膨胀性实验分级、岩体节理发育状况、锚杆锚固力、巷道维护状况等数据和资料。

第二阶段是在巷道施工期间，监控量测的目的是：① 合理地组织矿压观测以验证初次支护参数的正确性与合理性，为修改、优化支护参数和适时确定二次支护时机提供科学依据;② 监控巷道支护的施工质量,及时发现隐患,确保施工安全;③ 掌握巷道围岩动态及其规律性,为巷道支护进行日常动态化管理提供科学依据。监测内容主要有巷道表面维护状况、巷道两帮收敛量、顶板下沉量、底鼓量、锚杆拉拔力、松动圈、锚杆实际工作阻力、喷层质量、围岩内位移、锚杆轴向应力分布等。

第三阶段是施工完成后,长期监控巷道稳定性、支护工作状态、采动影响程度等。

软岩巷道支护的监控量测内容很多,要根据巷道的围岩性质与类别(如岩巷或煤巷)、巷道的种类(开拓巷道、硐室、采准巷道、回采巷道)和服务年限及巷道的支护方式等,有针对性地选择几项作为必测项目,并根据具体情况选若干个其他观测项目。

软岩巷道最常进行的监控量测项目主要有以下几项。

(1) 巷道围岩表面位移监测

巷道围岩表面位移观测,是软岩巷道最重要的必测项目,其目的是掌握巷道从开挖至报废期间围岩表面变形及断面收缩情况,检验支护形式和参数是否合理以及在采动影响下支护的可靠程度。监测项目包括:① 顶底板相对移近量;② 两帮相对移近量;③ 顶板下沉量;④ 底鼓量。

(2) 支护质量的检测

锚杆施工质量的监测检验,应包括检验材料质量、工序质量、工作质量以及锚杆支护的工程质量。每一道工序的检验都应有原始记录,并以此为依据作为锚杆支护质量评判的基础。架棚支护应包括检验材料质量、工序质量、工作质量以及架棚支护的工程质量。

(3) 巷道顶板离层的监测

巷道顶板(或围岩)活动的主要表现是离层、下沉、冒顶。由于锚杆支护巷道顶板活动的隐蔽性,巷道的冒顶预兆不易被人察觉,甚至在冒顶时无机会躲避(架棚支护可以通过支架的变形和其他预兆来判断是否会产生冒顶事故)。巷道日常监测的目的是井下作业人员随时观察巷道顶板离层情况及稳定状况,一旦发现异常,可及时采取措施,保证安全生产。所有采用锚杆支护的巷道都应进行日常巷道的监测。离层监测一般都采用顶板离层指示仪。

任务实施

教师先讲解本任务的基本知识和培训技能,组织学生分组讨论、查阅相关资料和完成实训技能,总结与提炼任务精华,提交任课老师后评价总结。

思考与练习

1. 分析工程软岩与地质软岩的区别和联系,在工程实践中如何区分和应用。要求:(1) 指导老师布置任务,分组完成;(2) 提交成果和评价。

2. 分析软岩巷道的支护施工方法。要求:(1) 内容完整、观点正确;(2) 有自己的见解;(3) 有一两个创新点;(4) 自我评价与提交成果。

3. 理解地质软岩、工程软岩、软化临界荷载等专业术语。

4. 简述软化指数的含义及如何计算。

5. 简述软岩巷道设计的基本步骤及核心问题。

6. 简述软岩巷道支护设计的原理。

7. 分析软岩巷道支护常用的方法与应用条件。

8. 简述新奥法施工的工艺流程。

9. 软岩巷道支护的关键部位如何判定？如何合理确定软岩巷道的二次支护时间？

10. 分析预留刚隙柔层支护的技术特点。

11. 简述超前锚杆支护在破碎顶板支护中的作用。

12. 在锚网索耦合支护合理的中，确定二次支护的时间的确定方法有哪些？

任务二 探放水工程施工

知识要点

含水层的分类与性质；探放水工程设计的内容与原则；探放水的条件，探水“三线”，透水前的征兆。

技能目标

能完成探放水工程设计，能组织探放水施工。

任务导入

(1) 探放水的条件及作用是什么？

(2) 如何进行探放水？

任务分析

(1) 含水层的分类及性质。

(2) 探放水工程设计的内容。

(3) 探放水及探放水的安全技术措施。

相关知识

一、分析含水层的性质

(一) 含水层的分类与性质

1. 按埋藏条件划分

按含水层埋藏条件划分，含水层可分为上层滞水、潜水和承压水。

(1) 上层滞水：埋藏在离地表不深的包气带中局部隔水层之上的重力水。它分布有限，水量少，季节性明显，对煤矿安全生产影响相对较小。

(2) 潜水：埋藏在地表以下第一个稳定隔水层之上，且具有自由水面的重力水。潜水是矿井充水重要来源之一，必须高度重视。

① 潜水面——潜水的自由水面。

② 潜水埋深——地表到潜水面的垂深。

③ 潜水含水层厚度——潜水面至其底板隔水层顶板的距离。

(3) 承压水：充满于上、下两个稳定隔水层之间含水层中的重力水，又称为自流水。承压水是矿井充水重要来源之一，必须高度重视。

① 自流盆地（承压水盆地）——储存承压水的向斜构造，它又分为补给区、承压区和排泄区。

② 自流斜地（承压水斜地）——储存承压水的单斜构造。

③ 承压水等水压线图——承压水测压水位等高线图。从图中可判定承压水流向、水力坡度、每一点的承压、水位与潜水的补给关系等。

2. 按含水层空隙性质划分

按含水层空隙性质划分，含水层可分为孔隙水、裂隙水和喀斯特水。

（1）孔隙水：储存于疏松岩层孔隙中的水。

主要性质如下：岩石颗粒大而均匀，则孔隙大、透水性好、水量大；岩石颗粒细小而不均匀，则孔隙小、透水性差、水量小。

（2）裂隙水：埋藏于基岩裂隙中的地下水。按裂隙成因分为以下三类：

① 风化裂隙水。多分布于基岩表面，大部分为潜水，补给来源为大气降水，可作为饮用水。

② 成岩裂隙水。多存在于火成岩中，喷出岩出露地表接受降水补给后可形成层状潜水；侵入岩与围岩接触部分裂隙发育，形成富水带。

③ 构造裂隙水。赋存在构造裂隙中的地下水。分为以下两类：

a. 层状裂隙水。存在于沉积岩、变质岩节理中，可形成潜水，也可形成承压水。

b. 脉状裂隙水。存在于断裂破碎带中，呈承压水性质。构造裂隙水对煤矿安全生产威胁很大。

（3）喀斯特水：埋藏于溶洞中的重力水，又称为岩溶水。裸露石灰岩分布区的岩溶水为潜水，其他岩石的岩溶水深埋地下时则成承压水。

主要性质如下：

① 水量分布不均衡。

② 易接受降水的渗入，在地下流动快。

③ 埋藏深，常造成地下缺水。

④ 在谷地常形成泉水出露。

⑤ 水量大，水质好，但对煤矿安全威胁极大。

（二）水害分析预报表和预测图模式

（1）采掘工作面水害分析预报表，如表9-7所示。

表9-7　　采掘工作面水害分析预测表

矿井	项号	预测水害地点	采掘队	工作面上下标高	煤层			采掘时间	水害类型	水文地质简述	预防及处理意见	责任单位	备注
					名称	厚度/m	倾角/(°)						
某矿某井	1												
	2												
	3												

注：水害类型指地表水、孔隙水、裂隙水、岩溶水、老空水、断裂构造水、陷落柱水、钻孔水、顶板水、底板水等。

(2) 水害预测图：在矿井采掘工程图(月报图)上，按预报表上的项目，在可能发生水害的部位，用红颜色标上水害类型符号。符号图例如图 9-22 所示。

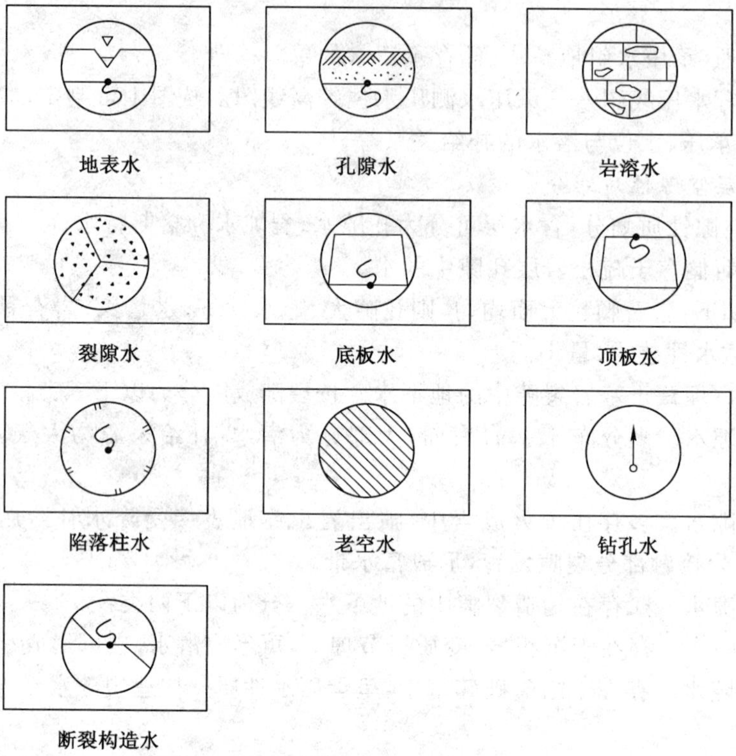

图 9-22 矿井采掘工作面水害预测图符号图例

二、探放水原则与工程设计内容

(一) 探放水原则

《煤矿防治水规定》规定，对于采掘工作面受水害影响的矿井，应当坚持"预测预报、有疑必探、先探后掘、先治后采"的原则，进行充水条件分析，遵守相关规定。

水文地质条件复杂、极复杂的矿井，在地面无法查明矿井水文地质条件和充水因素时，应当坚持有掘必探的原则，加强探放水工作。

(二) 工程设计内容

在巷道施工中，遇水文地质复杂，有突水威胁的矿井，应编制探放水工程设计。一份完整的设计应具备以下内容：

(1) 探放水的掘进工作面及周围的水文地质条件、水害类型、水量及水压预计。

(2) 探放水巷道的开拓方向、施工次序、支护方式和规格。

(3) 探放水钻孔组数、个数、方向、角度、深度、孔径、施工技术要求、采用的超前距和帮距及探水线确定。

(4) 探放钻孔孔口安全装置及耐压要求等。

(5) 探放水施工与掘进工作的安全规定。

(6) 受水威胁地区信号联系和避灾路线。

(7) 通风措施和瓦斯检查制度。

(8) 防排水设施，如水闸门、水闸墙、水仓、水泵、管路、水沟等排水系统及能力的安排。

(9) 水情及避灾联系汇报制度和灾害处理措施。

(10) 钻窝设计和探放水孔布置的平面图、剖面图等。

三、探放水巷道施工

煤矿发生透水或淹井事故的水源，主要来自于井下的强含水层水、断层水和老空积水，有时地面河流、湖泊和水库的水也可能通过孔洞裂缝突然溃入井下，造成透水或淹井事故。

(一) 遇含水层的巷道施工

井下防水是受地下水威胁的矿井一项非常重要的工作。为了防止巷道掘进时发生透水事故，必须做好水文地质和探放水工作。

1. 做好水源的调查研究工作

首先应了解地下水源的分布情况及储水量，除详细分析研究已有的水文地质资料外，应做好老窑过去生产情况的调查研究工作。如附近有生产矿井，就应调查并取得相应各含水层及生产期间有关水文、地质构造方面的详细资料，作为参考。

2. 密切注意透水前的征兆

煤层或岩层透水前，一般都会有一些征兆。井下工作人员都应熟悉发生透水事故前的预兆，以便及时采取防范措施。透水前的预兆常有以下几种：

(1) 煤层发潮发暗。由于水的渗入，煤层变得潮湿，光泽变暗淡。如果挖去一层仍是这样，说明附近有积水。

(2) 巷道壁或顶板“挂汗”。它是积水通过岩石微小裂隙时，凝聚于岩(煤)壁表面的一种现象。

(3) 煤层变凉。煤层含水时能吸收人体和空气中的热量，用手触摸时会有发凉的感觉，并且手放的时间越长，感到越凉。

(4) 工作面顶板淋水加大，或出现压力水头。

(5) 工作面温度降低。工作面可见到淡淡的雾气，使人感到阴凉。

(6) 发出水叫声。煤岩层裂缝中有水挤出，发出“嘶嘶”的响声，有时还可听到像低沉的雷声或开锅水声，这都是透水的危险征兆。

(7) 工作面有害气体增加。因积水区有气体向外散出，工作面空气中的二氧化碳、硫化氢等气体的含量明显增大。

(8) 煤壁或巷道壁“挂红”。如老空水，一般积存时间较长，水量补给少，通常称为“死水”，所以酸度大，水内含有含铁的氧化物或硫化矿物。这是接近老空积水的征兆。

当发现这些征兆后，应立即采取措施进行处理，并报告矿井调度室；如情况危急，必须立即发出警报，撤出所有受水威胁地点的人员。

3. 认真做好探、放水工作

探、放水工作是矿井水文地质工作的重要内容之一。《煤矿安全规程》第三百一十七条规定，在地面无法查明水文地质条件时，应当在采掘前采用物探、钻探或化探等方法查清采掘工作面及周围的水文地质条件。

依据《煤矿防治水规定》，采掘工作面遇有下列情况之一的，应当进行探放水：

(1) 接近水淹或者可能积水的井巷、老空或者相邻煤矿。

(2) 接近含水层、导水断层、暗河、溶洞和导水陷落柱。

(3) 打开防隔水煤(岩)柱进行放水前。

(4) 接近可能与河流、湖泊、水库、蓄水池、水井等相通的断层破碎带。

(5) 接近有出水可能的钻孔。

(6) 接近水文地质条件复杂的区域。

(7) 采掘破坏影响范围内有承压含水层或者含水构造、煤层与含水层间的防隔水煤(岩)柱厚度不清楚可能发生突水。

(8) 接近有积水的灌浆区。

(9) 接近其他可能突水的地区。

(二) 探放水工作

1. 探水作业前的准备工作

在安装钻机进行探水前,应当符合下列规定:

(1) 加强钻孔附近的巷道支护,并在工作面迎头打好坚固的立柱和拦板。

(2) 清理巷道,挖好排水沟。探水钻孔位于巷道低洼处时,配备与探放水量相适应的排水设备。

(3) 在打钻地点或其附近安设专用电话。

(4) 依据设计,确定主要探水孔位置时,由测量人员进行标定。负责探放水工作的人员亲临现场,共同确定钻孔的方位、倾角、深度和钻孔数量。

(5) 在预计水压大于 0.1 MPa 的地点探水时,预先固结套管。套管口安装闸阀,套管深度在探放水设计中规定。预先开掘安全躲避硐,制定包括撤人的避灾路线等安全措施,并使每个作业人员了解和掌握。

(6) 钻孔内水压大于 1.5 MPa 时,采用反压和有防喷装置的方法钻进,并制定防止孔口管和煤(岩)壁突然鼓出的措施。

2. 探水"三线"的确定

《煤矿安全规程》第二百九十八条规定,在采掘工程平面图和矿井充水性图上必须标绘出井巷出水点的位置及其涌水量、积水的井巷及采空区范围、底板标高、积水量、地表水体和水患异常区等。在水淹区域应当标出积水线、探水线和警戒线的位置。

(1) 积水边界线的确定

积水线是指经过调查确定的积水边界线。积水线是由调查所得的水淹区域积水区分布资料,或由物探、钻探探查确定的。见图 9-23。

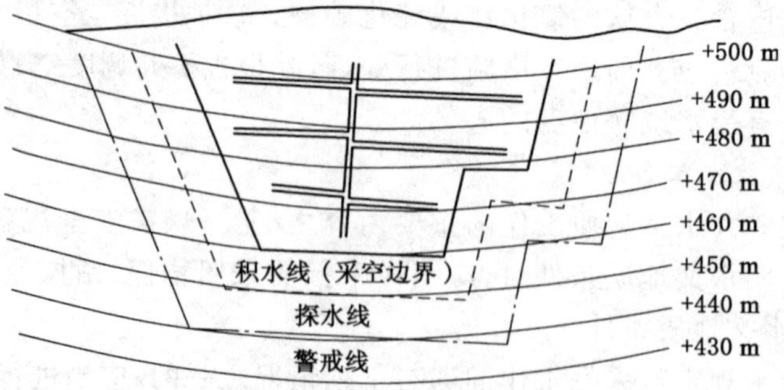

图 9-23 积水线、探水线、警戒线的划定

(2) 探水线的确定

探水线是指用钻探方法进行探水作业的起始线。探水线是根据水淹区域的水压、煤(岩)层的抗拉强度及稳定性、资料可靠程度等因素沿积水线平行外推一定距离划定的。当采掘工作面接近至此线时就要采取探放水措施。具体参见表 9-8、图 9-23。

表 9-8　　老空水探水线、警戒线　　单位:m

边界名称	确定方法	煤层软硬程度	依靠调查分析资料判别	有一定图纸资料作参考	有可靠图纸资料作依据
探水线	由积水线平行外推	松软	100～150	80～100	30～40
		中硬	80～120	60～80	30～35
		坚硬	60～100	40～60	30
警戒线	由探水线平行外推		60～80	40～50	20～40

断层、含水层探水线的计算公式如下:

$$a = 0.5AL\sqrt{\frac{3P}{K_p}} \tag{9-22}$$

式中　a——超前距,m;

A——安全系数,一般取 2～5;

L——巷道跨度(宽或高取大值),m;

P——水头压力,MPa;

K_p——煤(岩)的抗拉强度,MPa。

按上式计算结果,探水线(探水起点)至断层交面线的最小距离不得小于 20 m,水压大于 2 MPa 时应按每增加 0.1 MPa 增加 0.5～1 m 计算。

老钻孔、陷落柱探水线一般应以可能出水的老钻孔开孔点或陷落柱中心为圆心,按式(9-22)求出的 a 值加钻孔或陷落柱半径作半径画圆,圆周线即探水线。

(3) 警戒线

警戒线是指开始加强水情观测、警惕积水威胁的起始线。警戒线是由探水线再平行外推一定距离划定的。当采掘工作面接近此线后,应当警惕积水威胁,注意采掘工作面水情变化。具体参见表 9-8、图 9-23。

3. 布置探放水钻孔

(1) 布置探放水钻孔应当遵循的规定

① 探放老空水、陷落柱水和钻孔水时,探水钻孔成组布设,并在巷道前方的水平面和竖直面内呈扇形。钻孔终孔位置以满足平距 3 m 为准,厚煤层内各孔终孔的垂距不得超过 1.5 m。

② 探放断裂构造水和岩溶水等时,探水钻孔沿掘进方向的前方及下方布置。底板方向的钻孔不得少于 2 个。

③ 煤层内,原则上禁止探放水压高于 1 MPa 的充水断层水、含水层水及陷落柱水等。如确实需要的,可以先建筑防水闸墙,并在闸墙外向内探放水。

④ 上山探水时,一般进行双巷掘进,其中一条超前探水和汇水,另一条用来安全撤人。

双巷间每隔 30～50 m 掘一个联络巷，并设挡水墙。

(2) 探水钻孔超前距离和止水套管长度的规定

① 探放老空积水的超前钻距，根据水压、煤(岩)层厚度和强度及安全措施等情况确定，但最小水平钻距不得小于 30 m，止水套管长度不得小于 10 m。

② 沿岩层探放含水层、断层和陷落柱等含水体时，按表 9-9 确定探水钻孔超前距离和止水套管长度。

表 9-9　　岩层中探水钻孔超前钻距和止水套管长度

水压/MPa	钻孔超前钻距/m	止水套管长/m
＜1.0	＞10	＞5
1.0～2.0	＞15	＞10
2.0～3.0	＞20	＞15
＞3.0	＞25	＞20

如在煤巷探水，钻孔布置方式及其控制范围应根据巷道前进方向积水分布情况而定。

当巷道三面受水威胁时，应采取双巷掘进同时交替探水，其中一个巷道的探水钻孔应略超前另一巷道的掘进工作面，如图 9-24(a)所示。若巷道沿煤层走向掘进，当积水在巷道的上侧时，可采用单巷超前探水，上帮工作面应超前下帮工作面 20～30 m，且下侧巷道工作面应处于探水钻孔的控制范围以内，如图 9-24(b)所示。在中厚煤层中探水，钻孔在煤层中的分布，不仅要考虑到水平宽度与密度，还应注意垂直剖面上的分布密度，如图 9-24(c)所示。

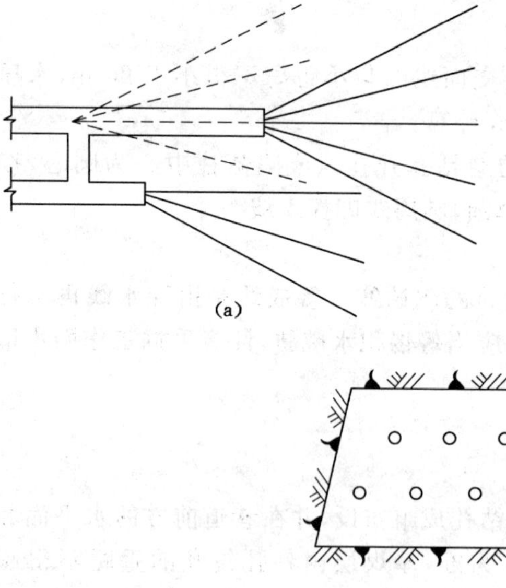

(a)

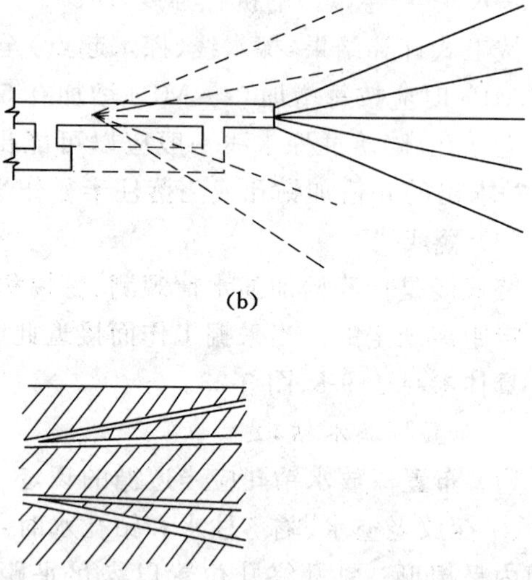

(b)

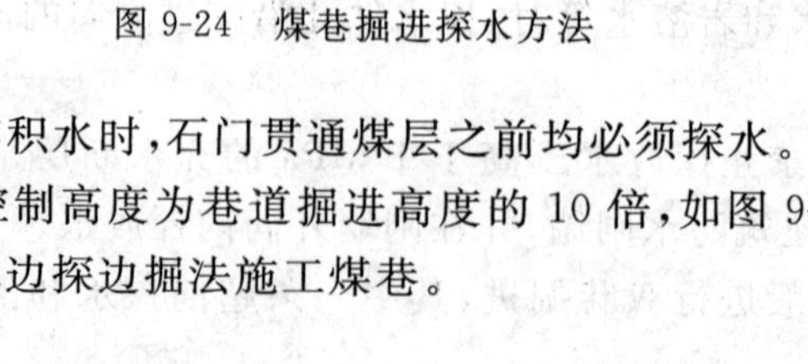

(c)

图 9-24　煤巷掘进探水方法

在生产水平附近有老窑积水时，石门贯通煤层之前均必须探水。探水孔布置呈半圆形，孔数一般不少于 5～6 个，控制高度为巷道掘进高度的 10 倍，如图 9-25 所示。将积水放尽后，掘透煤层，再采用沿两翼边探边掘法施工煤卷。

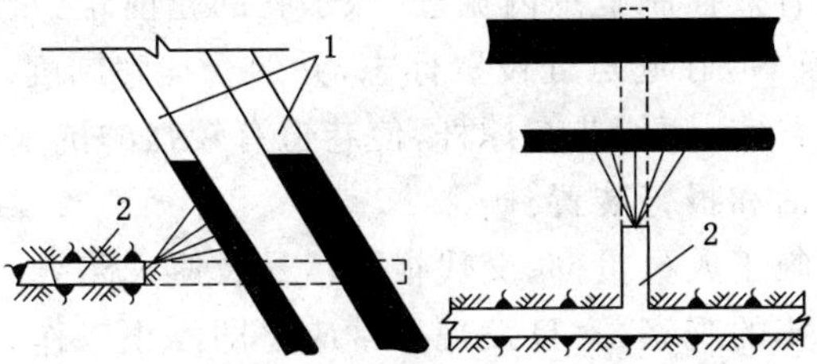

图 9-25　石门探水方法

1——老空集水区；2——石门

4. 钻孔放水

巷道掘进时，如其前方遇到涌水量很大的含水层，可采用钻孔放水方法，形成人工降水漏斗，从而使掘进工作在已疏干的岩层中掘进。图 9-26 所示是钻孔放水方法之一。当掘进工作面距含水层 30～40 m 时，即从工作面沿水平下倾 10°～30°，钻进 2～3 个直径为 100～150 mm 的钻孔。在孔口外安设 3～5 m 的套管，并在其露出端安装截止阀，然后即可用轻型钻机继续钻孔。如果预计水压很大，为防止水自钻孔中冲出，可在孔口管上安装保护压盖。此外，为了测定水压，装有压力表。钻孔水可以用截止阀控制。在放水的同时应测定水压和涌水量。

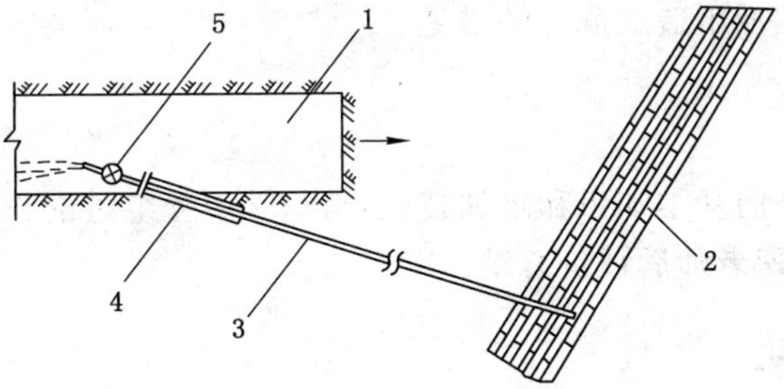

图 9-26　利用钻孔放水的方法

1——石门；2——含水石灰岩；3——探放水钻孔；4——孔口管；5——截止阀

当钻孔中的涌水量已经不大且动水压力降至 1～2 kg/cm^2 时，即可在含水带内掘进。但有时动水压力虽已降低，而涌水量并未减少，此时可安设水泵进行抽水，这样可使降水漏斗降至巷道底板以下，从而使掘进工作在已疏干的岩层内进行。

（三）注浆堵水或改道绕行

当掘进工作面前方遇到强含水层，由于某种原因不能采用放水的方法时，应考虑采用注浆堵水，把巷道将要穿过的岩层进行注浆堵塞加固，而后在无水的条件下，安全掘过含水地段。对于溶洞性的灰岩水，如果巷道穿过有困难，也可以根据溶洞分布的规律，避开溶洞地点，改变巷道掘进路线，即所谓实行改道绕行的方法通过涌水地段。这种方法在重庆、广西、湖南和江西等某些矿井都曾成功地应用过。

（四）主要安全技术措施

(1) 探水的上山、下山及平巷，中间不得有低洼积水段。

（2）探水巷必须在探水钻孔有效控制范围内掘进，探水孔的超前距、帮距及孔间距应符合设计要求。每次探水后、掘进前，应在起点处设置标志，并建立挂牌制度。

（3）巷道支护应牢固，顶、帮背实，倾斜巷有撑杆，使巷道有较强的抗水流冲击能力。

（4）探放水地点必须安设电话和报警装置。

（5）必须向受水威胁地区的施工人员贯彻、交代报警信号及避灾路线。

（6）探水巷道应加强出水征兆的观察，一旦发现异常应立即停止工作，及时处理。情况紧急时必须立即发出警报，撤出所有受水威胁地区的人员。

（7）钻孔接近老空，预计可能有瓦斯或其他有害气体涌出时，必须有瓦斯检查员或矿山救护队员在现场值班，检查空气成分。如果瓦斯或其他有害气体超过《煤矿安全规程》有关条文规定，必须立即停止打钻，切断电源，撤出人员，并报告矿调度室，采取措施，进行处理。

（8）上山探水时，一般应双巷掘进。其中一条超前探水、汇水，另一条随后用来安全撤人。双巷间每隔 30～50 m 掘一联络巷并设挡水半墙。

（9）放水工作应尽量避免在雨季进行。

（10）探放水人员必须按照批准的设计施工，未经审批单位允许，不得擅自改变设计。

（11）水压较大地点的探水孔要设套管，以便安装截止阀调节流量，特别危险地区还要选择坚固地点砌筑水闸墙。在放水以前必须清理巷道、水沟或其他水路。同时必须估计储水量，并要根据矿井的排水能力和水仓容量控制钻孔放水流量。在排水过程中，还要有防止被水所封住的瓦斯突然涌出造成危害的措施。

任务实施

教师先讲解本任务的基本知识和培训技能，组织学生分组讨论和完成实训技能，总结与提炼任务精华，提交任课老师后评价总结。

思考与练习

1. 简述煤矿生产中常见含水层，分析其主要特征。
2. 依据探水工程设计内容，阅读与分析探放水工程设计的内容与工程图，并提出自己的见解。
3. 简述透水前的征兆和探放水的原则。
4. 分析说明掘进工作面遇到什么情况必须探水。
5. 如何确定探水的“三线”？
6. 阅读与分析掘进工作面的安全技术措施，并提出自己的见解。
7. 巷道通过含水层时，防治水方法有哪些？分析其适用条件。
8. 简述探放水钻孔设计的主要参数。

任务三 巷道维修

知识要点

巷道维修理念；冒顶片帮的处理方法；砌碹巷道、岩巷、锚喷支护修复；巷道底鼓的类型与防治方法。

技能目标

能编制巷道维修的方案措施，并组织施工。

任务导入

(1) 巷道为什么需要维修？
(2) 巷道维修的类型与方法有哪些？

任务分析

(1) 更新巷道维护的理念。
(2) 如何处理冒顶片帮？
(3) 砌碹巷道、锚喷支护巷道如何修复？
(4) 岩巷如何修复改造？
(5) 巷道底鼓的类型与防治方法手段。

相关知识

一、巷道维修理念

巷道维护是指不改变巷道基本尺寸和外形而仅对巷道进行加固支护。巷道修复（或修复改造）则是指对已经变形或破坏且全部或部分丧失使用功能的巷道进行改造，这种改造需要改变其原有的尺寸或外形。

在巷道的服务期限内，安全生产所需的最小断面得以保证，称之为稳定。若出现妨碍生产安全使用的围岩破坏或过大变形现象，如顶板塌落、巷帮挤入、底板隆起、围岩开裂、突发岩爆、支护折断等，都是围岩不稳定的显现。

（一）巷道维护原则

巷道维护原则是，支护体系、支护结构和参数及工艺过程应适应围岩变形后的力学状态，确保支护特性和围岩变形力学特征相适应，最大限度发挥围岩自撑能力和支护体系支承能力以控制围岩变形。具体地说，巷道维护要注意以下几点：

(1) 加固浅层围岩。
(2) 充分利用和发挥深部围岩的承载能力。
(3) 综合治理，联合支护，长期监控。

（二）加固支护技术

巷道加固支护适应于未产生本质破坏的巷道，即巷道或硐室变形量不大、其基本功能尚未丧失、未严重影响矿井安全生产的局部巷道区域。一般而言，对围岩相对稳定的岩巷采取锚网喷支护加固技术，即可满足维护的基本要求。这种情况使用相对较长的锚杆或补打锚索比较合理。

严重破坏的巷道，围岩破碎，施工难度增加，致使凿岩过程中出现卡杆、塌孔、锚杆无法安装等问题。此时，应采取综合加固维护方法，如浅孔注浆＋锚网喷技术、注浆＋锚网(梁)技术、锚注加固技术等。锚注加固技术，实质是通过对产生变形的围岩进行预注浆填充加固，提高围岩的物理力学参数，使之增强可锚性、提高锚杆的锚固力，然后在注浆加固的基础上利用高强树脂锚杆、锚索等支护材料进行加固。

(三) 棚式支架维修原则

对于严重破坏的棚式支架的巷道，维修应更换支架。更换支架时应遵守“先外后里，先支后拆、先梁后腿、先拱后帮、先远后近及先上后下”的维修原则。

二、冒顶片帮的处理

(一) 处理方法

冒顶片帮处理方法有直接支架、撞楔法、锚喷法、木垛法。

(二) 处理程序

(1) 首先应控制冒顶范围进一步扩大。处理时应先加打点柱，临时维护，确认安全后可补打加固锚杆，然后对冒落区采取全断面处理、小断面处理、绕道掘进等加固处理方法。

(2) 其次要及时封(固)顶，再封两侧。应优先考虑采用锚喷支护处理冒顶区。首先将冒落区顶帮活石捣掉，喷射人员站在安全一侧向冒顶区喷射一层 30～50 mm 厚混凝土，混凝土凝固后再打锚杆并挂网复喷一次。也可采用架棚支护，处理人员站在安全地点，用长杆将冒落的顶部活石捣掉，在没有冒落危险情况下架好支架，排好护顶木垛至冒落最高点将顶托住。

北皂煤矿采用锚喷方法处理过翻车机硐室和东大巷冒顶，如图 9-27 和图 9-28 所示。处理方法是：冒顶落下的岩石暂不清除，先用长杆捣掉冒顶区浮石，然后站在岩石堆上先喷一层混凝土固顶，后喷两帮。若顶、帮有渗漏水，可用特制捕斗和导管将水引出。初次喷层凝固后开始打锚杆眼，而后安装锚杆并挂网并再复喷一次，两次喷射厚度以不超过 200 mm 为宜。冒顶处理完之后，可按设计断面立模浇灌 300～400 mm 厚混凝土碹或砌毛料石碹。碹顶上充填 400～500 mm 河砂和矸石作为缓冲层，以保护下方碹顶。

三、砌碹巷道的修复

当砌碹巷道由于受特殊地质条件影响或采动破坏时，容易出现墙体劈裂、剥落、鼓出、裂缝等破坏现象。可根据地质条件和行人及运输系统要求，针对巷道破坏状况提出修复加固方案。

(一) 局部加固法

此法仅适用于巷道碹体局部损坏情况。根据其破坏程度，可采取以下不同措施。

若巷道拱顶受到局部地压作用而产生纵向或横向裂缝，碹体仍能起支撑作用且断面够用，可采用锚杆或喷射混凝土处理，喷层厚度一般 20～30 mm。经过一段时间若碹体又产生裂缝，可以重复喷射。这是一种比较简便的方法。若不具备喷射混凝土的条件，也可以内套拱形槽钢支架进行加固，以保持碹体稳定。若巷道拱顶和墙体均产生裂缝且有失稳的危险，可用钢轨作骨架，在两架钢轨之间铺设模板，浇灌约 100 mm 厚混凝土，进行整体加固，如图 9-29 所示。

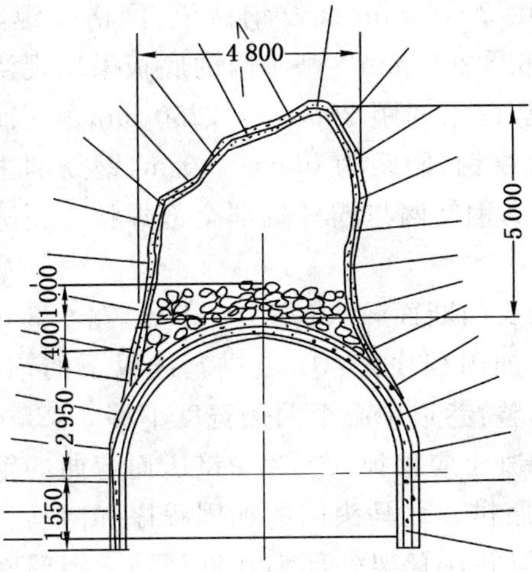

图 9-27　用锚喷法处理翻车机硐室冒顶

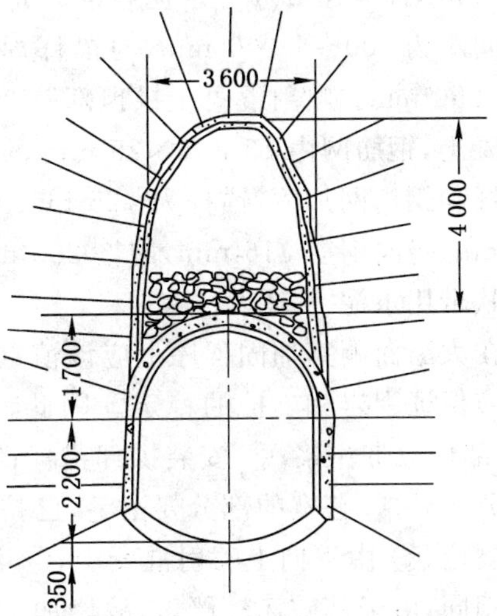

图 9-28　用锚喷法处理大巷冒顶

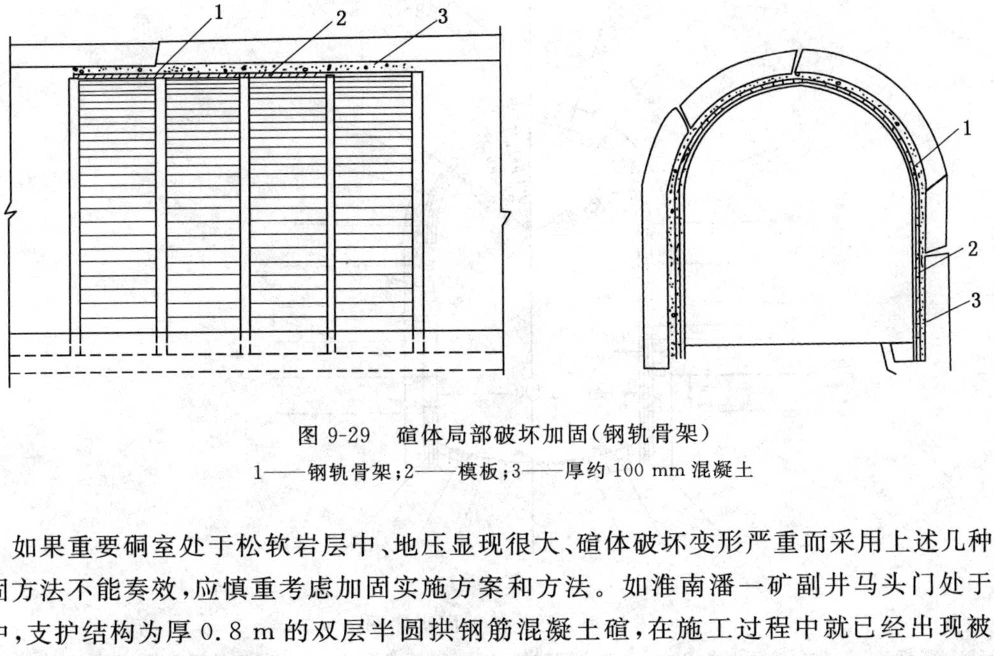

图 9-29　碹体局部破坏加固(钢轨骨架)

1——钢轨骨架;2——模板;3——厚约 100 mm 混凝土

如果重要硐室处于松软岩层中、地压显现很大、碹体破坏变形严重而采用上述几种简单加固方法不能奏效,应慎重考虑加固实施方案和方法。如淮南潘一矿副井马头门处于软岩之中,支护结构为厚 0.8 m 的双层半圆拱钢筋混凝土碹,在施工过程中就已经出现被压坏现象,当时虽做了一般修补,但支护破坏仍在发展,局部钢筋混凝土破裂,钢筋外露弯曲,拱部沿轴线方向断裂,巷道宽度缩小值最大处达 360～405 mm,底鼓 40～50 mm,破坏范围甚至波及马头门上下方的井筒。

该马头门之所以遭到如此严重破坏,主要原因是马头门的位置设计不合理(不应设在软岩中);另外信号硐室、上层等候硐室和推车机硐室均设在距井筒很近的马头门范围内,从而减弱了马头门和井筒周围岩石的稳定性。

加固方法视两侧马头门破坏情况而定,由于南马头门破坏较轻,采用锚喷网加固。锚杆用 ϕ25 mm 的螺纹钢,锚杆长度帮顶用 5 m,底拱用 3 m,间距为 1.0 m×1.0 m,锚杆眼直径为 60 mm，注浆用 200 号水泥砂浆。北马头门破坏较严重，故在钢筋网后面增设钢骨架，钢骨架间距为 800～1 000 mm，与锚杆焊接，钢筋网由 2～6 mm 螺纹钢做成，网格间距 250 mm×250 mm。喷射混凝土拱顶部厚 300 mm，墙部厚 200 mm。马头门的底板采用现浇钢筋混凝土，钢筋网由 13 mm×25 mm 的螺纹钢做成，网格间距 250 mm×250 mm。井筒采用锚杆和钢筋网加固，锚杆为 ϕ25 mm、长 5 m 的螺纹钢，间距为 0.9～1.0 m，钢筋网主筋 ϕ20 mm，竖向钢筋 ϕ16 mm，网格 250 mm×250 mm，钢筋网与锚杆端部全部焊接。裂隙带和松软带用水泥-水玻璃注浆。

在大断面硐室加固程序上应该慎重考虑。该马头门断面较大(高 10.25 m，宽 6.8 m)，首先应保证围岩和支护的稳定。因此，南马头门的加固程序是：① 装拱基线以下的锚杆；② 拱部松散带注浆；③ 安装拱部锚杆；④ 开帮和修整：巷道中心至两侧宽度不够 3 425 mm 的部分要开帮，够宽的部分要凿毛，已挤压崩裂的混凝土应挖掉；⑤ 对受挤压而弯曲的钢筋整形复位；⑥ 由下向上喷射混凝土；⑦ 浇灌混凝土底拱。北马头门的加固程序和南马头门基本相同，由于其破坏较严重，故增加 18 号槽钢骨架并在骨架外部绑扎钢筋网。钢筋网与锚杆焊接，然后喷射混凝土。加固程序如图 9-30 所示。

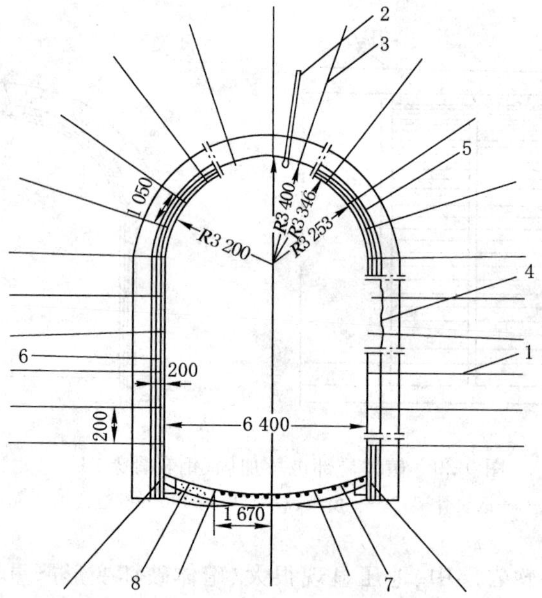

图 9-30　马头门加固程序图

1——锚杆；2——拱顶壁后注浆；3——安装拱部锚杆；4——开帮凿石；5——焊稳钢骨架和绑扎横向钢筋；6——喷射混凝土；7——开挖底拱，绑扎钢筋；8——浇灌混凝土底拱

加固后，通过 3 年时间观测，测得马头门支护的位移量很小并趋于稳定状态。

（二）砌碹巷道修复

有的料石砌碹巷道由于长年失修或因采动压力影响或错误地采用刚性支护，而使碹体破坏严重，虽然经过加固仍不能保证巷道安全使用，因而必须全部返修。

为了保证安全，返修巷道必须由外向里分段进行，其施工方法和新掘巷道基本相同，如图 9-31 所示。应该注意的是，前方待返修的 5～10 m 巷道必须用木抬棚或拱形金属支架加固，以防在拆除旧碹体时发生冒顶事故。

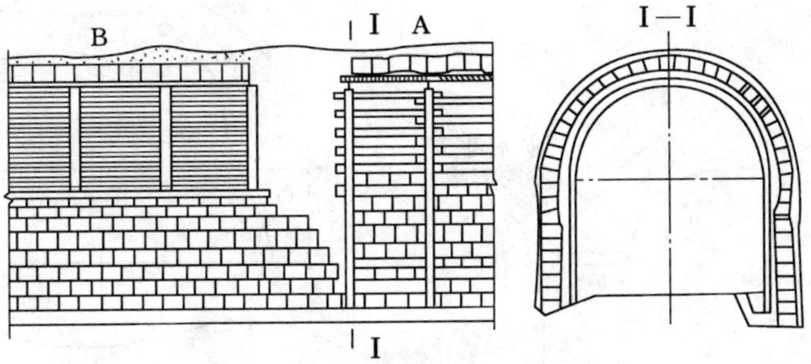

图 9-31　砌碹巷道返修图

A——待修复部分；B——已修复部分

四、岩巷修复

岩巷修复改造表现为扩巷（卧底、挑顶、刷帮）后的加固支护。当以上措施不能完整地恢复巷道功能时，则要进行特殊改造修复，如重新开掘替代巷道等。下面简单介绍扩巷修复的工艺流程。

扩巷修复适用于巷道破坏严重但具有修复可能性和修复价值的巷道。这类巷道一般都发生了较大位移，如底鼓、巷帮开裂、顶板下沉等使巷道的断面缩小、轨道变形，致使行人、运输、通风等都不能满足基本安全生产需求。

巷道扩修基本工艺流程如下：爆破（或静态爆破）扩巷→临时支护（初喷、初支）→永久支护加固（支架、锚网喷、锚注＋锚网梁等）。

（一）扩巷爆破

对围岩变形破坏严重的巷道采用爆破扩帮时，首先应分析爆破对围岩的破坏影响，然后采取相应措施，以减少爆破对围岩的进一步破坏。一般来说，扩帮爆破有以下两种基本方法：

(1) 垂直于巷壁浅孔小炮剥帮。其工艺特点是根据扩帮量大小采用浅眼凿岩，少装药、放小炮，使巷道扩帮后达到相应尺寸。其炮眼布置如图 9-32 所示。必须编制爆破安全措施，按程序审批。

(2) 平行于巷壁的深孔剥帮。其工艺特点是沿巷道走向以较深炮孔装药后爆破扩帮。必须注意的是，爆破过程中应控制每孔的装药量或采取间隔装药方式进行爆破，以利保持新扩巷道周边不受爆破应力影响。其炮眼布置如图 9-33 所示。

（二）临时支护

巷道修复改造必须进行有效的临时支护，这是因为松散破碎的老巷爆破后失去支护，易于冒落，必须及时进行控制。岩巷修复临时支护类型有喷混凝土、临时架棚、临时点柱、临时锚杆支护等。

上述临时支护方式分别适应于不同的条件。当围岩松散程度不严重、新巷道轮廓较为规整时，宜采用点柱、锚杆或喷射混凝土工艺维护顶帮，然后进行永久支护。当扩帮后顶帮围岩松散破碎容易进一步冒顶片帮掉岩时，应及时用木支架进行临时支护，然后采取相应维护措施再进行永久支护。

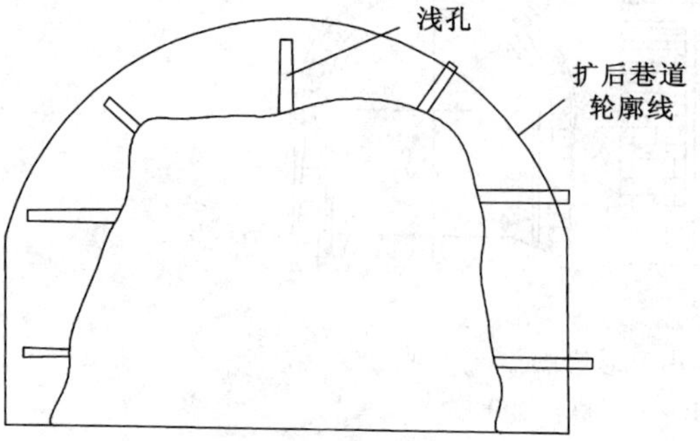

图 9-32　垂直于巷壁浅孔爆破扩修示意图

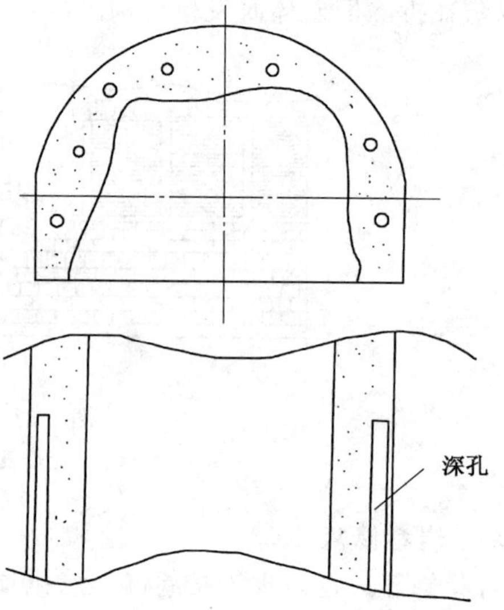

图 9-33　平行于巷壁的深孔松动爆破扩修示意图

（三）永久支护加固

岩巷修复加固的目的是能较长时间地延续巷道基本功能。长期生产实践表明，一条巷道一般经过 3 次反复扩帮修复后围岩相当破碎，再做进一步修复相当困难。因此，巷道服务期内修复不宜超过 3 次。修复加固巷道所采用的支护形式可参考软岩支护形式与结构的相关内容进行比较。

五、锚喷支护巷道的修复

锚喷支护巷道的修复也应根据巷道支护破坏情况采取相应措施。

若喷层开裂、局部有剥落现象而锚杆仍能有效地发挥作用，只要挖掉破碎的喷层，在原来的喷层上再喷一层混凝土即可。

若喷层开裂剥落范围较大且有的锚杆已经松脱无加固围岩能力，需要挖掉破碎的喷层重新补打锚杆再喷射混凝土。

若围岩和喷层破碎严重，除打锚杆加固外还应铺设金属网，压力特别大时还要增设钢骨架，以增加锚喷支护刚度。

若巷道处于断层破碎带，采用锚喷效果不好，虽经锚喷多次修复仍不能稳定，可以考虑注浆固结围岩，然后再用锚喷网支护。

（一）运输大巷返修工程举例

1. 工程概况

峰峰矿区九龙口煤矿南部运输大巷埋深 7 089 m，维修段巷道长 123 m（包括一个有冒顶的交岔点和一处 6 m 高的大冒顶段），道断面为直墙半圆拱形，设计净跨度 4.4 m、净高 3.6 m，净断面面积 13.76 m^2。交岔点最大跨度 7.8 m、净高 4.2 m。巷道穿过岩石为砂质泥岩、中细砂岩。原设计依据工程类比法确定为砂浆锚杆加喷层支护，锚杆为 1.8 m 长的管缝式锚杆，间排距 0.7 m，混凝土喷厚 120 mm。

由于受大巷上部跨采工作面开采影响，大巷开裂脱皮变形、底鼓严重。决定采用 4.2 m

(宽)×3.4 m(高)的U29型钢可缩支护返修。但3个月后断面缩小了1/3,支架柱腿压入底板严重,影响矿车正常运行,经常卧底整修才勉强维持生产,平均2个月需整修一次U形钢支架。大巷原采用3 t底卸式矿车运输,因安全间隙不够被迫改成单道运输,原挂在水沟帮的电缆无奈被改悬挂在巷道顶部。交岔点最大断面处还发生了大面积冒顶,采用直径220 mm圆木返修,顶部摆木垛接顶。由于跨度大部分梁折断,又改用密集木支架支护,但仍不能根本解决问题。巷道按设计还有30 a服务年限,但每年该巷道返修费达5万元。

2. 用松动圈理论设计支护参数

在返修巷道内实测松动圈厚度 L_P=2.42~2.99 m,为大松动圈软岩。依据松动圈理论采用锚杆加喷网支护,选用半圆拱断面,设计采用组合拱原理计算锚杆参数。采用管缝式锚杆,长度1.8 m,锚杆间排距0.5 m;采用6.5 mm圆钢、网孔为125 mm×125 mm的金属网;喷层支护经过计算选用120 mm厚,分三次喷射,开巷及时喷30 mm,安装网和锚杆后接着喷40 mm,等1个月围岩变形稳定后再喷50 mm,达到设计厚度,即采用二次支护工艺。

采用正台阶人工非爆破挑顶刷帮施工方式。

3. 支护效果

自1998年8月施工完成,经过300多天围岩表面位移观测,表明支护达到稳定,取得成功,可满足使用要求。施工是在不影响正常运输情况下进行的,保证了生产安全。

(二) 深部巷道变形修复举例

1. 工程概况

徐州矿区张小楼矿新大井−1 010 m带式输送机运输大巷长1 362 m,设计为拱形断面(宽×高=4.2 m×3.7 m,净断面面积13.65 m^2),支护方式为锚喷网,遇围岩破碎时采取绑扎钢筋锚喷和金属支架联合支护。巷道施工后变形严重,严重变形段的最大底鼓量达2.56 m,平均1.52 m;两帮最大移近量达1.36 m,平均0.65 m。该段巷道混凝土严重脱落,围岩裸露,U29型钢拱形支架棚梁扭曲变形,卡缆被挤断脱落,钢筋弯曲,底板倒立,巷道周边围岩松动破碎,经地质雷达测定,巷道围岩松动圈平均2.45 m左右,不得不进行二次修复处理。

2. 修复机理

根据巷道变形情况和实测地质资料分析,造成巷道严重变形主要有以下几个方面因素:矿井采深达1 100 m,构造应力大,巷道岩性差,支护结构缺陷。针对围岩承载能力差和巷道变形大的特点,支护需要给围岩留有一定变形量,以释放部分集中应力,同时增加围岩自身强度,以提高围岩承载能力。因此,采用锚注式锚杆对岩体实行充填注浆,将松散围岩加固成一整体,同时底板采取混凝土反拱支护,以提高围岩强度和承载能力。

3. 修复方案和工艺

常规的修复方式在挖除混凝土体和变形围岩时,往往会带来大范围冒顶,威胁修复工作安全,还会进一步扩大巷道松动圈,支护的效果也不好。为避免上述不足,本修复方案采用先对巷道松动圈内岩体实行注浆加固,之后挖掘混凝土体。修复工艺的顺序如下:

① 找掉浮矸和混凝土体,对巷道进行初喷,喷厚50 mm,封闭顶帮裂缝和自由面。

② 安装锚注锚杆。锚杆参数如下:ϕ20 mm,L=1 000 mm,间排距1 400 mm×800 mm;然后对岩体注浆,凝固一段时间(25 d左右),使岩体成为坚固整体。

③ 刷大巷道至设计毛断面,安装等强树脂锚杆。锚杆参数如下:ϕ20 mm,L=2 500

mm，间排距 700 mm×800 mm。挂网喷混凝土(喷厚 100～150 mm)。

④ 安装锚注锚杆。锚杆参数如下：ϕ20 mm，L=2 000 mm，间排距 1 400 mm×800 mm。再行壁后充填注浆。

⑤ 挖除底板成反拱形，充填毛石水泥砂浆，然后安装锚注锚杆。锚杆参数如下：ϕ20 mm，L=1 400 mm，间排距 1 400 mm×800 mm。对底板加固注浆。

4. 支护效果监测

巷道修复后，通过半年多设点观测，统计数据表明，巷道平均两帮移近量为 38 mm，顶底板移近量为 23 mm，巷道已趋于稳定，可确保正常使用。

六、巷道底鼓的防治

巷道底板向上隆起的现象称为底鼓。底鼓的防治是煤矿巷道围岩控制中的一个难题。

（一）巷道底鼓类型及机理

由于巷道所处的地质条件、底板围岩性质和应力状态的差异，巷道底鼓的方式及机理也不同，一般可分为以下四类。

1. 挤压流动性底鼓

有些巷道直接底板为软弱岩层，两帮和顶板岩层结构完整，强度大大高于底板的强度，底板软弱岩层会因挤压而流动到巷道内。如淮北芦岭矿二水平 6 号交岔点，巷道直接底为厚度 6 m、浸水后强度极低的黏土岩，在原岩地应力的挤压作用下，巷道底鼓量高达 1 200 mm，而顶帮的收敛量只有 20 mm 左右，属于挤压流动性底鼓。

2. 挠曲褶皱性底鼓

当底板岩层为层状岩体时，即使是中硬岩体，当应力状态满足一定的条件时也可能发生底鼓。其机理是底板岩层在平行层理方向的压应力作用下向底板临空方向鼓起。

3. 遇水膨胀性底鼓

膨胀岩石是指那些与水的物理化学反应有关并随时间发生体积增大的岩石，主要是黏土岩，其矿物成分中含有物理化学性质活泼的蒙脱石。由于煤矿巷道经常积水，当巷道底板为膨胀岩时会引起膨胀性底鼓。要完全控制由于膨胀引起的底鼓，支架必须有很高的支护阻力。若允许存在一定的底鼓量，支护阻力可显著减少。

4. 剪切错动性底鼓

当巷道直接底板为完整岩层且厚度大于巷道宽度的 1/7 时，在较高的岩层应力作用下，常使底板出现剪切破坏，由此形成的楔块岩体在水平应力挤压下产生错动而使底板产生的鼓起称为剪切错动性底鼓。

（二）底鼓的防治

主要的防治措施有加固底板岩体，降低底板围岩或整个巷道固岩的应力，以及建立有效的防、排水系统。底鼓防治方法分为加固法和卸压法。加固法主要有底板锚杆、底板注浆、封闭式支架，以及砌块砌筑底拱或混凝土反拱。卸压法主要有围岩切缝、钻孔、松动爆破、卸压煤柱，以及开槽卸压等多种。但目前防治底鼓仍缺乏经济有效的办法。

1. 砌块砌筑底拱

在具有膨胀性围岩中掘进巷道，多数是会发生底鼓的，因此，一般应安设底拱。目前我国防止底鼓的措施一般是用砌块砌筑底拱。

底拱的安置时间应视巷道支护方式而定。若用圆碹或近似圆碹作二次支护，则以先底拱、后墙，最后砌顶拱的顺序施工，一次完成。若用锚喷支护作初始支护，则可在初始支护完成一段时间，底板应力得以充分释放之后再砌筑底拱，并与二次支护同时完成。不论采用何种底拱结构，都必须使底拱两端压在墙下，与墙连为整体。

2. 底板锚杆

当底鼓主要是由于底板为层状岩层，在平行于层理方向的压应力作用下所产生的挠曲褶皱时，通过打底锚杆来防治底鼓可以取得良好的效果。当底鼓主要是由于底板岩层碎裂松软，在两帮岩柱的压模和远场应力作用下挤压流动时，打底锚杆只是在安装锚杆后的初始阶段降低底鼓速度，推迟挖底时间，不能从根本上防治底鼓。例如淮南谢桥矿东风井B组和C组大巷，底板围岩的破裂圈达3.1 m，采用长1.8 m、间排距为500 mm×500 mm的管缝锚杆锚固底板，并在底板铺设ϕ8 mm的钢筋网，以及灌浇厚度为100 mm的混凝土。结果锚杆没有发挥锚固作用，巷道掘进后70 d底鼓量高达1 000 mm，锚杆和底板都遭到很大破坏。

综合国内外使用锚杆防治巷道底鼓的经验，可得如下结论：

(1) 影响使用底板锚杆防治巷道底鼓的因素很多，目前尚处于研究试验阶段。

(2) 底锚杆控制底鼓的成败主要取决于底板岩层的性质，当底板为中硬层状岩体时易取得成功，当底板为碎裂松软岩体时常遭到失败。

(3) 锚杆的长度应使锚杆能穿透全部可能鼓起的岩层，短锚杆难以阻止底鼓。相似材料模型实验和井下矿压观测结果表明：底板岩层鼓起的深度一般为巷道宽度的0.75倍，宽度为5 m的巷道，必须使用长度4 m左右的锚杆，由于施工工艺十分复杂，很难实现。

3. 底板注浆

通过注浆来加固破碎的底板岩层，提高其抗变形能力，可阻止底鼓的发生。底板注浆后可能出现以下三种情况。

(1) 注浆只取得部分效果，这时新的结合强度计只稍许超过残余强度。当注浆压力过小，砂浆黏度太大，以及钻孔布置不当时，可能出现这种情况。

(2) 破碎岩石通过注浆得以充分加固，岩体中很细的裂缝得到黏结，新的结合强度相当于原始强度。

(3) 如果底板岩体破碎成类似料石的砌体，通过注浆后形成一个完整的反拱，新的结合强度高于原始强度。

例如某矿采用过底板钻眼松动爆破，然后注浆加固底板的方法防止底鼓(图9-34)。这种方法能降低围岩应力和提高围岩强度。受回采工作影响后，在加固地段中部底鼓量仅为70～100 mm，而未加固的区段已进行了三次卧底。

4. 强化水的治理

对工作面有水的巷道，施工时要及时排水，尽量减少水与岩石的接触，防止岩石遇水膨胀。巷道施工遇到的水主要有岩层地下水、施工工程用水和空气水分三部分，在施工中应分别加以处理。

(1) 地下岩层水处理措施

水量大的可以提前打钻疏水；对于巷道水应及时修建永久性水沟或用水管导引外流到永久性水沟；巷道低凹易积水处用小井集中后用水泵排入永久水沟。

(2) 工程水处理措施

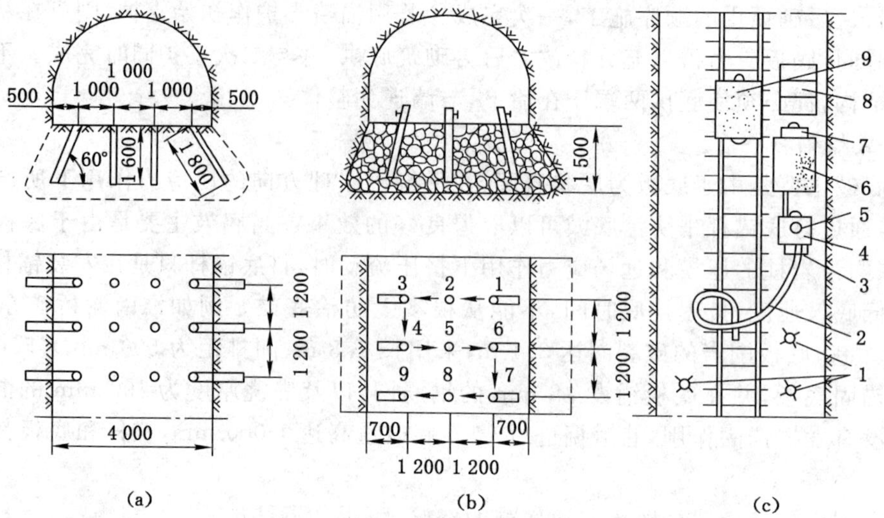

图 9-34 底板岩石先卸压后注浆加固图

(a) 炮眼布置;(b) 注浆孔的布置与注浆顺序;(c) 加固岩层时的设备布置

1——注浆孔;2——注浆软管;3——开关;4——注浆泵;5——压力表;6——混凝土搅拌车;7——电动机和减速器;8——材料计量箱;9——装有水泥的矿车

应尽量减少工程用水,在膨胀岩层中禁止用水冲洗岩面和钻孔,必须用干式凿岩与干式吸尘。

(3) 空气水分处理措施

巷道开挖后应及时用高强速凝防水喷射混凝土封闭岩面,隔离空气与围岩干湿交替的条件。

任务实施

教师先讲解本任务的基本知识和培训技能,组织学生分组讨论和完成实训技能,总结与提炼任务精华,提交任课老师后评价总结。

思考与练习

1. 简述巷道维护原理。
2. 简述棚式支架维修原则。
3. 画图说明冒顶片帮处理的程序。
4. 简述巷道扩修基本工艺流程与要点。
5. 简述锚喷支护巷道的修复方法。
6. 画图说明巷道底鼓类型及机理。
7. 简述防治巷道底鼓常用的方法及特点。

参考文献

[1] 东兆星,吴士良.井巷工程[M].徐州:中国矿业大学出版社,2005.
[2] 何满朝,袁和生,靖洪文,等.中国煤矿锚杆支护理论与实践[M].北京:科学出版社,2004.
[3] 李开学,吴再生.巷道施工[M].2版.重庆:重庆大学出版社,2014.
[4] 齐景岳,刘正雄,张儒林,等.隧道爆破现代技术[M].北京:中国铁道出版社,1999.
[5] 张先尘,钱鸣高,等.中国采煤学[M].北京:煤炭工业出版社,2003.
[6] 张永兴.岩石力学[M].北京:中国建筑工业出版社,2004.
[7] 中煤物产集团公司支护装备部.煤矿支护产品实用手册[M].北京:煤炭工业出版社,2004.